A. Bleck/M. Goedecke/S. Huss/K. Waldschmidt
Praktikum des modernen VLSI-Entwurfs

Praktikum des modernen VLSI-Entwurfs

Eine Einführung in die Entwurfsprinzipien
und -beschreibungen, unter besonderer
Berücksichtigung von VHDL;
mit einer umfangreichen Anleitung
zum Praktikum

Von Dipl.-Inf. Andreas Bleck
Universität Frankfurt/Main

Dipl.-Inf. Michael Goedecke
Prof. Dr.-Ing. Sorin A. Huss
Techn. Hochschule Darmstadt

und Prof. Dr.-Ing. Klaus Waldschmidt
Universität Frankfurt/Main

B. G. Teubner Stuttgart 1996

Die Deutsche Bibliothek – CIP-Einheitsaufnahme

Praktikum des modernen VLSI-Entwurfs : eine Einführung in die Entwurfsprinzipien und -beschreibungen, unter besonderer Berücksichtigung von VHDL ; mit einer umfangreichen Anleitung zum Praktikum / von Andreas Bleck ... – Stuttgart : Teubner, 1996
   ISBN 978-3-519-02296-1   ISBN 978-3-322-94669-0 (eBook)
   DOI 10.1007/978-3-322-94669-0
NE: Bleck, Andreas

Einband: Peter Pfitz, Stuttgart

Vorwort

Der moderne Mensch ist täglich von zahlreichen mikroelektronischen Systemen umgeben. Dies reicht von der Steuerung eines Rasierapparates über die umfangreiche Elektronik in Kraftfahrzeugen mit bis zu 100 Prozessoren bis hin zu Computern. Für den Entwurf fast aller technischen Produkte ist es daher von entscheidender Bedeutung, diese eingebetteten mikroelektronischen Komponenten effizient entwickeln zu können. Das vorliegende Buch dient dazu, diese Grundfertigkeit zukünftigen Informatikern und Ingenieuren zu vermitteln.

VLSI-Entwurf ist keine schwarze Kunst, sondern beruht auf einer wohlstrukturierten Methodik. Es ist gerade diese Methodik, die es erlaubt, digitale Hardware enormer Komplexität in immer kürzerer Zeit und mit einer bemerkenswerten Fehlerfreiheit zu entwerfen. Das vorliegende Buch entwickelt daher in einem ausführlichen ersten Teil diese Methodik. Die Autoren erläutern die wesentlichen Entwurfsprinzipien, wobei deutlich wird, daß die Strukturierung der Entwurfsaufgabe in wohldefinierte Sichten und Abstraktionsebenen ein wesentliches methodisches Gerüst darstellt. Eingefügt in dieses Gerüst lassen sich verschiedene Entwurfsstile und darauf aufbauend Entwurfsabläufe entwickeln, die dann schließlich durch Werkzeuge unterstützt werden. Die Autoren machen in vorbildlicher Weise deutlich, daß der Entwurf digitaler Hardware letztlich die Transformation von Entwurfsbeschreibungen bedeutet. Ein recht ausführlicher Abschnitt ist daher Entwurfssprachen und dabei insbesondere der Sprache VHDL gewidmet. Ein wesentlicher positiver Aspekt von Beschreibungen mit Sprachen wie VHDL ist, daß es sich auf jeder Abstraktionsebene um ausführbare Spezifikationen handelt, wobei ich an dieser Stelle vereinfachend ein Modell auf einer Abstraktionsebene als Spezifikation für die darunterliegende Ebene auffassen will. Diese Ausführbarkeit in Form von Simulation stellt bis heute einen Schlüssel zu der erzielbaren Entwurfssicherheit dar, auch wenn sich formale Verifikationsmethoden zunehmend ihren Platz erobern. Die weithin akzeptierte Kanonisierung des Hardwareentwurfs erlaubte es, für die verschiede-

6

nen Entwurfsschritte leistungsfähige Werkzeuge bereitzustellen. Dabei wird
der Übergang von einer Abstraktionsebene auf eine niedrigere mit dem Begriff Implementation bzw. im vorliegenden Kontext häufig auch mit dem
Begriff Synthese bezeichnet. Die standardisierte Sprache VHDL hat dafür
einen weithin akzeptierten Rahmen gesetzt, um algorithmische, RT- und Logiksynthese darstellen zu können. Der anschließende physikalische Entwurf
wird traditionell von leistungsfähigen Werkzeugen unterstützt. Die Autoren
haben es verstanden, im ersten Teil des vorliegenden Buches diesen Ent-
wurfsbereich in seiner Gesamtheit kompakt darzustellen. Hier liegt ein für
das Selbststudium oder als Grundlage für eine Vorlesung gleichermaßen her-
vorragend geeigneter Text vor.

Im zweiten Teil des Buches entwickeln die Autoren einen sehr geschickt
angelegten Baukasten zur Durchführung unterschiedlich konzipierter Ent-
wurfspraktika. Dieser Ansatz erscheint mir sehr bemerkenswert. Durch diesen Baukasten wird den lehrenden Personen freigestellt, ob sie eine Top-
down-, eine Bottom-up- oder eine Meet-in-the-Middle-Entwurfsmethodik
lehren wollen, oder gar eine Mischung daraus. Es werden 13 Einzelaufgaben entwickelt, die in ihrer Komplexität kontinuierlich zunehmen. Für jede der Aufgaben wird das Lehrziel präzise angegeben und eine Anzahl für
sich jeweils gut überschaubarer Teilaufgaben gestellt. Konsequent wird dabei durchgängig darauf geachtet, daß der moderne synthesebasierte Ent-
wurfsansatz verfolgt wird und dieser Ansatz von zeitgemäßen Werkzeugen
unterstützt wird. Interessant ist, daß bereits innerhalb der Einzelaufgaben
wahlweise ein Top-down-, Bottom-up oder Meet-in-the-Middle-Vorgehen se-
lektiv eingeübt werden kann. Die Komplexität der Aufgabenstellung gipfelt
im Entwurf eines kleinen hypothetischen Mikroprozessors. Man mag zwar
einwenden, daß es in den wenigsten Fällen im zukünftigen Berufsleben der
auszubildenden Ingenieure und Informatiker darum gehen wird, Mikroprozessoren zu entwickeln, doch zeigen auch meine Erfahrungen, daß sich mit
dieser Aufgabenstellung Studenten besonders gut motivieren lassen. Mit der
Notwendigkeit, einen Interpretationsalgorithmus für einen Instruktionssatz
zu implementieren, und mit dem Paradigma der Aufspaltung von Steuerwerk und Operationswerk lassen sich anhand eines Mikroprozessorentwurfs
auch wesentliche Entwurfsmethoden sehr gut einüben. Die Aufgaben stellen
nun das Gerüst dar, auf dessen Basis unterschiedliche Ausprägungen von
Praktika entwickelt werden können. Die Autoren stellen sechs wohlüber-
legte Standardpraktika dar. Die mögliche Variationsbreite jedoch ist schier

unerschöpflich. Selbst Lehrende, die in ihren Veranstaltungen andere Beispielsysteme realisieren lassen wollen, werden auf wesentliche Teile der vorliegenden Einzelaufgaben zurückgreifen können. Daß dieser Rückgriff durch das elektronische Bereitstellen des zugrundeliegenden VHDL-Materials unterstützt wird, verdient besonders hervorgehoben zu werden.

Mit dem vorliegenden Buch ist es den Autoren gelungen, die Basis für eine weite Verbreitung des Entwurfswissens für digitale mikroelektronische Systeme zu legen. Andererseits werden Lehrende nicht in der konkreten Ausgestaltung ihrer Lehrkonzepte eingeengt. Abhängig von der Verfügbarkeit von Entwurfswerkzeugen und insbesondere vom jeweiligen didaktischen Konzept kann auf der Basis des Buches eine angepaßte Lehrveranstaltung maßgeschneidert werden. Ich habe das Manuskript mit großer Freude gelesen und kann mir nur eine weite Durchdringung bei Informatikern und Ingenieuren wünschen.

Paderborn, im November 1995   Franz J. Rammig

Inhalt

5   VHDL-Synthese   175

Teil I

Grundlagen

1 Einleitung

Die Mikroelektronik hat in den letzten 20 Jahren eine technische Revolution eingeleitet. Ihre direkte Anwendung hat neue Produkte und Dienstleistungen hervorgebracht, wie z. B. Personal Computer, tragbare Telefone und nicht zuletzt Informationsdienste, die für jedermann zugänglich sind.

Darüber hinaus sind aufgrund neuerdings verfügbarer größerer Rechenleistung und Speichergröße völlig neuartige Einsatzgebiete eröffnet worden, die die Entwicklung von z. B. Multimedia, virtueller Realität und auch von rechnergestützten Animationstechniken erst ermöglicht haben.

Als besonders bedeutsam ist jedoch die Tatsache anzusehen, daß der Zugang zur Mikroelektronik nicht nur Spezialisten und Großfirmen vorbehalten ist, sondern daß aus der Zusammenarbeit zwischen Halbleiterherstellern und Produzenten von Entwurfs-Software ein kostengünstiger Einsatz der Mikroelektronik mittels anwendungsspezifischer integrierter Schaltungen (ASIC: Application Specific Integrated Circuit) auf breiter Front möglich wurde.

Dadurch ist es gelungen, mikroelektronische Implementierungen von Systemfunktionen den Systementwicklern zugänglich zu machen, ohne daß diese erst umfangreiche Kenntnisse der Halbleiterphysik und der Schaltungstechnik erwerben müßten. Allerdings ist die Beherrschung der Entwurfsmethoden, die als Software-Werkzeuge vorliegen, eine unabdingbare Voraussetzung für die erfolgreiche Entwicklung von ASICs.

Prozessoren, Halbleiterspeicher und andere Rechnerkomponenten sowie die anwendungsspezifischen Schaltungen werden als hochintegrierte Schaltungen entworfen. Die heute beherrschbare Entwurfskomplexität wird als VLSI (Very Large Scale Integration) bezeichnet. Der Kern nahezu aller Anwendungen ist jedoch der Prozessor selbst, der als Mikroprozessor die technische Revolution der Mikroelektronik verkörpert.

Das vorliegende Buch, das eine praxisorientierte Einführung in den Entwurf von VLSI-Schaltungen zum Ziel hat, stellt deshalb Entwurfsmethoden und deren Anwendung in den Vordergrund. Es ist als Anleitung für den Aufbau und die Durchführung von Praktika an wissenschaftlichen Hochschulen und Fachhochschulen gedacht.

Das Buch erhebt nicht den Anspruch eines Lehrbuches, sondern ist vielmehr eine übergreifende Darstellung aus Grundlagen und Praktikumsaufgaben. Aus diesem Grunde wird auf die Referenzierung von Fachpublikationen verzichtet. Hinweise auf die wesentlichen Lehrbücher erfolgen im Text über die Nennung der entsprechenden Autorennamen.

Teil I, der aus den Kapiteln 1 bis 7 besteht, behandelt den Entwurfsablauf integrierter Schaltungen sowohl im Sinne einer praxisgerechten Darstellung von Prinzipien als auch im Hinblick auf die Entwicklung von Entwurfsmethoden und ist als Einführung und Ergänzung zu den Praktikumsaufgaben gedacht.

Die Kapitel 1 und 2 sind grundlegenden Aspekten zur Durchführung von VLSI-Entwürfen gewidmet. Ziele und Randbedingungen, Entwurfsdomänen, Abstraktionsebenen und Modellierungskonzepte sowie Entwurfsstile werden behandelt und schließlich zum Entwurfsablauf in Beziehung gesetzt.

In Kapitel 3 stehen Entwurfsbeschreibungen im Mittelpunkt der Betrachtungen. Hier wird erstmals das Konzept, das diesem Buch zugrundeliegt, deutlich erkennbar: Entwurfsbeschreibungen, die auf Strukturerfassung bzw. auf Hardware-Beschreibungssprachen basieren, werden gleichberechtigt eingeführt und unter anwendungsspezifischen Gesichtspunkten diskutiert.

Kapitel 4 befaßt sich mit dem wichtigen Gebiet der Simulation von Entwurfsbeschreibungen. Simulationsprinzipien und praktische Hinweise zur Durchführung von Simulationen unter Verwendung von Logik- und VHDL-Beschreibungen werden behandelt.

Kapitel 5 widmet sich der zunehmend wichtiger werdenden Aufgabe, Strukturbeschreibungen aus VHDL-Beschreibungen mittels Syntheseverfahren zu gewinnen. Nach einer Begriffsbestimmung werden Logik-, RT- und algorithmische Synthese diskutiert. Aufgrund mannigfaltiger von VHDL unterstützter Beschreibungsmöglichkeiten stellt sich die Frage nach synthesefähigen Beschreibungen, die in diesem Kapitel eingehend besprochen werden. In verschiedenen Aufgaben wird darüber hinaus auf die jeweiligen Erfordernisse verschiedener synthesefähiger Beschreibungen eingegangen. Ein Überblick über den synthesegestützten Entwurfsablauf schließt dieses Kapitel ab.

Die Transformation einer strukturellen Beschreibung in eine fertigbare geometrische Beschreibung des Entwurfsobjektes, d. h. der physikalische Entwurf, wird im anschließenden Kapitel 6 behandelt. Floorplanning, Plazierung, Verdrahtung und die erforderliche Nachbearbeitung des erzeugten Layouts werden kurz erörtert.

Ein Überblick über die Aufgabenstellung des Chip-Tests und über eine erforderliche Testumgebung in Kapitel 7 schließt den ersten Teil des Buches ab.

Empfohlen wird eine Vertiefung des weitgespannten Gebietes von Teil I, da an vielen Stellen Vorkenntnisse vorausgesetzt bzw. wichtige Teilgebiete des VLSI-Entwurfs nur kurz angerissen werden. Verweise auf entsprechende Quellen finden sich im Literaturverzeichnis.

Teil II, der aus den Kapiteln 8 bis 10 besteht, behandelt die praktizierbare Vorgehensweise zur Implementierung eines speziellen Mikroprozessors anhand einer Abfolge von Einzelaufgaben. Die Einzelaufgaben können zu Aufgabensammlungen gruppiert werden, die wahlweise den Bottom-up- oder den Top-down-Entwurf bzw. eine Kombination beider Vorgehensweisen beinhalten.

Zunächst wird in Kapitel 8 der Praktikumsmikroprozessor *PMP12* anhand der Befehlssatzarchitektur und seiner Systemeinbindung eingeführt, der als durchgängiges Beispiel dienen soll.

In Kapitel 9 wird zur Orientierung bei der Bearbeitung der Aufgaben eine mögliche Strukturierung der Entwurfsaufgaben in Praktika vorgeschlagen. Damit läßt sich ein Praktikum aufbauen, das entweder Top-down-, Bottom-up-, oder kombinierte Vorgehensweisen beinhaltet.

Kapitel 10 enthält schließlich insgesamt 13 praktische Aufgaben, die alle eine ähnliche Struktur aufweisen: Zunächst werden Grundlagen, die für die jeweilige Aufgabenstellung erforderlich sind, zusammenfassend dargestellt. Im Anschluß daran wird die Aufgabenstellung und deren Durchführung vorgestellt, wobei meistens sowohl Bottom-up- als auch Top-down-Vorgehensweisen diskutiert werden.

Ausgehend von einer einfachen 4-Bit-Addierereinheit, die Bestandteil des Rechenwerks des *PMP12* werden soll, werden Modelle für alle Bestandteile des Mikroprozessorsystems erstellt und validiert. Eine synthesegestützte Implementierung des Mikroprozessor-Steuerwerks, eine Layout-Generierung und ein Test des gefertigten Chips schließen die Aufgabensammlung ab.

Teil II des Buches wird durch ein Literaturverzeichnis abgerundet.

Wesentliche Teile der Praktika wurden an der Technischen Hochschule Darmstadt und an der Universität Frankfurt bereits mehrfach durchgeführt. Die engagierte und begeisterte Mitarbeit der Studenten war für die Autoren eine wesentliche Motivation zur Erstellung dieses Buches. Zu besonderem Dank verpflichtet sind die Autoren Herrn Martin Mierse und Herrn Michael Schaffner von der TH Darmstadt, sowie Frau Christine Groß, Herrn Stefan Eckrich und Herrn Jan Rembser von der Uni Frankfurt. Sie haben neben der Praktikumsbetreuung durch viele Hinweise, Verbesserungsvorschläge und sorgfältige Korrekturen entscheidend an der Entstehung dieses Buches mitgewirkt.

VHDL-Beschreibungen der in den Aufgaben verwendeten Komponenten sind über WWW (*http://www.vlsi.informatik.th-darmstadt.de/prakbuch.html*) von den Autoren erhältlich.

2 Entwurfsprinzipien

In diesem Kapitel werden die grundlegenden Aspekte zur Durchführung von VLSI-Entwürfen beleuchtet, um so die Einordnung der im Praktikum verfolgten Vorgehensweisen zu ermöglichen.

2.1 Ziele und Randbedingungen des VLSI-Entwurfs

Bis in die 70er Jahre hinein war die Komplexität integrierter Schaltkreise größtenteils noch so gering, daß der Entwurf vielfach von den Fertigungstechnologen selbst vorgenommen werden konnte. Mit steigender Integrationsdichte und entsprechend anwachsender Schaltungskomplexität wurde eine Arbeitsteilung zwischen Entwurf und Fertigung notwendig. Heutige Fertigungstechnologien und die durch sie ermöglichten Integrationsdichten führen zu neuen ökonomischen und entwurfstechnischen Randbedingungen. Die Einhaltung dieser Randbedingungen soll sicherstellen, daß auch die ständig wachsenden Schaltkreiskomplexitäten entwurfstechnisch beherrschbar und die Kosten innerhalb vertretbarer Grenzen bleiben.

Diese Randbedingungen prägen nun nicht nur die Gestaltung und Strukturierung des eigentlichen Schaltungsentwurfs, sondern sie schlagen sich ebenfalls in den Entwurfsmethoden (s. Abschnitt 2.3.2) nieder und schaffen neue Anforderungen an die Entwurfswerkzeuge. Letztlich hat die Notwendigkeit zur Beherrschung der Komplexität von Schaltkreisentwürfen mit einer grossen Zahl von Transistorfunktionen bzw. Gatteräquivalenten auch Einfluß auf die Schaltungsarchitektur selbst. Ein aktuelles Beispiel dafür sind die heutigen Trends bei der Architektur von Mikroprozessoren.

2.1.1 Beherrschung der Komplexität

Um die Komplexität heutiger VLSI-Entwürfe in den Griff zu bekommen, werden die folgenden Prinzipien und Strategien verfolgt:

- Hierarchische Strukturierung von Schaltungsentwürfen,

- Lokalität,

- Regularität,

- Signalfluß im Design,

- Testbarkeit.

Hierarchische Strukturierung von Schaltungsentwürfen ist eine Strategie, die überall dort angewendet wird, wo Probleme zu lösen sind, die wegen ihrer Komplexität als ganzes nicht mehr überschaubar sind. Ein großes Problem wird in mehrere Teilprobleme zerlegt und diese Teilprobleme ihrerseits in noch kleinere Einheiten. Dieses Verfahren wird so lange angewendet, bis die einzelnen Teilprobleme klein und überschaubar genug sind, um gelöst zu werden.

Für den Schaltungsentwurf bedeutet dies, daß der Gesamtentwurf in *Moduln* (Teilschaltungen) strukturiert wird, die exakt festgelegte Teilfunktionen ausführen und über definierte Schnittstellen zu den anderen Moduln verfügen. Jedes dieser Moduln wird wiederum so lange zerlegt, bis es einfach genug ist, um entworfen, validiert und in seinem zeitlichen und logischen Verhalten dokumentiert zu werden. Eine sinnvolle Strukturierung von Schaltungsentwürfen zeichnet sich auch dadurch aus, daß viele der dabei entstehenden Moduln in ihrer Funktion so allgemein gehalten sind, daß sie als universell einsetzbare, überprüfte Einheiten vielfach wiederverwendet werden können.

Lokalität fordert, daß die Moduln (Teilschaltungen) eines Schaltungsentwurfs untereinander möglichst wenig Seiteneffekte aufweisen, d. h. Änderungen innerhalb eines Moduls dürfen keine Auswirkungen auf andere Schaltungsteile mit sich bringen. Zugriffe auf globale Register sind nach Möglichkeit zu unterlassen, die globale Verdrahtung ist zu minimieren. Darüber hinaus sollen die Schnittstellen der Moduln einfach gehalten werden und so möglichst viele Implementierungsdetails nach außen hin verborgen bleiben (Stichworte: Geheimnisprinzip, Kapselung).

Reguläre Strukturen sind überschaubarer und daher einfacher zu beschreiben und zu überprüfen. Für die Logikebene bedeutet „Regularität"

z. B., daß möglichst wenig verschiedene Gatter-, Flip-Flop- und Registertypen verwendet werden sollen. Beispiele für reguläre Strukturen sind Speicher, PLAs und Schieberegister.

Die Forderung nach einer möglichst intensiven Verwendung regulärer Strukturen wird auch durch die neueren Erfahrungen im Bereich der Architektur von Mikroprozessoren bestätigt: Moderne RISC- und CISC-Prozessoren weisen, in Transistorzahlen ausgedrückt, ähnliche Komplexitäten auf. Bei RISC-Prozessoren wird jedoch ein großer Teil dieser Transistorfunktionen für reguläre Strukturen, wie Registerbänke und schnelle Zwischenspeicher (Caches), verwendet. CISC-Architekturen sind dagegen durch einen wesentlich höheren Anteil an „krauser Logik" gekennzeichnet. Es ist bezeichnend, daß Test und Validierung der aktuellen CISC-Prozessoren die Entwickler schon heute vor kaum lösbare Probleme stellt, während für die RISC-Modelle bereits Nachfolgeversionen mit der zwei- bis dreifachen Komplexität projektiert sind.

Signalfluß im Design. Verbindungen zwischen den Schaltelementen kosten wertvolle Chip-Fläche und stellen für Schaltungsausgänge kapazitive Lasten dar, die zu einer Verminderung der Schaltgeschwindigkeit führen und ggf. durch aufwendige Treiber ausgeglichen werden müssen. Die räumliche Anordnung der Schaltelemente sollte daher dem Signalfluß im Design angepaßt sein, so daß die benötigten Leitungslängen so gering wie möglich ausfallen. Nicht alle Entwurfsstile (s. Abschnitt 2.4) ermöglichen es dem Entwickler, diese Anordnung vollständig oder auch nur in groben Zügen vorzugeben. Bei den Semi-Custom-Entwurfsstilen (s. Abschnitt 2.4.2) werden i. d. R. Plazierung bzw. Auswahl und Verdrahtung der Zellen weitgehend automatisch durchgeführt.

Testbarkeit. In die Randbedingung Testbarkeit gehen sowohl die Notwendigkeit zur Beherrschung der Entwurfskomplexität als auch ökonomische Aspekte mit ein. Auf den Gesichtspunkt der Testbarkeit wird in Abschnitt 2.1.3 näher eingegangen.

2.1.2 Ökonomische Aspekte

Wirtschaftliche Gesichtspunkte spielen eine große, meistens sogar die entscheidende Rolle bei der Wahl des Entwurfsstils. Das „klassische" Optimierungsziel ist es, die verbrauchte Chip-Fläche so gering wie möglich zu halten. Mit wachsender Fläche steigt die Wahrscheinlichkeit von Material- und Fertigungsfehlern, wodurch wiederum die Ausbeute an verwendbaren, d. h. fehlerfreien, Exemplaren sinkt. Dieser Zusammenhang gewinnt bei sehr großen Stückzahlen und langer Lebensdauer der Produkte, wie sie bei Mikroprozessoren und anderen Standardschaltungen üblich sind, entscheidende Bedeutung.

Bei vielen anwendungsspezifischen Entwürfen, von denen nur kleine oder mittlere Stückzahlen gefertigt werden, stehen oft andere Aspekte im Vordergrund. Gerade bei kleinen Serien spielen die Kosten für Fertigung und Entwurf eine weitaus größere Rolle als die Chip-Fläche, insbesondere dann, wenn ein integrierter Schaltkreis speziell für die Realisierung eines einzigen Produkts benötigt wird.

Hier kann die Lieferzeit des gefertigten Bausteins zum ausschlaggebenden Kriterium werden: Viele Produkte haben auf dem Markt nur eine kurze Lebensdauer oder unterliegen einem schnellen Preisverfall. Gerade dann, wenn es um die Etablierung von Standards geht, kann der Zeitpunkt der Markteinführung entscheidend für das Überleben eines Produkts oder gar einer ganzen Produktlinie werden. Um den Zeitbedarf für die Produktentwicklung möglichst gering zu halten und die Fertigungskosten zu senken, wurden verschiedene Entwurfsstile entwickelt, auf die in Abschnitt 2.4 näher eingegangen wird. Allgemein dargestellt werden folgende Ansätze verfolgt:

- **Teilweise Automatisierung des Entwurfs**
  Die Entwurfsarbeit des Entwicklers beschränkt sich auf höhere Entwurfsebenen, wie z. B. den logischen Entwurf oder die Register-Transfer-Ebene. Die physikalische, zunehmend auch die logische Struktur wird automatisch durch *Synthese* erzeugt.

- **Fertigung auf Basis vorfabrizierter Siliziumscheiben**
  Es wird versucht, möglichst wenige Fertigungsschritte individuell und möglichst viele für alle Designs gemeinsam auszuführen (maskenprogrammierte Schaltkreise).

Allerdings führen beide Ansätze i. allg. zu einer deutlich schlechteren Nutzung der Siliziumfläche, als es bei vollständig „von Hand" entworfenen und individuell gefertigten Entwürfen der Fall ist. Entsprechendes gilt auch für weitere Optimierungskriterien, wie die Arbeitsgeschwindigkeit der Schaltung (maximale Taktfrequenz) und deren Verlustleistung.

2.1.3 Testbarkeit

Dieser Punkt ist eng mit den beiden zuvor behandelten Aspekten (Wirtschaftlichkeit und Beherrschung der Schaltungskomplexität) verflochten. Einerseits ist die Testbarkeit der gefertigten integrierten Schaltung erforderlich zum Schutz vor den fatalen Folgen von Fehlfunktionen, wie sie etwa bei sicherheitskritischen Anwendungen in den Bereichen Medizin oder Luft- und Raumfahrttechnik auftreten können. Sie dient außerdem der Qualitätssicherung, welche für die Wettbewerbsfähigkeit des Bausteins bzw. der auf ihm basierenden Endprodukte unumgänglich ist. Andererseits wächst der Zeitaufwand für den Chip-Test mit der Komplexität überproportional an und ist bereits heute in vielen Fällen zu einem bedeutenden Kostenfaktor geworden.

Test während des Entwurfs. Angesichts des hohen Testaufwands gilt es anzustreben, daß bereits mit dem Entwurfssystem, d. h. schon vor der Fertigung, die völlige Fehlerfreiheit einer Schaltung nachgewiesen werden kann. Dies würde eine erschöpfende *Verifikation* (s. Abschnitt 2.5.2) der Schaltung bezüglich aller Funktionen und ihrer physikalischen Struktur bedeuten. Die konventionelle Logiksimulation, die zur Zeit die Hauptlast dieser Aufgabe zu tragen hat, gestattet jedoch selbst bei größtem Aufwand nur eine *Validierung* (s. Abschnitt 2.5.2) ausgewählter Funktionen. Sie liefert aber keine Garantie für ein korrektes Schaltungsverhalten bei *allen* Kombinationen aus Eingabedaten und internen Zuständen. Hierfür wäre eine vollständige formale Verifikation der Schaltung notwendig. Ansätze dazu befinden sich z. Zt. allerdings noch im Stadium der Grundlagenforschung. Das Erkennen, insbesondere die Lokalisierung von Entwurfsfehlern („debugging") am gefertigten Baustein, gilt als überaus schwierig, so daß hier den Entwurfswerkzeugen eine herausragende Bedeutung zukommt.

Test des gefertigten Chips. Der Chip-Test beim Hersteller, dem jeder gefertigte Baustein unterzogen werden muß, beschränkt sich auf die Aussage „fehlerfrei" oder „unbrauchbar". Evtl. werden noch verschiedene Arbeitsgeschwindigkeiten (Taktfrequenzen) untersucht. Es wird also nicht die logische Korrektheit des Bausteins überprüft, sondern lediglich der Fertigungsprozeß verifiziert. Dennoch müssen bereits beim Schaltungsentwurf die Voraussetzungen dafür geschaffen werden, daß der Zeitbedarf und damit die Kosten des Chip-Tests so gering wie möglich gehalten werden können. Es gilt, die Beobachtbarkeit und Kontrollierbarkeit der inneren Knoten unter möglichst geringem Aufwand sicherzustellen. Zu diesem Zweck existieren bereits systematische Verfahren, wie z. B. die Scan-Path-Methode (s. Aufgabe 10.4).

2.1.4   Entwurfswerkzeuge

Die angesprochenen Randbedingungen beim Entwurf stellen sehr hohe Anforderungen an die verwendeten Entwurfswerkzeuge. Zwischen den Werkzeugen für die verschiedenen Entwurfsschritte, wie z. B. graphische Entwurfseingabe, Simulation, Synthese und Layout-Generierung, muß ein reibungsloser Datenaustausch gewährleistet sein. Dies schließt auch Werkzeuge für unterschiedliche Entwurfsebenen und Entwurfsstile mit ein. So entstanden integrierte Entwurfssysteme („frameworks"), deren Vorrat an Software-Werkzeugen den gesamten Bereich vom Full-Custom-Design bis zum Platinenentwurf abdeckt.

Üblicherweise sind alle Werkzeuge eines Entwurfssystems mit einer einheitlichen, graphisch orientierten Benutzungsoberfläche ausgestattet, wodurch auch ungeübte Anwender nur kurze Einarbeitungszeiten benötigen. Andererseits beinhalten diese „Software-Giganten" bereits in sich schon eine derartig hohe Komplexität, daß ein nicht zu unterschätzender Aufwand für administrative Aufgaben wie Installation, Wartung und Pflege, aber auch für die Auswahl der jeweils geeigneten Teilwerkzeuge zu erbringen ist.

2.2   Entwurfsdomänen

Ein Entwurfsobjekt kann in drei Domänen dargestellt werden. Diese Domänen, die auch als Aspekte („views") des Entwurfsobjekts angesehen werden können, bezeichnet man üblicherweise mit *Verhalten* („behavioral domain"), *Struktur* („structural domain") und *Geometrie* („physical domain", „layout"). Sie sind nach D. Gajski und R. Kuhn in Form eines Y-Diagramms darstellbar, wie aus Abb. 2.1 ersichtlich.

Verhalten. Die Objektbeschreibung in der Verhaltensdomäne hat die Funktionalität zum Inhalt. Ein Systementwickler verwendet die Verhaltensbeschreibung, wenn er spezifizieren will, *was* ein Entwurfsobjekt bewerkstelligt, und nicht *wie* es aufgebaut ist. Dabei handelt es sich um eine Beschreibung des Objektverhaltens mittels einer oder auch mehrerer Prozeduren, die das beobachtbare Ein-/Ausgangsverhalten über der Zeit definiert. Teil

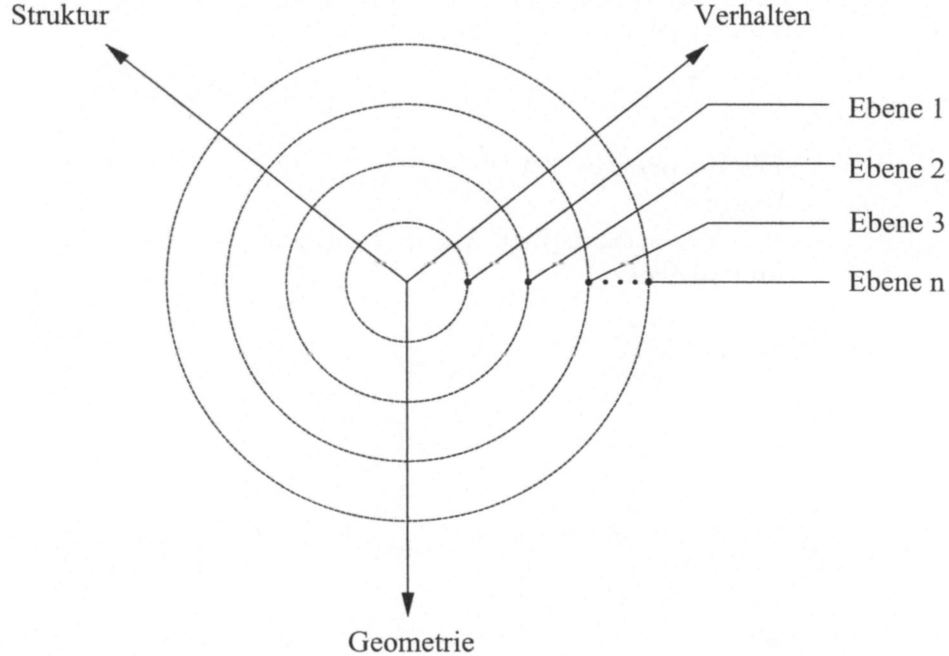

Abbildung 2.1: Entwurfsdomänen und Abstraktionsebenen im Y-Diagramm

einer derartigen Beschreibung ist auch die Spezifikation der Ein- und Ausgangssignale sowie deren zeitliche Relation, die als Kommunikationsprotokoll bezeichnet wird. Zusätzliche Festlegungen von Leistungsdaten können ebenfalls Bestandteil einer Verhaltensbeschreibung sein.

Struktur. Die Strukturbeschreibung ist dem Aufbau eines Entwurfsobjektes gewidmet. Sie spezifiziert das Objekt mittels einer Verbindungsstruktur primitiverer Komponenten, die normalerweise erst definiert und dann instantiiert werden. Die Abbildung einer Verhaltensbeschreibung auf eine Menge von miteinander verbundenen Komponenten, d. h. die Struktursynthese, ist i. allg. nicht bijektiv. Dies soll anhand eines einfachen Beispiels erläutert werden:

Abb. 2.2a) enthält die Verhaltensbeschreibung der logischen Funktion EX-OR in VHDL. Die Strukturdarstellungen in Abb. 2.2b) bzw. c) sind nicht nur hinsichtlich der Anzahl der Primitivkomponenten und ihrer Verbindungsstruktur unterschiedlich, sondern sie müssen das Zeitverhalten mittels einer zusätzlichen Attributierung berücksichtigen.

```
EXOR: process ( A, B )
begin
      Y <= transport A xor B after 5 ns;
end process;
```

a)

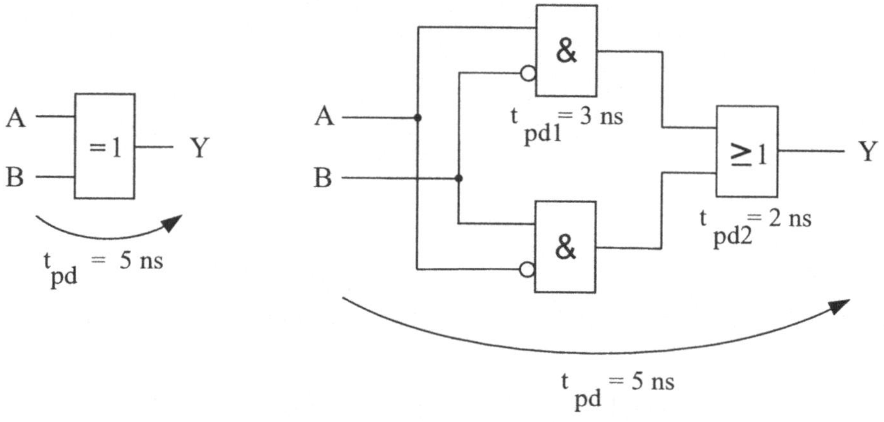

b)   c)

Abbildung 2.2: Verschiedene Beschreibungen für die EXOR-Funktion

Geometrie. Die Beschreibung der Geometrie eines Entwurfsobjektes hingegen beinhaltet geometrische Objekte, die zwei- oder quasi dreidimensional (mittels „layer") definiert sind. Eine direkte Zuordnung dieser Objekte zur Funktionalität der Komponente ist nicht gegeben. Sie muß unter Verwendung einer zwischengeschalteten Strukturbeschreibung gewonnen werden. Abb. 2.3 stellt zur Verdeutlichung der Inhalte der Geometriedomäne das Layout des *PMP12*-ASIC in einer Standard/Makrozellen-Realisierung dar, die in Abschnitt 2.4.2 eingeführt wird.

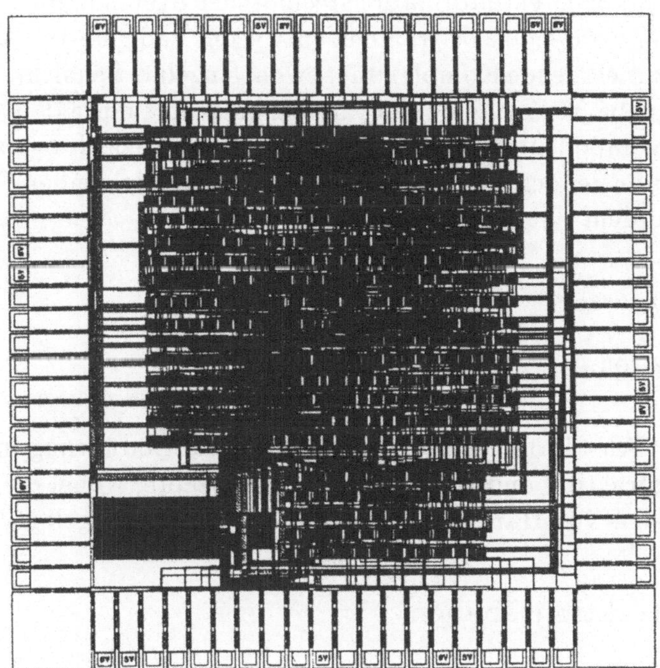

Abbildung 2.3: ASIC-Layout des Praktikumsmikroprozessors *PMP12*

2.3 Abstraktionsebenen und Modellierungskonzepte

Betrachtet man die Evolution informationstechnischer Systeme in den letzten 20 Jahren, dann stellt man für deren Hardware-Anteil fest, daß

- sich die Gatteranzahl pro Schaltkreis in etwa alle zwei Jahre verdoppelt
  (G. Moore, 1981),

- derartige Systeme noch immer aus mehr als nur einem Schaltkreis
  bestehen,

- die Produktlebensdauer dramatisch abnimmt, wie anhand des Marktes
  für Unterhaltungselektronik und nicht zuletzt von PCs leicht erkennbar ist.

Hardware-Komponenten informationstechnischer Systeme müssen somit in deutlich kürzer werdenden Zeiträumen entwickelt und gefertigt werden, wobei die stark zunehmende Komplexität sowohl einzelner Schaltkreise als auch der damit aufgebauten Systeme den Entwicklungsablauf prägt. Die Komplexität dieser Komponenten, die im folgenden ausschließlich betrachtet werden sollen, kann jedoch bei geeigneter Anwendung folgender Paradigmen beherrscht werden:

- Partitionierung,

- Abstraktion.

Die folgenden Ausführungen dienen deshalb einer Einführung in eine Ordnung der Abstraktion und in Modellierungskonzepte, wobei die Sichtweise eines Entwicklers von Hardware-Komponenten zugrunde gelegt wird.

2.3.1   Abstraktionsebenen

Eine Betrachtung der Ordnung von Abstraktionsebenen ergibt, trotz einer langen Tradition im Bereich des Entwurfs digitaler Systeme, unterschiedliche Klassifizierungen. So findet man in der Literatur nach D. Gajski et al. *vier*, nach R. Walker und D. Thomas *fünf*, nach F. Rammig und nach J.R. Armstrong *sechs* und nach R. Hartenstein sogar *neun* Abstraktionsebenen. Nicht nur die Inhalte dieser Ebenen sind, je nach Standpunkt der Autoren, verschieden, sondern teilweise auch die Ebenenbezeichnungen.

Im Rahmen dieses Buches, das den modernen VLSI-Entwurf zum Inhalt hat, soll eine hierarchische Ordnung von Abstraktionsebenen eingeführt werden, die sich an einen Vorschlag von J.R. Armstrong anlehnt und die aus der Sicht eines Hardware-Entwicklers am besten geeignet erscheint, Entwurfsobjekte zu beschreiben:

1.   Topologische Ebene   („topological level"),

2.   Schaltungsebene   („electrical level"),

3.   Logikebene   („gate level"),

4.   Registerebene   („register transfer level", „RT-level"),

5. Algorithmische Ebene („algorithmic level", „chip level"),

6. PMS-Ebene   („processor-memory-switch level").

Topologische Ebene. Auf der untersten Abstraktionsebene, der Topologischen Ebene, werden geometrische Objekte in symbolischer Darstellung notiert, z. B. als Stick-Diagramme. Obwohl diese Objekte, die Diffusions-, Polysilizium- oder Metallflächen repräsentieren und somit der Geometriedomäne nach Abb. 2.1 zugeordnet werden könnten, stellen sie Primitive dar, aus denen Funktionselemente (Transistoren, Kapazitäten) und ihre Verbindungsstruktur (Leiterbahnen) aufgebaut werden.

Schaltungsebene. Aus der Verknüpfung topologischer Objekte entsteht durch Abstraktion eine Schaltung, die aus miteinander verbundenen passiven und aktiven elektrischen Bauelementen besteht. Auf der Schaltungsebene kommt erstmals zur Struktursicht die Verhaltenssicht hinzu. Das Verhalten elektronischer Schaltungen im Zeitbereich, das bei digitalen Schaltungen ausschließlich interessiert, kann als zeitabhängiger Verlauf elektrischer Größen mittels i. allg. nichtlinearer Differentialgleichungen beschrieben werden.

Logikebene. Schaltnetze und Schaltwerke stehen auf der Logikebene im Mittelpunkt des Interesses. Primitivelemente der Struktusicht sind Gatter, die Boolesche Operationen implementieren, und Speicherelemente. Die Verhaltenssicht enthält dementsprechend Boolesche Gleichungen und einfache Zustandsübergangstabellen. Es ist jedoch zu beachten, daß die Boolesche Algebra nur die Funktionalität von Objekten beschreiben kann. Das Zeitverhalten der Objekte, das auf dieser Ebene von großer Bedeutung ist, muß zusätzlich spezifiziert werden, wie in Abb. 2.2 angedeutet. Üblicherweise kommen approximative Verzögerungsmodelle zur Anwendung.

In der Literatur (z. B. bei R. Hartenstein oder F. Rammig) wird manchmal eine weitere Abstraktionsebene eingeführt, die zwischen der Schaltungs- und der Logikebene angesiedelt ist: Die sog. Schalterebene („switch level"). Sie wird in diesem Buch nicht als eine eigenständige Abstraktionsebene behandelt, da ihre Operatoren der Booleschen Algebra zugeordnet werden können, wie bei Schalternetzen üblich, oder im Falle der Timing-Simulation das Verhalten von Schalternetzen mittels Differentialgleichungen beschreibbar ist. Je nach Anwendung kann somit die Schalter-Ebene entweder von der Logik- oder von der Schaltungsebene abgedeckt werden.

Registerebene. Die Registerebene wird auch als Funktional-Ebene bezeichnet, da ihre Struktursicht eine Verschaltung komplexer Funktionsblöcke, wie Register, Zähler, Multiplexer oder Speichermodule, enthält. Das Verhalten wird mittels Wahrheits- und Zustandsübergangstabellen oder auch unter Verwendung von Mikrooperationen beschrieben. Insbesondere synchron operierende Schaltungen können geeignet spezifiziert werden, wie die englische Bezeichnung („register-transfer level") dieser Ebene verdeutlicht.

Algorithmische Ebene. Oberhalb der Registerebene ist die Algorithmische Ebene angesiedelt. Strukturelemente dieser Ebene sind demzufolge Mikroprozessoren, Kanalwerke, Speicherbänke und ihre Verbindungen. Die Verhaltenssicht eines Objektes beschreibt die Ein-/Ausgabefunktionalität des zugehörigen Modells, d. h. den im Modell implementierten, i. allg. nebenläufig notierten Algorithmus. Dabei ist eine genaue Spezifikation des Zeitverhaltens an den Schnittstellen eines Schaltkreises zur Außenwelt von besonderer Bedeutung. Die englische Bezeichnung „chip level" soll dies verdeutlichen, da insbesondere der Begriff Mikroprogrammierungs-Ebene, der für diese Abstraktionsebene auch Verwendung findet, bei gleicher Abstraktion im wesentlichen die Funktionalität von Befehlssätzen und deren Implementierung zum Inhalt hat. Eine ausschließliche Betrachtung von Befehlssätzen kommt jedoch eher einem Software-Entwickler entgegen und ist somit nicht Gegenstand des VLSI-Entwurfs. Im Rahmen dieses Buches werden wir Modelle komplexer Entwurfsobjekte auf der Algorithmischen Ebene in den Vordergrund stellen.

PMS-Ebene. Die oberste Ebene unserer Abstraktionshierarchie, die PMS-Ebene, weist als Strukturelemente allgemeine Prozessoren, komplexe Speichersysteme und deren i. allg. busartig ausgeprägte Verbindungsstrukturen auf. Es handelt sich dabei um Objekte, die auf eine festgelegte Weise auf Anforderungen reagieren. Die Funktionalität eines jeden Objektes und die Protokolle für die Interobjektkommunikation müssen geeignet definiert werden. Die PMS-Ebene ist die Abstraktionsebene, die den Entwurf von Rechnerarchitekturen und ihrer Komponenten mit höheren Ebenen verbindet, die keinen direkten Bezug mehr zur Hardware haben.

Die Hierarchie der vorgestellten Abstraktionsebenen und Inhalte der Struktur- bzw. Verhaltenssicht jeder Ebene sind in Tab. 2.1 zusammengestellt.

Abstraktion	Struktur	Verhalten
PMS-Ebene	CPU, Speicher, Busse	Leistungsdaten (Durchsatz, …)
Algorithmische Ebene	μP, RAM, ROM, UART	E/A-Verhalten, nebenläufig notierte Algorithmen, Mikrooperationen
Registerebene	ALU, Register, Zähler, Multiplexer	Wahrheitstabellen, Zustandsgraphen, Mikrooperationen
Logikebene	Gatter, Flip-Flop	Boolesche Gleichungen
Schaltungsebene	Transistor, R, L, C	Differentialgleichungen
Topologische Ebene	geometrische Objekte (symbolisches Layout)	—

Tabelle 2.1: Struktur und Verhalten in den Abstraktionsebenen

2.3.2 Modellierungskonzepte

Die Modellierung des Verhaltens von Entwurfsobjekten unter Berücksichtigung der Abstraktion erfordert entsprechende Konzepte, die für die unterschiedlichen Ebenen geeignet sind. Modellierungskonzepte bilden die Grundlage für die Semantik von Hardware-Beschreibungssprachen und sind somit von zentraler Bedeutung für den Entwurfsablauf von VLSI-Komponenten und für die damit aufgebauten Rechnerarchitekturen. Im folgenden werden drei grundlegende Modellierungskonzepte vorgestellt:

- Objektorientierte Modellierung,

- Imperativ ausgerichtete Modellierung,

- Reaktiv ausgerichtete Modellierung.

Objektorientierte Modellierung. Bei der Objektorientierten Modellierung wird ein zu beschreibendes Entwurfsobjekt als eine Menge von Instanzen untergeordneter Objekte und ihrer Kommunikationsstruktur gesehen. Somit ist dieses Modellierungskonzept als strukturorientiert zu bezeichnen. Das Verhalten des Entwurfsobjekts muß aus dem Verhalten der untergeordneten Objekte auf Anforderungen abgeleitet werden, die mittels Kommunikation an sie gerichtet werden. Abstrakte Datentypen (ADT) bieten sich dafür als Lösungsansatz an, die Syntax und Semantik mittels einer Signatur und einer Menge von Gleichungen definieren. ADT sind jedoch als reine Spezifikationen zu sehen. Ausführbar wird eine derartige Spezifikation erst durch eine Implementierung, d. h. durch IADT. Sie beschreiben das Entwurfsobjekt mittels Befehlssätzen und ihrer Ausführungen aufgrund von externen Anforderungen an das Objekt. Dieses Modellierungskonzept ist vorzüglich geeignet, Objekte auf der PMS-Ebene zu beschreiben. Es ist jedoch weniger adäquat, eine Modellierung niedrigerer Abstraktionsebenen objektorientiert durchzuführen, da primitivere Komponenten, wie z. B. Gatter, Ausgangswerte nicht nur als Reaktion auf eine Anforderung („service request"), sondern kontinuierlich erzeugen. Darüber hinaus sind derartige Komponenten nebenläufig aktiv. Nebenläufige Operationen werden zumindest in üblichen objektorientierten Programmiersprachen nicht unterstützt.

Imperativ ausgerichtete Modellierung. Die Imperativ ausgerichtete Modellierung geht von einer zentralen Steuerung eines Systems aus, d. h. von einer Betrachtung aus der Sicht des Steuerwerks. Die Kommunikation innerhalb des Entwurfsobjekts wird durch einen globalen Algorithmus festgelegt, der die objektinterne Nebenläufigkeit geeignet berücksichtigt. Eine Objektmodellierung kann mittels zeitbehafteter interpretierter Petri-Netze („timed interpreted Petri nets", TIPN) oder mittels kommunizierender sequentieller Prozesse („communicating sequential processes", CSP) erfolgen.

TIPN sind erweiterte Stellen-Transitionen-Netze, die durch interpretiertes Schalten und durch Verzögerungsfunktionen beim Schalten gekennzeichnet sind. Den Transitionen werden dadurch Datenmanipulationen zugeordnet, ihre Ergebnisse werden verzögert weitergegeben. In der graphischen Repräsentation von TIPN wird die Interpretation und die Zeitbehaftung mittels einer Attributierung von Transitionen notiert.

CSP-basierte Modelle bestehen aus einer Menge von nebenläufig aktiven Prozessen und ihrer Kommunikationsstruktur, wobei jeder Prozeß strikt sequentiell ausgeführt wird. CSP, die auf C.A.R. Hoare zurückgehen, bilden die theoretische Basis u.a. der Programmiersprache OCCAM. Dieses Konzept erlaubt auf sehr einfache Weise die Darstellung nebenläufiger Abläufe, die in Hardware-Komponenten die Regel sind. Eine imperativ ausgerichtete Modellierung, die wahlweise mittels TIPN oder mittels CSP durchgeführt werden kann, ist geeignet für die algorithmische, aber auch für die PMS-Ebene. Somit kann ein Modellierungskonzept für die zwei obersten Abstraktionsebenen verwendet werden.

Reaktiv ausgerichtete Modellierung. Im Gegensatz zur imperativen Modellierung geht die Reaktiv ausgerichtete Modellierung von einer dezentralen Steuerung eines Systems aus. Informationen über die globale Steuerung sind nicht vorhanden. Das Gesamtsystem wird jetzt aus der Sicht der gesteuerten Objekte betrachtet, d. h. die imperative Betrachtungsweise wird invertiert. Wesentlich für die reaktive Sicht ist die Antwort der gesteuerten Objekte auf bestimmte Bedingungen. Die Objekte sind kontinuierlich aktiviert, d. h. nebenläufig aktiv, und reagieren selbständig bei erfüllten Bedingungen, die in gewisser Hinsicht wie Interrupts wirken. Die Modellierung der reaktiven Sicht kann direkt unter Verwendung von *„guarded commands"* erfolgen, die eine oder mehrere Aktionen für den Fall der erfüllten Bedingung spezifizieren.

Die reaktive Sicht ist direkt für die Registerebene anwendbar, da hier der Registertransfer, d. h. die Speicherung von Informationen unter bestimmten Bedingungen, im Vordergrund steht. Auf der PMS-Ebene kann dieses Konzept auch eingesetzt werden, wenn hauptsächlich Ausführbarkeitsbedingungen betrachtet werden.

Falls Bedingungen der „guarded command" immer erfüllt sind, dann werden die zugehörigen Aktionen kontinuierlich ausgeführt. Dies ist ein Sonderfall der „guarded commands", der als *Stimulierte Gleichungen* bezeichnet wird. Ein derartiges Gleichungssystem befindet sich normalerweise im Gleichgewicht. Aufgrund einer Wertänderung einer Eingangsvariablen (Stimulus) entsteht ein instabiler Zustand, dem der Versuch der Stabilisierung folgt. Systeme Boolescher Gleichungen oder auch Differentialgleichungen können als Stimulierte Gleichungen aufgefaßt werden. Die Modellierung von Entwurfsobjekten auf der Register-, der Logik- und der Schaltungs-Ebene ist somit unter Verwendung von „guarded commands" offensichtlich leicht möglich.

Das Verhalten von Entwurfsobjekten kann somit auf allen Abstraktionsebenen mit den vorgestellten Konzepten modelliert werden. Die Topologische

Ebene ist dabei ausgenommen, da sie, wie Tab. 2.1 zu entnehmen, keine
Verhaltenssicht aufweist. Die Relationen der Modellierungskonzepte zu den
Abstraktionsebenen sind in Abb. 2.4 dargestellt, wobei die Pyramidenform
der letzteren die Zunahme der Informationsmenge auf den unteren Ebenen
symbolisieren soll.

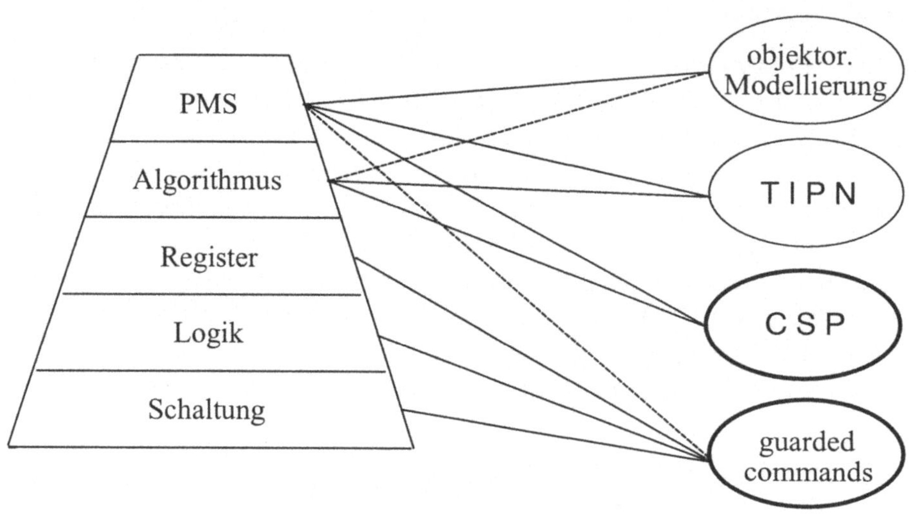

Abbildung 2.4: Abstraktionsebenen und Modellierungskonzepte

Dieser Abbildung ist zu entnehmen, daß bei Verwendung der Modellierungskonzepte CSP und „guarded command" die gesamte Abstraktionshierarchie
abgedeckt wird. Es ist somit kein Zufall, daß in der Hardware-Beschreibungssprache VHDL genau diese Konzepte implementiert sind, wie in Abb.
2.4 durch Hervorhebung dargestellt.

2.4   Entwurfsstile

Die verschiedenen Randbedingungen und Zielsetzungen bei VLSI-Entwürfen, wie z. B. die verfügbare Entwurfszeit, Restriktionen bei den Kosten,
Schaltungskomplexität und nicht zuletzt die erwarteten Stückzahlen führ-
ten zur Entstehung unterschiedlicher Entwurfsstile. Durch den Entwurfsstil
wird festgelegt, wie weit der Entwurfsvorgang automatisierbar ist, bzw. wie

groß die Freiheitsgrade für den Entwickler sind. Grob gesagt, ist bei der Wahl des Entwurfsstils zwischen schnellen und kostengünstigen Entwurfs- und Fertigungsvorgängen einerseits und einer optimalen Nutzung der verfügbaren Chip-Fläche und der Schaltgeschwindigkeit andererseits abzuwägen.

Ein wesentliches, sehr oft entscheidendes Kriterium ist dabei die Höhe der erwarteten Stückzahlen. Bei niedrigen Stückzahlen gilt es, den Entwurfsaufwand so gering wie möglich zu halten. Hohe Stückzahlen und entsprechend große Fertigungslose sorgen für niedrigere Stückkosten auch dann, wenn ein hoher Entwicklungsaufwand berücksichtigt werden muß. In diesen Fällen wird die verbrauchte Chip-Fläche zum entscheidenden Kostenfaktor, den es zu minimieren gilt. Die heutigen Entwurfsstile lassen sich grob in folgende Kategorien unterteilen:

- Full-Custom-Entwurf,

- Semi-Custom-Entwurf.

Full-Custom-Entwurf. Der Full-Custom-Entwurf ist durch sehr großen Zeit- und Kostenaufwand für Entwurf und Fertigung geprägt. Dem Aufwand steht aber ein Maximum an Ausnutzung der Chip-Fläche und die Möglichkeit, höchste Schaltgeschwindigkeiten und geringste Verlustleistungen zu realisieren, gegenüber. Daher wird dieser Entwurfsstil in erster Linie für Standardschaltungen, wie z. B. Mikroprozessoren, verwendet, bei denen ein Maximum an Schaltgeschwindigkeit gefordert wird und ein minimierter Chip-Flächenbedarf ökonomisch bedeutender ist, als hohe Kosten für Schaltkreisentwurf und Anlauf der Produktion. Wegen der hohen Freiheitsgrade für den Entwickler, z. B. der Möglichkeit, technologische Parameter selbst bestimmen zu können, hat der Full-Custom-Entwurf eine herausragende Bedeutung im Bereich der gemischt digital-analogen Schaltungen.

Semi-Custom-Entwürfe reduzieren den Aufwand für Entwicklung und Fertigung, indem sie diese Vorgänge automatisieren bzw. dadurch, daß (bei maskenprogrammierbaren Schaltungen) ein Teil der Fertigungsschritte nicht mehr individuell aufgelegt werden muß, sondern für viele Entwürfe gemeinsam ausgeführt werden kann. Dadurch sinkt die Mindeststückzahl, ab der eine VLSI-Implementierung ökonomisch rentabel wird. Der zur Zeit wichtigste Vertreter dieser Richtung ist der *Standardzellenentwurf* (s. Abschnitt 2.4.2.1).

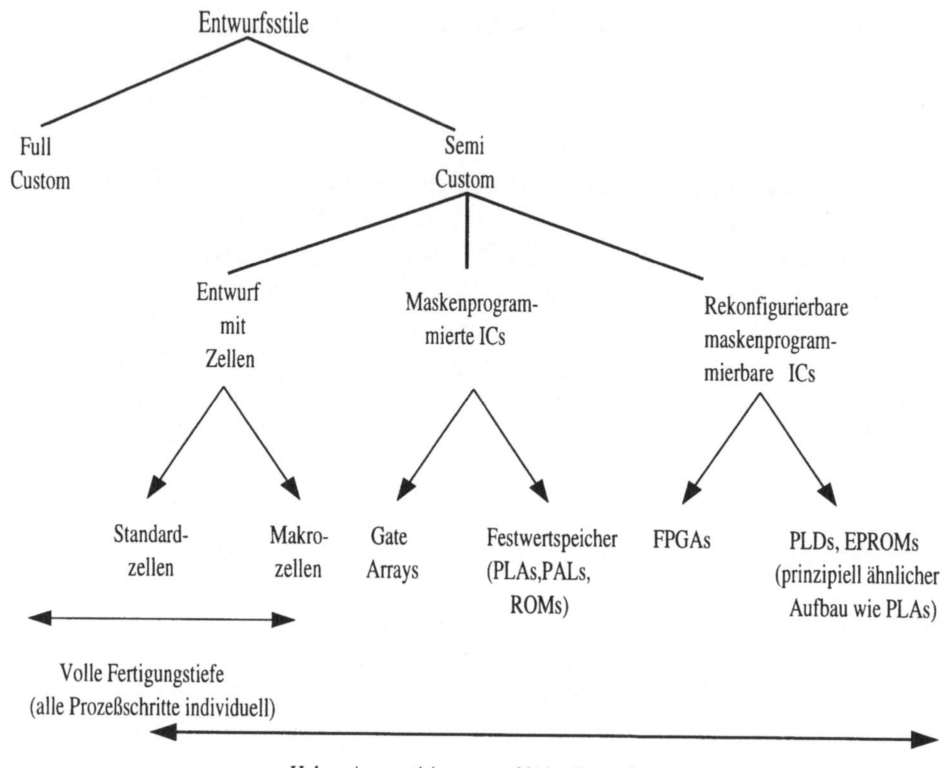

Abbildung 2.5: Entwurfsstile

2.4.1   Full-Custom-Entwurf

Full-Custom-Schaltungen werden ganz speziell nach den Vorgaben des Entwicklers entworfen und gefertigt. Durch individuelle Dimensionierung der Transistoren können Gatterausgänge an ihre jeweilige Beschaltung angepaßt werden. Da der Entwickler Zugriff auf die unterste Entwurfsebene hat, kann er auch elektrische Parameter wie z. B. die Verstärkungsfaktoren einzelner Transistoren individuell an die jeweiligen Bedürfnisse anpassen. Dies ist eine unabdingbare Voraussetzung für die Integration analoger Schaltfunktionen. Grundsätzlich besteht auch die Möglichkeit, gezielt einzelne

Teilschaltungen als handoptimierte Full-Custom-Entwürfe zu erstellen und diese dann in einen Standardzellenentwurf (s. Abschnitt 2.4.2.1) einzubinden. Die für Standardzellenentwürfe benötigten Zellenbibliotheken basieren auf Full-Custom-Entwürfen, womit die Full-Custom-Technik auch als Basis für die anderen Entwurfsstile angesehen werden kann.

Weil auch die Gestaltung des Layouts dem Entwickler obliegt, ist eine sehr enge Beziehung zur Halbleitertechnologie gegeben. Vielfach werden Full-Custom-Entwürfe auch von den Halbleiterherstellern selbst durchgeführt. Wegen der hohen Freiheitsgrade ist die Gefahr layout-bedingter, elektrischer Fehler besonders groß, so daß mitunter langwierige und teure Neuentwürfe (Redesigns) notwendig sind.

Ein Full-Custom-Entwurf legt alle Maskenebenen fest, daher muß für jeden Entwurf jeder einzelne Fertigungsschritt einschließlich der zugehörigen Masken individuell neu aufgelegt werden. Dies führt zu langen Lieferzeiten und sehr hohen Kosten. Daher werden Full-Custom-Entwürfe von kompletten Schaltungen in der Regel nur bei großen Stückzahlen durchgeführt.

2.4.2 Semi-Custom-Entwurfsstile

Semi-Custom-Entwurfstechniken sind dadurch gekennzeichnet, daß sie die Freiheitsgrade des Entwicklers zu Gunsten einer erhöhten Automatisierbarkeit von Fertigung und Entwurf einschränken. Je nach Entwurfsstil werden die Transistordimensionierungen oder auch ganze Gatterstrukturen durch vom Halbleiterhersteller gelieferte Bibliotheken vorgegeben. Semi-Custom-Entwürfe eignen sich besonders für kleinere und mittlere Stückzahlen und sind auch dann vorzuziehen, wenn kurze Entwicklungszeiten im Vordergrund stehen oder Platzbedarf und Schaltzeiten eher unkritisch sind. Im folgenden soll nun ein Überblick der gebräuchlichsten Semi-Custom-Entwurfsstile gegeben und im Anschluß daran auf einige Entwurfsstile näher eingegangen werden. Die Semi-Custom-Entwurfsstile sind in drei Gruppen unterteilbar (s. Abb. 2.5):

1. Zellenorientierte Entwurfsstile,

2. Maskenprogrammierte Schaltungen,

3. Rekonfigurierbar maskenprogrammierbare Schaltungen.

Zellenorientierter Entwurf. Die Schaltung wird beim Zellenorientierten Enwurf vom Entwickler aus *Standardzellen*, die vom Schaltkreishersteller vorgegeben sind, zusammengestellt. Die Anordnung der Standardzellen auf dem Chip und deren „Verdrahtung" („place and route") wird von der Entwurfs-Software weitgehend automatisch vorgenommen. Wie beim Full-Custom-Entwurf müssen alle Fertigungsschritte individuell erfolgen. Dies bedingt einerseits den vollen Zeit- und Kostenaufwand für die Fertigung, andererseits wird so aber die Möglichkeit geschaffen, auf einem Chip Standardzellen mit handoptimierten Zellen aus einem Full-Custom-Entwurf zu kombinieren. Auf die Standardzellentechnik wird später (s. Abschnitt 2.4.2.1) näher eingegangen.

Die Makrozellentechnik (s. Abschnitt 2.4.2.2) stellt eine Erweiterung der Standardzellentechnik dar, die es dem Entwickler ermöglicht, die Anordnung der Zellen auf dem Chip zu beeinflussen und aufgrund flexiblerer Zellenabmessungen die Flächenausnutzung gegenüber dem reinen Standardzellenentwurf zu verbessern.

Maskenprogrammierte Schaltungen werden mit *Wafern* (Siliziumscheiben) realisiert, auf denen bereits eine große Anzahl verschiedener Zellen (Transistoren, Gatter und Treiber) vorfabriziert wurden. Der Entwickler legt lediglich die Verbindungen zwischen den von ihm benötigten Funktionseinheiten (Zellen) fest. Dieser Vorgang wird auch als „Programmierung", oder besser als *Personalisierung* bezeichnet. Beim Fertigungsprozeß müssen lediglich jene Entwurfsschritte individuell durchgeführt werden, die für die Verdrahtungsebenen zuständig sind. Dies führt im Vergleich zu Full-Custom-Design und zellenorientierten Entwurfsstilen zu stark verminderten Lieferzeiten und Fertigungskosten, da der Hersteller die vorgefertigten Wafer in großen Serien fertigt, lagert und die Kosten für die Halbfertigprodukte auf hohe Stückzahlen umlegen kann.

Gegenüber den zellenorientierten Entwurfsstilen besteht hier allerdings der Nachteil, daß nicht jede der auf dem Wafer vorhandenen Zellen für die Schaltung genutzt werden kann: Nicht alle der vorgefertigten Zellen der verschiedenen Dimensionierungen und Typen werden auch tatsächlich benötigt. Darüber hinaus ist deren Plazierung fest vorgegeben, ebenso wie die Breite der Verdrahtungskanäle. Typische Vertreter maskenprogrammierbarer Schaltungen sind *Gate-Arrays* (s. Abschnitt 2.4.2.3), aber auch Festwertspeicher wie ROMs und PLAs. Bei den sogenannten *Sea-of-Gates* (s. Abschnitt

2.4.2.4) kann auf Verdrahtungskanäle verzichtet werden, was zu einer größeren Flexibilität bei der Verdrahtung und damit zu einer entsprechend besseren Ausnutzung der Chip-Fläche führt.

Rekonfigurierbar maskenprogrammierbare Schaltungen. Von ihren Grundprinzipien her ähneln die rekonfigurierbar maskenprogrammierbaren Schaltungen und Entwurfsstile den maskenprogrammierten Schaltungen. Allerdings erfolgt hier die Durchführung der anwenderspezifischen Fabrikationsschritte, die Personalisierung, durch den Entwickler selbst. Dies kann beispielsweise, ähnlich wie bei EEPROMS, auf elektrischem Wege mit einem Programmiergerät erfolgen („Chip-Fabrik des kleinen Mannes"). Aktuelle Beispiele für diese rasch an Leistungsfähigkeit und Bedeutung gewinnenden Technologien sind die *FPGAs* (Field Programmable Gate Arrays). In ihrer grundlegenden Struktur ähneln FPGAs den Gate-Arrays. Auch bei den FPGAs befinden sich auf dem Baustein vorgefertigte, fest plazierte Funktionseinheiten, die hier nun vom Entwickler mit Hilfe eines Programmiergeräts „verdrahtet" werden können. Diese Personalisierung kann später wieder abgeändert oder rückgängig gemacht werden. Es befinden sich auch schon Versionen auf dem Markt, die *dynamisch*, d. h. während des Betriebs durch Laden einer Datei in ein bausteininternes Konfigurations-RAM, personalisiert werden können. Wegen der gegenüber maskenprogrammierbaren Schaltungen sehr geringen Fixkosten und aufgrund der Wiederverwendbarkeit gewinnen FPGAs und andere rekonfigurierbare Schaltungstypen rasch an Bedeutung. Dies gilt insbesondere für sehr kleine Serien (z. B. zehn Stück) und für Testversionen (Prototyping).

Im Zusammenhang mit maskenprogrammierten, insbesondere auch bei rekonfigurierbar maskenprogrammierbaren Schaltkreisen, sind Qualität und Leistungsfähigkeit der Entwurfs-Software von besonderer Wichtigkeit. Zwar ist grundsätzlich, wegen der automatisierten Auswahl und Verdrahtung, der Entwurfsaufwand für den Entwickler relativ gering jedoch hat sich bei vielen Entwürfen gezeigt, daß die kommerziell vertriebenen Werkzeuge oft nur unbefriedigende Ergebnisse bezüglich der Ausnutzung von vorhandenen Funktionseinheiten (z. B. nur 50% wegen „Verdrahtungsstau") liefern. Dies führte zu Eigenentwicklungen von maßgeschneiderter Software durch einzelne Anwender, die zumindest bei den jeweiligen, individuellen Entwürfen erheblich bessere Flächenausnutzung und teilweise wesentlich höhere Schaltgeschwindigkeiten ermöglichen.

2.4.2.1 Standardzellen

Zur Vermeidung des Nachteils der vergleichsweise geringen Packungsdichte maskenprogrammierbarer Schaltungen, welcher in erster Linie auf die relativ große Anzahl ungenutzter Bauelemente zurückzuführen ist, wurde die Standardzellentechnik entwickelt. Der Entwickler greift auf optimierte Zellen zu, die ihm vom Halbleiterhersteller in Form von Bibliotheken zur Verfügung gestellt werden. Die Funktion dieser Logikzellen, die i. allg. als *Standardzellen* bezeichnet werden, ist meist stark an die der Bausteine aus Standardschaltkreisfamilien, wie z. B. der 74xx-Serie, angelehnt. Darüber hinaus sind auch Standardzellen für den Entwurf analoger Schaltungen verfügbar.

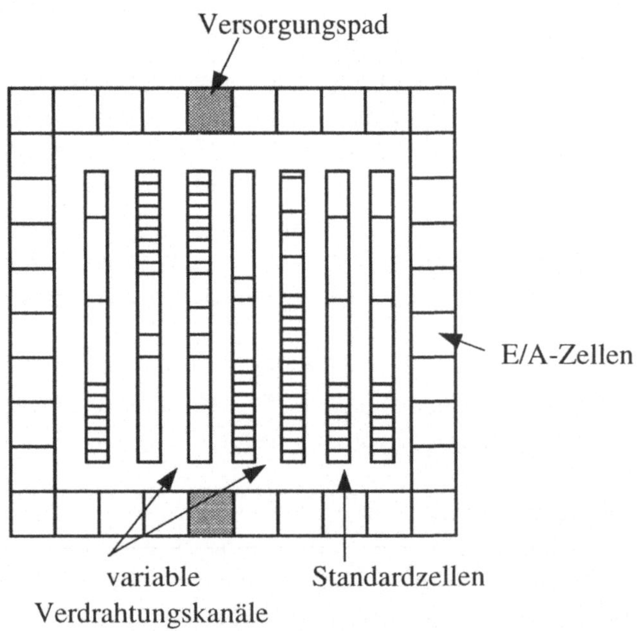

Abbildung 2.6: Standardzellen-Layout

Neben der Zusammenstellung vorgefertigter Standardzellen ist auch deren *Plazierung* und *Verdrahtung* Bestandteil eines Entwurfsvorgangs nach dem Standardzellenprinzip. Bei diesem weitgehend automatisierten Vorgang werden alle verwendeten Standardzellen in vorgegebenen Zeilen plaziert und anschließend verdrahtet (s. Abb. 2.6). Die vom Benutzer vorgenommene

Strukturierung in Unterkomponenten bleibt dabei unberücksichtigt. Alle Standardzellen weisen die gleiche Höhe auf und haben ihre Anschlüsse an den oberen und unteren Kanten, so daß deren Verdrahtung über die Verdrahtungskanäle zwischen den Standardzellenreihen erfolgen kann.

Mitunter ist das Ergebnis der automatischen Plazierung und Verdrahtung unvollständig, da die Leistungsfähigkeit der Verdrahtungsalgorithmen begrenzt ist. Vielfach führen auch zu lange Verbindungen zu hohen Signallaufzeiten und Fanout-Überschreitungen. In diesen Fällen müssen Vorgaben von Hand erfolgen bzw. die Treiberleistungen bestimmter Ausgänge erhöht werden.

2.4.2.2 Makrozellen

Die Makrozellentechnik ist eine Weiterentwicklung der Standardzellentechnik und gibt dem Anwender die Möglichkeit, *funktionale Blöcke* zu definieren, die beim Plazierungs- und Verdrahtungsvorgang als abgeschlossene Einheit behandelt werden. Diese funktionalen Blöcke werden als *Makrozellen* bezeichnet. Neben Makrozellen, die vom Benutzer aus Standardzellen zusammengesetzt wurden, sind auch automatisch generierte Funktionsblöcke mit regulären Strukturen möglich. Beispiele hierfür sind RAMs, ROMs und PLAs.

Bei der Layout-Erstellung werden zunächst die Teil-Layouts für die Makrozellen generiert. Die räumliche Anordnung der Standardzellen innerhalb einer Makrozelle wird als *Plazierung* bezeichnet. Dann werden die verschiedenen Makrozellen auf der verfügbaren Chip-Fläche plaziert, dieser Vorgang heißt i. allg. *Floorplanning*. Da sowohl die Höhe als auch die Breite der Makrozellen vom Entwickler frei bestimmt werden können und Anschlüsse an beliebigen Stellen angeordnet werden dürfen, sind dabei weitere Optimierungsmöglichkeiten für Packungsdichte und Signallaufzeiten gegeben. Die Makrozellentechnik behebt zwei schwerwiegende Nachteile der Standardzellentechnik und erlaubt somit:

- Integrierbarkeit automatisch generierter Teil-Layouts mit regulären Strukturen, wie RAMs, ROMs und PLAs,

- Berücksichtigung des Signalflusses,

- Integration von Full-Custom-Entwürfen, wie z. B. Mikroprozessorkernen.

Bei der Modularisierung kann der Signalfluß berücksichtigt werden, da funktional zusammengehörige Schaltungsteile zu einem geschlossenen Block zusammengefaßt und wie ein „Chip im Chip" separat angeordnet und verdrahtet werden. Insbesondere kann so die benachbarte Anordnung zusammenhängender Schaltungsteile erzwungen werden, was wiederum die Länge zeitkritischer Pfade zu verkürzen hilft.

Insgesamt führen die höheren Freiheitsgrade bei der Makrozellentechnik zu höheren Packungsdichten und den damit verbundenen Vorteilen bei Verlustleistung und Geschwindigkeit. Nachteilig wirkt sich der größere Entwurfsaufwand aus, insbesondere dann, wenn in der Bibliothek noch keine fertigen Blöcke vorhanden, bzw. wenn keine Generatoren verfügbar sind.

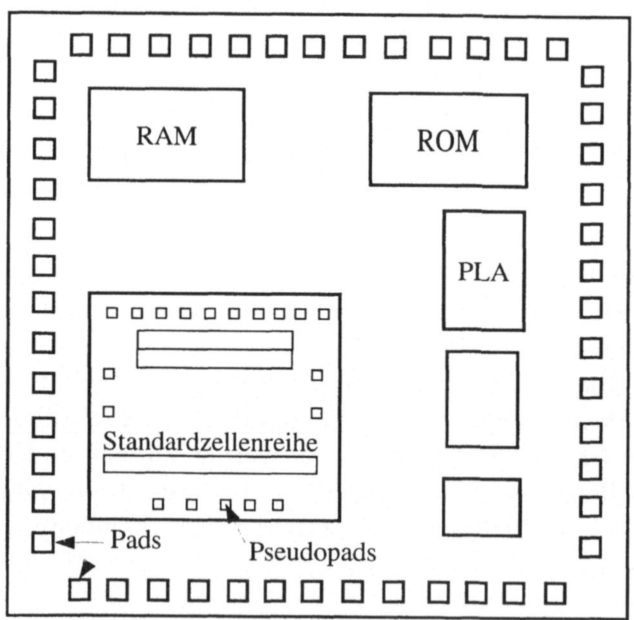

Abbildung 2.7: Makrozellen-Layout

In Kapitel 6 wird näher auf die Schritte Floorplanning, Plazierung und Verdrahtung eingegangen.

2.4.2.3 Gate-Arrays

Ein Gate-Array ist eine integrierte VLSI-Schaltung, in der matrixartig angeordnete Gatterstrukturen oder einzelne Bauelemente, wie z. B. Transistoren, *unverdrahtet* untergebracht sind. Die Arbeit des Entwicklers beschränkt sich auf die Verdrahtung, bei der beispielsweise die vorgefertigten Transistoren zu den benötigten Gattern verbunden werden. Wie beim Full-Custom-Entwurf können auch hier individuelle Gatter erzeugt werden, allerdings führen die Standardtransistoren bei unterschiedlichen Belastungen zu uneinheitlichen Laufzeiten. Den kurzen Entwicklungszeiten und den relativ geringen Entwurfs- und Herstellungskosten stehen die Nachteile einer verminderten Taktfrequenz, erhöhter Verlustleistung und vor allen Dingen einer geringeren Packungsdichte gegenüber.

Auch für Gate-Arrays werden vom Halbleiterhersteller Zellenbibliotheken erstellt. Allerdings brauchen in diesen Bibliotheken für die einzelnen Zellen lediglich Verdrahtungsinformationen abgespeichert zu sein. Die Plazierung einer Gate-Array-Zelle entspricht somit eher einer Auswahl und Verdrahtung von bereits vorhandenen Strukturen.

2.4.2.4 Sea-of-Gates

Sea-of-Gates, oder auch „channeless arrays" sind Gate-Array-Varianten, die einen der Nachteile einfacher Gate-Arrays, nämlich das starre Verdrahtungsschema und den daraus resultierenden Verschnitt an Chip-Fläche, überwinden. Bei Sea-of-Gates werden innerhalb des Kernbereichs keine Verdrahtungsflächen reserviert, wie es ansonsten durch die feste Vorgabe von Verdrahtungskanälen geschieht. Statt dessen wird der für die Verdrahtung benötigte Raum durch die Nichtverwendung von Transistoren gewonnen: Die Verbindungsleitungen werden über den Zellen angeordnet. Transistoren, die unterhalb dieser Leitungen liegen, müssen unbenutzt bleiben. Für die Verdrahtung stehen mindestens zwei Metallisierungsebenen zur Verfügung, die vollständig vom Entwickler konfiguriert werden können.

Wichtigster Vorteil dieser flexiblen Aufteilung zwischen aktiver Fläche und Verdrahtungsraum ist eine gegenüber einfachen Gate-Arrays deutlich vergrößerte Packungsdichte. Da die Anordnung der Transistoren jedoch weiterhin fest vorgegeben ist, bleibt die Packungsdichte in der Regel aber noch deutlich geringer als beim Standardzellenentwurf. Sea-of-Gates bieten insbesondere auch effiziente Implementierungsmöglichkeiten für reguläre Strukturen. Bei Gate-Arrays, aber auch beim Standardzellenentwurf, erzwingen die starr vorgegebenen Verdrahtungskanäle ein „künstliches" Auseinanderreißen regulär strukturierter Einheiten, wie z. B. Speicher- und Registerblöcke.

Nachteilig sind die höheren Fixkosten bei der Fertigung, da mindestens zwei Metallisierungsmasken individuell erstellt werden müssen. Die höheren Freiheitsgrade bei der Plazierung und Verdrahtung werden durch einen insgesamt komplexeren Entwurfsvorgang erkauft. Es sind mehr Entwurfsregeln als beim Gate-Array-Entwurf zu beachten, was auch komplexere Entwurfswerkzeuge notwendig macht.

2.5   Entwurfsablauf

Die ingenieurmäßige Entwicklung technischer Produkte besteht i. allg. aus einer Abfolge konstruktiver (generierender) und überprüfender Arbeitsschritte. Ziel eines Entwicklungsprozesses ist es, ein fertigbares Produkt zu erhalten, das die zu Beginn der Entwicklung festgelegten Eigenschaften aufweist. Derartige Eigenschaften sind in erster Linie technische Spezifikationen, die Funktion und Leistungsdaten festlegen, aber auch nicht zuletzt nichttechnische Eigenschaften, wie Materialkosten, Investitionen für den Fertigungsablauf oder auch Wartbarkeit.

2.5.1   Generierende Aktivitäten

Als erste generierende Aktivität im Entwurfsablauf ist die Erstellung einer Spezifikation anzusehen, die auch als *Entwurfserfassung* bezeichnet wird. Da dies eine Beschreibung der Funktionalität des Entwurfsobjekts enthält (*„was tut das Objekt ?"*), ist die Spezifikation der Verhaltensdomäne einer i. allg. hohen Abstraktionsebene (PMS- oder zumindest Algorithmische Ebene) zuzuordnen. Spezifikationen in der Strukturdomäne sind möglich, sollten aber in Anbetracht der Komplexität heutiger Entwurfsobjekte nur mit Bedacht genutzt werden.

Ausgehend von der Verhaltensbeschreibung erfolgt als nächster Generierungsschritt eine Verfeinerung. Es muß jetzt unterschieden werden, ob die Verfeinerung der gleichen Entwurfsdomäne angehört oder ein Domänen-wechsel erfolgt. Im ersten Fall wird der Verfeinerungsschritt *Implementie-rung* genannt, im zweiten wird die Aktivität als *Synthese* bezeichnet. Dabei ist die Abbildung Verhalten $\rightarrow$ Struktur (Struktursynthese) oder Struktur $\rightarrow$ Geometrie (Layout-Synthese bzw. Generierung) möglich, da die direk-te Umsetzung einer Verhaltensbeschreibung in eine Fertigungsbeschreibung außer für triviale Fälle nicht möglich ist.

Generierende Aktivitäten im Entwurfsablauf sind somit

- Entwurfserfassung,

- Implementierung,

- Synthese,

wobei die letztgenannten als Transformationen einer Beschreibung in ei-ne andere (verfeinerte) Beschreibung des Entwurfsobjekts aufgefaßt werden können.

Die Entwurfserfassung kann im Prinzip in einer natürlichen Sprache erfol-gen. Derartige informale Spezifikationen werden zu einem „Pflichtenheft" zusammengefaßt und bilden die Grundlage einer Entwicklung. Nachteile dieser Vorgehensweise liegen auf der Hand: Mißverständlichkeit, Unvoll-ständigkeit und mangelnde Überprüfungsmöglichkeiten durch das Fehlen ausführbarer Spezifikationen.

Ausführbare Spezifikationen, die anzustreben sind, erfordern jedoch eine Modellerstellung des Objektes in einer geeigneten formalen Beschreibungs-sprache.

2.5.2 Überprüfende Aktivitäten

Aus den bisherigen Erläuterungen wird die Notwendigkeit überprüfender Aktivitäten ersichtlich. Zunächst muß die Spezifikation dahingehend be-wertet werden, ob die Entwurfsabsicht erfaßt und dadurch das angestreb-te Objektverhalten definiert ist. Darüber hinaus muß das Ergebnis jeder Transformation überprüft werden, ob es mit den Entwurfsabsichten über-einstimmt. Somit ist nach jeder generierenden eine überprüfende Aktivität erforderlich.

Grundsätzlich gibt es zwei mögliche Vorgehensweisen zur Durchführung überprüfender Aktivitäten:

- **Verifikation**

  Objektbeschreibungen werden mittels formaler Methoden auf Übereinstimmung bzw. auf die Einhaltung eines Sollverhaltens geprüft. Es wird somit ein *Korrektheitsbeweis* geführt.

- **Validierung**

  Der *Korrektheitsnachweis* (kein Beweis!) wird experimentell geführt. Dies bedeutet jedoch nicht, daß eine Realisierung des Objekts erforderlich ist. Experimente werden mittels Simulation durchgeführt, die das Verhalten eines Modells des Entwurfsobjekts mit Hilfe mathematischer Methoden nachbildet. Soll beispielsweise die Korrektheit eines Syntheseschritts nachgewiesen werden, dann sind die Ergebnisse der Simulationen beider Beschreibungen (z. B. Verhaltens- und Strukturbeschreibung) bei identischen Betriebsbedingungen des Objekts auf Übereinstimmung zu prüfen.

Die Methode der Verifikation, die als einzige die Vollständigkeit der Überprüfung garantieren kann, sollte in jedem Fall bevorzugt werden. Ihr Einsatz erfordert inverse Operationen zu den generierenden Aktivitäten Implementierung und Synthese, nämlich *Abstraktion* und *Extraktion*.

Abstraktion ist die inverse Operation zur Implementierung, die zwischen Abstraktionsebenen einer Entwurfsdomäne transformiert.

Bei der Extraktion wird, ähnlich wie bei der Synthese, unterschieden zwischen *Verhaltensextraktion* aus einer Strukturbeschreibung und *Strukturextraktion* aus einer Layout-Beschreibung. Beispielsweise ist eine Strukturextraktion, die eine strukturelle Beschreibung (Netzliste) aus dem Layout einer transistorgestützten Schaltung erzeugt, zur Durchführung eines Netzlistenvergleichs (Isomorphie-Prüfung) mit der ursprünglichen Strukturbeschreibung erforderlich.

Diese Verifikationsmethode wird im Full-Custom-Entwurf integrierter Schaltungen standardmäßig eingesetzt. Die Verhaltensverifikation ist derzeit noch Gegenstand der Forschung. Man ist deshalb für praktische Aufgabenstellungen in der Regel auf die Validierung mittels Simulation angewiesen.

2.5.3 Entwurfsablauf im Y-Diagramm

Eine Verdeutlichung der vorgestellten Entwurfsaktivitäten kann mittels des Y-Diagramms erreicht werden. Generierende Aktivitäten, wie Implementierung (I), Struktursynthese (S_S) und Layout-Synthese (S_L) und Teile überprüfender Aktivitäten, wie Abstraktion (A), Verhaltensextraktion (E_V) und Strukturextraktion (E_S), sind in Abb. 2.8 dargestellt.

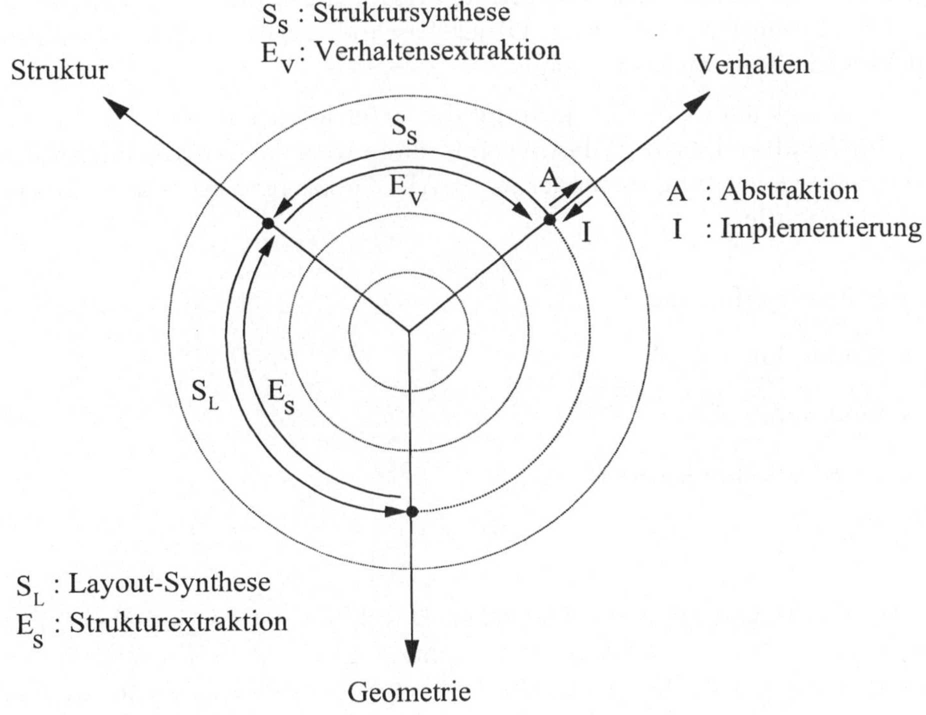

Abbildung 2.8: Entwurfsaktivitäten

Der Entwicklungsablauf des Praktikumsprozessors *PMP12*, der in Kapitel 8 erläutert wird, läßt sich, wie anhand der Praktikumsaufgaben gezeigt wird, am Y-Diagramm leicht nachvollziehen.

2.5.4 Idealisierte und reale Entwurfsabläufe

Eine sequentielle Darstellung der generierenden Aktivitäten aus Abb. 2.8 ergibt eine Abfolge von Syntheseschritten, die im Idealfall eine Spezifikation des Entwurfsobjekts in eine fertigungsfähige Beschreibung transformieren. Abb. 2.9a) enthält die idealisierte Darstellung eines Entwurfsablaufs, der nur unter vielfältigen Voraussetzungen (z. B. vollständige und konsistente Spezifikation, fehlerfreie Syntheseschritte) durchführbar ist. In der Praxis kann man jedoch davon ausgehen, daß mindestens eine der Voraussetzungen für den idealen Entwurfsablauf nicht erfüllt ist. Es ist deshalb i. allg. unerläßlich, jede generierende Aktivität durch eine überprüfende Maßnahme zu ergänzen. Abb. 2.9b) zeigt einen Entwurfsablauf, in dem eine Validierung der Transformationen zwischen Objektbeschreibungen mittels Simulation und Vergleichsoperationen erfolgt.

Berücksichtigt man die Überprüfung des gefertigten Objektes, d. h. den Test des Schaltkreises bzw. des Systems, dann wird der Entwicklungsablauf durch eine Anwendung folgender, als CAE-Werkzeuge verfügbarer Methoden implementiert:

- Entwurfserfassung,

- Simulation,

- Synthese,

- Physikalischer Entwurf,

- Test.

Zur Unterstützung oder automatischen Durchführung der jeweiligen Entwurfsaufgaben stehen Software-Programme, sog. *CAE-Werkzeuge*, zur Verfügung. In den restlichen Kapiteln des ersten Teils stehen die für die verschiedenen Entwurfsschritte benötigten CAE-Werkzeuge im Mittelpunkt der Betrachtungen.

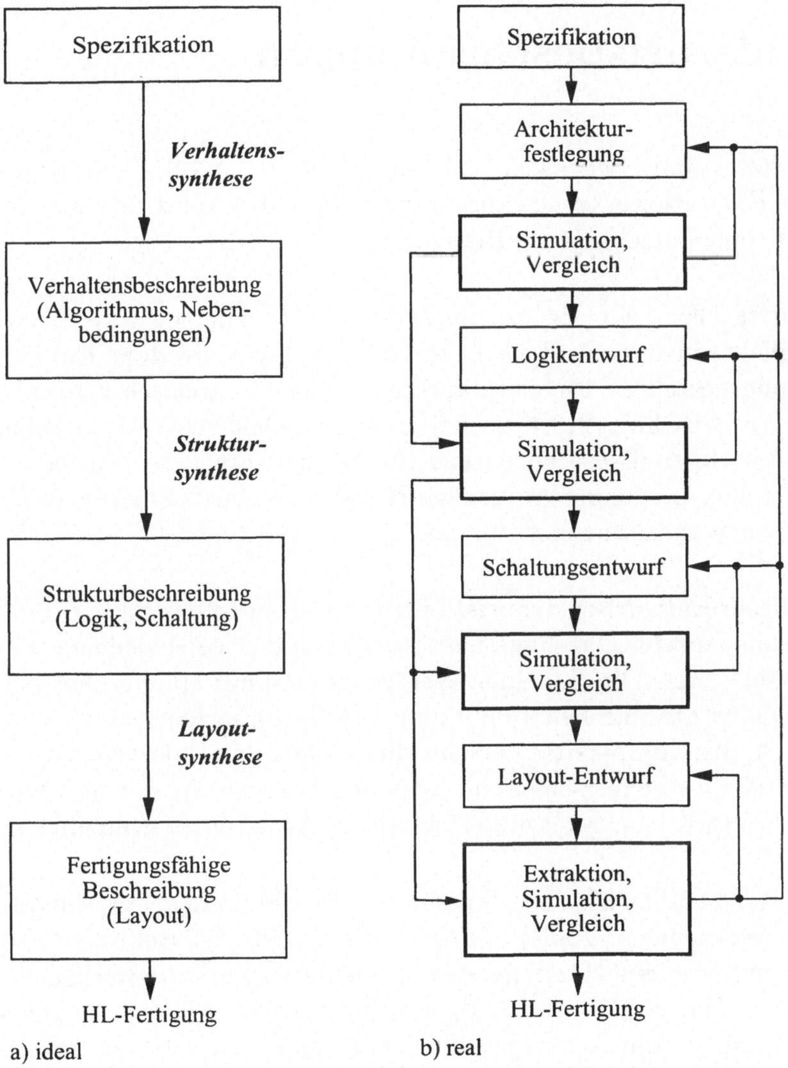

Abbildung 2.9: Abfolge von Entwurfsschritten

3 Entwurfsbeschreibungen

Angesichts der ständig wachsenden Komplexität von VLSI-Entwürfen gewinnen die Entwurfswerkzeuge, mit denen diese Komplexität beherrscht werden muß, eine entscheidende Bedeutung.

Um Entwurfsgrößen, wie sie die fortschreitende technologische Entwicklung ermöglicht, in den Griff zu bekommen, müssen die dem Entwickler zur Verfügung gestellten Entwurfswerkzeuge den hierarchisch strukturierten Entwurf (s. Abschnitt 2.1.4) auch über verschiedene Abstraktionsebenen hinweg unterstützen. Diese Forderung führte zur Entwicklung integrierter Entwurfssysteme, in denen Werkzeuge für alle Entwurfsschritte und Abstraktionsebenen zusammengefaßt sind.

Innerhalb dieser Entwurfssysteme ist idealerweise ein reibungsloser, für den Benutzer transparenter Datenaustausch zwischen den verschiedenen Werkzeugen gewährleistet. Die einzelnen Werkzeuge sind mit einer einheitlichen, menügesteuerten graphischen Benutzungsoberfläche ausgestattet. Nur so ist es möglich, die Komplexität, welche allein schon das Entwurfssystem als solches darstellt, zu beherrschen und auch unerfahrenen Anwendern bereits nach kurzer Einarbeitungszeit ein erfolgreiches Arbeiten zu ermöglichen.

Dieses Kapitel befaßt sich mit den für die Beschreibung von Entwürfen benötigten Werkzeugen (*Tools*). Obwohl die Details der Benutzerführung stark von dem jeweiligen Hersteller des betrachteten Entwurfswerkzeugs geprägt sind, soll hier ein Überblick allgemein verbreiteter Konzepte gegeben und so die Einarbeitung in das jeweils verwendete Entwurfssystem erleichtert werden. Auch wenn stellenweise exemplarisch auf Werkzeuge von *Mentor Graphics* und von *Synopsys, Inc.* eingegangen wird, so ist dieses Kapitel doch hinreichend allgemein gehalten, daß sich die vorgestellten Konzepte für Funktionalität und Benutzerführung in vollem Umfang auf die Systeme anderer Hersteller übertragen lassen.

3.1 Entwurfserfassung

Für die Entwurfseingabe stellen Entwurfssysteme einen Satz von alphanumerischen und graphischen Editoren zur Verfügung. Diese dienen der Anzeige, Eingabe und Veränderung von Schaltungsmodellen wie z. B. *Schematics* (graphische Darstellungen von Schaltplänen), Symbolen (Schaltzeichen) oder Beschreibungen in Hardware-Beschreibungssprachen auf verschiedenen Abstraktionsebenen. Bei der Eingabe eines Entwurfs werden üblicherweise folgende Schritte durchgeführt:

1. **Erstellung eines Modells,** wie eines Schematics oder einer VHDL-Beschreibung, mit den entsprechenden Editoren. Die Modelle beschreiben die Struktur oder das Verhalten des Entwurfs.

2. **Generierung eines zugehörigen Symbols** (Schaltzeichens), welches bei der Instantiierung die Schaltung und deren Schnittstelle graphisch repräsentiert. Symbole definieren weder die Struktur noch das Verhalten der Schaltung und gehören somit zu den *nicht-funktionalen* Modellen. Auf die Erstellung von Symbolen wird in Abschnitt 3.2.2 näher eingegangen.

3. **Überprüfung** des Modells (z. B. Schematics) und des ihm zugeordneten Symbols auf deren formale Korrektheit. Dabei werden formale Fehler wie z. B. nicht angeschlossene, d. h. „in der Luft hängende" Eingänge ebenso erkannt wie Anschlüsse des Symbols, für die das funktionale Modell keine zugehörigen Ein- oder Ausgänge zur Verfügung stellt. Manche Entwurfssysteme führen diesen Schritt automatisch beim Abspeichern der Modelle durch, so daß er in diesen Fällen nicht explizit vom Benutzer angefordert werden muß.

Schaltplaneingabe. Bevor die durch Schaltplaneingabe erstellten Modelle für nachfolgende Entwurfsschritte zur Verfügung stehen, müssen sie in ein Format gebracht werden, das von weiterführenden Anwendungen, wie Simulatoren oder Layout-Generatoren, gelesen werden kann. Diese Programme erwarten meistens eine *Netzliste*, also eine strukturelle Darstellung des Entwurfobjektes, die aus der Beschreibung der Verbindungen von Basiskomponenten einer Bibliothek besteht. Bei den meisten integrierten Entwurfssystemen speichern die graphischen Editoren die Entwürfe bereits in dem benötigten Netzlistenformat ab. Die Logiksimulatoren einiger Systeme, z. B. *Quicksim II* von Mentor Graphics, können auch die Ausgabe des system-eigenen VHDL-Compilers ausführen. In allen anderen Fällen wird zur Konvertierung ein sogenannter *Netzlisten-Compiler* benötigt.

Hardware-Beschreibungssprache. Die Vorgehensweise der Entwurfs-erfassung in einer Hardware-Beschreibungssprache mit einem Texteditor ähnelt der Software-Programmierung und erfordert keine leistungsfähigen Graphik-Rechner. Im Vordergund der Beschreibung von Hardware in VHDL steht die Art und Weise der Formulierung des Verhaltens auf unterschiedlichen Abstraktionsebenen (s. Abschnitt 3.4). Daher befassen sich damit eingehend die Aufgaben des Praktikums zum Top-down-Entwurf. VHDL bietet die Möglichkeit, über eine Konfiguration (s. Abschnitt 4.3.6.3) Modelle von Komponenten auszutauschen, so daß flexibel verschiedene Entwurfsalternativen untersucht werden können. Die graphische Erstellung struktureller VHDL-Beschreibungen ähnelt der nachfolgend beschriebenen Schaltplaneingabe.

3.2   Schaltplaneingabe

3.2.1   Schematic-Editoren

Schematic-Editoren dienen der graphischen Eingabe und Darstellung von Schaltplänen und zählen somit zu den graphisch orientierten Editoren. Sie werden meistens über eine baumartig organisierte Fensteroberfläche zur Selektion der gewünschten Aktion gesteuert.

3.2.1.1 Schematic-Elemente

Die zu bearbeitenden Schematics bestehen i. allg. aus folgenden Elementen:

Bibliothekszellen sind die grundlegenden Elemente bei der Erstellung von Schematics. Hierbei handelt es sich um einfache Logikgatter, Flip-Flops, Registerbausteine und Multiplexer. Diese Elemente werden durch die entsprechenden, genormten Schaltsymbole repräsentiert. Für sie ist ein Simulationsmodell definiert.

Verbindungen. Ein großer Teil des Zeitaufwands bei der Entwurfseingabe wird für die Definition der elektrischen Verbindungen zwischen den einzelnen Bauteilen benötigt. Neben den explizit als Linien erkennbaren Leitungen („*wires*") ist es meistens auch möglich, durch Vergabe gleichlautender Bezeichner leitende Verbindungen zwischen verschiedenen Punkten in einem Schematic zu definieren. Dadurch kann die Eingabe des Entwurfs beschleunigt werden, mitunter aber auf Kosten der Lesbarkeit des Schaltplans.

Außer Einzelverbindungen können auch *Bündel* definiert und so mehrere Leitungen in einem Objekt optisch und logisch zusammengefaßt werden. Da in der Terminologie von Entwurfssystemen meistens für die Zusammenfassung mehrerer Einzelsignale zu einem *Array* (Feld) der Begriff *Bus* verwendet wird, werden wir im folgenden auch diesen Begriff benutzen. Die Unterscheidung zwischen Einzelverbindung und Bussen wird bei vielen Entwurfssystemen über deren Bezeichner vorgenommen. So wird bei Mentor Graphics dem eigentlichen Bezeichner ein Ausdruck mit den Kennungen der höchst- und niederwertigsten Leitung nachgestellt. Der Name $INPUT(3:0)$ markiert z. B. ein Vierfach-Signal, das aus den Einzelsignalen $INPUT(3) \ldots INPUT(0)$ besteht.

Die Definition von Bussen verbessert nicht nur die Lesbarkeit der Schematics erheblich, es wird so auch möglich, in der Logiksimulation alle Signale eines Busses gemeinsam anzusprechen und deren logische Zustände als einen Wert anzuzeigen. So kann z. B. ein 8 Bit breiter Bus mit zweistelligen Hexadezimalzahlen oder Dezimalzahlen im Wertebereich von 0 bis 255 belegt und dessen Zustand entsprechend angezeigt werden.

Konnektoren. Ein- und Ausgänge einer Schaltung, also deren Schnittstelle zur Außenwelt, werden durch Ein- und Ausgabekonnektoren (das sind spezielle Elemente aus der Zellenbibliothek) markiert. Konnektoren sind bei der späteren Realisierung keinerlei physikalische Strukturen zugeordnet. Sie haben lediglich die Aufgabe, dem Entwurfssystem anzuzeigen, welche Signale außerhalb eines Teilentwurfs sichtbar sein sollen.

Symbole (Schaltzeichen) repräsentieren Instanzen selbst erstellter oder einer Bibliothek entnommener Bibliothekszellen oder Teilentwürfe.

Text. Der Benutzer kann mit Text Schematic-Elementen zusätzliche Eigenschaften („*properties*") verleihen. Wichtige Beispiele sind Bezeichner für Bauelemente und Verbindungen. Bezeichner gestatten nicht nur die Definition von Verbindungen. In weiterführenden Anwendungen, wie z. B. Simulationen, können Bezeichner verwendet werden, um auf bestimmte Knoten in der Schaltung zuzugreifen. Durch eine geschickt gewählte, konsistente Namensgebung für die Konnektoren und wichtige interne Knoten kann daher nicht nur die Lesbarkeit eines Schematics verbessert, sondern auch die spätere Simulation erleichtert werden. Wenn keine expliziten Namen vom Benutzer angegeben werden, vergibt das System automatisch welche, indem meist die Instanzennamen aneinandergehängt und die Signale durchnumeriert werden, da jedes interne Signal einen eindeutigen Namen besitzen muß.

Kommentare können sowohl graphische Elemente als auch Text enthalten. Sie dienen ausschließlich der besseren Lesbarkeit des Schematics. Ansonsten haben sie keinerlei funktionale Bedeutung und werden vom Entwurfssystem ignoriert.

Mit der Generierung des Strukturmodells aus den verbundenen Komponentenmodellen entsteht das Simulationsmodell.

3.2.1.2 Manipulation von Schematic-Elementen

Zur Plazierung und Manipulation von Schematic-Elementen stellen Schematic-Editoren einen umfangreichen Vorrat an Funktionen zur Verfügung. Die Benutzungsoberflächen moderner Entwurfssysteme unterstützen graphische Eingabegeräte, wie z. B. die Maus, und sind meistens menüorientiert zu bedienen. Deshalb kann die Handhabung derartiger Werkzeuge fast intuitiv und in nur sehr geringen Einarbeitungszeiten erlernt werden. Dennoch werden im folgenden die wichtigsten, bei den meisten graphischen Editoren unterstützten Funktionen und Prinzipien erläutert.

Selektion von Objekten. Die meisten der nachfolgend aufgeführten Operationen können nur auf Schematic-Elemente (Objekte, wie z. B. Verbindungen, Gatter usw.) angewendet werden, die vorher *selektiert* wurden. Selektierte Objekte werden üblicherweise farbig hervorgehoben.

Objekte können einzeln, in Gruppen oder bereichsweise selektiert werden. Um eine versehentliche Manipulation von Objekten zu vermeiden, ist es sinnvoll, stets so wenig Objekte wie möglich selektiert zu haben. Da viele Editoren neu eingegebene Objekte automatisch selektieren, ist es ratsam, während der Schaltungseingabe in regelmäßigen Abständen alle Selektionen aufzuheben. Andernfalls besteht die Gefahr, unbeabsichtigt Objekte zu verändern oder gar zu löschen, die sich vielleicht außerhalb des sichtbaren Bildschirmfensters befinden, aber noch selektiert sind.

Kopieren. Diese Funktion vervielfältigt alle zuvor selektierten Objekte.

Verschieben. Nach Aktivierung dieser Funktion können (i. d. R. mit der Maus) die selektierten Objekte an eine andere Position im Schematic „plaziert" werden. Dabei bleiben alle zuvor bestehenden Verbindungen erhalten.

Einsetzen (Instantiierung) von Symbolen, die Objekte aus der Zellenbibliothek oder selbsterstellte Entwürfe repräsentieren.

Drehungen und Spiegelungen. Diese Funktionen werden insbesondere dann benötigt, wenn bei der Instantiierung von Objekten deren Symbole nicht in der gewünschten Lage erscheinen.

Löschen. Alle markierten Objekte werden gelöscht. In diesem Zusammenhang ist auch die Rücknahmefunktion von Bedeutung.

Rücknahme („undo"). Die zuletzt durchgeführte Operation wird rückgängig gemacht und so das Schematic wieder in den vorherigen Zustand zurückversetzt.

Zoom-Funktionen für den dargestellten Schaltungsausschnitt. Die Bildschirmfenster eines Schematic-Editors haben die Funktion von verschiebbaren „Fenstern", durch die komplette Schematics oder Teile davon betrachtet werden können. Mittels Verschiebung („panning") und Größenänderung („scaling") der Fenster können die sichtbaren Schaltungsausschnitte an die jeweiligen Bedürfnisse angepaßt werden. Um bei einem hohen Vergrößerungsfaktor noch einen Gesamtüberblick der Schaltung zu erhalten, ist es ratsam, das Format der Schaltung ungefähr dem des Bildschirms anzupassen: Allzu „längliche" Anordnungen führen beim Ausdruck der Schaltung oder bei Übersichtsdarstellungen zu extremen Verkleinerungen.

3.2.2 Symboleditoren

Symbole sind ein wichtiges Hilfsmittel für die Durchführung eines hierarchisch strukturierten Schaltungsentwurfs. Hierarchischer Entwurf (s. Abschnitt 2.1.1) bedeutet, daß bei der späteren Wiederverwendung eines separat entworfenen und überprüften Schaltungsmoduls dieses auf den darüber liegenden Ebenen der Entwurfshierarchie als elementare, mit einer definierten Schnittstelle versehene Einheit angesehen werden kann. Die internen Schaltungsdetails dürfen dabei keine Relevanz mehr haben. In den Schematics der höheren Entwurfsebenen erscheint daher an Stelle der gesamten

Schaltung lediglich ein Symbol, welches das Modul als Schaltzeichen graphisch repräsentiert. So wird die Komplexität des Unterentwurfs auf ein einziges Objekt, nämlich auf das Symbol reduziert. Deshalb muß das Symbol

- die Schnittstellen (Ein- und Ausgangssignale) der zugehörigen Schaltungen darstellen,

- durch sein Aussehen die Funktionalität der zugehörigen Schaltung widerspiegeln.

Um die Schnittstelle der Schaltung darzustellen, wird auf dem Symbol für jedes Eingangs- und Ausgangssignal ein entsprechender Anschluß plaziert. Entwurfssysteme, wie z. B. von Mentor Graphics, stellen Funktionen zur Verfügung, mit denen vollautomatisch aus einem Schematic oder einer VHDL-Beschreibung ein dazu passendes Symbol generiert werden kann. Dabei erzeugt das Entwurfssystem für jedes Ein- und Ausgangssignal des Schematics automatisch einen zugehörigen Anschluß auf dem Symbol. Dabei sind meist die Anschlüsse für die Schaltungseingänge auf der linken und die Ausgänge auf der rechten Seite des Symbols untergebracht (s. Abb. 3.1).

Auf Wunsch kann ein automatisch erzeugtes Symbol vom Benutzer mit dem Symboleditor modifiziert werden, z. B. um ihm ein prägnanteres Aussehen zu verleihen. Mit Blick auf die spätere Verwendung des Symbols kann es auch sinnvoll sein, die automatisch generierte Anordnung der Anschlußpins den eigenen Bedürfnissen anzupassen. Individuell von Hand erstellte oder überarbeitete Symbole können die Lesbarkeit von Schematics deutlich verbessern. Die von Symboleditoren bereitgestellten Funktionen ähneln denen von Zeichenprogrammen, die Systematik der Bedienung orientiert sich meistens stark an der des Schematic-Editors.

3.3   VHDL

Die Entwurfserfassung unter Verwendung von Hardware-Beschreibungssprachen geht über eine rein graphisch dargestellte, strukturelle Beschreibung von Entwurfsobjekten hinaus, wie sie von Schematic-Editoren erzeugt wird. Die zugehörige Objektbeschreibung ist textuell und direkt mittels Simulation ausführbar.

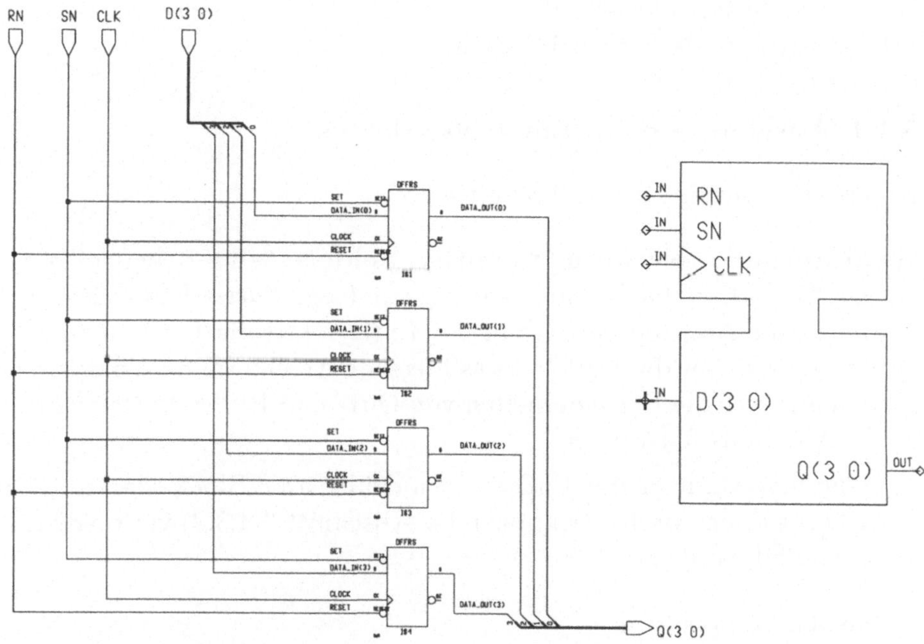

Abbildung 3.1: Schematic eines 4-Bit-Registers mit asynchronem Setz- und Rücksetzeingang und zugehöriges Symbol (Mentor Graphics)

Die Hardware-Beschreibungssprache VHDL (*VHSIC Hardware Description Language*), die als IEEE-Standard vorliegt, soll exemplarisch für die Entwurfserfassung herangezogen werden, wobei Vorkenntnisse in VHDL vorausgesetzt werden.

3.3.1   Entwurfsobjekte

Eine VHDL-Beschreibung besteht aus „*design entities*", d. h. Entwurfsobjekten bzw. -einheiten, und aus ihrer Kommunikationsstruktur. Im Unterschied zur Erfassung mittels Schaltplan (Schematics) stellt eine „design entity" (DE) nicht unbedingt eine Komponente dar, sondern ist als Systemfunktion aufzufassen, wie sie auf der Abstraktionsebene PMS eingeführt wurde. Die Kommunikation zwischen DEs erfolgt ausschließlich über Signale, die nicht nur aktuelle Werte aufweisen, sondern einen projektierten Werteverlauf über der Zeit beinhalten.

3.3.1.1 Abschnitte eines Entwurfsobjektes

DEs bestehen aus den zwei Abschnitten:

1. **„Interface description" (Entity, Schnittstellenbeschreibung)**
   Die Definition der Schnittstellensignale (sog. *Ports*) und weiterer, *generischer* Attribute erfolgt in der Entity. Für die Richtung des Datenflusses über die Ports gibt es folgende Arten: `in`, `out`, `buffer` und `inout`. Auf die Besonderheiten von Out- und Buffer-Ports gehen wir in Abschnitt 3.4.1.6 ein.

   Optional kann in die Entity ein ausführbarer Block, der z. B. zur Überprüfung von Restriktionen (s. Abschnitt 3.4.3.2) verwendbar ist, eingefügt werden.

   ```
   entity entity_mark is
       generic generic_list;
       port    interface_list;
       declarations
   begin
       concurrent_statements
   end entity_mark;
   ```

2. **„Architectural body" (Architektur)**
   Die Funktionalität der DE wird mittels einer oder mehrerer Architekturbeschreibungen notiert. Dabei können sowohl Verhaltens- als auch Datenfluß- und Strukturbeschreibungen verwendet werden.

   ```
   architecture identifier of entity_mark is
       declarations
   begin
       concurrent_statements
   end identifier;
   ```

Abb. 3.2 veranschaulicht den prinzipiellen Aufbau einer DE.

Beispiel. Als Beispiel für Beschreibungen einer DE in VHDL soll ein Volladdierer betrachtet werden. Zunächst die Schnittstellenbeschreibung:

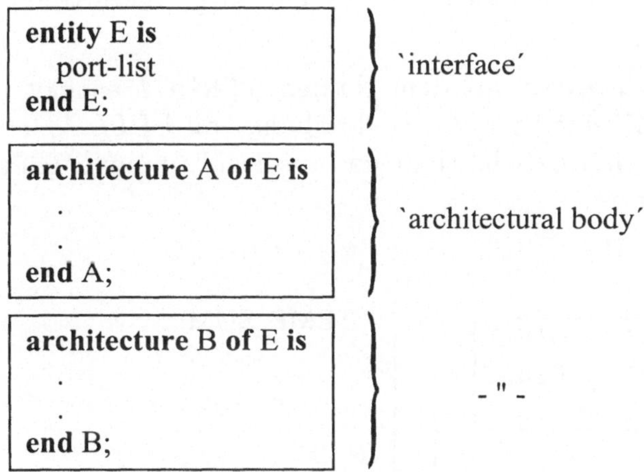

Abbildung 3.2: Aufbau einer DE

```
entity FULL_ADDER is
    generic ( SUM_DEL, CARRY_DEL : TIME := 10 ns );
    port    ( X, Y, CIN   : in   Bit;
              SUM, COUT : out Bit );
end FULL_ADDER;
```

Nach der Einführung des Bezeichners *FULL_ADDER* werden Verzögerungszeiten für den Summen- und Übertragsausgang definiert und mit Werten vorbelegt. Die Ein- und Ausgänge werden als Ports vom Typ *Bit* deklariert.

Die Funktionalität dieses Entwurfsobjektes wird im folgenden in zwei Architekturbeschreibungen niedergelegt. Die erste Architektur, mit *DATAFLOW* bezeichnet, enthält eine Datenflußbeschreibung:

```
architecture DATAFLOW of FULL_ADDER is
begin
    SUM   <= X xor Y xor CIN after SUM_DEL;
    COUT <= (X and Y) or (X and CIN)
            or (Y and CIN) after CARRY_DEL;
end DATAFLOW;
```

Die Werte der Ausgangssignale *SUM* und *COUT* werden unter Einsatz intrinsischer Boolescher Operatoren, die in Infixnotation verwendet werden, errechnet und verzögert an die hier nicht dargestellte Umgebung der DE weitergegeben.

Die zweite Architektur mit dem Namen *STRUCT* enthält im Gegensatz zu *DATAFLOW* eine Strukturbeschreibung von *FULL_ADDER*. Abb. 3.3 enthält das zugehörige Schaltbild, das aus drei Komponenten mit ihren Verbindungen besteht.

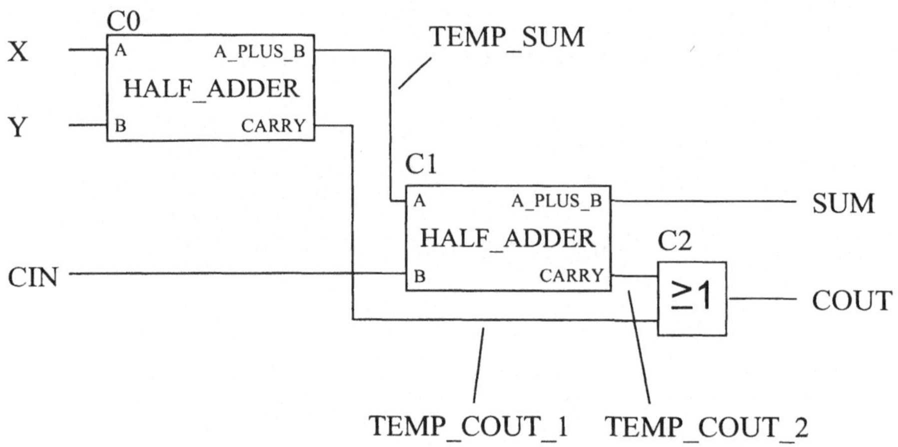

Abbildung 3.3: Schematic des Volladdierers *FULL_ADDER*

Die VHDL-Beschreibung enthält zunächst eine Deklaration interner Signale und der verwendeten Komponenten, die wiederum als DEs zu beschreiben sind, und daran anschließend die Instanzen der Komponenten mit den zugehörigen Verbindungen.

```
architecture STRUCT of FULL_ADDER is
    -- Deklaration lokaler Komponenten
    component HALF_ADDER
        port ( A            : in  Bit; B        : in  Bit;
               A_PLUS_B : out Bit; CARRY : out Bit );
    end component;
    component OR2
        port ( IN1, IN2 : in Bit; OUT1 : out Bit );
    end component;
    -- Deklaration interner Signale
```

```
signal TEMP_SUM, TEMP_COUT_1, TEMP_COUT_2: Bit;
begin
  -- Instanzen der Komponenten und deren Verbindung
  C0: HALF_ADDER
      port map ( A => X, B => Y, A_PLUS_B => TEMP_SUM,
                 CARRY => TEMP_COUT_1                    );
  C1: HALF_ADDER
      port map ( A => TEMP_SUM, B => CIN,
                 A_PLUS_B => SUM, CARRY => TEMP_COUT_2 );
  C2: OR2
      port map ( TEMP_COUT_2, TEMP_COUT_1, COUT );
end STRUCT;
```

Die generischen Verzögerungszeiten sind nun nicht mehr erforderlich, da die
resultierenden Verzögerungen an den Ausgängen der DE aus den Verzögerungen der internen Komponenten bestimmt werden.

3.3.1.2 Hierarchie der Ports

Eine nähere Betrachtung der Ports in einer DE und in einer Architektur in
VHDL ergibt folgende dreistufige Hierarchie:

1. **„Entity declaration": „formal" Ports**
   legen die Schnittstelle des Objekts mit der Umgebung fest. Diese
   Beschreibung kann gemeinsam von mehreren verschiedenen Architekturen mit gleicher Schnittstelle, die das Verhalten zwischen Ein- und
   Ausgängen modellieren, genutzt werden.

2. **„Component declaration": „local" Ports**
   Soll eine Komponente in einer Strukturbeschreibung verwendet werden, dann wird durch eine Komponentendeklaration die Schnittstelle
   eines *virtuellen* Entwurfsobjekts festgelegt. In einer späteren Konfiguration wird dieses Entwurfsobjekt einer existierenden Komponente
   aus einer Bibliothek zugeordnet.

3. **„Instantiation statement": „actual" Ports**
   stellen die Verbindungen einer Komponente zu ihrer Umwelt her, indem die lokalen Ports den aktuellen Signalen innerhalb einer Strukturbeschreibung zugeordnet werden.

Durch diese auf den ersten Blick kompliziert erscheinende Verwendung der Ports wird eine Trennung der Komponentendeklaration von der Entity-Deklaration erreicht. Dadurch ist ein einfacher Austausch von Entities bzw. eine explizite Wahl von Architekturen möglich, die den Entwurfsablauf wesentlich vereinfacht und einen Top-down-Entwurf ermöglicht. Dieser Zusammenhang wird in Abb. 3.4 erläutert. In Abschnitt 4.3.6.3 wird darauf ausführlich eingegangen und Übungsaufgaben hierzu finden sich in Abschnitt 10.1.2.3.

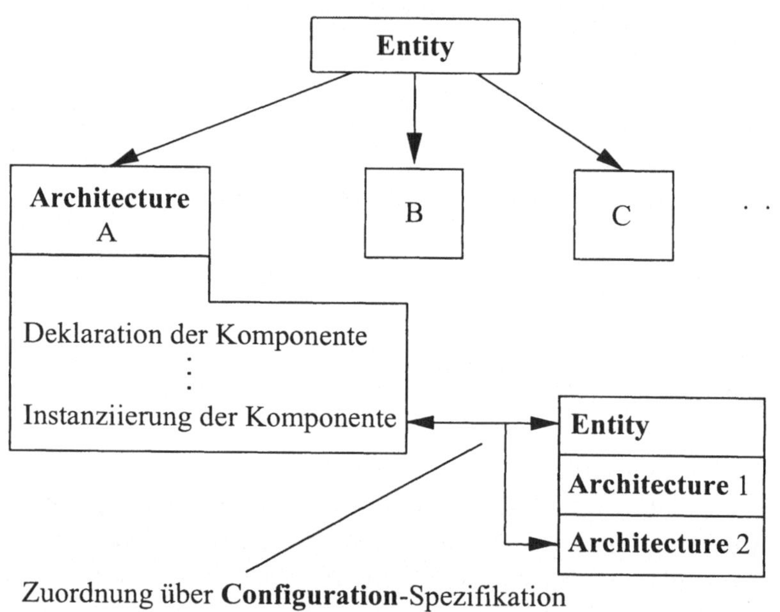

Abbildung 3.4: Zuordnung von Architekturen

Die Entwurfserfassung mittels VHDL weist folgende Hauptmerkmale auf:

- Ein vollständiger Entwurf besteht aus einer Hierarchie von miteinander verbundenen DEs.

- Die Kommunikation zwischen DEs erfolgt ausschließlich über Signale, die in der Interface-Beschreibung deklariert sind.

- DEs sind nebenläufig aktiv.

- Der Austausch einer Architekturbeschreibung durch eine andere mit gleicher Funktionalität hat keine Auswirkung nach außen. Eine Auswahl erfolgt über eine „configuration declaration".

Im Abschnitt 3.4 werden Entwurfsbeschreibungen in VHDL auf unterschiedlichen Abstraktionsebenen eingehend diskutiert.

3.3.2   Prozeß

Prozesse sind neben Blöcken die Basiselemente in VHDL. Wir wollen daher kurz auf die wesentlichen Merkmale von Prozessen eingehen. Unter der Bezeichnung „Prozeß" versteht man in VHDL die folgenden verhaltensorientierten, nebenläufigen Anweisungen:

- `process`-Anweisung,

- `assert`-Anweisung,

- Signalzuweisungen mit `<=`,

- Prozeduraufruf,

- Komponenten-Instantiierung,

- `generate`-Anweisung.

Die `block`-Anweisung dient der Gruppierung von Prozessen.

3.3.2.1 process-Anweisung

Mit der `process`-Anweisung wird eine Berechnungseinheit beschrieben, die die Funktion und Verzögerungen einer digitalen Komponente mit *sequentiellen Anweisungen* modelliert. Nach der Bearbeitung des letzten Befehls wird sofort wieder mit der Abarbeitung der ersten Anweisung in der Befehlssequenz begonnen. Für Prozesse gibt es zwei Beschreibungsformen:

Ohne Sensitivitätsliste. Der Prozeß wird einmal am Anfang der Simulation gestartet und bis zur ersten `wait`-Anweisung ausgeführt. Zur Vermeidung von Endlosschleifen muß der Prozeß *mindestens eine* `wait`-Anweisung enthalten.

Mit Sensitivitätsliste. Diese Version wird sehr häufig verwendet, da deutlich erkennbar ist, wann der Prozeß aktiviert wird. In der Beschreibung eines Prozesses mit Sensitivitätsliste dürfen *keine* `wait`-Anweisungen vorkommen, um unterschiedliche, sich widersprechende Bedingungen zur Prozeßaktivierung zu vermeiden.

Ein Prozeß mit Sensitivitätsliste ist im Verhalten äquivalent zu einem Prozeß ohne Liste, dessen letzter Befehl eine `wait on`-Anweisung ist. Daher sind die beiden nachfolgenden Prozeßbeschreibungen äquivalent.

```
SENS_LIST: process ( S1, S2 )         NO_SENS_LIST: process
   ...;                                  ...;
begin                          =      begin
   sequential_statements                 sequential_statements
end process;                             wait on S1, S2;
                                      end process;
```

Zu Beginn der Simulation wird der Prozeß einmal aktiviert und danach nur dann ein weiteres Mal, wenn sich mindestens ein Signal in der Sensitivitätsliste geändert hat.

3.3.2.2 Probleme beim Modellieren mit Prozessen

Ein Prozeß in VHDL ähnelt einem Funktionsblock oder Gatterelement. Er besitzt Eingänge, auf die er reagiert, und Ausgangssignale, die von ihm getrieben werden.

Treiber. Wenn ein Prozeß eine Signalzuweisung beinhaltet, wird genau ein Treiber in diesem Prozeß für das Signal generiert. Der Treiber enthält den individuellen Beitrag des Prozesses zur Bestimmung des Signalwertes. Aus der Menge von Treibern eines oder mehrerer Prozesse für ein Signal wird der Wert für das Signal bestimmt. Somit verhalten sich Prozesse ähnlich wie Komponenten in einer Netzliste.

Partitionierung in logische Teilfunktionen

Zur übersichtlichen Beschreibung des Verhaltens eines Funktionsblocks in Abhängigkeit von Eingangssignalen, die jeweils verschiedene Teilfunktionen steuern, wäre es z. B. wünschenswert, für die verschiedenen Fälle Teilfunktionen zu definieren, die mit Hilfe von Prozessen beschrieben werden können.

Da VHDL keine globalen Variablen zur Verfügung stellt, kann bei einer Partitionierung des verhaltensorientierten Modells in logische Teilfunktionen, innerhalb der verschiedenen Prozesse nicht dem gleichen Signal Werte zugewiesen werden.

Beispiel. Die Schnittstelle des 4-Bit-Registers *REG4B* mit asynchronem Reset-Eingang läßt sich wie folgt beschreiben:

```
entity REG4B is
    port ( D                 : in   Bit_Vector(3 downto 0);
           CLK, RESET : in   Bit;
           Q                 : out Bit_Vector(3 downto 0) );
end REG4B;
```

Die Partitionierung der Funktionalität des 4-Bit-Registers *REG4B* in der nachfolgenden Architektur in die Prozesse *DO_CLK* (Übernehmen der neuen Daten *D* bei steigender Taktflanke und inaktivem Reset) und *DO_RESET* (Zurücksetzen der Daten auf Null) ist falsch. Da die beiden Prozesse das gleiche Signal Q treiben, wäre eine „bus resolution function" notwendig, die den gültigen Signalwert bestimmt (s. Abschnitt 3.4.1.3).

```
architecture WRONG of REG4B is
    DO_CLK: process ( CLK )
    begin
       if  CLK = '1' and RESET /= '1'  then
          Q <= D;
       end if;
    end process;
    DO_RESET: process ( RESET )
    begin
       if  RESET = '1' then
          Q <= "0000";
       end if;
    end process;
end WRONG;
```

Die nächste Architekturbeschreibung ist korrekt, da nur ein Prozeß verwendet wird. Damit wird nur *ein* Treiber für Q generiert.

```
architecture CORRECT of REG4B is
   process ( CLK, RESET )
   begin
      -- DO_RESET
      if not RESET'stable and RESET = '1' then
         Q <= "0000";
      -- DO_CLOCK
      elsif  RESET = '0' and not CLK'stable and CLK = '1' then
         Q <= D;
      end if;
   end process;
end CORRECT;
```

Weitere Lösungsmöglichkeiten werden ausführlich in Abschnitt 3.4.1.4 vorgestellt.

Initialisierung von Signalen

Einem Signal kann ein Default-Wert zugewiesen werden. Es gibt Fälle, bei
denen der Default-Wert nicht den Anfangswert eines Signals definiert. In
Abschnitt 3.4.1.5 gehen wir auf Gründe und Lösungsmöglichkeiten genauer
ein.

3.3.3   Block

Ein Block ist ein Basiselement in VHDL, der einen Bereich mit eigenem
Deklarationsabschnitt und ausführbaren Anweisungen, die weitere Blöcke
enthalten können, beinhaltet. Der Architekturrumpf ist ein Block auf der
höchsten Ebene. Dadurch ist es möglich, den Entwurf zu partitionieren.

Des weiteren kann ein Block mit einer „guard"-Bedingung verknüpft werden. Für den Typ des „guard" wird implizit *Boolean* angenommen. Innerhalb des Blocks können **guarded**-Anweisungen definiert werden, die in
Abhängigkeit vom „guard" ausgeführt werden. Außerdem steht das implizit
definierte Signal *GUARD*, dessen Wert dem „guard"-Ausdruck entspricht,
zur Verfügung.

Beispiel. Der nachfolgende VHDL-Code soll die Semantik eines Blocks mit
„guard" illustrieren:

```
block ( E = '1' )
begin
    O1 <= guarded I1;
    O2 <= I2;
end block;
```

Der „guard" ist TRUE, wenn $E = $ '1' ist. Die Signalzuweisung von $I2$ an $O2$ ist aber unabhängig vom „guard", sie wird daher *immer* ausgeführt, wenn sich $I2$ ändert. Die „guarded" Signalzuweisung wird ausgeführt, wenn

1. die „guard"-Bedingung erfüllt ist und Signal $I1$ seinen Wert ändert,

2. der Wert des „guard" von FALSE nach TRUE wechselt.

Ist die „guard"-Bedingung nicht erfüllt, dann wird der Signalwert von $O1$ *gespeichert*.

3.4   Modellierungsebenen

In Abschnitt 2.3.1 wurden die verschiedenen Abstraktionsebenen vorgestellt. Zwar deckt VHDL nach Abb. 2.4 durch die Verwendung der Modellierungskonzepte CSP und „guarded command" die gesamte Abstraktionshierarchie ab, aber wie beschreibt man in VHDL seinen Entwurf auf den unterschiedlichen Abstraktionsebenen? Daher wird in den nächsten Abschnitten auf die Aspekte der jeweiligen VHDL-Beschreibung eingegangen.

Allerdings sollte man diese Zuordnung nicht als starr ansehen, sondern die verschiedenen Beschreibungsformen an den jeweiligen Anwendungsfall anpassen. Dies gilt insbesondere für den Abschnitt 3.4.1.2.

Nicht immer verhält sich VHDL so, wie es ein Modellierer von den Programmiersprachen für die Software-Entwicklung her kennt. In VHDL werden Signale zur Beschreibung des nebenläufigen Verhaltens elektrischer Schaltungen verwendet. Diese unterscheiden sich sehr von dem Variablenkonzept in den meisten Programmiersprachen, da sie das prinzipielle elektrische Verhalten von Komponenten nachbilden müssen: Nach dem Einschalten sind nicht alle Komponenten initialisiert, und nicht alle Leitungen besitzen einen definierten Wert!

Aufgrund der großen Bedeutung dieser Problematik geht der nächste Abschnitt besonders darauf ein. Die dort gemachten Ausführungen sind auch für die anderen Modellierungsebenen von großer Bedeutung.

3.4.1   Modellierung auf der PMS-Ebene

Auf PMS-Ebene wird ein System in diskrete Funktionseinheiten, die zur Lösung einer Aufgabe miteinander durch Austausch von Informationen auf eine festgelegte Weise kooperieren, partitioniert. Beispielsweise kann ein Rechnersystem aus den Komponenten Prozessor, Speicher, UARTs und Parallel-Ports bestehen. Neben der Beschreibung der Funktionen der jeweiligen Komponente ist auch die Modellierung der Kommunikation zwischen den Komponenten, über die der Datenaustausch erfolgt, von sehr großer Bedeutung.

Komponentenfunktionen können jeweils, ausgehend vom Modellierungskonzept CSP, mittels nebenläufig aktiven sequentiellen Prozessen (Abschnitt 3.3.2) notiert werden.

Komponentenverbindungen werden zum Austausch der Informationen verwendet. In VHDL werden sie in einer strukturorientierten Architekturbeschreibung des Systems innerhalb der Anweisungen zur Komponenteninstantiierung durch die Definition der Port-Instanzen festgelegt. Die in den Anweisungen zur Komponenteninstantiierung angegebenen Port-Maps definieren die Schnittstelle der Systemkomponenten. In der Port-Map erfolgt die Zuordnung der Systemsignale zu den Ports der Komponenten entweder durch die Position innerhalb der Maps oder durch Assoziation der Port-Bezeichner mit den Signalnamen.

Beispiel. Das System *SYS* in Abb. 3.5 besteht aus dem Steuerwerk *CU* und dem Datenpfad *ALU*. Das Steuerwerk bestimmt über das vier Bit breite Kontrollsignal *CTRL* die vom Datenpfad auszuführende Operation.

Die Partitionierung des Systems *SYS* in Komponenten und die Verbindungen der Komponenten untereinander werden in der folgenden Entity- und Architekturbeschreibung definiert, wobei die verwendeten Komponenten zunächst deklariert und dann im Architekturrumpf instantiiert und mit Signalen verknüpft werden.

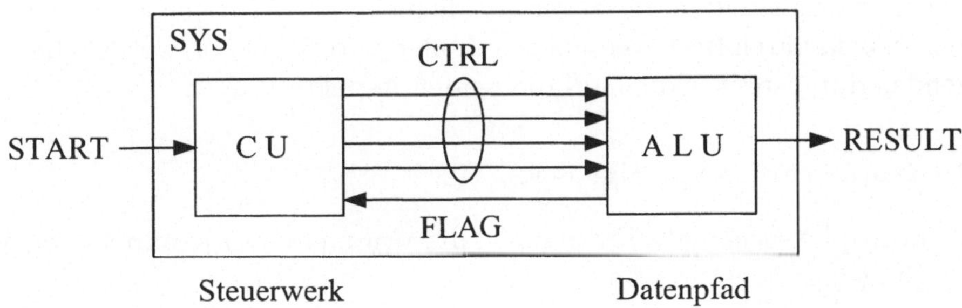

Abbildung 3.5: Schnittstelle zwischen einem Steuerwerk und Datenpfad

```
entity SYS is
   port ( START   : in   Bit;
          RESULT : out  Bit_Vector(7 downto 0) );
end SYS;

architecture STRUCTURAL of SYS is
   -- Komponentendeklarationen
   component CU
      port ( START    : in   Bit;
             COND     : in   Bit;
             FUNCSEL : out  Bit_Vector(3 downto 0)  );
   end component;
   component ALU
      port ( FUNCSEL : in   Bit_Vector(3 downto 0);
             F             : out Bit_Vector(7 downto 0);
             FLAG        : out Bit                                   );
   end component;

   -- Deklaration interner Signale
   signal CTRL : Bit_Vector(3 downto 0);
   signal FLAG : Bit;
begin
   -- Komponenteninstantiierung
   CONTROL: CU   port map ( START, FLAG    , CTRL );
   ARITH    : ALU port map ( CTRL  , RESULT, FLAG );
end STRUCTURAL;
```

Da sich die für die Modellierung von Komponentenverbindungen in VHDL zur Verfügung gestellten Verfahren von denen in prozeduralen Programmiersprachen bekannten Beschreibungsmethoden unterscheiden, werden diese im folgenden dargestellt, wobei auf die beiden Aspekte

1. Repräsentation von Signalen,

2. Multiplex-Schemata für Signale, die von mehreren Komponentenausgängen gespeist werden,

genauer eingegangen wird.

3.4.1.1 Repräsentation von Signalen

Da die Verknüpfung der Komponenten über Signale erfolgt, kommt der Modellierung des über die Signale erfolgenden Informationsaustausches eine entscheidende Rolle zu. Als Möglichkeiten stehen zur Verfügung:

1. **Zusammengesetzte Signale**
   Gleichartige Signalelemente lassen sich, wie in der obigen strukturellen Architekturbeschreibung von SYS, mit Hilfe eines Vektors zusammenfassen. Unterschiedliche Signale können durch einen Record gebündelt werden.

2. **Kodierte Signale**
   Die Festlegung der Bit-Kodierung von Signalen ist für die Modellierung auf einer höheren Ebene, wie z. B. der PMS-Ebene, nicht wesentlich. Vielmehr ist eine abstrakte Beschreibung der Schnittstelle mit anderen Datentypen zur Repräsentation der Informationen und Durchführung von Fehlerüberprüfungen besser geeignet. Abstraktere Datentypen sind:

   - **Aufzählungstyp** zur Repräsentation der auszuführenden Funktion in mnemonischer Form (AND, OR, XOR, SUB),

   - **Integer-Werte** aus einem definierten Wertebereich legen die Funktion fest und ermöglichen eine einfache Überprüfung des Kontrollsignals auf undefinierte Codes.

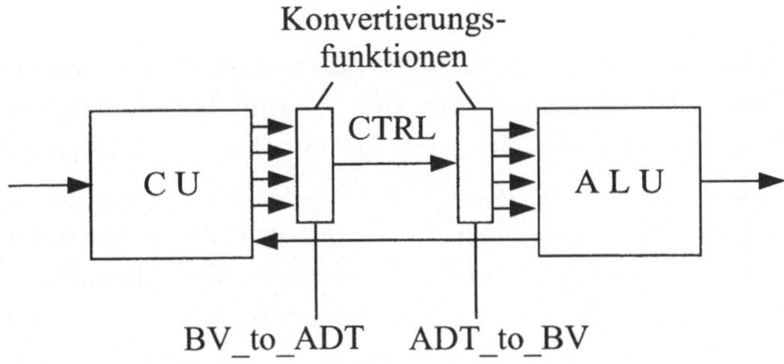

Abbildung 3.6: Kodierung des Steuersignals CTRL

Konvertierungsfunktionen. Wenn die Schnittstellensignale durch abstrakte Datentypen modelliert werden, kann es in einigen Fällen, wie z. B. zur Beschreibung von Schiebeoperationen und logischen Funktionen, erforderlich sein, innerhalb des Modells Signale mit Hilfe von Bits darzustellen. Dazu sind, wie in Abb. 3.6 dargestelllt, zwischen Bit-Vektor und abstraktem Datentyp *ADT* die Konvertierungsfunktionen *BV_to_ADT* und *ADT_to_BV* notwendig. Die Verbindung der Komponenten läßt sich innerhalb des Architekturrumpfs über entsprechende Typkonvertierungen der Signale beschreiben:

```
signal CTRL : ADT;

CONTROL: CU   port map ( ... BV_to_ADT(FUNCSEL) => CTRL );
ARITH   : ALU port map ( ... FUNCSEL => ADT_to_BV(CTRL) );
```

Die Typkonvertierung könnte auch innerhalb der Architekturbeschreibungen von *CU* und *ALU* erfolgen. Jedoch ist eine Konvertierung außerhalb der Komponentenmodelle allgemeiner und übersichtlicher.

Simulationseffizienz. Bei der Verwendung des Signaltyps Bit-Vektor müssen gleichzeitige Änderungen von Signalleitungen einzeln verarbeitet werden. Werden jedoch die Signale zwischen den Komponenten zusammengefaßt und als Einheit betrachtet, dann muß bei einer Änderung des Signalwerts nur ein Event verarbeitet werden, was die Simulationseffizienz erhöht.

3.4.1.2 Signalmultiplexing

Das sequentielle Verhalten einer prozedural definierten Funktionseinheit unter Verwendung von Variablen läßt sich in eine Menge von parallel ablaufenden Funktionseinheiten, die über Signale kommunizieren, transformieren. Da VHDL Änderungen des Wertes eines Ausgangs-Ports an beliebigen Stellen der sequentiellen Beschreibung erlaubt, muß in der parallelen Implementierung der Ausgangswert auch von den parallel ablaufenden Prozessen nacheinander oder gleichzeitig geändert werden können. Somit handelt es sich bei diesem Problem um die Einspeisung mehrerer Signalquellen in ein Medium.

In VHDL existiert keine Anweisung, mit der dies direkt beschrieben und simuliert werden kann. Auf niedrigeren Abstraktionsebenen werden für diese Problemstellung explizit Multiplexer-Schaltkreise eingebaut. J.R. Armstrong und R. Airiau beschreiben verschiedene Möglichkeiten zur Lösung auf PMS-Ebene. Wegen der Wichtigkeit dieses Problems werden im folgenden einige Lösungsverfahren zusammengestellt.

Die Einspeisung eines Signals kann

1. gleichzeitig („*bused signals*"),

2. zeitlich getrennt („*time multiplexed signals*")

erfolgen. Für beide Fälle existieren verschiedene Lösungsmöglichkeiten; einige werden im folgenden vorgestellt.

3.4.1.3 Gleichzeitige Einspeisung

„Bus resolution function"

Nach Abb. 3.7 existiert bei der Mehrfacheinspeisung pro Prozeß und Signal je ein Signaltreiber („driver"). Sind mehrere Treiber mit unterschiedlichen Werten aktiv, dann muß in Abhängigkeit von der verwendeten Technologie oder vom Schaltungsentwurf das resultierende Bussignal festgelegt werden. Da in VHDL die Treiber implizit in einem Array zusammengefaßt werden, wird der Wert des Signals auf dem Bus mittels einer „bus resolution function" (BRF), die eine statische Funktion aller zugehörigen Treiber ist, bestimmt. Sie ist technologieabhängig und muß vom Benutzer vorgegeben werden.

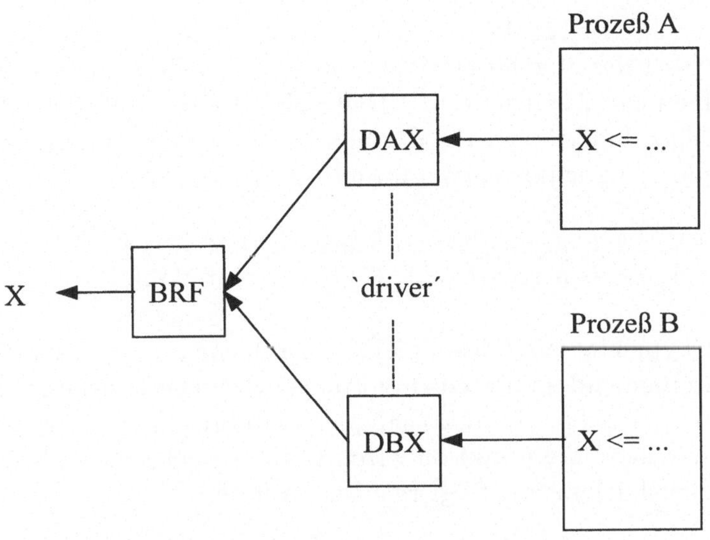

Abbildung 3.7: Bestimmung des Bussignals über eine „bus resolution function" (BRF)

Beispiel: Definition eines Busses mit MVL4. Das vierwertige Logikwertsystem *MVL4*, das für die Modellierung auf der PMS-Ebene ausreicht,
umfaßt die Werte: 'X' (Unbestimmt), '0' ('0'-Pegel), '1' ('1'-Pegel) und 'Z'
(Hochohmig). Ein Bus ist hochohmig, wenn alle Bustreiber deaktiviert, d. h.
vom Bus getrennt, sind. Sind mehrere Treiber aktiv und ein resultierender
Signalwert läßt sich nicht bestimmen, dann wird 'X' verwendet. *MVL4* läßt
sich damit wie folgt definieren:

```
type MVL4 is ( 'X', '0', '1', 'Z' );
```

Aufgrund der so definierten Reihenfolge ist 'X' der Default-Wert bei der
Initialisierung von Signalen und Variablen.

Eine „bus resolution function" erhält als Eingabe einen Vektor mit den Treibern eines Signals und liefert als Ergebnis den „resolved"-Wert. Da die
Reihenfolge der Treiber nicht bekannt ist, muß die definierte Funktion as-
soziativ und kommunitativ sein. Die Funktion läßt sich mit einer Tabelle
übersichtlich beschreiben, wobei ein Tabellenelement das Ergebnis für die

Verknüpfung von zwei Signaltreibern beschreibt. Der Wert wird ermittelt, indem nacheinander für die einzelnen Treiberwerte und dem bis dahin bestimmten Wert der zugehörige Wert aus der Tabelle abgelesen wird. Dies ist dann der neue Zwischenwert. Dadurch wird eine effiziente Implementierung solcher Funktionen für die Simulation ermöglicht. Dazu sind die nachfolgenden Typdefinitionen erforderlich:

```
type MVL4_Vector is array (Natural range <>) of MVL4;
type MVL4_Table  is array (MVL4, MVL4)       of MVL4;
```

Mit diesen Typen lassen sich sehr leicht verschiedene „bus resolution functions" beschreiben, indem für jede Funktion eine eigene Tabelle definiert wird, auf die in den einzelnen Funktionsimplementierungen zurückgegriffen wird. Beispielsweise kann die Funktion *wiredX*, die bei einem '0'-'1'-Konflikt den Wert 'X' zurückliefert, wie folgt realisiert werden:

```
constant TABLE_WIREDX : MVL4_Table :=
    --  'X' '0' '1' 'Z'
    ( ( 'X', 'X','X','X'),   -- 'X'
      ( 'X', '0', 'X','0' ),   -- '0'
      ( 'X', 'X','1','1' ),   -- '1'
      ( 'X', '0', '1', 'Z' ) );  -- 'Z'
```

```
function wiredX( V : MVL4_Vector ) return MVL4 is
    variable RESULT : MVL4 := 'Z';
begin
    for I in V'range loop
       RESULT := TABLE_WIREDX(RESULT,V(I));
       exit when RESULT = 'X';
    end loop;
    return RESULT;
end wiredX;
```

Die folgende Anweisung deklariert ein Signal X vom Typ *MVL4*:

```
signal X : wiredX MVL4;
```

Jede Zuweisung an X erfolgt mittels eines Aufrufs der Funktion *wiredX*, die alle Treiber von X zur Bestimmung des aktuellen Wertes des Signals berücksichtigt.

Std_Logic. Das vom IEEE standardisierte Paket *STD_LOGIC_1164* (s. Abschnitt 3.4.4.1) stellt mit dem Datentyp *Std_ULogic* und dem „resolved"-Typ *Std_Logic* eine neunwertige Logik (MVL9) zur Verfügung. Die Logikwerte von MVL4 stellen eine Teilmenge von *Std_ULogic* dar. *MVL4* entspricht dem Subtypen *X01Z*. Die Realisierung der „bus resolution function" *resolved* im Paket *STD_LOGIC_1164* über eine Tabelle kann analog zur Funktion *wiredX* für *MVL4* erfolgen.

Im Abschnitt 3.4.1.7 werden die für die Modellierung verwendbaren Datentypen zusammengestellt.

Bidirektionale Komponenten

Der Wert 'Z' aus *Std_ULogic* ist für die Beschreibung des Buszustandes „Hochohmig" geeignet. Die ebenfalls definierte „bus resolution function" *resolved* gibt dem Wert 'Z' die Semantik eines Tri-State-Werts.

Im folgenden wird die in Abb. 3.8 illustrierte bidirektionale Komponente *BUF3S* mit Ein- und Ausgabe über einen Tri-State-Busmechanismus beschrieben. Wird der bidirektionale Port *IO* nicht mehr getrieben ($E = $ '0'), dann wird ihm der Wert 'Z' zugewiesen. Dies erfordert die Verwendung des „resolved"-Typs *Std_Logic*.

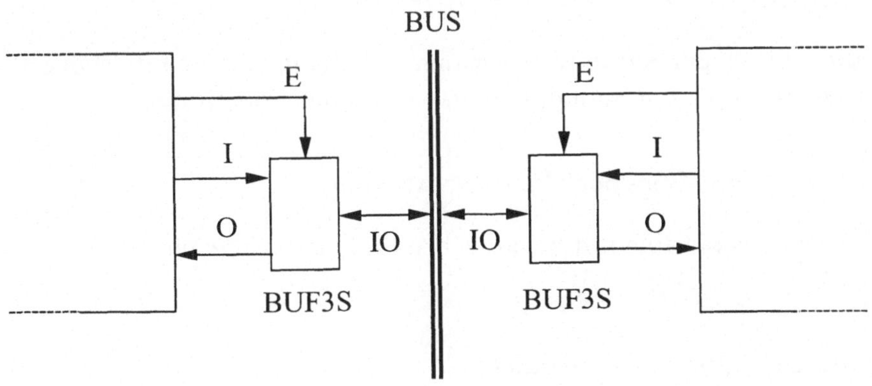

Abbildung 3.8: Bidirektionale Tri-State-Komponente

```
entity BUF3S is
   generic ( N : Positive );
   port    ( I  : in     Std_ULogic_Vector(0 to N-1);
             O  : out    Std_ULogic_Vector(0 to N-1);
             E  : in     Std_ULogic;
             IO : inout Std_Logic_Vector(0 to N-1)    );
end BUF3S;

architecture A of BUF3S is
begin
   IO <= to_StdLogicVector( I ) when E = '1'
         else (others => 'Z');
   O  <= to_StdULogicVector( IO );
end A;
```

Ein weiterer Ansatz wäre eine `guarded`-Signalzuweisung und die Verwendung des „signal kind"-Attributs *bus* für *IO*. Im nächsten Abschnitt gehen wir darauf genauer ein.

Die Verwendung eines kodierten Signals, z. B. eines „resolved"-*Integer*-Typs, ist hier problematisch, da für den Fall, daß alle Treiber deaktiviert sind, kein ausgezeichneter Wert zur Verfügung steht. Das Verhalten der synthetisierten Schaltung, die auf Bit-Ebene beschrieben wird, kann sich vom Simulationsmodell unterscheiden.

3.4.1.4 Zeitlich getrennte Einspeisung

Für die zeitlich getrennte Einspeisung, d. h. eine *alternierende* Zuordnung einer Quelle zu einem Signal, können verwendet werden:

1. Signale mit Bus- oder Register-Attribut,

2. Zwischenvariable mit zusätzlichen Signalzuweisungen.

Signale mit Bus- oder Register-Attribut

An einem Beispiel wird dieser Ansatz für Signalzuweisungen innerhalb von „guarded blocks" und Prozessen vorgestellt. Er ist auch für die Modellierung von bidirektionalen Komponenten, z. B. *BUF3S* aus dem obigen Beispiel, geeignet.

Beispiel. In Abhängigkeit von den nicht gleichzeitig aktiven Steuersignalen R und S soll dem Ausgang Q der Wert '0' bzw. '1' zugewiesen werden. Sind beide Steuersignale inaktiv, dann soll der letzte Wert gespeichert werden.

Realisierung mit „guarded blocks". Der nachfolgende Lösungsansatz ist naheliegend, aber die gewünschte zeitlich getrennte Einspeisung ist auf diese Weise nicht erreichbar.

```
signal Q : Std_Logic;
begin
    RESET: block ( R = '1' )
    begin
      Q <= guarded '0' after DEL1;
    end block;
    SET: block ( S = '1' )
    begin
      Q <= guarded '1' after DEL2;
    end block;
    . . .
end;
```

Da das Signal Q von zwei Prozessen (Signalzuweisungen) generiert wird, existieren zwei Treiber. Bei einer Zuweisung an das Signal Q bestimmt die „bus resolution function" *resolved* aus den aktuellen Inhalten der beiden Treiber den neuen Signalwert. Es ist aber beabsichtigt, daß das Signal nur durch den Block bestimmt wird, dessen „guard" zuletzt erfüllt wurde.

Wie im obigen Beispiel mit der bidirektionalen Komponente *BUF3S* könnte dem Treiber, dessen „guard" nicht mehr erfüllt ist, 'Z' zugewiesen werden, damit der Wert des anderen Treibers sich durchsetzen kann. Falls beide Steuersignale aber inaktiv sind, dann speichert Q nicht den letzten Wert, sondern erhält den Wert 'Z'.

Zur Lösung dieses Problems der Kombination einer „bus resolution function" mit einer `guarded`-Signalzuweisung kann in VHDL ein Signal bei der Deklaration mit dem „signal kind"-Attribut `register` oder `bus` versehen werden:

signal Q : **resolved** Std_ULogic **register**;

oder

signal Q : **resolved** Std_ULogic **bus**;

In diesem Fall wird, wenn der „guard" in der Zuweisung nicht erfüllt ist, der zugehörige Treiber als „abgetrennt" betrachtet und von der „bus resolution function" nicht berücksichtigt. Für das obige Beispiel bedeutet dies, daß der Wert des aktiven Blocks durchgeschaltet wird. Falls alle „guards" inaktiv sind, dann wird für den Fall „Q ist ein *Register*" der letzte Wert beibehalten (getaktetes Register-Multiplexing) und für „Q ist ein *Bus*" der von der „bus resolution function" bestimmte Default-Wert – bei der Funktion *resolved* ist das der Wert 'Z' – verwendet. Abb. 3.9 und Abb. 3.10 zeigen die für beide Fälle äquivalente Logik.

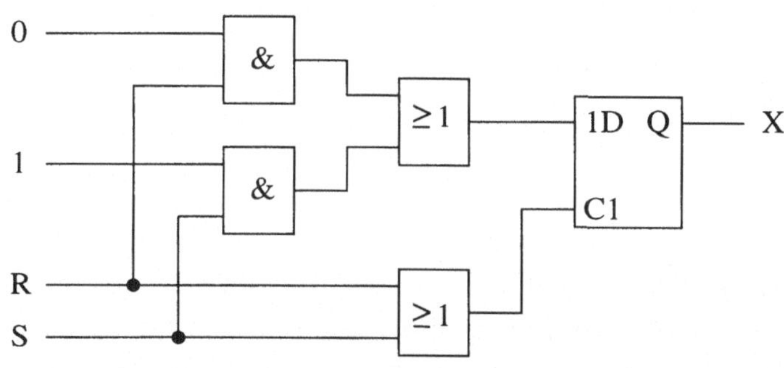

Abbildung 3.9: Register-Multiplexing

Realisierung mit Prozessen. Auch mit Prozessen ist mit der folgenden, naheliegenden Realisierung das für das Beispiel gewünschte Verhalten nicht erreichbar.

```
RESET: process ( R )               SET: process ( S )
begin                              begin
   if  R = '1'  then                  if  S = '1'  then
      Q <= '0' after DEL1;               Q <= '1' after DEL2;
   end if;                            end if;
end process;                        end process;
```

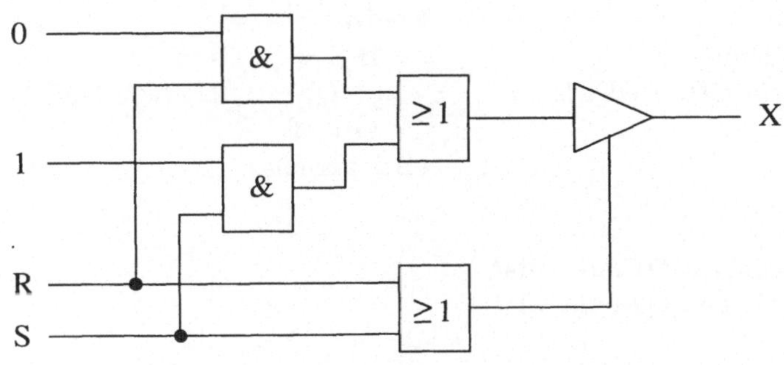

Abbildung 3.10: Bus-Multiplexing

Eine mögliche und effektive Lösung ist wieder die Verwendung eines Signals mit dem Attribut **register**. In jedem Prozeß muß zusätzlich, wenn das Steuersignal inaktiv wird, Q der Wert *null* zugewiesen werden. Damit wird der zugehörige Treiber in der „bus resolution function" für Q nicht mehr berücksichtigt. Durch das Attribut **register** behält Q seinen letzten von *null* verschiedenen Wert, wenn beide Taktsignale inaktiv sind. Wäre das Attribut **bus** verwendet worden, dann wäre 'Z' (Default-Wert von *resolved*) das Ergebnis.

```
RESET: process ( R )              SET: process ( S )
begin                             begin
    if R = '1' then                   if S = '1' then
        Q <= '0' after DEL1;              Q <= '1' after DEL2;
    else                              else
        Q <= null;                       Q <= null;
    end if;                           end if;
end process;                      end process;
```

Zwischenvariable mit zusätzlicher Signalzuweisung (Multiplexer)

Werden die von mehreren Prozessen getriebenen Signale jeweils innerhalb der Prozesse, in denen ihnen ein neuer Wert zugewiesen wird, mit einem anderen Namen versehen und externe Multiplexer definiert, dann ergibt sich für das obige Beispiel:

```
RESET: process ( R )                 SET: process ( S )
begin                                begin
   if R = '1' then                      if S = '1' then
      Q1 <= '0' after DEL1;                Q2 <= '1' after DEL2;
   end if;                              end if;
end process;                         end process;


-- Multiplexer
Q <= Q1 when not Q1'quiet else
     Q2 when not Q2'quiet else
     Q;
```

3.4.1.5 Initialisierung von Signalen

Die in VHDL verwendeten Signale zur Beschreibung des nebenläufigen Verhaltens elektrischer Schaltungen unterscheiden sich in ihrem Verhalten von den in den meisten Programmiersprachen benutzten Variablen. VHDL-Variablen dagegen ähneln mehr dem dort bekannten Verhalten: Bei einer Zuweisung wird der alte Wert sofort vom neuen überschrieben. Daher werden in VHDL Variablen an der Stelle, an der sie deklariert werden, initialisiert. Im folgenden wollen wir die Initialisierung von Signalen genauer untersuchen.

Quellen. Das Ergebnis bei der Initialisierung von Signalen wird entscheidend durch „Quellen" bestimmt. Eine Quelle kann sein:

- Prozeßtreiber,

- Port einer Komponente vom Typ *out*, *inout* oder *buffer*.

Zur Bestimmung des Signalwertes zu irgendeinem Zeitpunkt werden alle Quellen berücksichtigt. Damit ist die korrekte Initialisierung des Signals von der Initialisierung *aller* Quellen abhängig.

Default-Wert. Einem Signal und seinen Prozeßtreibern kann ein Default-Wert zugewiesen werden. Dies geht aber nicht bei einem Komponenten-Port, da es sich dabei um eine nichttreibende Quelle handelt. Es gibt nun Fälle, bei denen der Default-Wert nicht den Anfangswert eines Signals definiert. Wir wollen dies an den beiden folgenden Beispielen illustrieren.

Beispiel 1: Mehrere Prozeßtreiber. Das folgende Programm enthält zwei Prozesse (Signalzuweisungen), die nebenläufig das Ausgangssignal Y vom Typ *MVL4* treiben.

```
entity TEST is
   port ( Y : out wiredOne MVL4 := '0' );
end TEST;

architecture PROCESS_SOURCE of TEST is
begin
   P1: Y <= ...;
   P2: Y <= ...;
end PROCESS_SOURCE;
```

Die Funktion *wiredOne* emuliert einen Bus: Maximal ein Signalwert darf
einen anderen Wert als „Hochohmig" ('Z') haben. Der Default-Wert von
Y ist '0' und damit der Anfangswert aller zu den Prozessen *P1* und *P2*
gehörenden Treiber. Während der Initialisierung wird die „bus resolution
function" mit beiden Treibern, die '0' auf den Bus legen wollen, aufgerufen.
Da dies einen Buskonflikt bedeutet, wird Y der Wert 'X' zugewiesen.

Auf die Realisierung der „bus resolution function" *wiredOne* gehen wir in
Abschnitt 3.4.1.3 ein.

Beispiel 2: Komponenten. Die zwei Prozesse aus der vorigen Architektur
wurden durch die Komponenteninstanz C ersetzt. Es gibt nur einen Port
vom Typ *out*, der die einzige Quelle des Signals Y ist.

```
architecture NON_DRIVER_SOURCE of TEST is
   component DRIVE_COMP
      port ( O : out MVL4 );
   end component;
begin
   C: DRIVE_COMP port map ( Y );
end NON_DRIVER_SOURCE;
```

Der Default-Wert '0' von Y hat keinen Einfluß auf den Anfangswert, da
dieser nur den Anfangswert von Prozeßtreibern definiert. Da es sich bei
dem Komponenten-Port um eine nichttreibende Quelle handelt, wird der
Anfangswert durch die zur Komponente gehörende Entity bestimmt.

Diese auf den ersten Blick komplexe Vorgehensweise ist vom elektrischen
Standpunkt aus sinnvoll:

- **Beispiel 1 (mehrere Prozesse):** In realen Schaltungen müssen die Leitungen nach einem festgelegten Protokoll ihre Werte erhalten. Es reicht nicht aus, einfach alle Komponenten zu aktivieren.

- **Beispiel 2 (mit Komponenten):** Für eine Komponente können Alternativen verwendet werden, die unterschiedliche Anfangswerte aufweisen.

3.4.1.6 Out- und Buffer-Ports

Out-Ports sind Quellen und treiben das mit ihnen verknüpfte Netzwerk, das durch ein Signal repräsentiert wird. Über eine „bus resolution function" werden alle Quellen berücksichtigt und der resultierende Signalwert bestimmt. Auf diese Weise lassen sich Ports modellieren, die direkt miteinander verbunden werden können, wie z. B. Tri-State und Open-Collector. Da in VHDL auf treibende Werte nicht zugegriffen werden kann, ist ein Lesen dieses Werts in der Architekturbeschreibung nicht möglich – dies ist auch sinnvoll.

Buffer-Port treibt als einzige Quelle das mit ihm verbundene Signal. Daher entspricht der sich ergebende Signalwert außerhalb der Architekturbeschreibung dem inneren – abgesehen von Transformationen des Wertes, die sich durch Konvertierungsfunktionen ergeben. Daher kann der Wert eines solchen Ports innerhalb der Architekturbeschreibung gelesen werden. Ports dieser Art bieten sich an, wenn Ausgabe-Ports niemals direkt miteinander verknüpft werden.

Lösungsmöglichkeiten für das Lesen von Out-Ports

In Fällen, in denen die durch die Verwendung von Buffer-Ports bedingten Restriktionen nicht akzeptabel sind, gibt es folgende Möglichkeiten, Out-Ports zu lesen:

1. Einführung eines *Zwischensignals* innerhalb der Architekturbeschreibung,

2. Verwendung von Variablen, wenn sich der Signaltreiber innerhalb eines Prozesses befindet. Die Variable speichert den letzten gültigen

Wert zum Treiben des Ausgangssignals. Bei verzögerten oder Inertia-Zuweisungen entspricht der Wert der Variablen allerdings nicht für alle Zeitpunkte dem Signalwert.

3.4.1.7 Übersicht über Datentypen für die Modellierung

Die Definition benutzereigener Datentypen erlaubt, die Entwurfsaufgabe unabhängig von konkreten Hardware-Realisierungen zu spezifizieren. In der folgenden Übersicht werden einige Aspekte beschrieben, die bei der Wahl eines geeigneten Typs zur Modellbeschreibung zu berücksichtigen sind.

Bit. Für die Beschreibung von logischen Funktionen ist der Datentyp *Bit* gut geeignet.

Boolean ist ein vordefinierter Aufzählungstyp, der verglichen mit *Bit* eine abstraktere Beschreibung ermöglicht, da er keine kodierten Werte verwendet und Beschreibungen daher besser lesbar sind. Hauptsächlich wird dieser Typ in Kontrollanweisungen (`if`, `case`, `when` etc.) verwendet.

Mehrwertige Logik. Für die Modellierung von elektrischen Schaltungen reicht eine binäre Logik meist nicht aus, denn Bussysteme oder Signalstärken können damit überhaupt nicht erfaßt werden. Mehrwertige Logiksysteme ermöglichen es, das elektrische Verhalten besser zu erfassen, z. B. Tri-State-Ausgänge. Außerdem ist es möglich, Konfliktfälle und Situationen, in denen eine Komponente nicht initialisiert wurde, deutlich hervorzuheben.

- **MVL4**
  J.R. Armstrong schlägt für die Modellierung auf der PMS- und der Algorithmischen Ebene das Logikwertsystem *MVL4* (s. Abschnitt 3.4.1.3) vor.

- **Std_ULogic, Std_Logic**
  Auf Logikebene reichen die von *MVL4* zur Verfügung gestellten Werte, z. B. zur Modellierung der Signalstärken der verschiedenen Technologien, nicht aus. Dies bedeutet, daß bei einer Änderung der Abstraktionsebenen die Datentypen der Signale angepaßt werden müssen. Darüber hinaus müssen alle benötigten Funktionen für beide Logikwertsysteme zur Verfügung gestellt werden.

Das standardisierte Logikwertsystem MVL9 (IEEE 1164) (s. Abschnitt 3.4.4.1) ist sehr gut für die Modellierung auf Logikebene geeignet. Da die Logikwerte von *MVL4* eine Teilmenge von *Std_ULogic* darstellen, verwenden wir für die Modellierung den MVL9-Datentyp *Std_ULogic* und den dazugehörigen „resolved"-Typ *Std_Logic*. Man kann natürlich auch den definierten Subtypen *X01Z* verwenden. Da dieses Logikwertsystem standardisiert ist, wird es sehr gut von den Anbietern von VHDL-Simulatoren und -Synthesewerkzeugen unterstützt.

Aufzählungstypen ermöglichen eine abstrakte Beschreibung und geben Synthesewerkzeugen Spielraum bei der für die Optimierung erforderlichen Kodierung.

Integer. Arithmetische Operationen lassen sich sehr gut mit *Integer*-Werten auf natürliche Weise beschreiben. Bei Syntheseanwendungen ist die Angabe des Wertebereiches erforderlich, der verwendet werden soll, da die Zahl der für die Realisierung benötigten Bits aus dieser Angabe ermittelt wird. Die Verwendung von Subtypen, wie z. B. *Natural*(Natürliche Zahlen und Null) und *Positive* (Natürliche Zahlen), ermöglicht Kompatibilität mit *Integer*.

Auf die einzelnen Bits kann allerdings nicht direkt zugegriffen werden, da keine Annahmen über die jeweiligen Positionen getroffen werden können. Es gibt Fälle, in denen Vektordarstellungen besser zur Modellierung geeignet sind (s. Abschnitte 10.1.3.3 und 10.7.4.2). Oft werden negative Werte im Zweierkomplement dargestellt. Viele VHDL-Simulator- und Syntheseumgebungen stellen Funktionen für die Transformation zwischen Integer und Bit-Vektoren zur Verfügung.

Signed, Unsigned. Die IEEE-Typen *Unsigned* und *Signed* erlauben bei numerischen Werten den Zugriff auf jedes Bit. In Paketen werden durch Überladung Funktionen für arithmetische Operationen und numerische Vergleiche zur Verfügung gestellt.

3.4.2 Modellierung auf der Algorithmischen Ebene

Ein Modell auf der Algorithmischen Ebene ist eine verhaltensorientierte, algorithmische Beschreibung der Transformation der Eingabedaten in Ausgabedaten einer logischen Schaltung. Verzögerungen auf den Signalpfaden können genau modelliert werden, ohne dabei Beschreibungen auf einer hierarchisch niedrigeren Ebene zu verwenden. Man spricht deshalb auch von Modellen auf der Chip- oder Schaltkreis-Ebene.

Die Funktion des Modells wird algorithmisch aus der imperativen Sicht (s. Abschnitt 2.3.2) mit einer Folge von Mikrooperationen, die in einer Hardware-Beschreibungssprache kodiert sind, und nicht mittels einer strukurellen Zerlegung in Subkomponenten beschrieben.

Das Entwurfsobjekt kann von beliebiger Größe sein. Es kann einen realen Chip, einen Teil des Chips oder einen Satz von Schaltkreisen, die eine Systemfunktion realisieren, repräsentieren.

3.4.2.1 Eigenschaften eines Modells

Als Modell des Entwurfsobjektes kann im Prinzip die Beschreibung der Komponente auf der PMS-Ebene übernommen werden, die als sequentieller Prozeß vorliegt und die Komponentenfunktionalität modelliert. Allerdings geht dabei i. allg. das nebenläufige Verhalten der Komponente verloren, was häufig in einem ungenauen bzw. falschen Modell resultiert, wie später an einem Beispiel (s. Abschnitt 3.4.2.3) gezeigt wird. Deshalb ist es zunächst notwendig, Anforderungen an ein Modell auf der Algorithmischen bzw. Schaltkreis-Ebene zu spezifizieren. Ein derartiges Modell sollte folgende Eigenschaften aufweisen:

- Genaue Modellierung des Ein-/Ausgabeverhaltens über der Zeit,

- Spezifikation der internen Operationen,

- Strukturierung der Spezifikationen,

- Festlegung der Fehlerbehandlung.

Tab. 3.1 illustriert, daß ein Modell als eine strukturierte Menge von Spezifikationen bezüglich der Ein- und Ausgänge und der internen Spezifikation aufgefaßt werden kann.

Eingangs-Spezifikation	Interne Spezifikation	Ausgangs-Spezifikation
Signalrelationen Signaleigenschaften	Mikrooperationen, Speicherung Verzögerung interner Signale	Ausgangssignal-verzögerungen

Tabelle 3.1: Modellspezifikation eines VLSI-Schaltkreises

3.4.2.2 Beschreibung von Signalverzögerungen

Die Modellierung des genauen zeitlichen Verhaltens ist von besonderem Interesse. Hierfür kommen die drei nachfolgenden generischen Strukturen der Verzögerungsbeschreibung in Frage:

1. **Einfaches Modell**

   Die Propagierung einer Verzögerung vom Eingang zum Ausgang ist die einfachste Möglichkeit der Beschreibung (s. Abb. 3.11). Dabei erfolgt die Zuweisung einer Variablen oder eines Signalwertes an ein Signal wahlweise unter Verwendung einer Trägheits- oder Transport-Verzögerung:

   Y <= [**transport**] X **after** DEL;

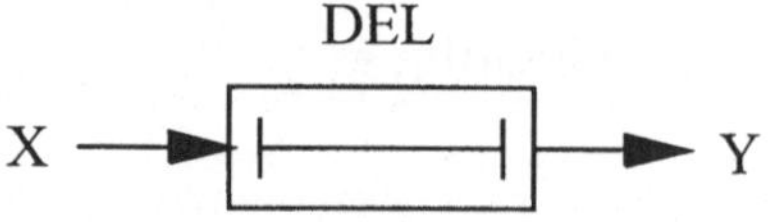

Abbildung 3.11: Einfache Zeitverzögerung

2. Rückkopplungsverzögerung

Die Modellierung der Verzögerung asynchroner sequentieller Schaltungen läßt sich mittels verzögerter Signalzuweisung und des Prozeßkonstruktes realisieren. Der rückgekoppelte Ausgang wird in die Sensitivitätsliste des Prozesses aufgenommen. Abb. 3.12 illustriert diese Vorgehensweise.

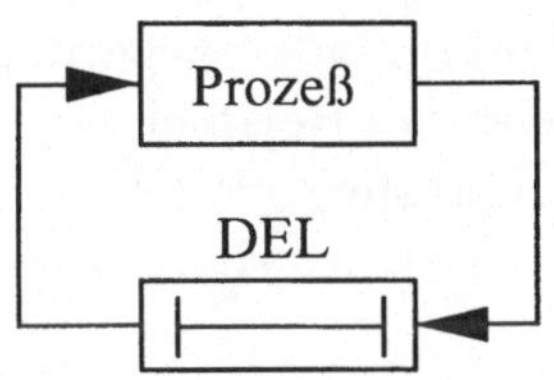

Abbildung 3.12: Verzögerung bei Rückkopplung

3. Signalpfadverzögerung mit bedingtem Transfer

Die Eingangssignale X und Y in Abb. 3.13 kommen, nach dem sie zwei verschiedene Pfade mit unterschiedlicher Zeitverzögerung durchlaufen haben, am Entscheidungspunkt für die Signalweitergabe zusammen. An dieser Stelle muß entschieden werden, welcher Wert weiter propagiert wird. Mit dieser Beschreibung kann eine feine zeitliche Granularität erzielt werden.

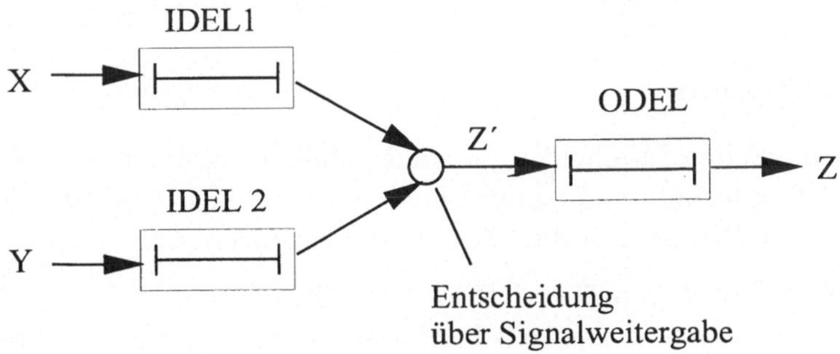

Abbildung 3.13: Verzögerung mit bedingtem Transfer

3.4.2.3 Funktionale Partitionierung, Prozeßmodellgraph

Die Signalpfadverzögerung mit bedingtem Transfer ist von zentraler Bedeutung für die Modellierung auf dieser Abstraktionsebene. Der Mechanismus zur Aktivierung der Entscheidungsfindung kann in VHDL mit Hilfe des Prozeßkonstruktes realisiert werden. Das Verhalten des Schaltkreises wird in einer Architektur festgelegt, wobei in einzelnen Prozessen die eigentlichen Berechnungen durchgeführt werden. Die Prozesse kommunizieren miteinander über Signale, die die Datenpfadverzögerungen implementieren. Abb. 3.14 zeigt diese Vorgehensweise am Beispiel der in Abb. 3.13 dargestellten Verzögerung mit bedingtem Transfer.

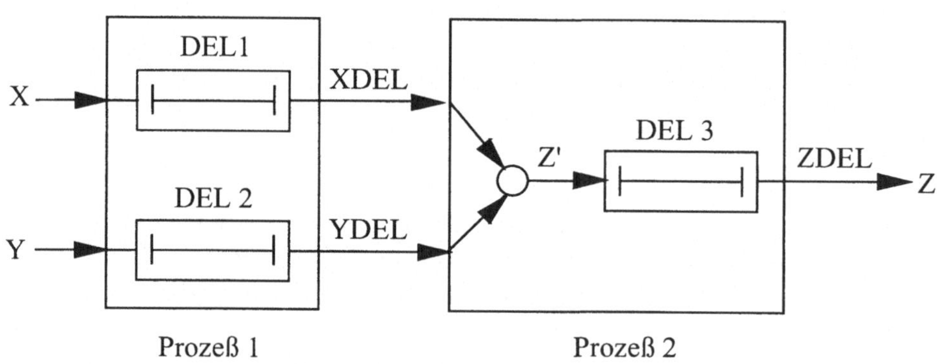

Abbildung 3.14: Zusammenfassung von Operationen als Prozesse für den bedingten Transfer

Prozeßmodellgraph

Die drei prinzipiellen Möglichkeiten der Modellierung der Datenpfadverzögerung sind Sonderfälle einer allgemeineren, graphbasierten Strukur, dem sog. *Prozeßmodellgraph*, der das Modellierungskonzept CSP implementiert.

Der gerichtete Graph repräsentiert eine Partitionierung der Modellfunktion in Unterfunktionen, die jeweils in einem Knoten realisiert werden. Jede Operation kann in VHDL mit einem Prozeß modelliert werden. Die Kanten bezeichnen den Datenaustausch zwischen den Prozessen über Signale. Jede Kante wird mit einem Bezeichner der Form $S(S\_Delay)$, wobei S den

Signalnamen und *S_Delay* die Verzögerung bezeichnet, versehen. Werden die eingehenden Signale in die Sensitivitätsliste der jeweiligen Prozesse eingetragen, dann erfolgt eine Aktivierung durch eine *Wertänderung* (Event).

Die Berücksichtigung von wertkontinuierlichen Verzögerungen auf den Kommunikationspfaden zwischen den Prozessen ist als Erweiterung des klassischen CSP-Konzeptes anzusehen und erlaubt, wie J.R. Armstrong zeigt, eine genaue Modellierung des Zeitverhaltens eines Entwurfobjektes, ohne eine strukturelle Beschreibung verwenden zu müssen.

Diese Darstellung eines Schaltkreismodells erlaubt die übersichtliche Beschreibung von komplexen Signalflüssen auf einer hohen Abstraktionsebene. Die Kommunikation zwischen Funktionen bzw. Operationen ist offensichtlich. Die Vorteile hinsichtlich der Modellgenauigkeit, die eine Verwendung von Prozeßmodellgraphen bieten, sollen anhand eines einfachen Schaltkreises gezeigt werden.

Beispiel. Das acht Bit breite Register *HZ_REG8B* mit Tri-State-Ausgang soll modelliert und mittels Simulation validiert werden. Abb. 3.15 zeigt den prinzipiellen Aufbau des Schaltkreises und die Spezifikation der Signalrelationen.

Eine Modellierung des Verhaltens mittels eines sequentiellen Prozesses, der auch die zeitlichen E/A-Spezifikationen enthält, ergibt:

```
MOD_1P: process ( STRB, DS1, DS2N )
begin
    if STRB'event and STRB = '1' then
        REG <= DIN after STRB_DEL;
        if DS1 = '1' and DS2N = '0' then
            DOUT <= DIN after STRB_DEL + O_DEL;
        else
            DOUT <= "ZZZZZZZZ" after STRB_DEL + O_DEL;
        end if;
    elsif DS1'event or DS2N'event then
        if DS1 = '1' and DS2N = '0' then
            DOUT <= REG after EN_DEL + O_DEL;
        else
            DOUT <= "ZZZZZZZZ" after EN_DEL + O_DEL;
        end if;
    end if;
 end process;
```

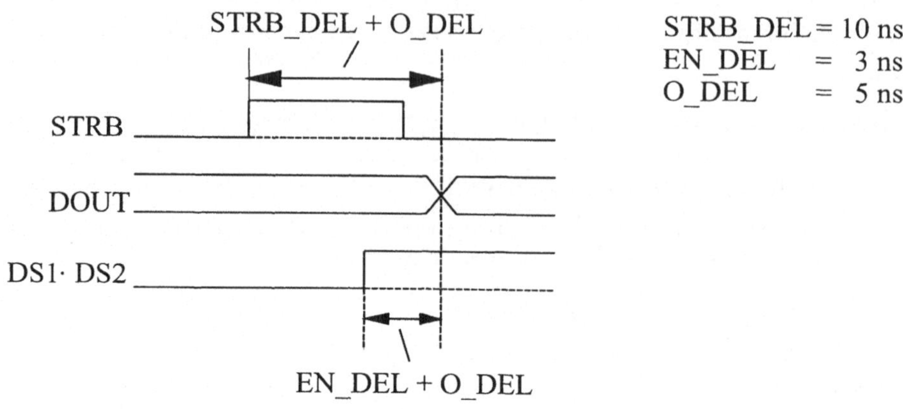

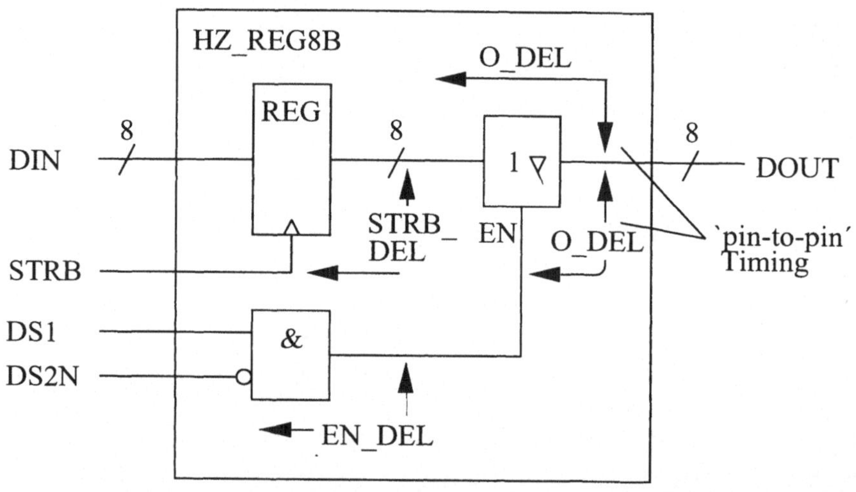

Abbildung 3.15: Register *HZ_REG8B* mit Tri-State-Ausgang

Die Darstellung der Funktionalität mittels sequentieller Notation entspricht
einer Modellierung auf der PMS-Ebene. Die Simulation dieses Ein-Prozeß-
modells *MOD_1P* ist in Tab. 3.2 dargestellt. Ein Problem ergibt sich für
die gleichzeitige Änderung der Eingangssignale *DS*1 und *STRB* (Zeitpunkt
200 ns in Tab. 3.2). Anstatt daß kurzzeitig der alte Registerinhalt an
DOUT erscheint, erzeugt dieses Modell den Wert 'Z' am Schaltkreisaus-

gang. Die Ursache hierfür liegt in der unzureichenden Berücksichtigung der Nebenläufigkeit im sequentiell notierten Modell.

Zeit [ns]	DS 2N	D S1	ST RB	DIN	REG	MOD_1P DOUT	MOD_3P DOUT
0	0	1	0	00000000	XXXXXXXX	XXXXXXXX	XXXXXXXX
25	0	1	1	00000000	XXXXXXXX	XXXXXXXX	XXXXXXXX
35	0	1	1	00000000	00000000	XXXXXXXX	XXXXXXXX
40	0	1	1	01010101	00000000	00000000	00000000
50	0	0	0	01010101	00000000	00000000	00000000
58	0	0	0	01010101	00000000	ZZZZZZZZ	ZZZZZZZZ
100	0	1	0	01010101	00000000	ZZZZZZZZ	ZZZZZZZZ
108	0	1	0	01010101	00000000	00000000	00000000
150	0	0	0	01010101	00000000	00000000	00000000
158	0	0	0	01010101	00000000	ZZZZZZZZ	ZZZZZZZZ
200	0	1	1	01010101	00000000	ZZZZZZZZ	ZZZZZZZZ
208	0	1	1	01010101	00000000	ZZZZZZZZ	00000000
210	0	1	1	01010101	01010101	ZZZZZZZZ	00000000
215	0	1	1	01010101	01010101	01010101	01010101

Tabelle 3.2: Simulationsergebnisse des Schaltkreises *HZ_REG8B*

Eine genauere Analyse der Schaltkreisfunktion ergibt drei Operationen, die die Komponente ausführt: Laden („LOAD"), Freigeben („ENABLE") und Ausgeben („WR_BUS"). Der zugehörige Prozeßmodellgraph ist in Abb. 3.16 skizziert.

Implementiert man jede dieser Operationen mittels eines sequentiellen Prozesses, dann kann das Verhalten des Schaltkreises für den beschriebenen Problemfall richtig vorausgesagt werden. Das Ergebnis des Drei-Prozeßmodells *MOD_3P* in Tab. 3.2 verdeutlicht die korrekte Modellierung der nebenläufigen Funktionsweise des Schaltkreises.

3.4.2.4 Beschreibung des zeitlichen Ablaufs

In einer algorithmischen Beschreibung wird durch eine Folge von Aktivitäten die durchzuführende Aktion realisiert, d. h. es wird eine Reihenfolge definiert, *wann was* zu tun ist. Da die Ausführung dieser Funktionen

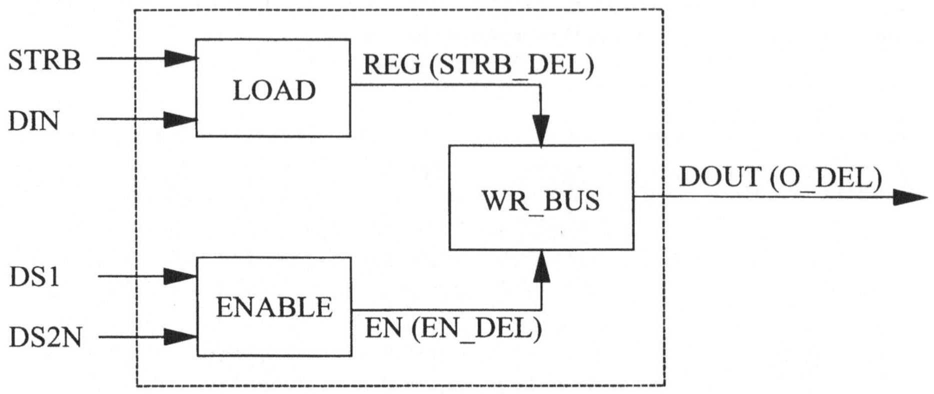

Abbildung 3.16: Prozeßmodellgraph des Schaltkreises *HZ_REG8B*

in Hardware Zeit benötigt, stehen nicht wie bei einer sequentiellen Programmiersprache die Ergebnisse unmittelbar nach einem Funktionsaufruf zur Verfügung. Somit werden generische Verzögerungszeiten bei Signalen, die durch Funktionen bestimmt oder nur einfach mit einem Wert belegt werden, verwendet.

Wenn in einem Kontrollschritt die Ergebnisse, die in einem vorhergehenden Schritt initiiert wurden, benötigt werden, müssen daher in der Beschreibung Synchronisationsmechanismen verwendet werden, die bestimmen, wann mit den nächsten Anweisungen fortgefahren werden kann. Eine Folge von Kontrollschritten kann unter Verwendung mehrerer **wait**-Anweisungen definiert werden (s. Abschnitt 5.4.4.2).

Die allgemeine Syntax der **wait**-Anweisung lautet:

wait [**on** *signal_name_list*] [**until** *condition*] [**for** *time_expression*].

Zur Kontrolle des Ablaufs wird sie jedoch meist in einer der beiden Formen

1. **wait on** *signal* **until** *signal = value*

2. **wait for** *time*

verwendet.

Die `wait`-Anweisung suspendiert einen Prozeß. Bei der ersten Form wird mit dem Prozeß fortgefahren, wenn sich die Signale auf die richtigen Werte ändern. Sie kann dazu verwendet werden, *Handshake*-Signale, die zum Wechsel in den nächsten Zustand führen, zu erkennen. Die zweite Form wird in einem Modell mit festen Verzögerungszeiten, die oft der Periode eines Taktsignals entsprechen, verwendet. Da danach mit dem nächsten Schritt fortgefahren wird, muß die Periode lang genug sein, so daß alle angesteuerten Einheiten ihre Ergebnisse bestimmt haben. Damit bestimmt das langsamste Element die minimale Taktperiode.

Fortschaltung von Kontrollschritten

Durch eine Kombination dieser beiden `wait`-Formen sind drei Arten der Fortschaltung von Kontrollschritten möglich:

Automatisch. Für alle Kontrollschritte wird mit der Anweisung `wait for CLK_PER` nach einer festen Zeit weitergeschaltet. Damit lassen sich sehr gut sequentielle Anweisungen, die zyklisch durchlaufen werden, beschreiben.

Handshake. Ist die Anzahl der Takte, die zur Durchführung einer Operation benötigt werden, unbekannt oder wird auf Eingaben aus der Umgebung gewartet, dann ist eine Synchronisation über ein Signal, z. B. DAV, das die Bereitstellung der geforderten Daten bestätigt, erforderlich. Mit dem nächsten Takt erfolgt der Übergang in den nächsten Kontrollzustand. Da die Gegenseite aber nicht weiß, wann die Daten übernommen werden, erfordert diese Vorgehensweise, daß das Kontrollsignal DAV nicht vor dem durch den Takt herbeigeführten Zustandsübergang zurückgenommen wird. Dies kann über ein Handshake-Protokoll erfolgen.

Beispielsweise läßt sich mit den Signalen DAV und REC das folgende Protokoll realisieren: Der Sender stellt die Daten $DOUT$ auf dem Bus D bereit, setzt DAV auf '1' und wartet solange, bis im nächsten Kontrollschritt der Empfänger mit REC = '1' die Datenübernahme bestätigt hat. Dadurch wird DAV wieder auf '0' gesetzt. Natürlich muß auch REC im nächsten Kontrollschritt auf '0' zurückgesetzt werden (s. überlappendes Protokoll zur Datenausgabe in Abschnitt 8.2). Der nachfolgende Programmausschnitt beschreibt den Ablauf des Datenaustausches zwischen Sender und Empfänger.

<table>
<tr><td>

-- Sender
. . .
-- Daten senden
D   <= DOUT **after** D_DEL;
DAV <= '1' **after** O_DEL;
wait on REC **until** REC = 1;

-- Daten angekommen
DAV <= '0' **after** O_DEL;

. . .

</td><td>

-- Empfänger
. . .
-- Warten auf Daten
wait on DAV **until** DAV = '1';

-- Daten empfangen
REC <= '1' **after** O_DEL;
DIN <= D **after** D_DEL;
wait for CLK_PER;

-- Daten verarbeitet
REC <= '0' **after** O_DEL;
. . .

</td></tr>
</table>

Asynchron. Falls beispielsweise das Quittungssignal *REC* kürzer als eine Taktperiode ist oder eine schnelle, asynchrone Reaktion auf dieses Signal realisiert werden soll, dann wird `wait on REC until REC = '1'` verwendet.

Beispiel. Der nachfolgende Prozeß berechnet den Durchschnittswert einer Folge von Zahlen. Mit jeder neuen Zahl wird der Duchschnittswert aktualisiert. Die Zahlen werden jeweils in einem Register zwischengespeichert und nach dem oben beschriebenen Handshake-Protokoll verarbeitet: Das Register meldet mit $DAV = $ '1', daß Daten am Eingang $VALUE$ verfügbar sind, und der Prozeß bestätigt die Übernahme des Wertes mit $REC = $ '1'. Durch $RESET = $ '1' wird der vorherige Durchschnitt gelöscht und die Berechnung beginnt wieder von vorne.

```
entity AVERAGE is
    generic ( CLK_PER, O_DEL, ADD_DEL : Time );
    port    ( VALUE : in   Real;
              DAV    : in   Bit;
              RESET : in   Bit;
              REC    : out Bit;
              AVG    : out Real );
end AVERAGE;

architecture ALG of AVERAGE is
    signal SUM, N : Real := 0.0;
begin
    process
    begin
       if RESET = '1' then
```

```
      SUM  <= 0.0;
      N    <= 0.0;
      AVG  <= 0.0;
   end if;
   wait on DAV until DAV = '1';

   REC <= '0' after O_DEL;
   wait for CLK_PER;

   REC <= '1' after O_DEL;
   SUM <= SUM + VALUE after ADD_DEL;
   N   <= N + 1.0 after ADD_DEL;
   wait for CLK_PER;

   AVG <= SUM / N after DIV_DEL;
 end process;
end ALG;
```

Die Abarbeitung eines Programms erfolgt durch Prozesse, die Teilfunktionen
realisieren und nach einem Schema ausgeführt werden.

Reset-Modellierung

Im obigen Beispiel wird nicht in allen Fällen auf das Signal $RESET$ reagiert.
Man kann die Auffassung vertreten, daß eine algorithmische Beschreibung
als ein Modell auf einer hohen Ebene nicht für diesen Fall ausgelegt ist,
und dies eher Modellen auf RT-Ebene, also auf einer niedrigeren Ebene,
überlassen werden sollte. Das führt aber dazu, daß sich die Modelle auf den
verschiedenen Ebenen in ihrem Verhalten unterscheiden, was nicht immer
wünschenswert ist.

Das nachfolgend beschriebene Modell erlaubt das jederzeite asynchrone
Rücksetzen in den Startzustand, indem die Kontrollsequenz in einer Schleife
eingebettet wird.

```
process
begin
   if RESET = '1' then
      SUM  <= 0.0;
      N    <= 0.0;
      AVG  <= 0.0;
   end if;
   wait until RESET = '0';
```

```
  RESET_MARK: loop
    if  RESET = '1'  then
       SUM <= 0.0;
       N    <= 0.0;
       AVG <= 0.0;
    end if;
    wait until DAV = '1' or RESET = '1';
    next RESET_MARK when RESET = '1';

    REC <= '1' after O_DEL;
    wait until RESET = '1' for CLK_PER;
    next RESET_MARK when RESET = '1';

    REC <= '0' after O_DEL;
    SUM <= SUM + VALUE after ADD_DEL;
    N    <= N + 1.0 after ADD_DEL;
    wait until RESET = '1' for CLK_PER;
    next RESET_MARK when RESET = '1';

    AVG <= SUM / N after DIV_DEL;
  end loop;
end process;
```

In jedem Kontrollschritt wird in der **wait**- und **next**-Anweisung überprüft, ob das Signal *RESET* aktiviert wurde. Bei einem Reset springt das Programm zum Anfang der Schleife – in den Startzustand – zurück.

Die erste **wait**-Anweisung verhindert für *RESET* = '1' eine Endlosschleife, was zum „Hängenbleiben" des Simulators führen würde, da die Simulationszeit nicht weitergeschaltet wird.

Verzweigungen im Ablauf

Die obige zyklische Beschreibung kann nicht angewendet werden, wenn in Abhängigkeit von Bedingungen zu verschiedenen Kontrollsequenzen verzweigt wird, wie in Abb. 3.17 dargestellt.

Basierend auf der eben beschriebenen Reset-Modellierung ist es naheliegend, jede Sequenz in einer Schleife mit Marke einzubetten und abhängig von den Bedingungen in der **next**-Anweisung zur angegebene Marke zu springen. Dies ist aber in VHDL nicht möglich: Sprünge sind nur zur Marke der äußeren Schleife erlaubt. Ein „goto" ist in VHDL nicht vorgesehen. Das Problem kann aber wie folgt gelöst werden:

1. Für jede Sequenz wird ein Prozeß definiert.

2. Am Ende des Prozesses wird mit **if**- und **case**-Anweisungen überprüft, welche Anweisungskette als nächstes ausgeführt werden soll.

3. Die Prozesse warten auf diese Trigger-Signale.

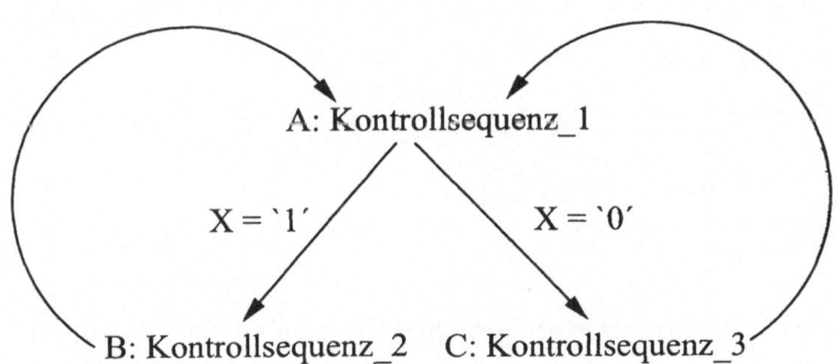

Abbildung 3.17: Alternative Ausführung von Kontrollsequenzen

Beispiel. Für den in Abb. 3.17 dargestellte Ablauf ergibt sich damit:

```
signal TRIG_A_B, TRIG_A_C, TRIG_B_A, TRIG_C_A : Bit;

A: process
begin
   ...
   wait on TRIG_B_A, TRIG_C_A;
   -- Kontrollsequenz 1
   ...
   if  X = '1'  then
      TRIG_A_B <= not (TRIG_A_B);
   else
      TRIG_A_C <= not (TRIG_A_C);
   end if;
end process;

B: process
begin
   ...
```

```
  wait on TRIG_A_B;
  -- Kontrollsequenz 2
    ...
  TRIG_B_A <= not (TRIG_B_A);
end process;

C: process
begin
    ...
  wait on TRIG_A_C;
  -- Kontrollsequenz 3
    ...
  TRIG_C_A <= not (TRIG_C_A);
end process;
```

Wenn verschiedene Prozesse die gleichen Signale verändern sollen, dann wird eine der in Abschnitt 3.4.1.4 beschriebenen Techniken benötigt. Bei Automaten, die viele Verzweigungen haben, sind die in Abschnitt 5.4.4.1 beschriebenen Modellierungsarten besser geeignet.

3.4.2.5 Überprüfung der Eingangsspezifikation

Durch die Interaktion verschiedener Komponenten kann es z. B. aufgrund einer unvollständigen Modellierung oder nicht beachteter Restriktionen zu Fehlerfällen kommen, die zu einem falschen oder undefinierten Verhalten einer Komponente führen.

Die automatische Überprüfung der u. U. komplexen Eingangsspezifikationen kann den Entwickler mit einer Meldung auf einen möglichen Modellierungsfehler hinweisen. Sie bildet die Basis für eine modellinterne Fehlerbehandlung. Dabei steht die Kontrolle von

- Signaleigenschaften:

    - Werten,

    - Zeitverhalten,

- Signalrelationen

im Vordergrund. Hierfür stehen in VHDL zur Verfügung: Signalbezogene Attribute und die **assert**-Anweisung, die folgende Form besitzt:

assert *boolean_expression*
    [**report** *message_string*]
    [**severity** *severity_level*];

Bei der Aktivierung der **assert**-Anweisung, die sequentiell oder nebenläufig sein kann, wird der Boolesche Ausdruck ausgewertet. Im Fehlerfall („assertion violation") ist der Boolesche Ausdruck falsch, und eine Fehlermeldung wird ausgegeben. *Severity_level* ist ein vordefinierter Aufzählungstyp im Standardpaket *STD* von VHDL:

type Severity_Level **is** (note, warning, error, failure);

Die Fehlermeldung besteht aus folgenden Elementen:

- Indikation, daß die Meldung von einer **assert**-Anweisung kommt,

- Wert von *severity_level* (Default: error),

- *message_string*,

- Name des Entwurfsobjektes, das die **assert**-Anweisung enthält.

Beispiel. Für das 8-Bit-Register *HZ_REG8B* aus dem obigen Beispiel sollen überprüft werden:

- **Setup-Zeit**
  DIN muß die Zeit SUT *vor* der steigenden Flanke von *STRB* stabil sein:

  assert not (STRB'*event* **and** STRB = '1' **and not** DIN'*stable(SUT)*)
      report "Setup-Zeit-Fehler für DIN";

- **Hold-Zeit**
  Nach der steigenden Flanke von *STRB* muß *DIN* noch mindestens die Zeit HT stabil sein:

> **assert** STRB'*delayed(HT)'stable* **or** (STRB'*delayed(HT)* = '0')
>   **or** DIN'*stable(HT))*
>   **report** "Hold-Zeit-Fehler für DIN";

- **Pulsweite**
  $STRB$ muß mindestens die Zeit MPW aktiv sein:

> **assert** STRB'*stable* **or** STRB = '1' **or** (STRB'*delayed'stable(MPW))*
>   **report** "Pulsweite von STRB ist zu kurz";

Da es keinen Sinn macht, $STRB$ unmittelbar nach einer Änderung auf Stabilität zu überprüfen, testet der Ausdruck STRB'delayed'stable, wie lange $STRB$ vor der Änderung aktiv war.

In Abschnitt 3.4.3.2 wird gezeigt, wie die Einhaltung dieser Zusicherungen durch Einbau in die Schnittstellenbeschreibung unabhängig von der verwendeten Architektur überprüft werden kann. Dort und in Abschnitt 3.4.4.5 wird auch auf weitere Überprüfungen der Eigenschaften der Eingangssignale eingegangen.

3.4.3   Modellierung auf der RT-Ebene

Modelle auf der RT-Ebene unterscheiden sich von algorithmischen Beschreibungen durch die folgenden Eigenschaften:

- Das Verhalten der Elemente wird Reaktiv ausgerichtet modelliert (s. Abschnitt 2.3.2).

- Deklarierte Signale repräsentieren den Datenaustausch und die Verbindungen realer Schaltkreise.

- Beschreibungen können direkt auf ein strukturelles Registermodell abgebildet werden.

- Da die Elemente auf Registerebene direkt bestimmt und ihre Verbindungen spezifiziert werden, sind die Verbindungsstrukturen der Elemente untereinander (Multiplexer, Busse) implizit vorgegeben.

- Das Taktschema der Register ist definiert.

- Abstrakte Datentypen sind in die Typen *Bit* und *Bit_Vector* transformiert, nachdem eine Zuordnung zu Zuständen vorgenommen wurde. Dadurch ist es möglich, die Zustandsregister und ihre Längen zu bestimmen.

Damit werden auf dieser Ebene im Gegensatz zur Algorithmischen Ebene die folgenden Darstellungen unterstützt:

- Zeitbeziehungen zwischen den Elementen,

- Benötigte Komponenten („allocation"),

- Abfolge der Operationen („scheduling"),

- Endliche Zustandsautomaten,

- Busrealisierungen.

Zur Definition der Objekte werden meist „guarded commands" (s. Abschnitt 2.3.2) verwendet, die für erfüllte Bedingungen Aktionen spezifizieren.

3.4.3.1 Beispiel: RT-Modell eines Registersystems

An dem nachfolgenden Beispiel nach J.R. Armstrong und F.G. Gray sollen die Unterschiede zwischen der Algorithmischen und der RT-Ebene verdeutlicht werden.

Ein Registersystem besteht aus den zwei 8-Bit-Registern $R1$ und $R2$ und einem Addierer. Über das Kommando COM wird bei steigender Flanke von CLK die durchzuführende Aktion selektiert: „Lade $R1$", „lade $R2$", „addiere den Inhalt von $R2$ zu $R1$" oder „subtrahiere den Inhalt von $R2$ von $R1$". Die Register werden mit INP geladen.

Für die auszuführende Aktion wird der abstrakte Datentyp *Command* definiert:

type Command **is** (LoadR1, LoadR2, AddR2toR1, SubR2fromR1);

Aufgrund der Problembeschreibung ergibt sich dann die nachfolgende Schnittstellenbeschreibung:

```
entity REGISTER_SYSTEM is
   port ( INP  : in Bit_Vector(7 downto 0);
          COM : in Command;
          CLK : in Bit                          );
end REGISTER_SYSTEM;
```

Algorithmisches Modell

Eine algorithmische Beschreibung, die definiert, *was* gemacht wird, könnte unter Zuhilfenahme der Funktionen *add*, *not* und *inc* wie folgt aussehen, wobei die Subtraktion auf die Addition mit dem Zweierkomplement zurückgeführt werden kann:

```
architecture ALG of REGISTER_SYSTEM is
   signal R1, R2 : Bit_Vector(7 downto 0);
begin
   process ( CLK )
   begin
     if CLK = '1' then
        case COM is
           when LoadR1       => R1 <= INP;
           when LoadR2       => R2 <= INP;
           when AddR2ToR1    => R1 <= add( R1, R2 );
           when SubR2FromR1 => R1 <= add( R1, inc(not(R2)) );
        end case;
     end if;
   end process;
end ALG;
```

Da die folgende Beschreibung

```
process ( CLK ) begin
   if CLK = '1' then ...   end if;
end process;
```

äquivalent zu

```
process ( CLK ) begin
   if CLK'event and CLK = '1' then ...   end if;
end process;
```

ist, wird ein Register beschrieben (s. Abschnitt 5.4.1.3).

RT-Modell

Wenn in der Entity der Datentyp des Kommandosignals *COM* vom abstrakten Typ *Command* in den Typ *Bit_Vector(0 to 1)* transformiert wird, ergibt sich z. B. :

$$
\begin{array}{ll}
LoadR1 & : COM = \text{"00"}, \\
LoadR2 & : COM = \text{"01"}, \\
AddR2ToR1 & : COM = \text{"10"}, \\
SubR2FromR1 & : COM = \text{"11"}.
\end{array}
$$

Modell 1. Die folgende kurze Datenflußbeschreibung mit zwei **guarded**-Signalzuweisungen benutzt keinen zentralen Dekoder, sondern eine *lokale Dekodierung* des durchzuführenden Kommandos dort, wo sie benötigt wird: Am Register oder Multiplexer.

```
architecture RT1 of REGISTER_SYSTEM is
    signal R1, R2 : Bit_Vector(7 downto 0);
begin
    R1_REG: block ( (COM(0) or not COM(1)) = '1' and
                    not CLK'stable and CLK = '1'        )
    begin
      R1 <= guarded add( R1, R2 )              when COM = "10" else
                    add( R1, inc(not(R2)) )    when COM = "11" else
                    INP;
    end block;

    R2_REG: block ( COM = "01" and not CLK'stable and CLK = '1' )
    begin
      R2 <= guarded INP;
    end block;
end RT1;
```

Das Modell beschreibt aber nicht alle benötigten Komponenten, z. B. Multiplexer, und legt nicht fest, wie die Busse realisiert werden sollen. Des weiteren ist es für andere Entwurfsaktivitäten, wie z. B. Zeitanalysen, nicht geeignet.

Modell 2. Aus der nächsten Beschreibung läßt sich sehr einfach ein Schaltplan erzeugen:

1. Alle Register, Multiplexer, Dekoder und Datenoperatoren werden eindeutig definiert. Die Addition und die Inkrementierung werden mit den Funktionen *add* bzw. *inc* realisiert.

2. Alle Verbindungen werden durch die deklarierten Signale bezeichnet.

3. Die Signalzuweisungen machen den Datenfluß sichtbar.

Da bei den Signalzuweisungen Verzögerungszeiten berücksichtigt werden, läßt sich das Zeitverhalten überprüfen. Die Verzögerungszeiten können als generische Parameter in der Schnittstellenbeschreibung definiert werden.

```
architecture RT2 of REGISTER_SYSTEM is
    signal R1, R2, R2N, R2TC        : Bit_Vector(7 downto 0);
    signal SUM, MUX_R1, MUX_ADD : Bit_Vector(7 downto 0);
    signal R1E, R2E                 : Bit;
begin
    -- Multiplexer vor Register 1
    MUX_R1 <= SUM after MR1_DEL when COM(0) = '1' else
                INP after MR1_DEL;

    -- Register 1
    R1E <= COM(0) or not COM(1) after R1E_DEL;
    R1_REG: block ( R1E = '1' and not CLK'stable and CLK = '1' )
    begin
        R1 <= guarded MUX_R1 after R1_DEL;
    end block;

    -- Register 2
    R2E <= not R1E after R2E_DEL;
    R2_REG: block ( R2E = '1' and not CLK'stable and CLK = '1' )
    begin
        R2 <= guarded INP after INP_DEL;
    end block;

    -- Zweierkomplement
    R2N        <= not R2 after NOT_DEL;
    R2TC       <= inc( R2N ) after INC_DEL;

    -- Multiplexer vor Addierer
    MUX_ADD <= R2TC after MADD_DEL when COM(1) = '1' else
                    R2 after MADD_DEL;

    -- Addierer
    SUM        <= add( R1, MUX_ADD );
end RT2;
```

Lokale und zentrale Dekodierung. Die Generierung der Steuersignale $R1E$ und $R2E$ erfolgt lokal an den Multiplexern und Registern. Anstelle der logischen Ausdrücke bei den bedingten Wertzuweisungen hätten auch Signale verwendet werden können, die an einer Stelle durch einen *zentralen* Dekoder bestimmt wurden. Eine solche Form der Dekodierung entspricht mehr der Funktionszerlegung, die eine automatische Synthese vereinfacht. Außerdem kann der Dekoder leichter erweitert werden, wenn zusätzlich neue Funktionen realisiert werden sollen. Meistens erfordert dieser Ansatz aber gegenüber der lokalen Lösung mehr Schaltungsaufwand.

3.4.3.2 Überprüfung von zeitlichen Restriktionen

Beim Entwurf des obigen Systems sind zu beachten:

1. Setup-Zeit von COM (COM_SUT) in Bezug auf CLK, da nach einer Änderung von COM die Signale auf den Registereingängen erst stabil sein müssen, bevor sie durch eine steigende Flanke von CLK übernommen werden können. Für COM_SUT gelten die Beziehungen:

   - COM_SUT > R1E_DEL,
   - COM_SUT > R1E_DEL + R2E_DEL,
   - COM_SUT > MADD_DEL + ADD_DEL + MR1_DEL.

2. Abstand zwischen zwei Änderungen von CLK (CLK_PER):

   - CLK_PER > R2_DEL + NOT_DEL + INC_DEL +
     MADD_DEL + ADD_DEL + MR1_DEL.

Mittels Zusicherungen in der Schnittstellenbeschreibung kann gewährleistet werden, daß die Signalspezifikationen unabhängig von der verwendeten Architektur eingehalten werden. In der nachfolgenden Schnittstellenbeschreibung erfolgt die Überprüfung auf Einhaltung der Spezifikation durch eine Änderung von CLK. So läßt sich mit Hilfe der Funktion *now* aus dem Standardpaket, die die aktuelle Simulationszeit zum Zeitpunkt des Aufrufs zurückliefert, die Zeit zwischen zwei aufeinanderfolgenden steigenden Taktflanken (CLK_NEW_RISE - CLK_OLD_RISE) bestimmen.

```vhdl
entity REGISTER_SYSTEM is
   generic ( ... );
   port    ( ... );
begin

   process ( CLK )
      variable CLK_OLD_RISE, CLK_NEW_RISE : Time := 0 ns;
      variable IVAR       : Time := MADD_DEL + ADD_DEL + MR1_DEL;
      variable MAX_DEL : Time := IVAR + R2_DEL + NOT_DEL +
                         INC_DEL;
      variable COM_DEL : Time := max( IVAR, R1E_DEL + R2E_DEL );
   begin
      -- Überprüfung der Setup-Zeit
      assert not (not CLK'stable and CLK = '1' and
                  not COM'stable(COM_DEL))
         report "Setup-Zeitfehler für COM"
         severity warning;
      -- Überprüfung der CLK-Periode
      if not CLK'stable and CLK = '1' then
         -- Funktion now liefert die aktuelle Simulationszeit
         CLK_NEW_RISE := now;
         assert (CLK_NEW_RISE - CLK_OLD_RISE) > MAX_DEL
            report "CLK-Periode ist zu kurz"
            severity warning;
      end if;
      CLK_OLD_RISE := CLK_NEW_RISE;
   end process;
end REGISTER_SYSTEM;
```

Ein anderes Registersystem ist Gegenstand der Top-down-Entwurfsdurchführung von Aufgabe 10.1.

3.4.3.3 Beschreibung von Schaltwerken

Die Implementierung von *Schaltwerken* – auch als *sequentielle Schaltungen*,
endliche Automaten oder *Finite-State-Machine (FSM)* bezeichnet – ist eine
der häufigsten Aktivitäten auf der RT-Ebene, da alle erforderlichen Signale
und die Reihenfolgen der durchzuführenden Operationen bekannt sind.

Schaltwerke können mit Gattern ('hardwired') realisiert oder *mikroprogrammiert* werden. Das zentrale Element eines mikroprogrammierten Steuerwerks ist meist ein ROM, das die Steuersignale in Abhängigkeit von den Eingängen generiert. Da ein ROM auch für komplexe Logikrealisierungen eine konstante Zugriffszeit besitzt, kann für eine Problemklasse eine Standardlösung entwickelt werden. Durch den einfachen Austausch des ROM läßt sich ein anderes Steuerwerkverhalten realisieren. Damit können Entwurfsänderungen sehr einfach und effizient durchgeführt werden.

Da für die Programmierung des ROM oft auf Software-Werkzeuge wie Compiler, Assembler, Simulatoren und Debugger zurückgegriffen werden kann, werden weniger Fehler gemacht, die außerdem einfach korrigiert werden können. Dem gegenüber steht aber der relativ langsame Zugriff auf die ROM-Daten, der meist zu niedrigeren Arbeitsgeschwindigkeiten als bei der Gatterrealisierung führt. Außerdem ist der Entwickler eingeschränkt durch die Eigenschaften der Standardlösung, z. B. Zahl der generierbaren Steuersignale, oder die Lösung ist für den Anwendungsfall überdimensioniert, d. h. es gibt einen 'trade off' zwischen Flexibilität und Kosten.

Mit Hilfe der Synthese lassen sich aber Steuerwerke mit Gattern effizient realisieren. In Abschnitt 5.2 wird daher genauer auf synthetisierbare Beschreibungen eingegangen.

3.4.4   Modellierung auf der Logikebene

Entwürfe auf der Logikebene müssen das von der verwendeten Schaltungstechnik abhängige Verhalten der Gatter berücksichtigen. Das Zeitverhalten muß genau beschrieben werden, damit Hazard- und Laufzeitprobleme untersucht und ggf. beseitigt werden können. Dies erfordert auch, daß durch unterschiedliche Ausgangslasten veränderte Verzögerungszeiten berücksichtigt werden. Darüber hinaus sind, wie bei der obigen RT-Beschreibung (s. Abschnitt 3.4.3.2), Fehlerüberprüfungen notwendig. Da auf dieser Ebene die Simulation eines komplexen Systems sehr viele Gatter involviert, müssen deren Modelle effizient sein.

3.4.4.1 Repräsentation logischer Zustände

Ein wesentliches Merkmal von VHDL ist, daß das Logikwertsystem nicht als Teil der Sprachdefinition festgelegt ist, sondern an die jeweilige Problemstellung angepaßt werden kann. Die Notwendigkeit, VHDL-Modelle auszutauschen, und der Einsatz von Synthese-Werkzeugen erfordern jedoch eine Standardisierung. Auf die grundlegenden Ideen, die hinter einem solchen Standard stehen, wird im folgenden am Beispiel des standardisierten Logikwertsystems IEEE 1164 (MVL9) eingegangen.

Standardisiertes Logikwertsystem IEEE 1164 (MVL9)

Die Simulation von Busverbindungen, von TTL-, CMOS-, NMOS-, PMOS-, ECL- und GaAs-Komponenten, von „wired" Logik erfordert die Berücksichtigung der Stärke des Signaltreibers. Werte, die durch „passive pull-up/down"-Komponenten getrieben werden, korrespondieren mit einer schwachen Stärke und können von stärkeren Werten, die von der Spannungsversorgung, Eingängen oder von zur Spannungsversorgung durchgeschalteten Gatterausgängen („active pull-up/down") stammen, überschrieben werden. Damit müssen unterschiedlich starke Treiber, passive bzw. aktive „pull-up/down" Ausgänge modelliert werden.

Häufig werden die neun Zustand/Stärke-Werte von MVL9, die eine Modellierung der Schaltungen für die obigen Technologien ermöglichen, verwendet. Bei der Festlegung der Signalwerte werden die drei Signalstärken (Treiberstärken) „stark", „schwach" und „hochohmig", zu denen jeweils (außer „hochohmig") die Logikpegel '0', '1' und „unbestimmt" existieren, unterschieden. Zusätzlich werden die Werte „nicht initialisiert" und für Synthese-Anwendungen „don't care" definiert. Somit ergibt sich das folgende, vom IEEE genormte Logikwertsystem:

- 'U' : „Nicht initialisiert"   („unitialized"),

- 'X' : „Stark unbestimmt"   („strong unknown"),

- '0' : „Starker '0'-Pegel"   („strong low"),

- '1' : „Starker '1'-Pegel"   („strong high"),

- 'Z' : „Hochohmig"   („tri-state"),

- 'W': „Schwach unbestimmt" („weak unknown"),

- 'L' : „Schwacher '0'-Pegel"   („weak low"),

- 'H' : „Schwacher '1'-Pegel"   („weak high"),

- '–' : „Don't care".

Ausgänge können miteinander über einen sog. Bus verbunden werden. Für den Fall, daß *mehr* als ein Ausgang aktiv ist, ist eine Funktion zur Konfliktlösung („*bus resolution function*") (s. Abschnitt 3.4.1.3) notwendig. Dieses Problem, daß mehrere Ausgangs-Ports über ein Signal verbunden sind, ähnelt dem Problem, daß mehrere Prozesse einem Signal Werte zuweisen.

Die Implementierung der „bus resolution function" ist abhängig von den elektrischen Eigenschaften der verwendeten Technologie, die sich in einem Logikwertsystem niederschlagen. Für die Zusammenschaltung von Signalen an einem Bus ist die „bus resolution function" *resolved* für den Typ *Std_Logic* aus dem IEEE-Paket *STD_LOGIC_1164*, wie in Tab. 3.3 dargestellt, definiert.

	U	X	0	1	Z	W	L	H	–
U	U	U	U	U	U	U	U	U	U
X	U	X	X	X	X	X	X	X	X
0	U	X	0	X	0	0	0	0	X
1	U	X	X	1	1	1	1	1	X
Z	U	X	0	1	Z	W	L	H	X
W	U	X	0	1	W	W	W	W	X
L	U	X	0	1	L	W	L	W	X
H	U	X	0	1	H	W	W	H	X
–	U	X	X	X	X	X	X	X	X

Tabelle 3.3: „Bus resolution function" *resolved* für *Std_Logic*

Die Funktion *resolved* basiert auf den nachfolgenden Regeln zur Auflösung von Konflikten (s. Abb. 3.18):

1. Die starken Werte ('X', '0', '1') überschreiben die schwachen Werte ('W', 'L', 'H') und die schwachen Werte überschreiben 'Z'.

2. Bei Signalen mit unterschiedlichen Werten, aber gleicher Stärke ist der resultierende Wert unbestimmt ('X', 'W').

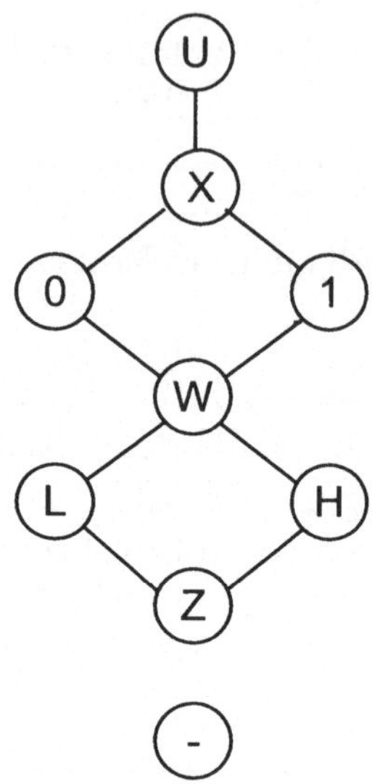

Abbildung 3.18: In *resolved* definierte Halbordnung zur Konfliktauflösung

Das IEEE-Paket *STANDARD_LOGIC_1164* stellt zur Verfügung:

- Deklaration der Typen *Std_ULogic* und *Std_Logic* mit zugehörigen Vektoren,

- Deklaration von Subtypen,

- „Bus resolution function" *resolved*,

- Überladene logische Operatoren für skalare und vektorielle Operanden,

- Konvertierungsfunktionen von und nach *Bit* und *Bit_Vector*.

3.4.4.2 Realisierung von verschiedenen Schaltungstechniken

Das Synopsys-Komponenten-Paket *STD_LOGIC_COMPONENTS* stellt einen Satz von primitiven Komponenten (logische Gatter mit n Eingängen,

Flip-Flops, RAM, ROM, ...) für die Beschreibung von strukturellen Modellen zur Verfügung. Mit Hilfe der im Paket *STD_LOGIC_MISC* definierten Typen, Wahrheitstabellen und Funktionen werden verschiedene Schaltungstechniken, wie TTL, Open-Collector, CMOS, PMOS, NMOS etc., unterstützt. Durch den generischen Parameter *strn* vom Typ *Strength* werden innerhalb der Komponenten nach Abb. 3.19 die für verschiedene Funktionen ermittelten Werte über eine Tabelle an die Treiberstärke der Gatterausgänge verschiedener Technologien angepaßt.

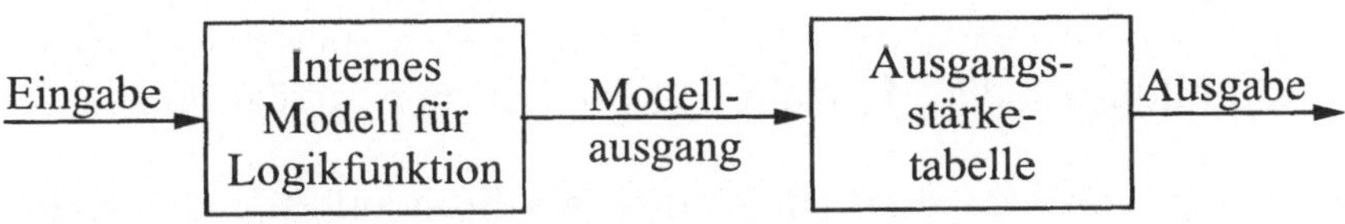

Abbildung 3.19: Funktion zur Bestimmung der Werte an Gatterausgängen

Jede Stärkebezeichnung besteht aus einer Folge von drei Buchstaben, die nacheinander die Gatterausgangswerte für unbestimmt, '0'-Pegel und '1'-Pegel bezeichnen. Normale CMOS- und TTL-Ausgänge besitzen z. B. den Parameter *strn_X01*; Open-Collector-Ausgänge werden durch *strn_X0Z* und NMOS-Ausgänge durch *strn_XOH* beschrieben.

3.4.4.3 Modellierung von Verzögerungen

Zur Durchführung von Simulationen auf der Logikebene müssen nicht nur die Booleschen Signalwerte und deren Verknüpfung in geeigneter Weise modelliert werden, sondern ebenso auch das zeitliche Verhalten der Schaltungselemente. Sowohl die Gatter, aus denen Digitalschaltungen aufgebaut werden, als auch deren Verbindungsleitungen geben die Auswirkungen von Pegeländerungen nur verzögert und ggf. mit einer gewissen Trägheit weiter. Neben den Signalfortpflanzungszeiten sind insbesondere die Kapazitäten und Widerstände entlang der Leitungen und innerhalb der Transistoren für die Signalverzögerungen verantwortlich. Da die Leitungen Ohmsche Widerstände mit Kapazitätsbelägen darstellen, kann jede Leitung als ein RC-Glied angesehen werden, bei dem der Kondensator C_W über den Widerstand R_W geladen werden muß (s. Abb. 3.20). Logiksimulatoren sehen daher für

Leitungselemente die Angabe von Kapazitäts- und Widerstandswerten vor, aus denen Verzögerungszeiten berechnet werden können.

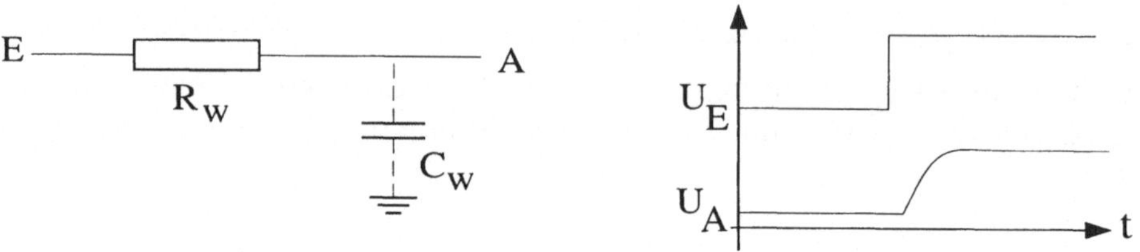

Abbildung 3.20: Modellierung von Leitungsverzögerungen

Die Ausgänge von Gatterstufen können als Spannungsquellen angesehen werden, die mit einem Innenwiderstand R_W versehen sind (s. Abb. 3.20). Nachgeschaltete Gattereingänge und Verbindungsleitungen stellen kapazitiv/resistive Lasten dar, die bei Signaländerungen über den Innenwiderstand R_W ge- oder entladen werden müssen.

Für die Modellierung der Verzögerung von Schaltnetzen, die ihrerseits aus vielen dieser Gatterstufen aufgebaut sein können, bieten Logiksimulatoren eine Reihe von Timing-Modellen von unterschiedlicher Genauigkeit und Rechenzeitbedarf an. Die wichtigsten Grundformen sind:

- Unit-Delay-Modell,

- Eingangsseitige Verzögerungsmodellierung,

- Zweistufiges Multi-Delay-Modell.

Unit-Delay-Modell

Für jeden Ausgang und für alle Gattertypen werden im Unit-Delay-Modell einheitliche Verzögerungswerte (s. Abb. 3.21a)) unterstellt. Es findet keine Unterscheidung zwischen ansteigenden und abfallenden Signalverläufen statt. Bei diesem sehr stark vereinfachenden Modell werden alle Technologiedaten aus den Zellenbibliotheken ignoriert.

Wichtiger Vorteil dieser sehr starken Vereinfachung ist der gegenüber den exakteren Timing-Modellen wesentlich niedrigere Bedarf an Rechenleistung.

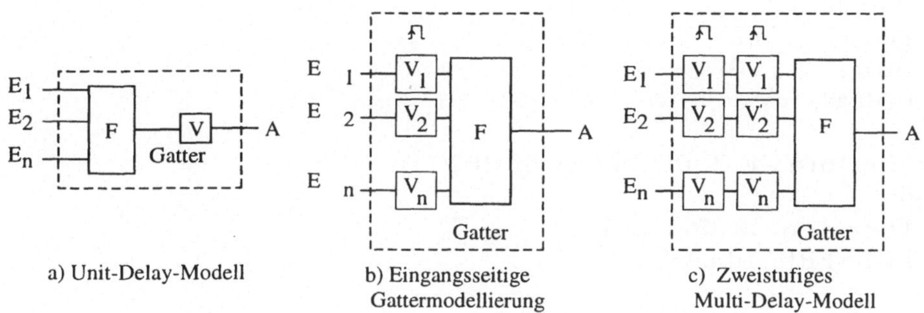

Abbildung 3.21: Timing-Modelle für Gatterlaufzeiten

Nach Angaben des Herstellers braucht der Logiksimulator Quicksim II für eine Simulation im Unit-Delay-Modell nur ein zehntel der für ein Timing-Modell, das alle Technologiedaten berücksichtigt, benötigten Rechenzeit. Das Unit-Delay-Modell ist deshalb in erster Linie dazu geeignet, die grundlegende logische Funktionalität von Entwürfen zu überprüfen. Erscheint diese korrekt, so kann im Anschluß daran mit Hilfe der exakteren, aber rechenzeitintensiveren Modelle das Zeitverhalten untersucht werden.

Beispiel. Die beiden im nachfolgenden VHDL-Programm beschriebenen Architekturen *FIXED_DELAY* und *GENERIC_DELAY* eines ODER-Gatters mit zwei Eingängen sind sehr gut für prinzipielle Untersuchungen geeignet, wobei die in der Architektur *GENERIC_DELAY* verwendete Verzögerungszeit erst bei der Instantiierung endgültig festgelegt wird und so Änderungen im Architekturrumpf entfallen.

```
entity OR2 is
    port ( I1, I2 : in Bit; O : out Bit );
end OR2;

architecture FIXED_DELAY of OR2 is
begin
    O <= I1 or I2 after 5 ns;
end FIXED_DELAY;
```

```
entity OR2G is
   generic ( DEL : Time := 5 ns );
   port     ( ... );
end OR2G;

architecture GENERIC_DELAY of OR2G is
begin
   O <= I1 or I2 after DEL;
end GENERIC_DELAY;
```

Eingangsseitige Gattermodellierung

Die Eingangsseitige Gattermodellierung (s. Abb. 3.21b)) trägt dem Umstand Rechnung, daß entlang der Signalpfade zwischen den verschiedenen Ein- und Ausgängen einer Schaltung die Zahl der zu durchlaufenden Gatterstufen erheblich differieren kann. Daher sind hier für jeden Eingang individuelle Verzögerungszeiten vorgesehen. Allerdings berücksichtigt dieses Modell nicht, daß die meisten Schaltkreistechnologien unterschiedliche Schaltgeschwindigkeiten für ansteigende und abfallende Signalflanken bedingen.

Zweistufiges Multi-Delay-Modell

Um auf jedem Pfad mit getrennten Anstiegs- und Abfallzeiten rechnen zu können, sieht das Zweistufige Multi-Delay-Modell (s. Abb. 3.21c)) für jeden Eingang zwei Verzögerungsglieder vor. Die Einbeziehung der Technologiedaten gestattet Aussagen über die Arbeitsgeschwindigkeit des Entwurfsobjektes.

Bei Verwendung dieses Modells kann im Logiksimulator Quicksim II auch die Überprüfung zeitlicher Bedingungen, wie die Einhaltung von Setup- und Hold-Zeit (s. Abschnitt 4.4.3.1) oder die Kontrolle von Hazard- und Spike-Bedingungen, aktiviert werden.

Das nachfolgende VHDL-Modell realisiert für das obige ODER-Gatter ein asymmetrisches Zeitmodell mit unterschiedlichen Anstiegs- (t_{pLH}) und Abfallzeiten (t_{pHL}). Unberücksichtigt bleiben durch Leitungen und getriebene Gatter entstehende, zusätzliche Verzögerungen.

```
entity OR2_MD is
   generic ( TPLH, TPHL: Time := 5 ns );
   port    ( I1, I2 : in Bit; O : out Bit );
end OR2_GA;

architecture MULTI_DELAY of OR2_MD is
begin
   process ( I1, I2 )
      variable OR_NEW, OR_OLD : Bit := '0';
   begin
      OR_NEW := I1 or I2;
      if OR_NEW = '1' and OR_OLD = '0' then
         O <= OR_NEW after TPLH;
      elsif OR_NEW = '0' and OR_OLD = '1' then
         O <= OR_NEW after TPHL;
      end if;
      OR_OLD := OR_NEW;
   end process;
end MULTI_DELAY;
```

Ein ODER-Gatter mit n Eingängen und einem Ausgang läßt sich in VHDL
auch nach dem folgenden Schema beschreiben, das sehr leicht auf andere
logische Gatter übertragen werden kann:

```
----------------------------------------------------------------
-- Copyright (c) 1990, 1991, 1992 by Synopsys, Inc.  All rights reserved.
--
-- This source file may be used and distributed without restriction
-- provided that this copyright statement is not removed from the file
-- and that any derivative work contains this copyright notice.
--
--      File name: std_logic_entities.vhd
--      Purpose  : A set of models (entity/architecture pairs) for the
--                 primitives of IEEE Standard Logic library.
--      Author   : JT, PH, GWH
--      NOTE     : The component declarations for the entities in this
--                 package appear in the package IEEE.STD_LOGIC_COMPONENTS
----------------------------------------------------------------
entity ORGATE is
    generic ( N      : Positive := 2;          -- number of inputs
              tLH    : Time      := 0 ns;       -- rise inertial delay
              tHL    : Time      := 0 ns;       -- fall inertial delay
              strn   : STRENGTH := strn_X01 );  -- output strength
```

```vhdl
    port     ( Input : in  STD_LOGIC_VECTOR(1 to N);    -- inputs
               Output: out STD_LOGIC                    );-- output
end ORGATE;

architecture A of ORGATE is
    signal  currentstate: STD_LOGIC := 'U';
    subtype TWOBIT is STD_LOGIC_VECTOR(0 to 1);
begin
    P: process
        variable nextstate       : STD_LOGIC;
        variable delta           : Time;
        variable next_assign_val: STD_LOGIC;
    begin
        -- evaluate logical function
        nextstate := '0';
        for i in Input'RANGE loop
            nextstate := Input(i) or nextstate;
            exit when nextstate = '1';
        end loop;
        nextstate := STRENGTH_MAP(nextstate, strn);

        if ( nextstate /= next_assign_val) then
            -- compute delay
            case TWOBIT'(currentstate & nextstate) is
                when "UU"|"UX"|"UZ"|"UW"|"U-"|"XU"|"XX"|"XZ"|"XW"|"X-"|
                     "ZU"|"ZX"|"ZZ"|"ZW"|"Z-"|"WU"|"WX"|"WZ"|"WW"|"W-"|
                     "-U"|"-X"|"-Z"|"-W"|"--"|"00"|"0L"|"LL"|"L0"|
                     "11"|"1H"|"HH"|"H1"
                     => delta := 0 ns; ·
                when "U1"|"UH"|"X1"|"XH"|"Z1"|"ZH"|"W1"|"WH"|"-1"|"-H"|
                     "0U"|"0X"|"01"|"0Z"|"0W"|"0H"|"0-"|
                     "LU"|"LX"|"L1"|"LZ"|"LW"|"LH"|"L-"
                     => delta := tLH;
                when others
                     => delta := tHL;
            end case;
            -- assign new value after internal delay
            currentstate     <= nextstate after delta;
            Output           <= nextstate after delta;
            next_assign_val := nextstate;
        end if;

        -- wait for signal changes
        wait on Input;
    end process P;
end A;
```

Eine weiterführende Darstellung, wie durch Leitungen und getriebene Gatter verursachte Verzögerungen modelliert werden, findet sich z. B. bei J.R. Armstrong und F.G. Gray.

3.4.4.4 Modellierung des Trägheitsverhaltens

Neben den Verzögerungszeiten und zeitlichen Randbedingungen ist bei der Simulation auch das Trägheitsverhalten digitaler Schaltkreise zu berücksichtigen. Werden an einen Gattereingang Impulse angelegt, deren zeitliche Ausdehnung unter der Verzögerungszeit des Gatters liegt, so sind zwei verschiedene Annahmen möglich:

- **Transport-Delay** (s. Abb. 3.22a))
  Jeder Impuls führt unabhängig von seiner Dauer zu Auswirkungen am Ausgang.

- **Inertia-Delay** (s.Abb. 3.22b))
  Es werden ausschließlich jene Impulse weitergegeben, deren Dauer über der Verzögerungszeit des angesteuerten Gatters liegen.

In der Realität sind für beide Theorien Situationen möglich, in denen sie zu falschen Ergebnissen führen. Zu kurze Eingangssignale können, insbesondere bei starker kapazitiver Ausgangslast, bewirken, daß der Signalwert am Ausgang die Schaltschwelle zwischen '0' und '1' nicht überschreitet. Andererseits ist in solchen Grenzfällen niemals auszuschließen, daß nachfolgende Eingänge in irgendeiner Weise beeinflußt werden. Daher ist es sinnvoller, wenn der Simulator für den betreffenden Ausgang den Wert 'X' („unbestimmt") annimmt oder eine Spike-Warnung (s. Abschnitt 4.4.1) generiert.

3.4.4.5 Fehlerüberprüfungen

In Abschnitt 3.4.3.2 wurde bereits beschrieben, wie in einem Modell mit Hilfe der `assert`-Anweisung zeitliche Restriktionen für ein Signal überprüft werden können. Am Beispiel eines RS-Latches soll die Überprüfung auf Fehler in einem Modell auf Gatterebene dargestellt werden.

Beispiel. Bei einem RS-Latch können u. a. die nachfolgenden Fehlerfälle auftreten:

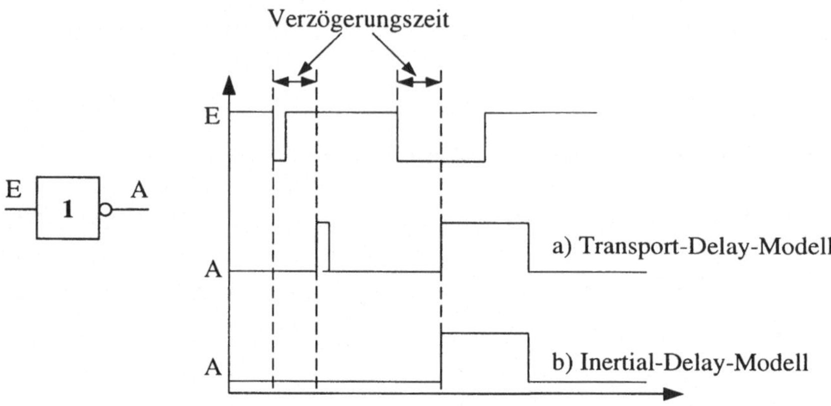

Abbildung 3.22: Annahmen zum Trägheitsverhalten von Gattern

1. **Falsche Signalwerte an den Eingängen**
   An den Eingängen eines RS-Latch liegen im Normalfall '0' oder '1'
   an. Bei den Eingangswerten 'X' oder 'Z' hingegen handelt es sich
   um eine Fehlerbedingung, und es sollte eine entsprechende Meldung
   ausgegeben werden.

2. **Ungültige Kombination der Eingangssignalwerte**
   Der Fall $R = S = $ '1' ist keine gültige Belegung der Eingangssignale, sondern stellt einen Systemfehler dar. Wird das Latch mit zwei
   NAND-Gattern realisiert, so kommt es zu einem Schwingen der Ausgangssignale. Bei der Verwendung von NOR-Gattern ergibt sich für
   beide Ausgänge der Wert '0'. Nach einem Wechsel auf $R = S = $ '0'
   (Speichern) entscheiden die internen Signalpfadverzögerungen über die
   resultierenden Ausgangssignale. Dieses nichtdeterministische Verhalten kann nicht modelliert werden. Daher muß bei der Modellierung definiert werden, wie sich das Modell verhalten soll. Wir wählen: Latch
   wird zurückgesetzt. Mit einer Booleschen Variable kann festgehalten
   werden, ob die vorige Eingangsbelegung $R = S = $ '1' war.

Man kann natürlich auch auf diese Fehlerbehandlung verzichten, was
das Modell vereinfacht, aber auch weniger genau macht.

3. Falsches Zeitverhalten eines Signals

An den Eingängen können durch Hazards kurze Spikes auftreten. Diese Situation soll erkannt werden, obwohl das Latch unabhängig reagiert, wie schmal die Spikes sind. In einer anderen Modellierung könnten die Spikes verschluckt werden (Trägheitsverzögerung) und die Latch-Ausgänge bleiben unverändert.

Im nachfolgenden VHDL-Code erfolgt die Überprüfung der Eingangssignale auf diese Fehlerbedingungen in der Architekturbeschreibung.

```
entity RS_LATCH is
    generic ( Q_DEL, QN_DEL, SPIKE_WIDTH : Time );
    port    ( R, S   : in   Std_Logic;
              Q, QN : out Std_Logic );
end RS_LATCH;

architecture ALGORITHMIC of RS_LATCH is
begin
    process ( R, S )
        variable R_LAST_EVENT, S_LAST_EVENT : Time := 0 ns;
        variable BOTH : Boolean := FALSE;
    begin
        -- Überprüfung der Dateneingänge: kein 'X' oder 'Z'
        assert not (R = 'X') and not (R='Z')
            report "  'X' oder 'Z' am Eingang R"
            severity warning;

        ...

        -- Überprüfung auf Spikes
        assert (now = 0 ns) or
                ((now - R_LAST_EVENT) > SPIKE_WIDTH)
            report "Spike am Eingang R"
            severity warning;
        if R'event then
            R_LAST_EVENT := now;
        end if;

        assert (now = 0 ns) or
                ((now - S_LAST_EVENT) > SPIKE_WIDTH)
            report "Spike am Eingang S"
            severity warning;
        if S'event then
            S_LAST_EVENT := now;
```

```
      end if;
      -- Flip-Flop-Verhalten
      -- Set
      if R = '0' and S = '1' then
         Q   <= '1' after Q_DEL;
         QN <= '0' after QN_DEL;
         BOTH := FALSE;
      end if;
      -- Reset
      ...

      -- Überprüfung, ob unerlaubte Kombination R = S = '1'
      assert not (R = '1' and S = '1')
         report "Unerlaubte Kombination: R = S = '1' => Q = QN = '0'!"
         severity warning;
      if R = '1' and S = '1' then
         Q   <= '0' after Q_DEL;
         QN <= '0' after QN_DEL;
         BOTH := TRUE;
      end if;

      -- Rückkehr aus unerlaubter Kombination in den Reset-Zustand
      if R /= '1' and S /= '1' and BOTH then
         Q   <= '0' after Q_DEL;
         QN <= '1' after QN_DEL;
         BOTH := FALSE;
      end if;
   end process;
end ALGORITHMIC;
```

4 Simulation

Die Validierung der Korrektheit eines Entwurfsobjektes wird derzeit aus den bereits genannten Gründen in der Regel mittels der Methode der *Simulation* durchgeführt.

Unter Simulation wird i. allg. eine Vorgehensweise verstanden, die mit Hilfe mathematischer Modelle das Verhalten eines realen Systems nachbildet. Die Simulation digitaler Systeme in der Informationsverarbeitung hat die möglichst wirklichkeitsgetreue Analyse und Dokumentation des

- logischen

- zeitlichen

Verhaltens eines Entwurfsobjektes zum Ziel.

Besonderer Wert wird hierbei auf die Simulation von *VHDL-gestützten Objektbeschreibungen* (s. Abschnitt 3.4) gelegt. Die Validierung von Strukturbeschreibungen auf der Register- und der Logik-Ebene, die häufig *Logiksimulation* genannt wird, hat im Bereich des Entwurfs digitaler Schaltungen eine lange Tradition und ist auch heute noch von großer Bedeutung, zumal immer mehr Entwurfssysteme, die bisher nur über Logiksimulatoren verfügten, VDHL-Beschreibungen verarbeiten können.

Nach einer Beschreibung der gemeinsamen Elemente und des prinzipiellen Ablaufs werden danach beide Vorgehensweisen detailiert behandelt. Das Kapitel schließt mit allgemeinen Prinzipien zur Planung von Logiksimulationsläufen, die aber zum großen Teil auch für die VHDL-Simulation gelten.

4.1 Elemente einer Simulation

Zur Durchführung einer Simulation sind erforderlich (s. Abb. 4.1): Simulator, Eingabe- und Ausgabedaten.

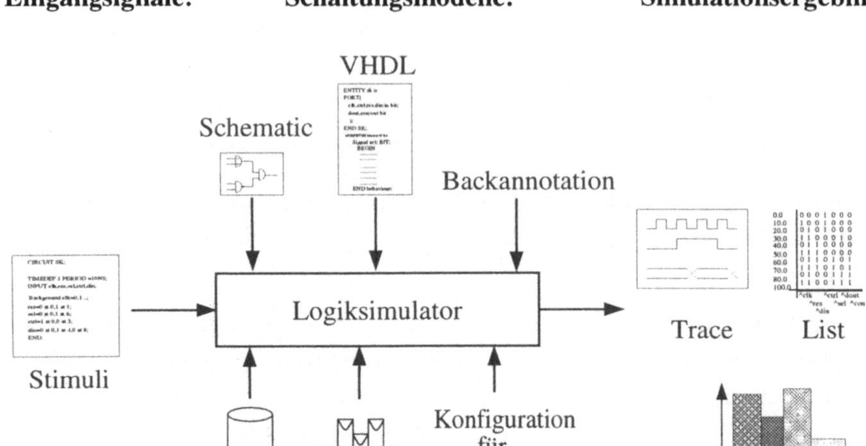

Abbildung 4.1: Elemente einer Simulation

4.1.1   Simulator

Der Simulator ist ein Programm, das mit den vom Benutzer gelieferten Eingabedaten, Informationen aus den Zellenbibliotheken und anhand intrinsischer Modelle die Auswirkungen berechnet, welche die vom Benutzer angegebenen Eingangswerte auf die Schaltung haben. Die berechneten Simulationsergebnisse werden ausgegeben.

4.1.2   Eingabedaten

Die Eingabedaten eines Simulators bestehen im wesentlichen aus:

Schaltungsbeschreibung. Simulatoren benötigen ein funktionales Modell der Schaltung, das meistens *strukturorientiert* ist, bei VHDL-Simulatoren aber auch *verhaltensorientiert* sein kann. Strukturorientierte Modelle enthalten Schaltungselemente, deren logische Funktion (z. B. AND) sowie deren Verbindungen untereinander. Diese Strukturbeschreibung wird dem Simulator in Form einer *Netzliste* zugeführt. Meistens werden Netzlisten nicht alphanumerisch von Hand eingegeben, sondern automatisch aus einem graphisch erstellten Schematic (Schaltplan) extrahiert. Bei integrierten Entwurfssystemen können Schaltungen, die mit dem Schematic-Editor eingegeben wurden, direkt vom Simulator ausgewertet werden. Auch rein strukturorientierte Beschreibungen in VHDL oder in anderen Hardware-Beschreibungssprachen sind unmittelbar auf Netzlisten abbildbar. Netzlisten können aber auch das Ergebnis von Synthesevorgängen sein.

Die Simulatoren moderner Entwurfssysteme sind darüber hinaus in der Lage, auch rein verhaltensorientierte Schaltungsmodelle, z. B. VHDL-Beschreibungen, die keine Schaltungsstrukturen und Verbindungstopologien enthalten, gemeinsam mit Schaltplänen zu verarbeiten.

Stimulidaten sind benutzerdefinierte Vorgaben für die Signalverläufe an den Schaltungseingängen. Die Stimuli legen somit den Ablauf der Simulation fest und sollten so gestaltet sein, daß zu keinem Zeitpunkt der Simulation ein oder mehrere Schaltungseingänge undefiniert bleiben. Techniken und Strategien für die Stimulidefinition werden in den Abschnitten 4.3.4, 4.4.3 und 4.5 ausführlich behandelt.

Bei Logiksimulatoren kommen als Eingabedaten hinzu:

Technische Parameter aus den verwendeten Zellenbibliotheken („technology files") enthalten im wesentlichen die Verzögerungszeiten der Schaltelemente und deren Betriebsbedingungen wie Setup- und Hold-Zeiten oder die minimalen Impulsbreiten (s. Abschnitt 4.4.3) für taktgesteuerte Speicherelemente. Die Angaben werden – je nach gewähltem Verzögerungsmodell – vom Simulator benötigt, um das zeitliche Verhalten entlang der Signalpfade zu berechnen bzw. um die Einhaltung zeitlicher Restriktionen zu überprüfen.

Einstellungen und Konfigurationen des Simulators, wie z. B. die Wahl des Verzögerungsmodells, Festlegung des Berechnungsverfahrens oder Auswahl und Formatierung der auszugebenden Simulationsergebnisse.

4.1.3 Ausgabedaten

Für die Darstellung der durch Simulation bestimmten Ergebnisse gibt es zwei verschiedene Ausgabeformate:

1. **Alphanumerisch (tabellarisch)**
   Die alphanumerische Ausgabe (s. Abb. 4.15) ist sehr gut für die *Bestimmung von Verzögerungszeiten* geeignet. Sie ist auch dann zu bevorzugen, wenn *sehr viele Signale* dargestellt werden sollen.

2. **Graphisch (Darstellung als Wellenform)**
   Zeitliche Relationen zwischen den Signalen können meistens besser durch die graphische Darstellung (s. Abb. 4.16) veranschaulicht werden.

Im Abschnitt 4.4.2.3 werden die beiden Formate am Beispiel eines 4-Bit-Registers gegenübergestellt.

Logiksimulatoren stellen zusätzliche statistische Informationen, z. B. Angaben über die Anzahl der verwendeten Gatter und berechneten Ereignisse, bereit.

4.2   Ablauf einer Simulation

Bevor die Vorgänge während des eigentlichen Simulationslaufes an einem kleinen Beispiel dargestellt werden, wird zunächst ein Überblick über den Gesamtablauf, in den jede Simulation eingebunden ist, gegeben:

Entwurfseingabe. Vor Simulationsbeginn muß die Schaltung als Modell (Schematic, Netzliste oder in einer Hardware-Beschreibungssprache formuliert) vorliegen.

Schaltungsübersetzung. Wenn eine Hardware-Beschreibungssprache verwendet wurde, muß die Schaltung übersetzt werden (s. Abschnitt 4.3.1). Dabei wird vom Übersetzer auch eine Überprüfung der Schaltungsbeschreibung auf syntaktische und formale Fehler, wie z. B. „in der Luft" hängende Verbindungen, vorgenommen.

Schematic-Editoren führen in der Regel ähnliche Überprüfungen durch. Eine Übersetzung von Schematics in das Netzlistenformat des Simulators kann bei den meisten integrierten Entwurfssystemen entfallen.

Stimulidefinition. Beim Logiksimulator kann die Festlegung der Signalfolgen an den Schaltungseingängen erfolgen: Entweder interaktiv und innerhalb des Simulatorprogramms oder außerhalb des Simulators durch Erstellung von separaten Stimulidateien. Stimuliprogramme werden beim Einlesen in das interne Datenformat übersetzt.

Bei der VHDL-Simulation erfolgt die Beschreibung der Stimuli in der Test-Bench (s. Abschnitt 4.3.4).

Konfiguration des Simulators (Logiksimulation). Die Einstellung und Konfiguration des Simulators (z. B. Wahl des Verzögerungsmodells, (s. auch Abschnitt 3.4.4)) ist bei modernen Simulatoren interaktiv möglich, es können aber auch Simulatorkonfigurationen in Dateien abgespeichert und später wieder geladen werden.

Selektion der zu beobachtenden Signale. Alle Ausgangssignale und innere Schaltungsknoten, an denen der Benutzer die Signalverläufe verfolgen möchte, müssen dem Simulator vor dem Simulationslauf angegeben werden. Bei einigen Simulatoren ist es auch möglich, in der Stimulidatei die auszugebenden Signalverläufe festzulegen. Die Spezifikation der zu beobachtenden Knoten erfolgt entweder über deren logische Signalnamen, die der Benutzer bei der Schaltungseingabe vergeben hat, oder über deren hierarchische Instanzennamen in der Netzliste. Neuere Simulatoren, wie z. B. Quicksim II, gestatten bei der Verwendung von Schematics auch die graphische Selektion der gewünschten Signale durch Markierung in einem Schematic-Fenster.

Simulationslauf. Anhand aller eingegebenen Schaltungsmodelle, Stimulidaten und Konfigurationen wird der Signalfluß in der Schaltung berechnet und dabei für die zuvor gewählten Schaltungsknoten die Signalverläufe ausgegeben. Die Simulation terminiert, wenn alle Stimulidaten angelegt sind und sich in der Schaltung keine Veränderungen mehr ergeben, wenn der Simulationslauf vom Benutzer an der Bedienungskonsole abgebrochen wurde oder wenn eine Abbruchbedingung (z. B. ein Unterbrechungspunkt (Breakpoint), s. Abschnitt 4.4.1) erreicht wurde.

Auswertung der Simulationsergebnisse. Die vom Simulator ausgegebenen Signalverläufe werden vom Benutzer mit den Vorgaben (Sollwerten) verglichen und Abweichungen ermittelt. Bei größeren Simulationen, d. h. einer großen Anzahl von zu beobachtenden Signalen oder bei sehr langen

Simulationsläufen, kann diese Arbeit sehr aufwendig und fehlerträchtig werden, so daß es Werkzeuge gibt, mit denen auch dieser Vorgang automatisiert werden kann.

Die Vergleiche können vom VHDL-Simulator mit im VHDL-Code definierten Zusicherungen automatisch erfolgen (s. Abschnitte 3.4 und 4.3.3).

Werden durch die Simulationsergebnisse Entwurfsfehler aufgedeckt, so muß die Schaltung, evt. auch die Stimuli, modifiziert und die Simulation erneut gestartet werden. Enthalten die Simulationsergebnisse keine Hinweise mehr auf Fehler im logischen Schaltungsverhalten, so können sie zur Dokumentation der zeitlichen Parameter und Betriebsbedingungen herangezogen werden (s. Abschnitt 4.4.3.1).

Betriebsarten

Simulationen können im Rahmen einer Stapelverarbeitung (Batch-Betrieb), d. h. ohne direkte Mitwirkung des Benutzers, ausgeführt werden, was insbesondere für die sehr zeitintensiven Simulationen komplexer Entwürfe von Bedeutung ist.

Moderne Simulatoren unterstützen darüber hinaus eine interaktive Betriebsart, in welcher der Benutzer die Möglichkeit hat, an der Bedienerkonsole jederzeit in den Simulationslauf einzugreifen und einzelne Stimuli oder andere Parameter gezielt festzulegen oder zu verändern.

Beispiel: Simulation eines Differenziergliedes auf Logikebene

Der gesamte Simulationsablauf soll am Beispiel der Simulation eines Differenzierglieds veranschaulicht werden. Die Schaltung wurde in Form eines Schematics graphisch eingegeben (s. Abb. 4.2), eine Schaltungsübersetzung kann daher bei Logiksimulatoren entfallen.

Modellierung der Gatterverzögerungen. Bei der Konfigurierung des Logiksimulators wurde ein genaues Verzögerungsmodell (näheres dazu s. Abschnitt 3.4.4) gewählt, das für die verschiedenen Gattertypen (hier Inverter und UND-Gatter) die individuellen Verzögerungszeiten berücksichtigt und dabei auch zwischen ansteigenden und abfallenden Ausgangssignalen unterscheidet.

Bei der Modellierung der Inverter mit VHDL wurde ein zweistufiges Multi-Delay-Modell (s. Abschnitt 3.4.4.3) verwendet.

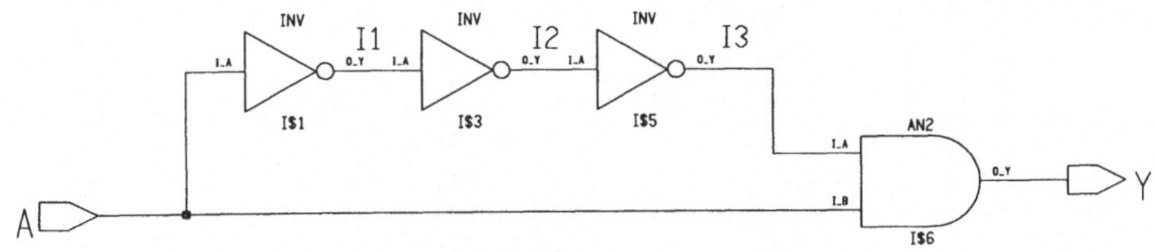

Abbildung 4.2: Differenzierglied

Stimuli. Als Stimuli wurden für den Schaltungseingang A vorgegeben:

t = 0 ns : A = ’0’,
t = 10 ns: A = ’1’,
t = 20 ns: A = ’0’.

Simulationsablauf. Die Berechnung der Logikwerte an den Ausgängen
der Komponenten erfolgt *ereignisorientiert*. Dies bedeutet, daß genau für
jene Zeitpunkte ein Ausgabezeile generiert wird, zu denen sich mindestens
eines der beobachteten Signale ändert.

Als Ausgabedatum werden in diesem Beispiel der stimulierte Schaltungseingang A, daneben die Ausgänge der drei Inverter ($I1$, $I2$, $I3$) und in der
letzten Spalte der Schaltungsausgang Y gewählt (s. Abb. 4.3).

t < 0 ns: Für die Zeit vor Beginn des Simulationslaufs t = 0 ns nimmt der
Simulator an allen Eingängen, inneren Schaltungsknoten und dementsprechend auch für die Ausgänge den Signalwert ’X’ (unbestimmt) an. Während
des Simulationslaufs berechnet der Simulator für jede in den Stimuli vorgegebene Eingangsänderung die Auswirkungen entlang der Signalpfade.

t = 0 ns: Das Anlegen des definierten Wertes ’0’ an Eingang A führt ab
dem Zeitpunkt t = 0 ns zum sukzessiven Verschwinden der undefinierten
Zustände ’X’. Da beim UND-Gatter die am unteren Eingang anliegende
’0’ über das am oberen Eingang anliegende ’X’ dominiert, wechselt dessen
Ausgang (zugleich Schaltungsausgang Y) bereits nach 1.3 ns von ’X’ auf
’0’ – also noch bevor sich die Reaktion auf die ’0’ vom Schaltungseingang A
über die Inverterstrecke ($I1$, $I2$, $I3$) bis hin zum oberen Eingang fortgepflanzt
hat.

```
        0.0    0      Xr Xr Xr      Xr
        0.1    0      Xr X  X       Xr
        0.6    0      1  X  X       Xr
        1.0    0      1  O  X       Xr
        1.3    0      1  O  X       O
        1.6    0      1  O  1       O
       10.0    1      1  O  1       O
       10.4    1      O  O  1       O
       11.0    1      O  1  1       1
       11.4    1      O  1  O       1
       12.7    1      O  1  O       O
       20.0    0      O  1  O       O
       20.6    0      1  1  O       O
       21.0    0      1  O  O       O
       21.6    0      1  O  1       O
   Time(ns)   ^/A    ^/I1 ^/I3
                     ^/I2      ^/Y
```

Abbildung 4.3: Ausgabe des Simulationslaufs für das Differenzierglied

t = 10 ns: Zum Zeitpunkt t = 10 ns bewirken die Stimuli am Eingang A einen Wechsel von '0' auf '1'. Während sich diese Änderung Stufe für Stufe über die Inverterstrecke fortpflanzt, ergibt sich aufgrund der Inverter-Verzögerungen, daß vorübergehend beide Eingänge des UND-Gatters (s. Abb. 4.3, Signale A und $I3$) mit '1' belegt sind (Zeitraum 10.0 bis 11.4 ns), was zu dem kurzen '1'-Impuls am Ausgang (11.0 bis 12.7 ns) führt. Dieser Impuls ist allerdings ausschließlich darauf zurückzuführen, daß der obere Eingang des Gatters gegenüber dem unteren leicht verzögert angesteuert wird. Dagegen ist durch die logische Schaltungsfunktion, nämlich $Y = A\,\overline{A}$ der Wert $Y = $ '1' ausgeschlossen, denn $A\overline{A}$ ist eine Kontradiktion. Derartige Impulse werden als *Hazards* bezeichnet und können in vielen Fällen zu Fehlfunktionen von Digitalschaltungen führen. Auf Hazards, Spikes und deren Behandlung durch Simulatoren wird in Abschnitt 4.4.1 näher eingegangen.

t = 20 ns: Das Abfallen des Eingangssignals A von '1' auf '0' bei t = 20 ns hat dagegen lediglich Auswirkungen auf schaltungsinterne Knoten, nicht aber auf den Schaltungsausgang Y. Dies liegt daran, daß nach einer absteigenden Flanke des Eingangssignals A zu keinem Zeitpunkt beide Eingänge des UND-Gatters gleichzeitig den Wert '1' annehmen. Der Simulationslauf terminiert, wenn die gesamte Stimulisequenz angelegt wurde (hier nach 21.6 ns) und sich in der Schaltung keine Signaländerungen mehr ergeben.

4.3   VHDL-Simulation

Ziel der folgenden Ausführungen ist nicht eine Einführung in VHDL, da Kenntnisse in dieser Hardware-Beschreibungssprache vorausgesetzt werden, sondern die Darstellung von Besonderheiten und vor allem der Anwendung von VHDL bei der Simulation von Entwurfsobjekten, die auf höheren Abstraktionsebenen modelliert werden.

Ein wesentliches Merkmal von VHDL ist, daß das Logikwertsystem nicht festgelegt ist, sondern an die jeweilige Problemstellung angepaßt werden kann. Die Notwendigkeit, VHDL-Modelle auszutauschen und der Einsatz von Synthese-Werkzeugen erfordern jedoch eine Standardisierung. Auf die grundlegenden Ideen, die hinter dem Standard IEEE 1164 (MVL9) stehen, wurde bereits in Abschnitt 3.4.4.1 eingegangen.

Für die VHDL-Simulation auf Gatterebene sind die Informationen zur Logiksimulation ebenfalls von Bedeutung, insbesondere die Abschnitte 3.4.4.5 und 4.4.2.3. Aus der Simulation können Informationen über das Zeitverhalten gewonnen werden, die wiederum bei der Modellierung auf einer höheren Abstraktionsebene berücksichtigt werden können.

4.3.1   Simulationssystem

Abb. 4.4 zeigt ein Beispiel für ein VHDL-Simulationssystem bestehend aus:

- **Analysator**
  Die Beschreibung eines Modells in einer Hardware-Beschreibungssprache wird, nach dem sie mit einem *Texteditor* bearbeitet wurde, von einem *Analysator* – analog zum Front-End eines Compilers für eine Programmiersprache – auf Fehler überprüft:

  - **Lexikalische Überprüfung**
    Verwendete Zeichen, z. B. in Zahlen oder in physikalischen Größen (Leerzeichen zwischen Zahl und Größe),

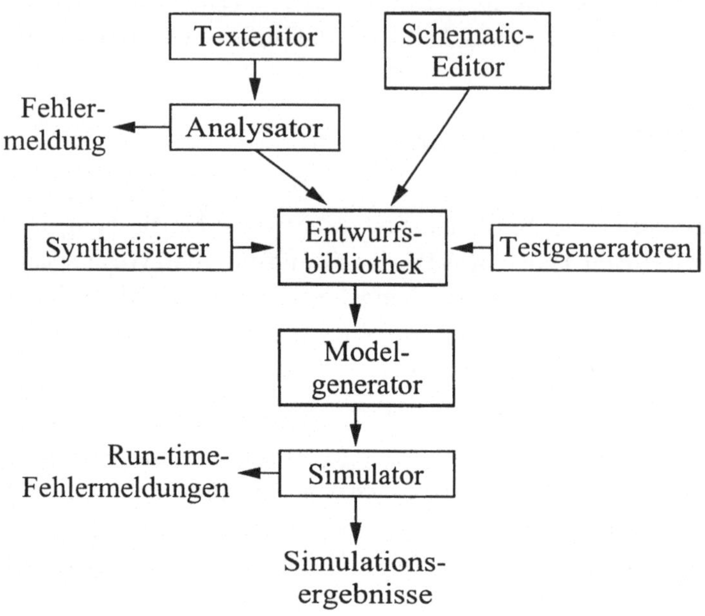

Abbildung 4.4: Simulationssystem

- **Syntaktischer Test**
  Grammatik der Hardware-Beschreibungssprache,

- **Semantischer Test**
  Bedeutung bestimmter Konstrukte muß eingehalten werden (*statische* Überprüfung), z. B. müssen bei Zuweisungen die Typen der Variable und des Wertes kompatibel sein.

Nach der Fehlerüberprüfung wird die analysierte Beschreibung in das Format, das der Simulator verwendet, übersetzt und in der Entwurfsbibliothek abgelegt. Das Format erlaubt einen effizienten Zugriff auf die Daten und die während der Simulation auszuführenden Anweisungen.

- **Schematic-Editor, Synthetisierer** und **Testgeneratoren**
  produzieren das in der Entwurfsbibliothek benötigte Format. Es ist damit lexikalisch, syntaktisch und semantisch korrekt.

- **Erstellung des Simulationsmodells**
  Vor der Simulation müssen die übersetzten Modelle zu einem Simulationsmodell zusammengebunden werden („*elaboration*").

- **Simulator**
  bestimmt die Antwort des aufgebauten Simulationsmodells auf die Eingabestimuli. Dabei können aber während der Simulation *dynamische* Fehler auftreten, z. B. kann bei Vektoren der Index außerhalb des definierten Bereiches liegen.

4.3.2   Simulationszyklus

Ein *Simulationsdurchlauf* äßt sich, ausgehend von einer *ereignisgesteuerten* Berechnung der Zustände des Entwurfsobjektes, nach folgendem Algorithmus beschreiben:

while *Sind noch Transaktionen zu verarbeiten?*
  Gehe zur ersten Transaktion
  Aktualisiere den Zustand ausgehend von der aktuellen Transaktion
  Bestimme die Änderungen, bei denen es sich um Events handelt
  Neuer Simulationszyklus *mit dem neuen Zustand und den Events*

Das zentrale Element eines Durchlaufes, der sog. *Simulationszyklus*, resultiert aus der Abstraktion des „Stimulus-Antwort"-Modells diskreter Systeme. In VHDL ist dies ein *zweiphasiges Zeitmodell*:

1. Reaktion auf Stimuli,

2. Antwort als Ausgabe.

Der Pseudokode eines Simulationszyklus lautet demnach:

- *Bestimme die aufgrund der aktuellen Events aktiven Prozesse.*

- *Führe die aktiven Prozesse nebenläufig aus.*

- *Fasse die geplanten Transaktionen aller aktiven Prozesse zusammen.*

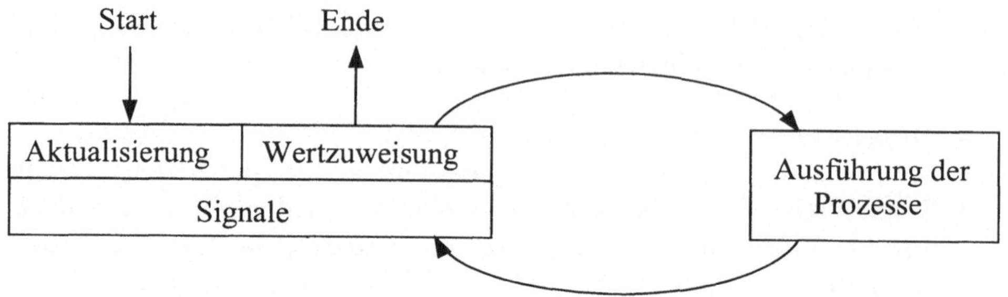

Abbildung 4.5: Simulationszyklus

Die parallele Ausführung von Aktivitäten, die mittels VHDL-Prozessen beschrieben werden, ist leicht erkennbar. Abb. 4.5 stellt den Ablauf eines Simulationszyklus graphisch dar.

Aufgrund des zweiphasigen Zeitmodells ergibt sich eine Verzögerung zwischen einer Wertzuweisung und der zugehörigen Aktualisierung eines Signalwertes, die mindestens ein Zyklus („*delta time*") beträgt. Dies ist in Abb. 4.6 verdeutlicht.

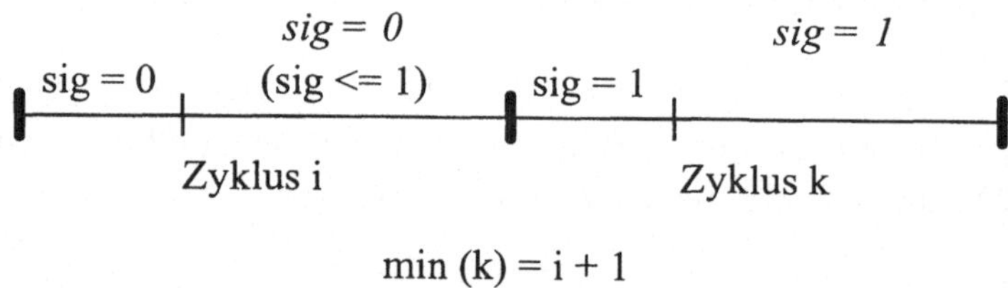

Abbildung 4.6: Signalzuweisung und Wertaktualisierung

Während bei einer Wertzuweisung an eine Variable der neue Wert sofort verfügbar ist, liegt der Wert eines Signals frühestens einen Zyklus später vor.

4.3.3 Validierung mit einer Test-Bench

Mit einer Test-Bench wird die korrekte Funktionsweise einer Schaltung *DUT* („device under test") unter Verwendung von Stimuli nachgewiesen (Validierung). Eine Test-Bench kann prinzipiell folgendermaßen in VHDL beschrieben werden:

```
entity TEST is  end; -- keine Ein- oder Ausgaenge

architecture A of TEST is
    -- Deklaration der DUT-Komponente(n)
    -- ggf. Komponentenbindung (for..use..)
    component DUT
       port map ( ... );
    end component;
    -- Deklaration der internen Signale
    -- Ein- und Ausgangssignale, die in
    -- der Simulation beobachtbar sind.
begin
    -- Instantiierung der Komponente(n)

    -- Beschreibung der Signalverläufe

    -- Prüfung von Bedingungen
    -- Auswertung der Antworten
    -- (Ist-Soll-Vergleich)

    -- Ggf. Datenspeicherung (auf Dateien)
end;

configuration CFG_TEST of TEST is
    for A
       for all : DUT
          use entity WORK.DUT ( ... );
       end for;
    end for;
end configuration;
```

4.3.4   Stimuliprogrammierung

In einer Test-Bench (s. Abschnitt 4.3.3) werden an die zu untersuchende Schaltung verschiedene Testvektoren als Stimuli angelegt. Zur Beschreibung der Stimuli bieten sich an:

- **Waveform-Elemente und Signalzuweisungen** in der VHDL-Beschreibung,

- **Dateien** mit Auflistung der Stimuli,

- `load_memory` im VSS-Simulator von Synopsys: Laden von Variablen.

4.3.4.1 Waveform-Elemente

Eine mögliche Beschreibung dieser Vektoren ist die Verwendung von Waveform-Elementen und Signalzuweisungen, z. B.

```
CLK <= '0',
        '1' after 10 ns,
        '0' after 20 ns,
        '1' after 30 ns;
```

Änderungen an den Stimuli erfordern aber ein erneutes Übersetzen der betroffenen VHDL-Beschreibungen und Einlesen des Entwurfsobjektes in die Simulationsumgebung. Darüberhinaus ist die Vorgehensweise für eine große Zahl von Testvektoren nicht praktikabel. Die Initialisierung von Speicherelementen zu Beginn der Simulation stellt ein ähnliches Problem dar.

4.3.4.2 Lesen von Dateien in VHDL

In VHDL werden für die oben aufgeführten Probleme und die formatierte Ausgabe von Simulationsergebnissen in eine Datei folgende Möglichkeiten für das sequentielle Lesen und Schreiben von Dateien zur Verfügung gestellt:

- **Formatierte Dateien**
  Die Struktur ist abhängig vom verwendeten Betriebssystem und damit nicht ohne weiteres vom Anwender lesbar und manipulierbar.

- **Textdateien**
  Da die Daten aus Textzeilen mit einer für jede Zeile unterschiedlichen Zahl von Elementen bestehen, können unter Verwendung von Texteditoren direkt Eingaben für den Simulator geändert und Ausgaben betrachtet werden.

Während der Simulation können die Dateien entweder gelesen oder geschrieben werden, aber nicht beides gleichzeitig.

Textdateien

Wegen der einfacheren Handhabung von Textdateien wollen wir uns bei der Beschreibung auf diese beschränken. Die benötigten Datentypen (*Text* und *Line*) und Lesefunktionen (*readline* und *read*) werden im Standardpaket *TEXTIO* definiert, das mit der Anweisung **use** sichtbar gemacht werden muß. Die implizit definierte Funktion *endfile* liefert TRUE zurück, wenn das Dateiende erreicht wurde.

Das folgende Programm liest nacheinander die Bit-Vektoren aus der Textdatei **testvectors**. Die Funktion *readline* liest jeweils eine Zeile mit Bit-Vektoren. Mit jedem Aufruf von *read* wird ein Bit-Vektor gelesen und aus der Zeile entfernt. Bei der Implementierung wurde davon ausgegangen, daß jede Zeile nur einen Bit-Vektor enthält.

```
entity TESTVECTOR_SET is
    generic ( N : Integer; PERIOD : Time );
    port    ( START : in   Bit;
              BVOUT: out Bit_Vector(N-1 downto 0) );
end TEXTVECTOR_SET;

use STD.TEXTIO.all;
architecture TEXT_READ of TESTVECTOR_SET is
begin
    process
      file INVECFILE : Text is "testvectors";
      variable VLINE : Line;
      variable BV      : Bit_Vector(N-1 downto 0);
    begin
      wait on START until START = '1';
      while not (endfile(INVECFILE)) loop
         readline( INVECFILE, VLINE );
         read( VLINE, BV );
         BVOUT <= BV;
         wait for PERIOD;
      end loop;
    end process;
end TEXT_READ;
```

4.3.4.3 Load_memory

Mit Hilfe der Anweisung `load_memory` können im VSS-Simulator von Synopsys die Werte von Variablen vor einem Simulationsstart festgelegt werden.

4.3.5   Simulationsausgabe

Zur Ausgabe von Simulationsergebnissen stehen wie bei der Eingabe von Stimuli mehrere Möglichkeiten zur Verfügung:

Textuelle Darstellung: Schreiben von Daten in VHDL. Das Schreiben von Daten in Textdateien erfolgt analog zum oben beschriebenen Lesen von Stimuli. Mit *write* werden die einzelnen Zeilen aufgebaut, die danach mit *writeline* in die Datei geschrieben werden.

Graphische Darstellung. Beim VSS-Simulator oder VHDL-Debugger von Synopsys können Änderungen der Variablen und Signale mit den Befehlen `monitor` und `trace` protokolliert und graphisch dargestellt werden. Darüber hinaus existieren Werkzeuge zur Transformation des graphischen Formats in eine textuelle Darstellung.

4.3.6   Simulationsdatenhaltung

VHDL-Dateien bestehen aus *Entwurfsmodulen* (DUs: „design units"). Nach Tab. 4.1 gibt es fünf verschiedene Arten von Entwurfsmodulen, die sich in zwei Gruppen unterteilen lassen: Die einen werden mehr zur Beschreibung der Hierachie der Hardware verwendet, die anderen sind mehr an der Software orientiert. Die Module lassen sich orthogonal dazu in die Klassen Schnittstelle und Implementierung aufteilen.

Die Strukturierung der Entwurfsmodule durch Dateien weicht von der vieler prozeduraler Programmiersprachen (z. B. C, C++, FORTRAN, Pascal) in folgenden Punkten ab:

1. Ein Entwurfsmodul kann nicht über mehrere Dateien definiert werden.

2. Durch die Analyse (Übersetzung) geht die Zuordnung der Entwurfsobjekte zu Dateien verloren; sie stehen für sich alleine.

	Hardware	Software
Schnittstelle ("primary unit")	Entity Konfiguration	Paket-Deklaration
Implementierung ("secondary unit")	Architektur	Paket-Rumpf

Tabelle 4.1: Die fünf Arten von DUs

Da ein Entwurfsobjekt andere Objekte verwenden kann, wird ein vollständiges VHDL-Modell aus diesen Entwurfsobjekten zusammengesetzt. Aus den analysierten Objekten können aber auch Bibliotheken aufgebaut werden.

Da bereits in Abschnitt 3.3.1 auf *Entity* und *Architecture* eingegangen wurde, stellen wir im folgenden kurz die *Pakete* ("packages") vor, da sie die Übersichtlichkeit von Modellen erhöhen und die einfache Wiederverwendbarkeit von einmal definierten Datentypen und Funktionen ermöglichen.

4.3.6.1 Pakete

Pakete stellen eine Ansammlung von VHDL-Konstrukten in einer Datei dar. In einer *Paket-Deklaration* ("package declaration") können deklariert werden:

- **Datentypen**
  Das IEEE-Paket *STD_LOGIC_1164* definiert z. B. auf der Basis des Logikwertsystems MVL9 die Typen *Std_ULogic* und *Std_Logic* und die zugehörigen Operatoren.

- **Funktionen und Prozeduren**
  Eine weitere Anwendung von Paketen ist das Zusammenfassen von Funktionen und Prozeduren mit gemeinsamen Datentypen zu Bibliotheken, z. B. das IEEE-Paket *STD_LOGIC_ARITH*.

- **Komponenten**

  Die Komponentendeklaration ermöglicht die Offenlegung von Schnittstellen, so daß eine Wiederholung von Komponentendeklarationen in
  Strukturbeschreibungen nicht notwendig ist.

  Das IEEE-Paket *STD_LOGIC_ENTITIES* enthält die Modelle (Entities und Architekturen) der Bibliothek, während die Komponentendeklarationen der Entities im IEEE-Paket *STD_LOGIC_COMPO-
  NENTS* erscheinen.

Die zugehörige Funktionsbeschreibung erfolgt im *Paket-Rumpf* („package
body").

4.3.6.2 Bibliotheken

Analysierte Entwurfsobjekte werden als *„library units"* bezeichnet und in *Bibliotheken* (*„libraries"*) zusammengefaßt. Der Simulator greift ebenfalls auf
die analysierten Objekte zu, die in einem Zwischenformat abgelegt sind. Somit ist eine Bibliothek ein umgebungsabhängiges Speichersystem. Da Quell-
und Simulationsdateien jedoch getrennt werden können, wird die Übersichtlichkeit erhöht und die Geheimhaltung von Implementierungsdetails ermöglicht.

Für Bibliotheken werden *logische Namen* (*„library logical names"*) und *physikalische Pfadnamen* definiert. In der VHDL-Beschreibung wird der logische Name unabhängig vom verwendeten Betriebssystem mit Hilfe der
`library`-Anweisung deklariert. Für die Namen *WORK* und *STD* ist dies
nicht erforderlich, da sie dem Simulator implizit bekannt sind. Der physikalische Name bezeichnet den Namen, unter dem das Betriebssystem auf
die Bibliothek zugreifen kann. Er muß beim Verschieben der Bibliothek
oder bei einem anderen Betriebssystem angepaßt werden. Da innerhalb von
VHDL die Abbildung der logischen Namen auf die gespeicherten Bibliotheken nicht möglich ist, erfolgt beim VSS-System-Simulator von Synopsys,
Inc. der Zugriff auf die Bibliotheken über eine Zuordnungstabelle, welche
die logischen Bibliotheksnamen mit physikalischen Dateiverzeichnissen verknüpft. In der anwendungsspezifischen Datei `.vss_synopsys.setup` (VSS
Version 3.X) werden die logischen Namen auf die *„design library names"*
abgebildet und diese wiederum auf Verzeichnisse im Dateisystem, z. B.

CELLS > LIBECPD10
LIBECPD10 : /users/VHDL/libraries/ES2/ecpd10.

Einem Entwurfsobjekt im übergeordneten Modell kann durch die `library`-
und die `use`-Anweisung mitgeteilt werden, welche Bibliothekselemente verwendet werden sollen.

Der *Gültigkeitsbereich* der Zuordnung geht beim VSS-System-Simulator von
der nächsten Entity über die zugehörigen Architekturen bis zu den Konfigurationen. Falls in einer VHDL-Datei mehrere Entities deklariert werden,
muß u. U. die Angabe wiederholt werden. Im Hinblick auf Übersichtlichkeit
und Modularisierung sollte jedoch für jede Entity eine eigene VHDL-Datei
angelegt werden.

Standardbibliotheken:

- **WORK** ist die Default-Bibliothek des Anwenders, mit der standardmäßig VHDL-Simulator und VHDL-Compiler arbeiten.

- **STD** enthält die Pakete

  - *STANDARD,*
  - *TEXTIO.*

  Da die Anweisungen `use STD.STANDARD.all` in der VHDL-Beschreibung implizit vorkommt, sind alle Namen aus dem Paket *STANDARD*
  bekannt. Dies ist beim Paket *TEXTIO* nicht der Fall.

Die meisten VHDL-Simulatorumgebungen stellen für die verschiedensten
Anwendungsbereiche eine Fülle von weiteren Bibliotheken (standardisierte
und herstellereigene) zur Verfügung. So stellt z. B. die Synopsys-Umgebung
u. a. bereit:

- **IEEE**

  - Definitionen und Operatoren von *IEEE 1164* (MVL9),
  - Arithmetik- und Konvertierungsfunktionen,
  - Komponentenbibliothek mit primitiven generischen Gattern
    (*AND, OR, INV, ...*),

- Ein- und Ausgabefunktionen für Text (*STDIO*).

- **SYNOPSYS**

  - Bit-Vektorarithmetik und -Konvertierung von und nach *Integer*,

  - Generierung von Zufallszahlen verschiedener statistischer Verteilungen,

  - Behandlung von Warteschlangen (*„queues"*).

4.3.6.3 Konfigurationen

Eine *Konfiguration* beschreibt, wie ein strukturelles VHDL-Modell aus verbundenen Komponenten, die in der VHDL-Beschreibung zuerst deklariert und dann instantiiert werden, zusammengesetzt wird, indem sie die Zuordnung der Instanzen zu Komponentenmodellen definiert. Abb. 4.7 zeigt ein strukturelles Modell, das aus Verweisen auf Modelle in einer Bibliothek besteht.

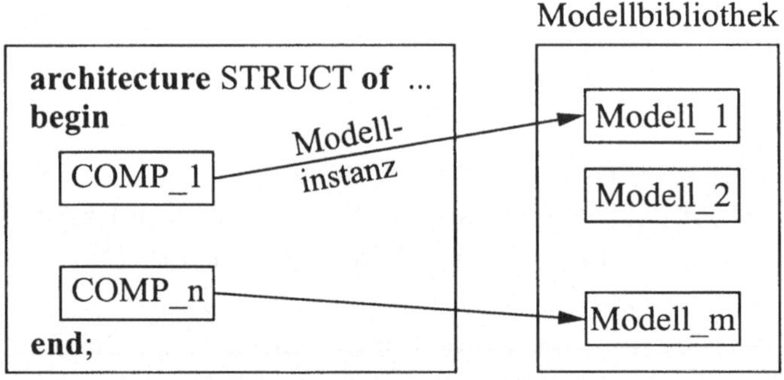

Abbildung 4.7: Strukturelles Modell mit Verweisen auf Modelle in einer Bibliothek

Die Verweise werden realisiert durch Anweisungen der Form

for *instantiated_component* **use** *library_component*;

Modelle werden umkonfiguriert, indem man ihre interne Funktion austauscht, ihre Verdrahtung ändert oder die Modellparameter modifiziert. Dies bedeutet im einzelnen:

- Eine Konfiguration ordnet einer Entity eine Architekturalternative zu. Bei strukturellen Modellen wird für die einzelnen Instanzen das zu verwendende Modell ausgewählt. Existieren mehrere Architekturen, so ist eine Konfiguration zwingend notwendig. Bei genau einer Architektur kann sie entfallen.

- Eine Entity kann indirekt durch eine Konfiguration gebunden werden, d. h. Konfigurationen können geschachtelt werden.

- Komponentenschnittstellen und generische Parameter werden durch Konfigurationen definiert. Dabei werden Signale mit den formalen Ports eines Blocks bzw. Werte mit den formalen generischen Werten assoziiert.

Diese Konfigurationsangaben werden in einem eigenen Entwurfsmodul, der `configuration`, zusammengefaßt. Konfigurationen können auch in Deklarationsteilen von Architekturen und Blöcken und in den `generic map`- und `port map`-Anweisungen der Komponenteninstantiierungen stehen. In vielen Fällen werden bei fehlenden Konfigurationskonstrukten Standardwerte verwendet.

Verhaltensmodelle

Bei Verhaltensmodellen ist nur die Auswahl der gewünschten Architekturbeschreibung für eine Schnittstellenbeschreibung erforderlich, die in der *Configuration* durch eine einfache Blockkonfigurationsanweisung vorgenommen werden kann. Die Komponenten im Paket *STD_LOGIC_ENTITIES* werden dort z. B. verhaltensorientiert beschrieben und lassen sich, wenn die Standardeinstellungen gewählt werden, wie folgt konfigurieren:

```
configuration CFG_CELL of CELL is
   for BEHAVIOR -- Architekturauswahl
   end for;
end CFG_CELL;
```

Strukturelle Modelle

Bei strukturellen Modellen muß neben der Architekturauswahl jede instantiierte Komponente konfiguriert werden. Daher existiert für die strukturellen Modelle eine dreistufige Hierarchie von Ports (s. Abschnitt 3.3.1) für die Komponenteneinbindung: „formal" Ports („entity declaration"), „local" Ports („component declaration") und „actual" Ports („instantiation statement"). Die dazwischen liegenden Schnittstellen weisen die folgenden Merkmale auf:

- **Schnittstelle zwischen „formal" und „local ports"**
  Für die Schnittstelle zwischen dem eingesetzten Modell (Entity) mit den „formal ports" und der Komponente („component") mit den „local ports" werden die Anweisungen `generic map` und `port map` in dem Entwurfsmodul `Konfiguration` verwendet.

- **Schnittstelle zwischen „local" und „actual ports"**
  Mit „actual ports" werden die Signale, mit denen die Instanzen verdrahtet werden, und die an die Instanzen übergebenen Parameter bezeichnet. Durch die Komponenten-Instantiierung erfolgen mit `generic map`- und `port map`-Anweisungen die Zuordnungen der „actual ports" zu den „local ports".

Mit geschachtelten `for-use`-Anweisungen wird in der Konfiguration festgelegt, welche Modelle für die instantiierten Komponenten verwendet, wie die Ports miteinander verknüpft und welche Parameter übergeben werden.

Zuordnung: Entity – Architektur. Auf der obersten Ebene eines strukturellen Modells wird, wie bei einem verhaltensorientierten Modell, die gewünschte Architektur ausgewählt, d. h. welche Architektur in der Schaltungssimulation benutzt werden soll:

```
configuration configuration_name of entity_name is
    for architecture_name
    end for;
end configuration_name;
```

Zuordnung: Komponente – Architektur. Die Konfigurationsanweisungen für Komponenten legen für die in der Architektur verwendeten Komponenteninstanzen das einzusetzende, analysierte Modell aus einer Modellbibliothek fest. Das einzusetzende Modell kann wie folgt definiert werden:

- **Name der Konfiguration**

  for *instance_name_1* , ... *instance_name_n* : *component_name*
      use configuration *configuration_name*
          [**generic map** (...)]
          [**port   map** (...)];
  end for;

- **Name der Schnittstellenbeschreibung mit gewünschter Architektur**

  for *instance_name_1* , ... *instance_name_n* : *component_name*
      use entity *entity_name*[(*architecture_name*)]
          [**generic map** (...)]
          [**port   map** (...)];
  end for;

  Handelt es sich bei der beschriebenen Instanz um ein strukturelles Element, so muß dieses Modell durch weitere Konfigurationsanweisungen eine Ebene tiefer beschrieben werden.

- **Komponenteninstanz wird nicht eingebunden**

  for *instance_name_1* , ... *instance_name_n* : *component_name*
      use open;
  end for;

Die Aufzählung aller Instanzennamen eines Komponententyps kann durch die Schlüsselwörter

- **all** für alle Instanzen,

- **others** für alle bisher noch nicht explizit beschriebenen Instanzen

abgekürzt werden.

Beispiel. Abb. 4.8 zeigt eine Hierarchie der Komponenten des 4-Bit-Volladdierers *FA4B*. Die Bibliotheken mit den zu den in Abb. 4.8 definierten Einheiten gehörenden, analysierten Entwurfsobjekten (Architekturen) im Synopsys-System weisen folgende Inhalte auf:

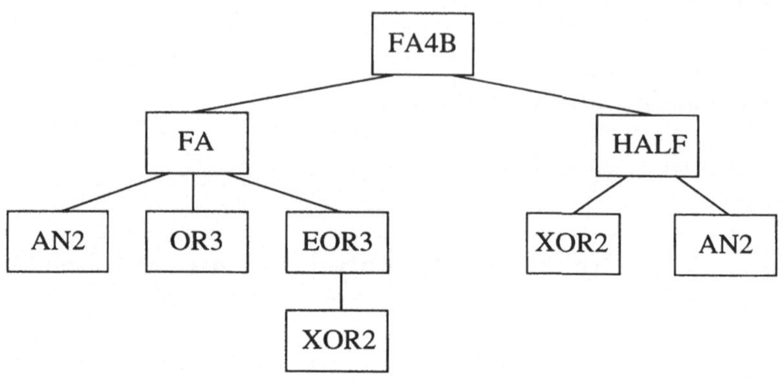

Abbildung 4.8: Hierarchie der Komponenten des 4-Bit-Volladdierers *FA4B*

Bibliothek *WORK:*

- *CEOR3.SIM,*

- *EOR3__STRUCTURE.SIM,*

- *FA__STRUCTURE.SIM,*

- *FA4B__STRUCTURE.SIM,*

- *HALF__STRUCTURE.SIM.*

Bibliothek *CELLS:*

- *AN2__DATAFLOW.SIM,*

- *HALF__BEHAVIOR.SIM,*

- *OR3__DATAFLOW.SIM,*

- *XOR2__DATAFLOW.SIM.*

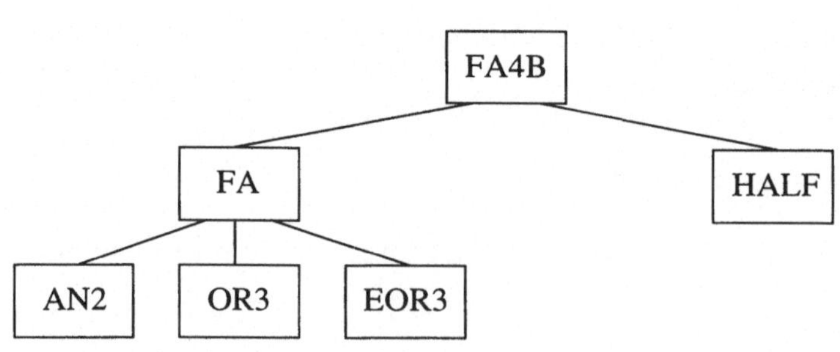

Abbildung 4.9: Architekturalternative für *FA4B*

Die in Abb. 4.9 beschriebene alternative Konfiguration für *FA4B* bestehend aus

- Verhaltensmodell für *HALF*,

- Übernahme einer Konfiguration von *EOR3*

kann wie folgt in einer Konfiguration beschrieben werden:

```
library CELLS;
use     CELLS.all;
configuration CFG_FA4B of FA4B is
   for STRUCTURE
      for all : FA use entity WORK.FA(STRUCTURE);
         for STRUCTURE
            for all : AN2 use entity CELLS.AN2(DATAFLOW);
            end for;
            for all : OR3 use entity CELLS.OR3(DATAFLOW);
            end for;
            for all : EOR3 use configuration WORK.CEOR3;
            end for;
         end for;
      end for;
      for all : HALF use entity CELLS.HALF(BEHAVIOR);
      end for;
   end for;
end CFG_FA4B;
```

Hinweis. Eine Konfiguration von Komponenten kann nicht nur in der `configuration`, sondern auch in der Architektur selbst vorgenommen werden.

Umordnung der Komponentenanschlüsse

Die Änderung der Zuordnung des Anschlüsse der Komponentendeklaration zu den zu verwendeten Modells kannn über eine zusätzliche `port map` bei der Zuordnung der Komponente zu einer Architektur erfolgen.

Damit können generische Zellenbibliotheken durch Konfiguration auf Bibliotheken verschiedener Hersteller abgebildet werden. Es ist auch möglich, Entwurfsobjekte durch Spezialisierung ähnlicher Teile zu ersetzen.

Generische Parameter können ebenfalls geändert werden.

Aufbau von Konfigurationen

Da Konfigurationen an beliebigen Stellen der Entwurfshierarchie definierbar sind, gilt:

- Entwurfsbaum kann vom obersten Element durch alle Hierarchiestufen hindurch konfiguriert werden,

- Konfigurationen für Zwischenebenen oder Teilentwürfe sind möglich (Hierarchie).

Änderungen erfordern damit kein erneutes Übersetzen des Gesamtmodells, so daß in kurzer Zeit verschiedene Modellvarianten untersucht werden können.

Verteilung der Konfigurationen auf VHDL-Dateien

Die oben geschilderten Eigenschaften der Konfigurationen erlauben prinzipiell die drei nachfolgenden Strukturierungen bzw. Einbettung in die Entwurfshierarchie:

1. Zu *jeder* Entity wird *eine* Konfiguration deklariert. Eine eventuelle Änderung muß an vielen Stellen zugleich vorgenommen werden.

2. *Alle* Konfigurationen werden zusammen in *einer* separaten VHDL-Datei untergebracht, so daß Änderungen auf diese beschränkt bleiben.

3. *Eine* Konfiguration beschreibt die gesamte Entwurfshierarchie:

   Vorteil : Nur eine Konfiguration muß behandelt werden.
   Nachteil : Die Syntax kann unübersichtlich sein.

4.4   Logiksimulation

Die *Logiksimulation* hat eine wirklichkeitsgetreue Analyse und Dokumentation des logischen und zeitlichen Verhaltens digitaler Schaltungen zum Ziel. Sie ist auch heute noch die wichtigste Methode zum Aufspüren von Entwurfsfehlern in Digitalschaltungen.

Logiksimulation bedeutet *Simulation auf Gatterebene*, dementsprechend sind die betrachteten Elementarobjekte Grundgatter wie AND, OR, NOT oder NAND, Speicherelemente (Flip-Flops) und Verbindungsleitungen. Den vom Simulator zu berechnenden Simulationsmodellen liegen Systeme aus Booleschen Gleichungen oder Tabellen zugrunde.

Bei den Signalen handelt es sich um Bits in mehrwertiger Logik (s. Abschnitt 3.4.4), mit denen Boolesche Werte modelliert werden.

4.4.1   Funktionen zur Fehlersuche

Moderne Entwurfssysteme stellen dem Benutzer eine Vielzahl an Hilfen zur Fehlersuche (*Debugging*) zur Verfügung. Eine besondere Bedeutung haben in diesem Zusammenhang die Simulationsmodule. Wird ein Simulator interaktiv bedient, so läßt sich dessen Funktionalität bei der Fehlersuche sehr gut mit der von Debuggern für die Software-Entwicklung vergleichen. Aus dem umfangreichen, von Hersteller zu Hersteller variierenden Angebot an Debugging-Hilfen sollen nun einige besonders wichtige Funktionen vorgestellt werden:

- Breakpoints,

- Erkennung von Hazards und Spikes,

- Überprüfung von Setup- und Hold-Zeiten,

- Bestimmung von minimalen Impulsbreiten.

4.4.1.1 Breakpoints (Unterbrechungspunkte)

Üblicherweise terminiert der Simulationslauf erst dann, wenn die Stimuli verbraucht und alle sich daraus ergebenden Auswirkungen in der Schaltung berechnet und ausgegeben worden sind. Breakpoints sind vom Benutzer bestimmte Zeitpunkte, an denen der Simulator *Bedingungen* überprüft und *Aktionen* auslöst, falls die Bedingungen erfüllt sind. Die Bedingungen beziehen sich auf die Simulationsergebnisse, mögliche Aktionen können die Ausgabe bestimmter Meldungen oder das Anhalten des Simulationslaufes sein. Es besteht üblicherweise auch die Möglichkeit, Breakpoints nicht an feste Zeitpunkte zu binden, sondern sie „global" an bestimmte Bedingungen zu knüpfen. In diesen Fällen wird die Bedingung vom Simulator ständig überprüft. So hat der Benutzer z. B. die Möglichkeit, für alle Zeitpunkte, zu denen sich ein oder mehrere der von ihm ausgewählten Signale ändern, eine Meldung generieren zu lassen oder den Simulationslauf abzubrechen, sobald auf einem Signal ein bestimmter Wert anliegt.

4.4.1.2 Erkennung von Hazards und Spikes

Hazards sind Impulse oder Impulsfolgen am Gatterausgang, die vorübergehend zu falschen Ausgangswerten führen. Sie können immer dann entstehen, wenn Signalflanken mit unterschiedlichen Pegeln an verschiedenen Eingängen eines Gatters kurz aufeinanderfolgend zusammentreffen. Einzelimpulse werden als *statische* Hazards bezeichnet. Entstehen dagegen Impulsfolgen, so ist von *dynamischen Hazards* (s. Abb. 4.10b)) die Rede.

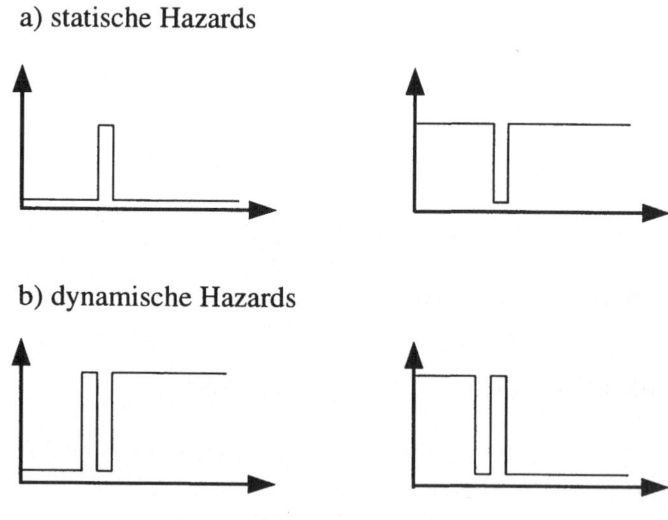

Abbildung 4.10: Hazards

Hazards können wie beim Differenzierglied (s. Abb. 4.2) beabsichtigt sein, häufig resultieren sie aber aus einer falschen Berücksichtigung von Signallaufzeiten oder fehlerhaften Stimulieingaben und können zu Fehlfunktionen der Schaltung führen.

Spikes (s. Abb. 4.11) sind Impulse, die noch während der Anstiegsphase wieder abfallen, d. h. ihren Endwert gar nicht erreichen. Sie sind immer dann möglich, wenn Signalflanken unterschiedlicher Polarität an den Eingängen eines Gatters gleichzeitig zusammentreffen oder wenn an einem trägheitsbehafteten Gatter die minimale Impulsbreite unterschritten wird.

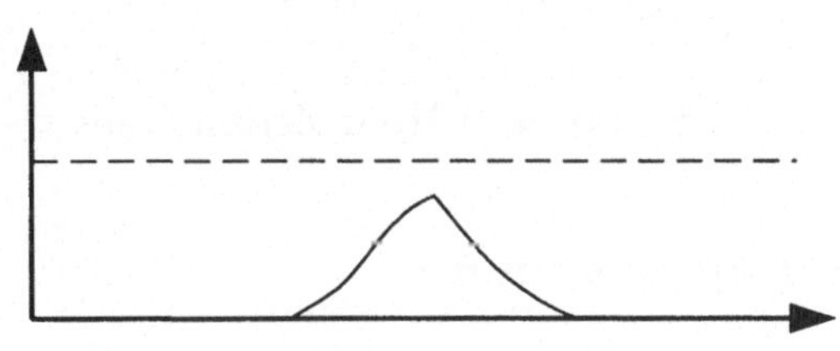

Abbildung 4.11: Spike

Logiksimulatoren stellen üblicherweise mehrere Modelle unterschiedlicher Exaktheit zur Verfügung, mit deren Hilfe während des Simulationslaufs Hazards- bzw. Spikes erkannt und entsprechende Warnungen erzeugt werden können. Zu beachten ist in diesem Zusammenhang, daß mit der Genauigkeit der Simulationsmodelle der Bedarf an Rechenzeit deutlich zunimmt.

4.4.1.3 Setup- und Hold-Zeiten

Setup- und Hold-Zeiten sind Betriebsbedingungen taktsynchroner Schaltungen.

Setup-Zeit. Unter der Setup-Zeit wird die Zeit verstanden, für deren Dauer ein Eingangssignal vor der aktiven Taktflanke stabil anliegen muß.

Hold-Zeit. Die Zeit während der ein Eingangssignal nach der Taktflanke weiterhin stabil sein muß, wird als Hold-Zeit bezeichnet (s. Abb. 4.12).

Ist ein Logiksimulator entsprechend konfiguriert, so wertet er nur jene Schreiboperationen als korrekt, bei denen sowohl die Setup- als auch die Hold-Zeit des betreffenden Speicherelements eingehalten wurden. Einfache Verzögerungsmodelle, wie z. B. das Unit-Delay-Modell, das lediglich von einer einheitlichen Ausgangsverzögerung ausgeht (s. Abschnitt 3.4.4), verzichten auf die Überprüfung dieser Bedingungen.

Auf Setup- und Hold-Zeiten gehen wir aufgrund ihrer Bedeutung in Abschnitt 4.4.3.1 näher ein.

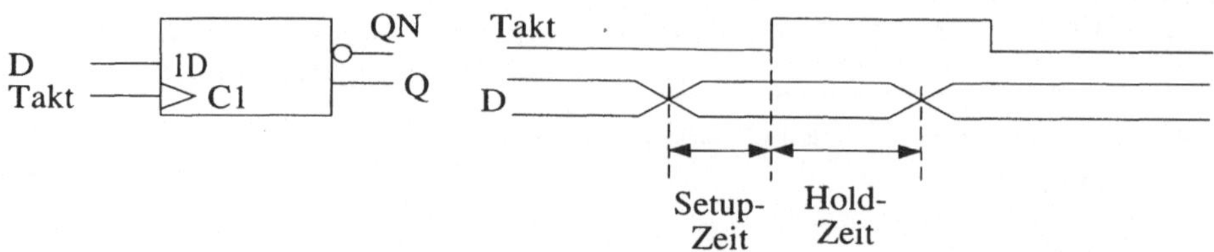

Abbildung 4.12: Setup- und Hold-Zeiten eines D-Flip-Flop

4.4.1.4 Minimale Impulsbreiten

Weitere Nebenbedingungen sind durch minimale Impulsbreiten gegeben, wie sie für das Taktsignal, aber auch für asynchrone Steuereingänge (z. B. Setzen und Zurücksetzen von Speicherelementen) gefordert werden.

4.4.2   Simulationsprinzipien

Der Simulationslauf wird durch die Stimuli, also die benutzerdefinierten Signalfolgen an den Schaltungseingängen vorgegeben. Meistens, insbesondere bei komplexeren Schaltungen, ist es zweckmäßig, diese vor dem Start des Simulators in einer separaten Datei zu programmieren. Zum Entwurf „wohldurchdachter" Simulationsläufe stehen in der Regel dafür spezialisierte, strukturierte Eingabesprachen zur Verfügung.

Zusätzlich gestatten moderne Logiksimulatoren, wie z. B. Quicksim II aus dem Entwurfssystem von Mentor Graphics, die interaktive Eingabe, Veränderung und Ergänzung von Stimulidaten. Der Benutzer hat die Möglichkeit, vor und zwischen den einzelnen Simulationsläufen Signalwerte für die Schaltungseingänge anzugeben oder zu verändern. Dabei können auch oszillierende Signale (z. B. für Taktsignale) definiert und Musterfolgen für Signalgruppen (z. B. mit einem „pattern generator") angegeben werden. In dieser Betriebsart ähnelt der Simulator einem Debugger. Die interaktive Arbeitsweise ist daher besonders für punktuelle Fehlersuchen prädestiniert. Zur Definition umfangreicher und komplexer Stimulifolgen sind dagegen die von den meisten Simulatoren unterstützten Stimulisprachen wesentlich besser geeignet.

Für die Wiederholung von Simulationsläufen in späteren Sitzungen ist es hilfreich, wenn interaktiv erstellte oder modifizierte Stimuli in Dateien abgespeichert und zu einem späteren Zeitpunkt erneut geladen werden können. Auf diesem Wege ist es übrigens auch möglich, die Ausgaben früherer Simulationsläufe als Eingaben für weitere Simulationen aufzuarbeiten.

In den folgenden Abschnitten werden am leicht überschaubaren Beispiel des 4-Bit-Registers *REG4B* (s. Abb. 4.13) folgende Punkte angesprochen:

- **Stimuliprogrammierung**
  in einer strukturierten Eingabesprache (s. Abschnitt 4.4.2.2),

- **Darstellung der Simulationsergebnisse**
  in alphanumerischer und graphischer Form (s. Abschnitt 4.4.2.3),

- **Untersuchung des Zeitverhaltens** (s. Abschnitt 4.4.3):

  - Dokumentation der verschiedenen Größen,

  - Maximale Taktfrequenz.

Entwurf von Simulationsläufen. Auf grundlegende Überlegungen zur Planung von Simulationsläufen wird in Abschnitt 4.5 eingegangen, da sie auch bei der VHDL-Simulation zum Tragen kommen.

4.4.2.1 Beispiel: Simulation eines 4-Bit-Registers

Das in Abb. 4.13 dargestellte 4-Bit-Register *REG4B* arbeitet *vorderflankengesteuert*, was bedeutet, daß die Werte an den Dateneingängen $D_3 \ldots D_0$ immer dann in die Speicherelemente des Bausteins übernommen werden, wenn der Wert des Taktsignals am Eingang CLK von '0' auf '1' wechselt. Mit einer '0' an den Setz-(SN) bzw. Rücksetzeingängen (RN) können *asynchron*, d. h. zu jedem Zeitpunkt und unabhängig vom Taktsignal CLK, alle Bit-Positionen einheitlich auf den Wert '1' bzw. '0' gesetzt werden.

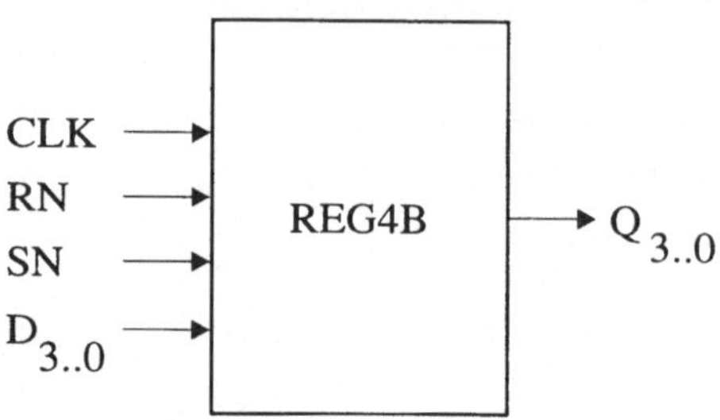

Abbildung 4.13: Schnittstelle des Registerbausteins *REG4B*

4.4.2.2 Stimuliprogrammierung

Bei den meisten Simulatoren können Stimuli in einer strukturierten, den
höheren Programmiersprachen ähnelnden Eingabesprache beschrieben werden. Für dieses Beispiel (s. Abb. 4.14) wurden die Stimuli in *MISL*[1], der
Eingabesprache des Logiksimulators Quicksim II formuliert. Die verwendeten Strukturen sind jedoch in ähnlicher Form auch in den Eingabesprachen
anderer Logiksimulatoren zu finden.

```
 1   circuit REG4B;
 2
 3   timedef 1 period = 100ns;     /* Zykluslaenge fuer Daten       */
 4   timedef 2 period = 50ns       /* Taktzyklus: 2 *50 = 100ns,    */
 5            drive delay = 20ns;  /* 20ns Verzoegerung gegen Daten */
 6
 7   input 1 'D(3)', 'D(2)', 'D(1)', 'D(0)', /* Dateneingaenge      */
 8           RN, SN;                          /* Asynchr.            */
 9                                            /* Setz/Ruecksetzeing. */
10
11   input 2  CLK;
12
13   vector 'D(3:0)' = 'D(3)', 'D(2)', 'D(1)', 'D(0)';
14
15   variable i;
16
17   background CLK = 1, 0 ..;  /* CLK alterniert immer...*/
18
```

---

[1]MISL: Mentor Interactive Stimulus Language

```
19   /*----- Initialisierung (RESET): --------------------*/
20
21   'D(3:0)' = 0;
22   SN = 1;
23   RN = 0$    /* '$' schliesst Zyklus ab */
24
25   /*----- Asynchrones Setzen und Zuruecksetzen: --------*/
26
27   RN = 1; SN = 0$        /* SET                        */
28   SN = 1;
29
30   RN = 0;               /* RESET                       */
31   'D(3:0)' = '1111'b$  /* Gegenprobe: d(i) = 1 */
32   RN = 1;
33
34   /*----- Taktsynchrones Laden: ----------------------*/
35
36   /* Korrekte Zuordnung und Funktion
37    * aller d(i) und q(i) ; i = 0..3 pruefen: */
38
39   for i = 0 to 4 by 1
40   {                      /* '<': Shift-Operation: */
41       'D(3:0)' = 1 < i$   /* 1 'wandern' lassen    */
42   }
43
44   end
```

Abbildung 4.14: Stimuliprogramm für das 4-Bit-Register *REG4B*

Im Beispielprogramm sind folgende, grundlegende Elemente von Stimuliprogrammen erkennbar:

Deklarationen. Im Deklarationsteil (Zeilen 1-15) werden Programmvariable und die zu stimulierenden Eingangssignale deklariert.

Vektoren. Durch Zusammenfassung der Signale $D_3..D_0$ zu einem Vektor (Zeile 13) können diese bei Wertzuweisungen nicht nur einzeln, sondern auch als eine Einheit angesprochen werden (Zeile 31). Dadurch wird es möglich, auch andere Zahlensysteme als das duale zu verwenden. So können z. B. die Stimuli für den 4-Bit breiten Vektor D auch als einstellige Hexadezimalzahlen oder als Dezimalzahlen im Wertebereich von 0..15 (Zeile 41) angegeben werden.

Timing-Gruppen. Speziell für das Taktsignal CLK wurde eine eigene Timing-Gruppe definiert (Zeilen 3, 4). Dies ermöglicht auf einfache Weise, einen zeitlichen Versatz (Zeile 5) zwischen den Signaländerungen am Takteingang (Timing-Gruppe 2) und den übrigen Signalen (Timing-Gruppe 1) zu definieren, der bei Bedarf leicht verändert werden kann. Man beachte bei der Verwendung und Simulation von taktflankengesteuerten Speicherelementen stets, daß Datenänderungen und Taktflanken niemals auf den gleichen Zeitpunkt fallen dürfen: Die Eingangsdaten müssen bereits vor der aktiven (hier: ansteigenden) Taktflanke stabil anliegen (s. Abb. 4.12).

Waveform-Anweisungen. Syntax und Bedeutung dieser Befehle ähneln denen von Zuweisungen in Programmiersprachen. Auf der linken Seite des „=“-Zeichens steht der Bezeichner eines Signals oder Vektors, rechts davon ein Ausdruck, dessen Wert dieses Signal annehmen soll. Das Signal behält diesen Wert so lange, bis ihm in einer weiteren Waveform-Anweisung ein neuer zugewiesen wird.

Eine spezielle Form dieser Anweisung ist in Zeile 17 zu finden. Die **background**-Klausel und die Schreibweise „1, 0, ..“ bewirken, daß das Signal CLK über den gesamten Simulationslauf und unabhängig von allen übrigen Signalen „im Hintergrund“ oszilliert.

Zyklusbegrenzer „\$“. Alle aufeinanderfolgenden Waveform-Anweisungen, die mit „;“ terminiert werden, wirken innerhalb von einem Zeitzyklus. Ein „\$“ schließt nun einen Zyklus der betreffenden Timing-Gruppe ab, alle darauf folgenden Anweisungen gelten ab dem nachfolgenden Zyklus. Dementsprechend führen 'Waveform'-Anweisungen für ein und dasselbe Signal, zwischen denen kein „\$“ steht, zu einem Widerspruch und lösen eine Warnung des Simulators aus.

Die Länge eines Zyklus wird bei der Deklaration der zugehörigen Timing-Gruppe angegeben, die Zuordnung der Signale zu den Timing-Gruppen findet bei der Signaldeklaration (**input 1** bzw. **input 2**) statt. Im vorangegangenen Beispiel sind es für das Taktsignal CLK (Timing-Gruppe 2) jeweils 50 ns für die '0'-Phase und 50 ns für die '1'-Phase, alle anderen Signale (Timing-Gruppe 1) haben ebenfalls eine Periodenlänge von insgesamt 100 ns.

Schleifen. Die Simulation von repetierenden und iterativen Vorgängen unterstützen die Beschreibungssprachen für Stimuli durch eine Anzahl von

Schleifenkonstrukten. In diesem Beispiel wird eine Iterationsschleife verwendet, die - in Analogie zu vielen Programmiersprachen - mit dem Schlüsselwort **for** eingeleitet wird. Die Waveform-Anweisung im Schleifenkörper weist den zu einem Vektor zusammengefaßten Dateneingängen des Registers den Wert 2^i und im letzten Durchgang (Überschreitung des Wertebereichs) den Wert '0' zu.

4.4.2.3 Darstellung von Simulationergebnissen

Die Simulationsergebnisse können sowohl alphanumerisch (s. Abb. 4.15) als auch graphisch (s. Abb. 4.16) ausgegeben werden.

Die alphanumerische Darstellung ist bereits aus Abb. 4.3 bekannt. In Abb. 4.15 werden die Simulatorausgaben nachträglich mit Kommentaren versehen. Dies ist zugleich ein Beispiel für die Kommentierung und Auswertung von Simulationsergebnissen, wie sie auch in den Versuchen des Praktikums durchgeführt werden sollten. Unter Verwendung dieser Ausgabeform können sehr gut Verzögerungszeiten bestimmt werden.

```
-------------------------------------------------------------------

Time(ns) CLK      SN          Q(3:0)
                RN      D(3:0)

-------------------------------------------------------------------


Initialisierung:
      0.0 Xr   0  1  0000      XXXXr
      1.4 Xr   0  1  0000      0000
     20.0 1    0  1  0000      0000
     70.0 0    0  1  0000      0000


Asynchrones Setzen:
    100.0 0    1  0  0000      0000
    102.5 0    1  0  0000      1111    tlh SN/q(i) = 2.5 ns
    120.0 1    1  0  0000      1111    Taktflanke wirkungslos!
    170.0 0    1  0  0000      1111    (keine Uebernahme von ´´0000´´b)


Asynchrones Zuruecksetzen:
    200.0 0    0  1  1111      1111    RN = 0, zugleich ´1111´ an D
    201.4 0    0  1  1111      0000    thl RN/q(i) = 1.4 ns
    220.0 1    0  1  1111      0000    Taktflanke wirkungslos
    270.0 0    0  1  1111      0000    (keine "Ubernahme von ´´1111´´b)
```

```
Taktsynchrones Laden:
    300.0 0     1  1  0001     0000     Datum ´0001´b anlegen
    320.0 1     1  1  0001     0000     --- Taktflanke (um 20 ns verz.)
    322.3 1     1  1  0001     0001     tlh CLK/q(i) = 2.3 ns
    370.0 0     1  1  0001     0001

    400.0 0     1  1  0010     0001     Datum ´´0010´´b anlegen
    420.0 1     1  1  0010     0001     --- Taktflanke ---
    422.3 1     1  1  0010     0011     tlh CLK/q(i) = 2.3 ns (s.o.)
    422.6 1     1  1  0010     0010     thl CLK/q(i) = 2.6 ns
    470.0 0     1  1  0010     0010

Taktsynchrones Laden der Werte      ´´0100´´b, ´´1000´´b, ´´0000´´b,
    500.0 0     1  1  0100     0010     (analog zu oben)
    520.0 1     1  1  0100     0010
    522.3 1     1  1  0100     0110
    522.6 1     1  1  0100     0100
    570.0 0     1  1  0100     0100
    600.0 0     1  1  1000     0100
    620.0 1     1  1  1000     0100
    622.3 1     1  1  1000     1100
    622.6 1     1  1  1000     1000
    670.0 0     1  1  1000     1000
    700.0 0     1  1  0000     1000
    720.0 1     1  1  0000     1000
    722.6 1     1  1  0000     0000
```

Abbildung 4.15: Alphanumerische Darstellung der Simulationsergebnisse

Graphische Darstellung. In Abb. 4.16 sind die zeitlichen Zusammenhänge
zwischen den Ein- und Ausgangssignalen gut erkennbar.

4.4.3   Untersuchung des Zeitverhaltens

Neben der Validierung des logischen Verhaltens ist die Untersuchung des
Zeitverhaltens eine wesentliche Aufgabe bei der Simulation digitaler Schaltkreise. In diesem Zusammenhang spielen die beiden im folgenden behandelten Ziele eine besonders wichtige Rolle:

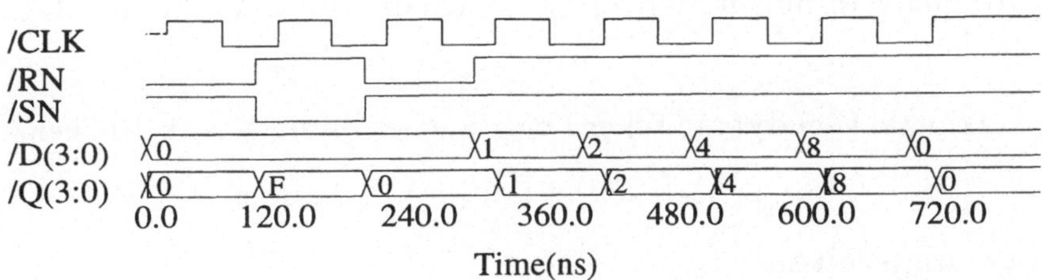

Abbildung 4.16: Graphische Darstellung der Simulationsergebnisse

- Dokumentation des Zeitverhaltens (Datenblätter),

- Bestimmung der maximalen Arbeitsgeschwindigkeit von digitalen Systemen.

4.4.3.1 Dokumentation des Zeitverhaltens

Beim hierarchischen Schaltungsentwurf werden die in niedrigeren Entwurfsebenen entwickelten und validierten Module (Teilschaltungen) in den darüberliegenden Ebenen als elementare Objekte behandelt. Dies bedeutet, daß es möglich sein muß, solche Module in einer größeren Schaltungsumgebung verwenden und simulieren zu können, ohne die Details ihrer internen Struktur zu kennen. Dazu muß aber nicht nur deren logische Funktionalität vollständig beschrieben sein, sondern auch deren zeitliches Verhalten.

Die Hersteller digitaler Standardbausteine (z. B. 74er-Serie) dokumentieren das Zeitverhalten ihrer Produkte durch eine Reihe von Kenngrößen, auf die wir im folgenden näher eingehen möchten. Entsprechende Informationen sind auch in den Zellenbibliotheken für VLSI-Entwürfe codiert bzw. in den dazugehörigen Datenblättern aufgeführt:

- Verzögerungszeiten („propagation delay").

Bei taktsynchronen Schaltungen kommen hinzu:

- Setup- und Hold-Zeiten,

- Minimale Impulsbreiten für Taktsignale und asynchrone Steuereingänge,

- Maximale (bei dynamischer Logik auch minimale) Taktfrequenzen.

Verzögerungszeiten

Durch die Verzögerungszeiten wird dokumentiert, wie lange es dauert, bis sich Signaländerungen an den verschiedenen Schaltungseingängen an den Schaltungsausgängen auswirken und dort wieder stabile Signalwerte zur Verfügung stehen. Ein sehr einfaches, aber weit verbreitetes Modell für diesen Sachverhalt ist in Abb. 4.17 dargestellt: Die Verzögerungszeit wird als jene Zeitspanne definiert, die zwischen dem Erreichen von 50% der Betriebsspannung auf der Eingangsseite und dem Auftreten desselben Spannungswertes auf der Ausgangsseite verstreicht.

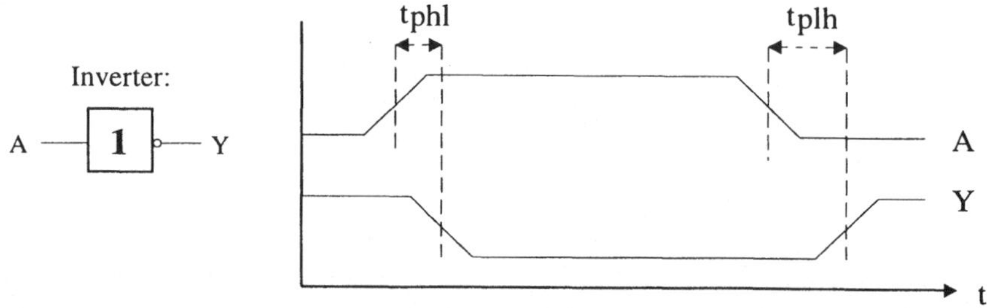

Abbildung 4.17: Beispiel für die Definition der Verzögerungszeit

Für die Verzögerungszeiten eines Schaltungsmoduls sind in der Regel nicht alle kombinatorisch möglichen Ein- und Ausgangspaare relevant, sondern nur jene, bei denen der Ausgang unmittelbar von dem Eingang beeinflußt wird. D. h. es muß jeder Eingang untersucht werden, bei dem sich Pegeländerungen direkt auf einen oder mehrere Schaltungsausgänge auswirken. Diese Zusammenhänge sind für das 4-Bit-Register *REG4B* in Abb. 4.18 dargestellt. Von ihrer logischen Funktion her zusammengehörige Anschlüsse, wie z. B. die Elemente des Eingangsvektors $D_{3..0}$ und des Ausgangsvektors $Q_{3..0}$, werden dabei als Einheit behandelt. Grundsätzlich kann ein Schaltungseingang natürlich auch mehrere Ausgänge beeinflussen. Von diesen Eingängen gehen dann mehrere Pfade aus, die im Datenblatt separat dokumentiert werden müssen. Andererseits sind, z. B. bei Schaltwerken (speicherbehaftete Schaltungen), i. allg. nicht alle Eingänge für die Verzögerungszeiten relevant. Bei unserem 4-Bit-Beispielregister sind die asynchronen Setz- und Rücksetzeingänge SN und RN sowie der Eingang für das Taktsignal CLK für die Verzögerungszeiten relevant. Dagegen geht von den Dateneingängen $D_3 \ldots D_0$ kein relevanter Datenpfad aus, da die Übernahme dieser Eingangswerte und deren Durchschaltung zu den Ausgängen ausschließlich über den Takteingang CLK gesteuert wird.

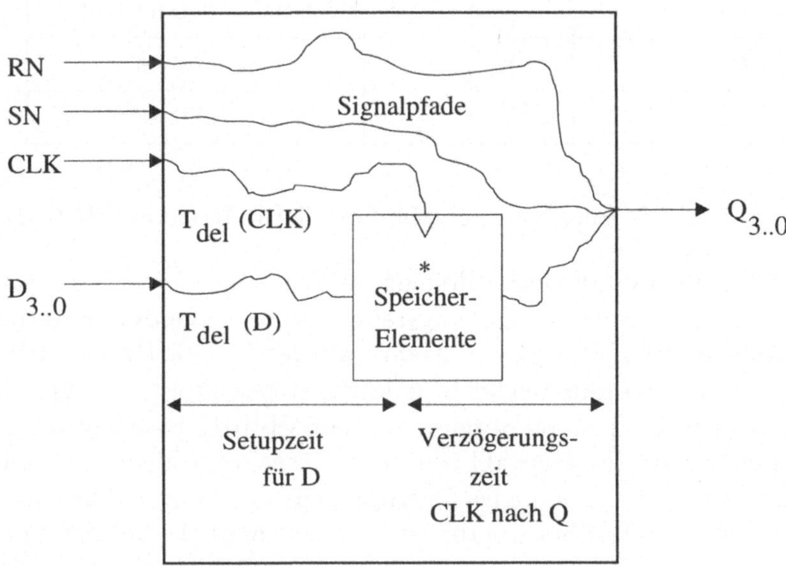

Abbildung 4.18: Für die Verzögerungszeiten relevante Signalpfade des 4-Bit-Registers $REG4B$

Um bei der Logiksimulation das exakte, zweistufige Multi-Delay-Modell verwenden zu können, müssen die Verzögerungszeiten sowohl bei ansteigenden (t_{plh}) als auch für abfallende (t_{phl}) Ausgangssignale angegeben werden. Beispielsweise lassen sich beim Simulationslauf des 4-Bit-Registers diese unterschiedlichen Werte ab der steigenden Taktflanke bei 420 ns beobachten (s. Abb. 4.15): Für den Pfad vom Takteingang CLK zu den Datenausgängen $Q_{3..0}$ wurde bei ansteigendem Ausgangspegel eine Verzögerungszeit von 2.3 ns ermittelt (Wechsel von "0001" nach "0011"), während für den Übergang von '1' auf '0' auf diesem Pfad eine Verzögerungszeit von 2.6 ns abgelesen werden kann (Wechsel von "0011" auf den endgültigen Wert "0010"). Im Datenblatt wie in Tab. 4.2 wären somit für unser 4-Bit-Register die Verzögerungszeiten festzuhalten.

Parameter	Von	Nach	Wert	Zeitpunkt in Abb. 4.16
t_{plh}	CLK	Q_i	2.3 ns	420 ns
t_{phl}			2.6 ns	420 ns
t_{plh}	SN		2.5 ns	100 ns
t_{phl}	RN		1.4 ns	200 ns

Tabelle 4.2: Verzögerungszeiten des 4-Bit-Registers $REG4B$

Die Verzögerungszeiten sind abhängig von verschiedenen Parametern, wie z. B. Ausgangslast oder Umgebungstemperatur. Außerdem unterliegen sie fertigungsbedingten Toleranzen. Daher werden in den Datenblättern meistens Werte für den günstigsten, den ungünstigsten und den typischen Fall aufgeführt. Die Logiksimulatoren moderner VLSI-Entwurfssysteme gestatten dem Benutzer die Auswahl zwischen diesen verschiedenen Annahmen, sofern ein hinreichend genaues Verzögerungsmodell (s. Abschnitt 3.4.4) verwendet wird. Darüber hinaus ist es auch möglich, bei der Simulation die Belastung der Gatterausgänge mit zu berücksichtigen. Kapazitive Lasten, wie sie durch Leitungen oder nachgeschaltete Gattereingänge gegeben sind, bewirken eine Verflachung der Umschaltflanken und vergrößern so die Verzögerungszeit. Daher ist es notwendig, nach Generierung der physikalischen Schaltungsstruktur (Layout) die Logiksimulation unter Einbeziehung der Verdrahtungsdaten zu wiederholen (s. Abschnitt 6.4). Der erforderliche Mechanismus zur Rückführung von Verzögerungsdaten vom Layout-Generator zum Logiksimulator wird als „back annotation" bezeichnet.

Setup-Zeiten

Auch die an den Dateneingängen $D_{3..0}$ zugeführten Signale durchlaufen innerhalb der Schaltung trägheitsbehaftete, kombinatorische Logik, wie sie hier z. B. für die Realisation der asynchronen Setz- und Rücksetzmöglichkeiten benötigt wird. Dies bedeutet, daß ausgehend von $D_{3..0}$ ebenfalls ein Verzögerungspfad beginnt, der allerdings nicht bei den Verzögerungszeiten berücksichtigt werden kann. Der Grund dafür ist, daß dieser Pfad am internen Speicherelement endet, weil der Signalfluß zum Ausgang $Q_{3..0}$ erst durch die nächste aktive Taktflanke freigegeben wird. Wann das an $D_{3..0}$ angelegte Datum $Q_{3..0}$ erreicht wird, hängt daher ausschließlich vom Zeitpunkt der Taktflanke ab. Dieser Zusammenhang ist in Abb. 4.18 als Verzögerungszeit von CLK nach $Q_{3..0}$ dokumentiert.

Dennoch bedingt dieser erste Teil des Pfades eine wesentliche Restriktion für den Betrieb des Registers. Das Datum an den Schaltungseingängen $D_{3..0}$ muß die Eingangstore des internen Registers (in Abb. 4.18 mit „*" symbolisiert) erreicht haben, bevor die Taktflanke CLK dort wirksam wird und die Abspeicherung auslöst. Der dafür benötigte Zeitraum, also die Zeitspanne, für die das Datum an den Eingängen $D_3 \ldots D_0$ vor der aktiven Taktflanke anliegen muß, wird als *Setup-Zeit* dieser Eingänge bezeichnet. Setup-Zeiten stellen eine wichtige Betriebsbedingung für den Einsatz taktflankengesteuerter Schaltwerke dar.

Während Verzögerungszeiten sich stets auf die Pfade von Schaltungseingängen zu den von ihnen direkt beeinflußten Ausgängen beziehen, sind Setup-Zeiten jeweils separat für alle Schaltungseingänge anzugeben, die sich taktsynchron auf die Schaltung auswirken. Im Falle des 4-Bit-Registers $REG4B$ handelt es sich dabei lediglich um die Dateneingänge $D_{3..0}$. Bei synchronen Digitalschaltungen sind i. allg. jedoch nicht nur Dateneingänge mit Setup-Zeiten behaftet, sondern auch alle anderen Eingänge, die taktsynchrone Operationen beeinflussen. Ein Beispiel dafür sind die Steuersignale von Akkumulatoreinheiten (s. Aufgabe 10.6), mit denen die gewünschte (taktsynchrone!) Operation ausgewählt wird.

Bei Ermittlung der Setup-Zeit für einen Eingang oder Eingangsvektor ist zunächst die Signallaufzeit entlang des Signalpfades zum internen Speicherelement zu betrachten (s. Abb. 4.18, $t_{del}(D)$). Dabei wird meistens nicht zwischen '0'-'1'- und '1'-'0'-Übergängen unterschieden, sondern das Maximum aus Anstiegs- und Abfallzeit angegeben. Die Einhaltung der Setup-Zeit soll sicherstellen, daß die einzuschreibenden Daten das interne Speicherelement noch vor der Taktflanke erreichen. Deshalb kann die Verzögerung, welche das Taktsignal CLK (hier: $tdel(CLK)$) auf seinem Weg bis zum Speicherelement erfährt, von der Verzögerung der Daten abgezogen werden.

Wird wie im vorliegenden Beispiel das interne Speicherelement mit der steigenden Taktflanke aktiviert, so ist die Taktverzögerung bei ansteigendem Taktsignal zu verwenden, andernfalls die für das abfallende. $t_{del}(D)$ und $t_{del}(CLK)$ können von weiteren Einflußfaktoren abhängig sein, wie etwa dem Wert des angelegten Datums (s. hierzu das Akkumulator-Beispiel). In diesen Fällen ist stets vom ungünstigsten Fall, d. h. der maximalen Datenverzögerung und minimalen Taktverzögerung auszugehen:

$$t_{setup}(D) \geq max(t_{del}(D)) - min(t_{del}(CLK)).$$

Beeinflußt ein Schaltungseingang mehrere interne Speicherelemente, so ist diese Untersuchung für jeden der damit verbundenen Pfade durchzuführen und der maximale Wert als untere Schranke für die Setup-Zeit des Eingangs zu interpretieren.

Hold-Zeiten

Bei einigen Schaltungen ist es notwendig, daß bestimmte Eingangssignale auch nach der entscheidenden Taktflanke noch einen gewissen Zeitraum stabil anliegen. Diese Zeit wird als *Hold-Zeit* bezeichnet.

Minimale Impulsbreiten („pulse width")

Mindestwerte für die Impulsbreiten von Takt- und anderen Steuersignalen sind weitere Betriebsbedingungen für taktsynchrone Digitalschaltungen. Sowohl die '0'- als auch die '1'-Phasen dürfen eine bestimmte Dauer nicht unterschreiten, wenn die Schaltung ordnungsgemäß arbeiten soll.

Betriebsbedingungen

Setup und Hold-Zeiten sowie die minimalen Impulsbreiten sind in Datenblättern oft unter den „operating conditions" (Betriebsbedingungen) aufgeführt. Zum Beispiel werden für die Flip-Flops, aus denen unser 4-Bit-Register *REG4B* entworfen wurde, vom Hersteller der Standardzellenbibliothek die in Tab. 4.3 zusammengestellten Betriebsbedingungen gefordert.

Parameter	Wert [ns]
D_setup	3.82
D_hold	0.00
CLK_width_1	2.10
CLK_width_0	4.46
SN_width_0	3.10
RN_width_0	3.78
SN_rec	3.82
RN_rec	2.68

Tabelle 4.3: Betriebsbedingungen des Flip-Flop *DFFR* (ES2-Bibliothek)

4.4.3.2 Bestimmung der maximalen Taktfrequenz

Die Arbeitsweise taktsynchron arbeitender Systeme basiert auf Transferoperationen zwischen Speichereinheiten, wie Flip-Flops und Registern, die alle innerhalb von einem Taktzyklus ausgeführt werden müssen. Eine Taktperiode muß also hinreichend lang sein, damit

- die minimalen Impulsbreiten aller im System verwendeten Module eingehalten werden,

- alle, auch der längste der im System vorgesehenen synchronen Transfers innerhalb dieses Zeitraums ausgeführt werden.

Der Zeitbedarf eines synchronen Transfers ergibt sich aus den beiden folgenden Teiloperationen (s. Abb. 4.19):

- Mit der ansteigenden Taktflanke übernimmt die *Quelle* den anliegenden Wert $D_{3..0}$.

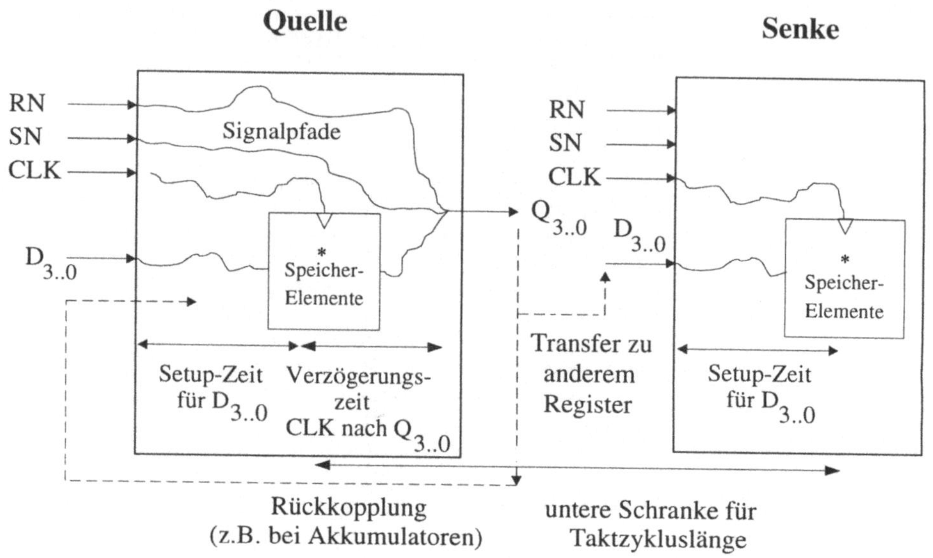

Abbildung 4.19: Zeitbedarf synchroner Transferoperationen

- Nach Ablauf der Verzögerungszeit (hier die Verzögerung von CLK nach $Q_{3..0}$) liegt der Wert an der Senke (das Zielregister) an. Die nächste ansteigende Taktflanke darf nicht vor Ablauf der Setup-Zeit an den Dateneingängen der Senke auftreten.

Bei keinem Transfer darf die Periodenlänge des Systemtaktes die Summe aus Setup- und Verzögerungszeit unterschreiten. Bei Transfers zwischen unterschiedlich aufgebauten Speichereinheiten sind die Verzögerungszeit der Quelle und die Setup-Zeit der Senke zu berücksichtigen. Sollte die Senke bereits mit der fallenden Taktflanke übernehmen oder die Quelle erst zu diesem Zeitpunkt ihren neuen Wert durchschalten, so ergeben sich daraus Mindestwerte für die Dauer der aktiven ($CLK = $ '1') bzw. passiven ($CLK = $ '0') Taktphase.

Transferoperationen beschränken sich nicht nur auf das bloße Kopieren von Daten. In den Datenpfaden können auch Schaltnetze zur Manipulation oder Verknüpfung von Daten enthalten sein. Ein anschauliches Beispiel dafür sind Akkumulatoreinheiten, bei denen, wie bereits in Abb. 4.19 angedeutet,

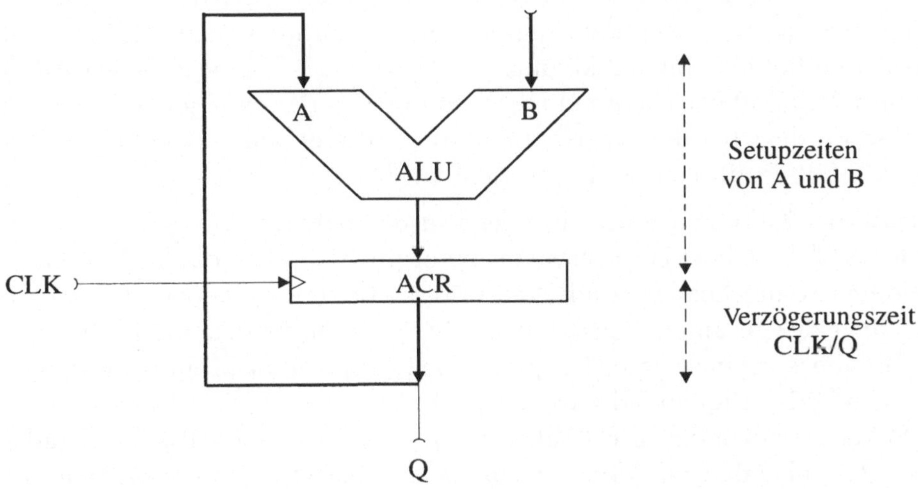

Abbildung 4.20: Grundprinzip einer Akkumulatoreinheit

der abgespeicherte Wert intern rückgekoppelt wird. Zwischen den Daten-eingängen B des Akkumulators in Abb. 4.20 und der internen Speiche-reinheit befindet sich ein Rechenwerk (ALU [2]), das den zurückgekoppelten alten Speicherinhalt A mit dem von außen angelegten Operanden B ver-knüpft. Das Ergebnis dieser arithmetisch-logischen Verknüpfung wird zum Zeitpunkt der aktiven Taktflanke (CLK) in die interne Speichereinheit ACR (Akkumulator-Register) eingeschrieben. Hier geht in die Setup-Zeit der Sen-ke auch die Laufzeit des Rechenwerks mit ein. Akkumulatoreinheiten werden innerhalb des Praktikums (s. Aufgabe 10.6) ausführlich behandelt. An die-ser Stelle soll das Beispiel des Akkumulators einen weiteren, sehr wichtigen Aspekt zum Entwurf von Stimulifolgen verdeutlichen.

Worst-Case. Während der Simulation muß mindestens einmal der längste Signalpfad durchlaufen werden, um mit den dabei ermittelten Verzögerungs- und Setup-Zeiten auch den ungünstigsten Fall zu erfassen. Insbesondere dann, wenn Stimuli in Eingabedaten für den Test der gefertigten Bausteine konvertiert werden sollen, müssen sie geeignet sein, bei einer vorgegebe-nen Taktfrequenz die Funktionsfähigkeit des Bausteins für *alle* denkbaren Kombinationen aus Eingabedaten und internen Schaltungszustände zu ga-

---

[2] ALU: Arithmetic Logical Unit

rantieren. Es sollte daher immer versucht werden, bei der Auswahl der
Eingabedaten stets auch den ungünstigsten Fall mit einzubeziehen. Zum
Beispiel müßte bei einem Akkumulator, dessen ALU einen seriellen Addierer enthält, mindestens einmal während der Simulation eine Addition ausgeführt werden, bei der ein Übertrag durch die gesamte Wortbreite, d. h.
über alle Bit-Positionen, weitergereicht wird.

Maximale Taktfrequenz. Für jede in der Schaltung vorgesehene, synchron auszuführende Transferoperation ergibt sich nach obiger Vorgehensweise ein entsprechender Mindestwert für die Periodendauer des Taktes. Die
Taktlänge der gesamten Schaltung ergibt sich damit aus dem Maximalwert
der für die einzelnen Transferoperationen ermittelten Mindesttaktlängen.
Der zugehörige Signalpfad wird auch als *kritischer Pfad* bezeichnet. Soll
die Schaltgeschwindigkeit erhöht werden, so gilt es, den kritischen Pfad zu
verkürzen, also den mit ihm verbundenen Transfer zu beschleunigen. Die
maximale Taktfrequenz ergibt sich als Kehrwert der minimalen Periodendauer des Taktes.

4.5   Planung von Simulationsläufen

Bei der Planung von Simulationsläufen und bei deren Implementierung mittels Stimulidefinition sind die wesentlichen Ziele der VHDL- und Logiksimulation zu beachten, nämlich eine möglichst weitgehende *Validierung* des
logischen und zeitlichen Schaltungsverhaltens durchzuführen.

Eine vollständige Entwurfs*verifikation* mit Hilfe des Logiksimulators würde
bedeuten, daß beim Simulieren alle nur denkbaren Eingangssignalkombina-
tionen angelegt werden müßten. Dies ist jedoch lediglich bei sehr einfachen
Schaltnetzen, die über nur wenige Eingänge verfügen, mit vertretbarem Aufwand möglich. Noch wesentlich aufwendiger würde dies für speicherbehaftete Schaltungen (Schaltwerke) werden, bei denen zusätzlich die internen
Schaltungszustände zu berücksichtigen sind. Daher kann i. allg. durch Logiksimulation nur das Vorhandensein von Entwurfsfehlern erkannt, nicht
aber deren Nichtexistenz nachgewiesen werden. Es sollte daher versucht
werden, mit den Stimuli Eingangsmuster zu definieren, durch die möglichst
viele der denkbaren Entwurfsfehler entdeckt werden können.

Da keine allgemeingültigen Regeln zur „sicheren" oder gar „optimalen" Schalt-
kreissimulation existieren, kommt dem sorgfältigen Entwurf von Simula-

tionsläufen bzw. der zugehörigen Stimuli eine besondere Bedeutung zu. Man beachte in diesem Zusammenhang auch, daß falsche oder unerwünschte Simulationsergebnisse in vielen Fällen nicht auf Fehler im Schaltungsentwurf, sondern auf inkonsistente oder fehlerhafte Stimuli zurückzuführen sind.

Aspekte bei der Planung von Simulationsläufen

Am Beispiel des 4-Bit-Registers *REG4B* (s. Abschnitt 4.4.2.1) werden nun einige grundlegende Aspekte erläutert, die bei der Planung von Simulationsläufen berücksichtigt werden sollten.

Vermeidung von undefinierten Zuständen. Um Schaltwerke sinnvoll simulieren zu können, ist es erforderlich, möglichst zu Beginn des Simulationslaufes alle undefinierten Zustände (Signalwert 'X') in den Speicherelementen der Schaltung zu eliminieren. Im vorliegenden Beispiel wird dies mit der Rücksetzfunktion des Registers (RN = '0' ab 0 ns) erreicht. Eine weitere Ursache für undefinierte Werte sind Eingänge, für die keine Stimuli angegeben wurden.

Überprüfung aller implementierten Schaltungsfunktionen. Die Logiksimulation muß alle Funktionen berücksichtigen, die in der zugehörigen Schaltungsspezifikation (z. B. Funktionstabelle) aufgeführt sind. Bei unserem 4-Bit-Register sind dies die asynchronen Setz- und Rücksetzfunktionen (bei 100 bzw 200 ns) und das taktsynchrone Laden der Werte über die Dateneingänge D_3 ... D_0 (ab 300 ns).

Nachweis der Wirkungslosigkeit bestimmter Signale bei einzelnen Operationen. Viele Schaltfunktionen müssen unabhängig von bestimmten Eingangssignalen ablaufen können. Beispielsweise ist während der asynchronen Setzoperation (SN = '0') der an den Dateneingängen liegende Wert irrelevant: Selbst zum Zeitpunkt der ansteigenden Taktflanke (Zeitpunkt 120 ns) haben die an den Dateneingängen D_3 ... D_0 anliegenden Werte keinen Einfluß auf die Ausgänge. Analog dazu wurden beim Simulieren der Rücksetzfunktion diese Eingänge mit '1' angesteuert (200-300 ns).

Identifikation aller Einzelsignale (insbesondere bei Bussen). Im Sinne der Entwurfssysteme sind *Busse* digitale Signale, die zu Vektoren zusammengefaßt wurden und so als Einheit stimuliert und ausgegeben werden können. Bei der Beschaltung oder Abzweigung einzelner Signale, die Bestandteile von Bussen sind, werden diese über Indizes angesprochen. Zu den häufigsten Fehlern, insbesondere bei der graphischen Entwurfseingabe, zählen *vertauschte* oder *spiegelbildlich zugeordnete Indizes*. In der Schaltung von Abb. 4.21 wird wegen eines Fehlers bei der Indexvergabe die Bit-Position #12 doppelt, Bit #8 dagegen überhaupt nicht abgespeichert. Bei der Simulation ist es notwendig, Werte zu verwenden, mit denen derartige Fehler sicher erkannt werden können. Insbesondere sind „symmetrische" Werte wie die Bit-Muster "1010" oder "0101" ungeeignet, um z. B. spiegelbildliche Verdrehungen oder Vertauschungen bestimmter Signale oder Signalgruppen zu erkennen. Die Verwendung unverwechselbarer Werte wie z. B. das „Wandern" einer '1' (Sequenzen wie "0001", "0010", "0100", "1000") führt dagegen zum sicheren Erkennen derartiger Fehler. In diesem Zusammenhang sei besonders auf die von den Stimulisprachen unterstützten Schleifenkonstrukte und arithmetisch-logischen Ausdrücke (s. Abb. 4.14, Zeilen 39-42) hingewiesen.

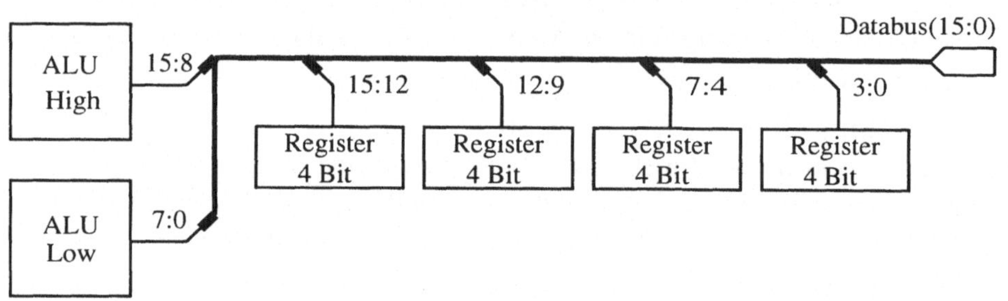

Abbildung 4.21: Beispiel für Fehler bei der Definition und Beschaltung von Bussen

Ermittlung aller relevanten Verzögerungszeiten. Die Stimulidaten müssen so gestaltet sein, daß aus dem Simulationslauf alle für die Dokumentation des Zeitverhaltens relevanten Daten gewonnen werden können. Auf die Dokumentation des Zeitverhaltens und die sich daraus ergebenden Anforderungen für die Stimuli wurde im Abschnitt 4.4.3.1 näher eingegangen.

5 VHDL-Synthese

Struktur-Synthese ist ein Prozeß, in dem eine verhaltensorientierte, technologieunabhängige textuelle Beschreibung eines Entwurfsobjektes in eine Strukturbeschreibung (z. B. Gatternetzwerk) umgewandelt wird. Dies ähnelt einer Übersetzung von C- oder Pascal-Programmen in eine Assemblersprache.

Ziele der Synthese sind:

1. Verbesserung der Entwurfsqualität,

2. Verkürzung der Entwicklungszeit,

3. Sicherstellung der Testbarkeit.

Die synthetisierte, strukturelle Beschreibung beinhaltet im Vergleich zur ursprünglichen verhaltensorientierten Beschreibung ein höheres Maß an Information (Detaillierung).

Jeder Syntheseschritt stellt unterschiedliche Anforderungen, je nachdem wieviel Wissen vom Synthesewerkzeug eingebracht werden muß. So kann trivialerweise jede Boolesche Funktion durch eine DNF mit Gattern einer unbeschränkten Anzahl von Ein- und Ausgängen realisiert werden. Stehen aber nur NAND-Gatter mit zwei Eingängen zur Verfügung, so sind erheblich aufwendigere Algorithmen notwendig. Wird gefordert, daß die Funktion mit Gattern einer vorgegebenen Bibliothek mit einer minimalen Verzögerung und minimalem Platzbedarf realisiert wird, dann ist es i. allg. unmöglich, immer eine optimale Lösung zu finden.

Synthese läßt sich auf verschiedenen Abstraktionsebenen finden:

* Schaltungssynthese,

* Logiksynthese,

* RT-Synthese,

- Algorithmische Synthese,
  Architektursynthese („high-level synthesis").

Schaltungssynthese. Ausgehend von einer Spezifikation, die z. B. Ein- und Ausgangsströme oder Spannungs- und Frequenz-Charakteristika festlegt, wird bei der Schaltungssynthese eine Schaltung mit zugehörigen Typen, Parametern und Größen der Transistoren generiert.

Logiksynthese. Die Logiksynthese bildet Boolesche Gleichungen auf eine Netzliste von Komponenten einer gegebenen Bibliothek mit logischen Gattern, wie NAND, NOR, EXOR und AND-OR-INVERT, ab. Häufig kann die in einer strukturellen Beschreibung verwendete Gatterbibliothek durch eine andere ersetzt werden, wenn nach der Verhaltensextraktion eine Synthese unter Verwendung der neuen Bibliothek erfolgt.

RT-Synthese. Ausgangspunkt der RT-Synthese ist die Beschreibung eines endlichen Automaten: Menge von Zuständen und Register-Transfers in jedem Zustand. Die synthetisierte Struktur besteht aus zwei Teilen:

1. **Datenpfad** (*„data path"*)
   Speicherelemente und Funktionseinheiten zur Durchführung der Transfers.

2. **Steuerwerk** (*„control unit"*)
   Definition der Abfolge der Zustände mit den durchzuführenden Transfers.

Häufig wird die Logiksynthese der RT-Synthese zugeordnet.

Algorithmische Synthese transformiert eine funktionale Beschreibung, in der eine Menge von Prozessen, die über gemeinsame Variablen oder Nachrichten („message passing") kommunizieren und für die kein Taktschema definiert ist, in eine Struktur von Prozessoren, Speichern, Kontrollern und Interface-Bausteinen, die üblicherweise *Architektur* genannt wird. Sie besteht aus Systemkomponenten auf der RT-Ebene.

Die nächsten Abschnitte behandeln einige Prinzipien der verschiedenen Synthesearten. Da für die RT-Synthese leistungsfähige kommerzielle Werkzeuge zur Verfügung stehen, die VHDL-Beschreibungen umsetzen können, wird auf einige Aspekte der Modellierung mit VHDL, insbesondere von endlichen

Automaten, eingegangen. Schaltungssynthese, die sich zur Zeit nur für einige Schaltungsklassen im Einsatz befindet, spielt im Digitalentwurf, der, wie in diesem Praktikum, mit Komponentenbibliotheken erfolgt, keine Rolle.

In der Literatur wird auch hin und wieder der physikalische Entwurf als *Layout-Synthese* bezeichnet, obwohl hier eine strukturelle Beschreibung in Layout-Informationen für die Herstellungsmasken des ICs transformiert wird.

5.1   Logiksynthese

Viele Synthesesysteme, die bei der Register-Transfer-Ebene ansetzen, bilden arithmetische und Vergleichsoperationen auf Gatterlogik ab. Die gesamte Kombinatorik zwischen sequentiellen Schaltungselementen wird mit Hilfe der Logiksynthese zusammengefaßt und optimiert. Da zur Realisierung der Logik u. a. PLAs und Gatter zur Verfügung stehen, existieren für jede Variante spezielle Algorithmen und Heuristiken.

5.1.1   Minimieren zweistufiger Logik

Die Anzahl der in einem PLA benötigten Zeilen in der UND-Ebene ist identisch mit der Zahl der UND-Terme in einer disjunktiven Normalform. Ziel ist daher, die Anzahl der UND-Terme zur Darstellung der logischen Funktion zu minimieren. Das bekannteste Werkzeug hierzu ist der an der Universität von Kalifornien in Berkeley (UCB) entwickelte Optimierer *Espresso*, das von R. Brayton et al. genauer beschrieben wird. Allerdings lassen sich nicht alle logischen Funktionen, wie z. B. Addierer, in dieser Form gut darstellen.

5.1.2   Minimieren von mehrstufigen Logikrealisierungen

Die entstandene zweistufige Logik kann durch Ausklammern gleicher Terme in den Booleschen Gleichungen in eine mehrstufige Logik transformiert werden. Dabei werden die Grundgatter (NAND, NOR) mehrstufig verwendet. Darüber hinaus können häufig effizient sog. Komplexgatter einer Bausteinbibliothek eingesetzt werden.

Komplexgatter sind Bausteine, welche komplexere Funktionen als die logischen Grundfunktionen realisieren, z. B. AND-OR-INVERT-Bausteine, die

die drei angegebenen Grundfunktionen bei kompakterem Layout durchführen.
Die Verwendung von Komplexgattern hat meistens folgende Auswirkungen:

- Verkleinerung der benötigten Chip-Fläche,

- Verringerung des Fanouts der Eingangssignale,

- Verlängerung des kritischen Pfades.

SIS. Das Werkzeug *SIS* – ebenfalls von UCB – kann, wie im folgenden kurz
erläutert, für mehrstufige Logik verwendet werden. Da in der Logiksynthese
die benötigte Fläche erst nach dem Plazieren und Verdrahten bekannt ist,
wird als Maß für den Flächenbedarf von Gatterlogik die Zahl des direkten
oder negierten Auftretens einer Variablen („Literale") in den Booleschen
Gleichungen verwendet. So enthalten die Gleichungen

$$f_0 = aefhi + befhi + cefhi + defhi + k$$
$$f_1 = aeghi + beghi + deghi + l$$

37 Literale. Der erste Schritt ist die möglichst kompakte Formulierung dieser
Gleichungen: Durch Ausnutzen gemeinsamer Faktoren der Funktionen erhält man für das Beispiel die Darstellung:

$$x := ehi$$
$$y := a + b + d$$
$$f_0 = fxy + fxc + k$$
$$f_1 = gxy + l$$

mit 17 Literalen.

Im „library mapping" wird für jede Gleichung unter Einbeziehung der Zellenbibliothek eine Abbildung auf möglichst kleine und wenige Gatter gesucht.
Die Ausnutzung von Komplexgattern wird berücksichtigt. Die meisten Lo-
giksynthese-Werkzeuge für mehrstufige Logik ermöglichen signalspezifisch
Zeitbedingungen anzugeben, um automatisch Schaltungen synthetisieren zu
können, die bei minimalem Flächenbedarf die Zeitrandbedingungen erfüllen.

Im *DesignCompiler* von Synopsys, Inc. stehen die folgenden Verfahren zur
Verfügung:

1. Ausflachen („*flattening*"),

2. Strukturierung („*structuring*"),

3. Abbilden der logischen Funktionen auf eine Bibliothek („*mapping*").

Ausflachen

Durch das Ausflachen, d. h. das Entfernen aller Zwischenvariablen, geht eine hierarchische Strukturierung des Entwurfs verloren. Damit kann ineffiziente Logikstruktur beseitigt werden, und das Synthese-Werkzeug kann effektive Subfunktionen bestimmen. Allerdings geht dadurch auch eine mögliche gute hierarchische Strukturierung verloren. Damit ist der Vorgang irreversibel.

Da das Ergebnis eine DNF (äquivalent zu einer PLA) ist, muß ein Signal nur wenige Stufen durchlaufen. Somit ist diese Realisierungsvariante sehr schnell in der Ausführung der Operationen, wobei aber die benötigte Fläche groß sein kann. Aus diesem Grund machen Zeit- und Flächen-Restriktionen keinen Sinn.

Beispiel:

$$
\begin{aligned}
f_0 &= at_0 \\
f_1 &= d + t_o \\
f_2 &= \overline{t_0}e \\
t_0 &= b + c
\end{aligned}
\qquad \Rightarrow \qquad
\begin{aligned}
f_0 &= ab + ac \\
f_1 &= b + c + d \\
f_2 &= \overline{b}\,\overline{c}e
\end{aligned}
$$

Strukturierung

Bei der Strukturierung werden Teilfunktionen, die die logischen Gleichungen reduzieren, gesucht. Die Funktionen werden danach aus den Booleschen Gleichungen ausgeklammert. Dies resultiert meistens in Schaltungen mit einem geringen Flächenbedarf.

Die Strukturierung kann unter Zuhilfenahme von Algorithmen, die auf Regeln der Booleschen Algebra beruhen, erfolgen. Da insbesondere „don't care"-Informationen berücksichtigt werden, enstehen effiziente Implementierungen. Diese Option sollte nicht bei regulären Strukturen wie Addierern und ALUs angewendet werden.

Die Nutzung gemeinsamer Funktionen minimiert nicht die Tiefe der Logik und vor allem nicht die Länge kritischer Pfade. Bei der Strukturierung unter Berücksichtigung der Verzögerungszeiten werden dagegen kritische Pfade hinsichtlich der Durchlaufzeiten auf Kosten des Flächenbedarfs optimiert,

d. h. die Logiktiefe wird reduziert. Da für die Logik außerhalb der kritischen Pfade gemeinsame Funktionen gesucht werden, bleibt der benötigte Platzbedarf beschränkt.

Abbildung auf Bibliothekszellen („mapping")

Beim Mapping müssen nun aus einer Zellenbibliothek die geeigneten Komponenten zur Realisierung der logischen Funktionen unter Berücksichtigung der Randbedingungen selektiert werden. Dabei werden beginnend mit einer Anfangskonfiguration lokal Komponenten solange neu arrangiert, bis die Anforderungen an Verarbeitungszeit (Verzögerung) und Fläche erfüllt werden.

Die in Abb. 5.1 dargestellte Schaltung mit Invertern und NAND-Gattern benötigt für die vorgestellte Zusammenfassung der Gatter, die sich mit den Komplexgattern einer Zellenbibliothek realisieren lassen, eine minimale Fläche. Für eine andere Zellenbibliothek, die z. B. kein NAND-Gatter mit drei Eingängen enthält, oder für eine Realisierung mit minimaler Verzögerung können sich andere Implementierungen ergeben.

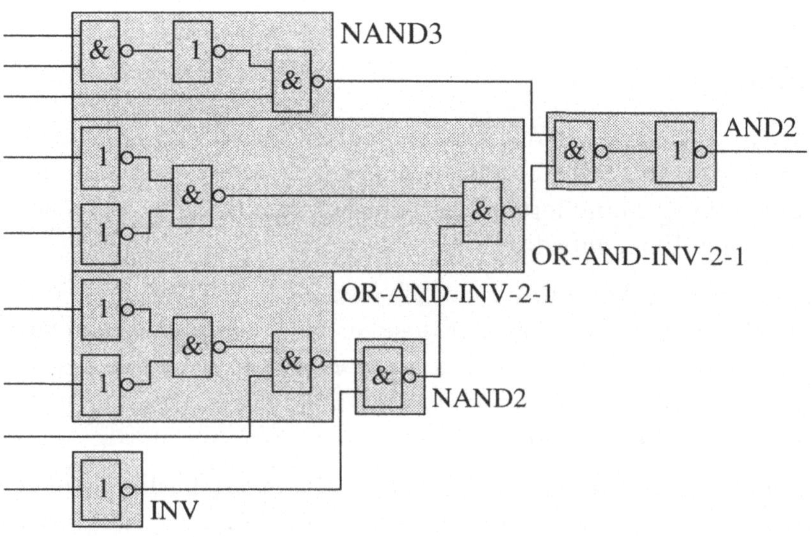

Abbildung 5.1: Mapping für minimale Fläche

Ein weiterer Gesichtspunkt ist die Erhöhung der Testbarkeit durch die vorgenannten Verfahren.

5.2   RT-Synthese

Wie oben beschrieben impliziert die algorithmische Beschreibung weder Architektur noch Taktschemata. Dagegen wird bei der RT-Synthese jeder Variablen ein Register und jeder Operation eine Funktionseinheit zugeordnet. Aufgrund dieser eineindeutigen Abbildung sind die Ergebnisse im Hinblick auf die Erfüllung von Entwurfszielen meßbar. Dagegen ist bei der algorithmischen Synthese die Qualität der erzeugten Schaltung nicht immer vorhersagbar.

Die RT-Synthese beinhaltet die Schritte:

1. **Übersetzung** (*„translation"*)
   Brücke zwischen zwei Abstraktionsebenenen, z. B. Register-Transfer- und Logikebene.

2. **Optimierung** (*„optimization"*)
   Technologiespezifische Design-Transformationen, um Entwurfsziele (Leistung, Fläche und Testbarkeit) zu erreichen.

Wie in Abschnitt 2.3.2 schon ausgeführt, deckt VHDL den Entwurfszyklus von der funktionalen Spezifikation bis zur Strukturbeschreibung auf niedriger Ebene ab. Damit ein Designer effiziente Schaltungen entwerfen kann, muß eine Synthese-Methodik angewendet werden. Sie beruht auf den folgenden vier Gesichtspunkten:

1. Einbindung der Synthese in den Entwurfsablauf,

2. Sprachkonstrukte in synthetisierbaren Beschreibungen,

3. Beschreibungsstil von Hardware-Komponenten,

4. Einschränkung des Lösungsraums durch

   - Vorgabe einer „Zielarchitektur",
   - Steuerung des Syntheseprogramms durch den Benutzer.

Einbindung der Synthese in den Synthese. Der in Abb. 5.2 dargestellte *Entwurfsablauf* beginnt mit einer validierten Beschreibung auf RT-Ebene, wobei allen Operationen Taktzyklen zugeordnet sind. Dazu befinden sich in der Beschreibung zum Zwecke der Validierung Test-Stimuli und Ergebnisvektoren.

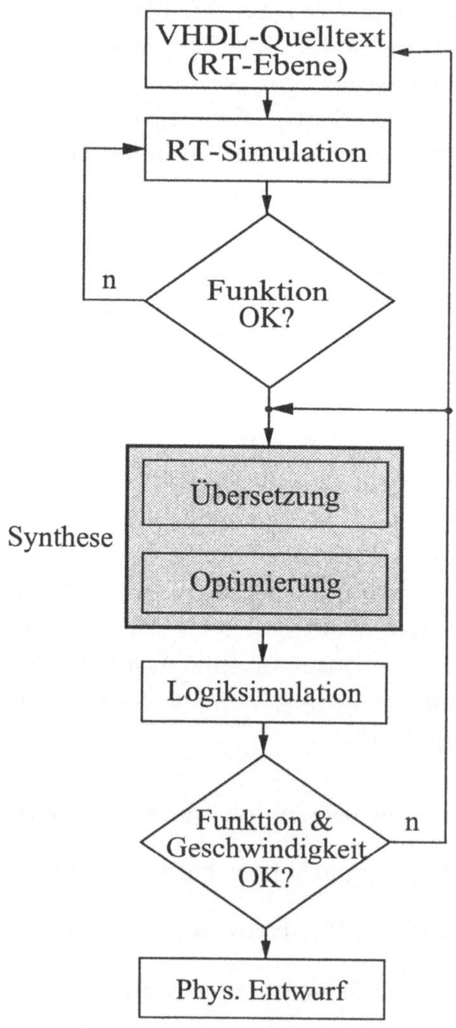

Abbildung 5.2: RT-Synthese

In der Synthese-Phase wird der Entwurf in eine Beschreibung auf Gatter-ebene transformiert und im Hinblick auf die Zielbibliothek und die definier-ten Anforderungen optimiert. Die so gewonnene optimierte, technologiespe-zifische Gatternetzliste muß durch einen Vergleich mit der verhaltensorien-tierten textuellen Beschreibung in einem funktionalen Test durch Simulation auf Gatterebene validiert werden. Im Anschluß müssen die Performance-Daten der Zieltechnologie verwendet werden, um zu überprüfen, ob die spe-zifizierten Eigenschaften und die Funktionalität erreicht wurden. Falls nicht, dann sind weitere Optimierungen erforderlich, oder es muß eine neue, geeig-netere Architektur gewählt werden, was Änderungen in der RT-Beschreibung bedingt. Ansonsten können die Ergebnisse den Werkzeugen für den weiteren Entwurfsablauf übergeben werden.

Synthetisierbare Sprachkonstrukte. VHDL wurde in erster Linie für die Simulation und nicht für die Synthese entwickelt. Beim VHDL-gestütz-ten Entwurf ist es wichtig, auf einfache Art Beschreibungen mittels Simu-lation zu validieren. Das erfordert leistungsfähige, kurze Beschreibungsfor-men und kurze Simulationszeiten. Dazu wird eine Sprache benötigt, mit der sowohl die Testumgebung als auch die zu implementierende Hardware beschrieben werden kann. Synthese-Werkzeuge müssen daher simulations-und validierungsspezifische Sprachkonstrukte übergehen, z. B. Dateiein- und ausgabe und `assert`-Anweisungen. Außerdem werden Ausdrücke nach den Anweisungen `after` und `wait for` ignoriert, da für sie keine äquivalente Hardware-Komponenten zur Verfügung stehen. Aus diesem Grund sind nur einige Datentypen erlaubt. Des weiteren gibt es einige Einschränkungen bei den Prozeßanweisungen. Die Beschreibung kann *explizit* über eine abstrakte Netzliste oder *implizit* in Form einer Datenflußbeschreibung in VHDL er-folgen. Sie muß aber durch die explizite Verwendung von Takten synchron sein. Ein Übersicht über die mit dem DesignCompiler von Synopsys syn-thetisierbaren Sprachkonstrukten findet sich in dem Buch von S. Carlson.

Beschreibungsstil von Hardware-Komponenten. Für die Übersetzung ist die Art und Weise der Interpretation von VHDL-Programmtexten, d. h. die Semantik im Hinblick auf die Synthese, von entscheidender Be-deutung, denn sie bestimmt Machbarkeit und Qualität der Ergebnisse. Für verschiedene Hardware-Module gibt es Schablonen („*templates*"), die zu ef-fizienter Hardware führen. Diese Schemata sind allerdings nicht zwingend notwendig. Sie hängen stark von den eingesetzten Werkzeugen ab. Es gibt aber Bestrebungen, die Beschreibungsformen zu vereinheitlichen.

In Abschnitt 5.4 werden einige Aspekte der Semantik von VHDL zur Beschreibung von Hardware vorgestellt. Anhand von konkreten Aufgabenstellungen im zweiten Teil des Buchs werden in den praktischen Aufgaben gezielt Beschreibungsformen in VHDL für verschiedene Hardware-Komponenten erarbeitet.

Einschränkung des Lösungsraums. Die heutigen kommerziellen Synthesewerkzeuge ermöglichen relativ problemlos die Synthese von Logik (Schaltnetzen), Datenpfaden (Register, Funktionseinheiten, ...) und Schaltwerken (FSM, endliche Automaten). Mit zunehmender Abstraktion ergeben sich mehr Freiheitsgrade für Entwurfsentscheidungen, und der Suchraum möglicher Lösungen wird immer größer. Bei funktionalen Beschreibungen höherer Ebene ist eine Spezialisierung bezüglich der Zielarchitektur wie auch der Einsatzbereiche zur Einschränkung des Suchraums notwendig.

Eine Strukturbeschreibung aus Elementen der RT-Ebene läßt sich meist problemlos synthetisieren, wobei die einzelnen Komponenten verhaltensorientiert spezifiziert werden. Der Schaltungsentwickler sollte während des Entwurfs seine Vorstellungen über geeignete Strukturen miteinbringen, um das Problem in kleinere Teilprobleme zu partitionieren, denn es ist schwierig, ein komplexes Verhalten so zu beschreiben, daß die gewünschte *„Zielarchitektur"* erzeugt wird.

Einstellung von *Randbedingungen*, wie

- Fläche („area"),

- Signallaufzeiten („delay, transition time, arrival time"),

- Treiberleistungen („fan-out"),

schränken zum einen den Suchraum ein, zum anderen können Anforderungen der späteren Schaltungsumgebung berücksichtigt werden.

5.3   Algorithmische Synthese

Der algorithmischen Synthese liegt das Konzept des *Prozessorelements* zugrunde. Ein digitales System besteht aus einem Datenpfad, der die Eingangsdaten manipuliert, und einem Steuerwerk, das Reihenfolge und Auswahl der Operationen steuert. Der Datenpfad besteht z. B. aus Addierern,

ALUs, Registern oder Speicher und Verbindungsgliedern, wie Multiplexer
und Busse. Das Steuerwerk liefert Steuerbefehle in bestimmter Reihenfolge
an das Operationswerk sowie bestimmte Ausgabedaten an die Umgebung
(Ansteuersignale) und trifft Entscheidungen nach den eintreffenden Bedingungen und Eingabedaten (Verzweigungsvariable). Die zeitliche und logische Aufeinanderfolge der Steuerbefehle/Ausgabedaten sowie die Analyse
der Bedingungen und Eingabedaten wird durch ein im Steuerwerk gespei-
chertes Programm bestimmt. Dieses System läßt sich nach D. Gajski als
endlicher Automat mit Datenpfad auffassen (FSMD), s. Abb. 5.3.

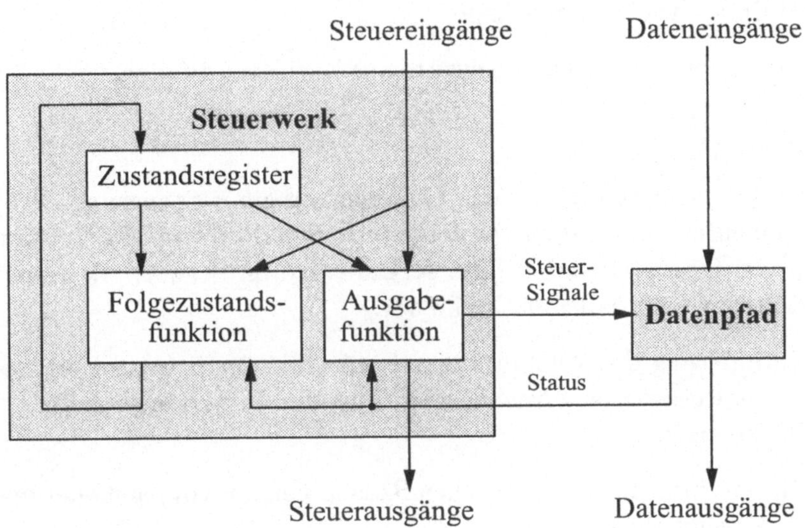

Abbildung 5.3: Endlicher Automat mit Datenpfad (FSMD)

Im Unterschied zu Software-Compilern gibt es bei der Hardware-Synthese
eine Auswahl unter Architekturalternativen. Es kann bei der Abbildung
eines Algorithmus zwischen parallelen Realisierungen, die mehr Hardware-
Komponenten benötigen, und einer seriellen Lösung gewählt werden, wenn
verschiedene Operationen in einer Komponente realisiert werden, z. B. arithmetische und logische Funktionen in einer ALU.

Es muß nun eine Architekturalternative gefunden werden, die alle Randbedingungen erfüllt. Dies erfordert, daß den Operationen eines Algorithmus
sowohl Kontrollschritte bzw. Taktzyklen („*scheduling*") als auch Hardware-

Module („*allocation*") optimal zugewiesen werden. Als Ergebnis erhält man eine Register-Transfer-Struktur der Schaltung.

„Allocation"

Unter „allocation" versteht man die Zuordnung von Sprachkonstrukten in der algorithmischen Beschreibung zu Strukturkomponenten im Datenpfad: Variable $\rightarrow$ Speicherelemente und Operatoren $\rightarrow$ Funktionseinheiten. Sie erfolgt unter den Nebenbedingungen:

- Minimale „Kosten" für Register, Bustreiber, Multiplexer,

- Minimale Verbindungslänge,

- Vorgegebene Verzögerungswerte auf kritischen Pfaden.

„Scheduling"

Aufgabe des „scheduling" ist die Generierung einer Steuerung der Strukturkomponenten zum Laden von Registern, Schalten von Multiplexern und Wählen von Operationsmodi. Der Ablauf wird im Steuerwerk gespeichert. „Scheduling" erfolgt mit dem Ziel einer

- Minimierung der Ausführungszeit (Anzahl der Schritte) bei vorgegebenen Ressourcen (Anzahl und Typ der Funktionseinheiten, Chip-Fläche, usw.).

- Minimierung der erforderlichen Ressourcen bei vorgegebener maximaler Ausführungszeit.

Die erforderliche Steuerung des Datenpfads kann wahlweise mit einem Mikroprogrammsteuerwerk oder durch eine der folgenden Realisierungen erfolgen:

- PLA-Realisierung mit Zustandsregistern,

- Mehrstufige Logik mit Zustandsregistern,

- Mehrfach-PLA-Realisierung mit Zustandsregistern,

- Kombinierte Lösung mit Zählern.

Weiterführende Darstellungen sind z. B. den Büchern von D. Gajski, F. Rammig und P. Marwedel zu entnehmen.

5.4   Synthesefähige Beschreibungen in VHDL

Im folgenden wollen wir kurz auf einige grundsätzliche Aspekte der Semantik von VHDL zur Beschreibung von Hardware eingehen. Im zweiten Teil des Buches werden in den praktischen Aufgaben die Modellierung verschiedener Hardware-Komponenten in VHDL erarbeitet.

Heutige kommerzielle VHDL-Synthesewerkzeuge ermöglichen relativ problemlos die Logiksynthese, Datenpfadsynthese und die Synthese endlicher Automaten. Allerdings ist nicht jede VHDL-Beschreibung als Eingabe für ein Synthesewerkzeug sinnvoll und geeignet:

1. Die Beschreibung muß auf einer Abstraktionsebene erfolgen, die von den heutigen Werkzeugen verarbeitet werden kann – zur Zeit sind dies hauptsächlich Beschreibungen auf RT-Ebene. Ansonsten müssen erste Verfeinerungen im Sinne eines Top-down-Entwurfs manuell durchgeführt werden.

2. Die Art der Verhaltensbeschreibung ist abhängig vom Werkzeug – was bei einem gut für die Synthese geeignet ist, ist bei einem anderen „nicht synthetisierbar" oder führt zu ineffizienten Hardware-Lösungen.

   Logische Funktionen können mit Schaltwerken (sequentielle Schaltungen) und Schaltnetzen (kombinatorische Schaltungen) realisiert werden. Welche Variante vom Synthese-System gewählt wird, ist alleine durch die Semantik der steuernden VHDL-Beschreibung festgelegt.

Die nachfolgende allgemeine Übersicht erhebt keinen Anspruch auf Vollständigkeit und ist nicht auf ein spezielles Werkzeug abgestimmt, obwohl die meisten Regeln für den DesignCompiler von Synopsys gelten. Die Übersicht basiert auf Informationen aus dem Buch von R. Airiau et al. und der VHDL-Kurzbeschreibung von A. Mäder.

5.4.1   Umsetzung von Sprachkonstrukten zur Synthese

5.4.1.1 Datentypen

Die Datentypen *Bit*, *Bit_Vector*, *Boolean*, *Std_[U]Logic* und *Std_[U]Logic_Vector* werden direkt umgesetzt. *Integer* werden meist in Zweierkomplementzahlen umgesetzt. Die Wortbreite wird durch eine Bereichseinschränkung festgelegt. Aufzählungstypen werden automatisch durchnumeriert.

Attribut ENUM_ENCODING bei Aufzählungstypen. Sowohl der DesignCompiler als auch der Simulator von Synopsys kodiert automatisch die Position der Literale in der Aufzählung in Bit-Vektoren. Zusätzlich bietet der DesignCompiler die Möglichkeit, mit dem Attribut *ENUM_ENCODING* andere Kodierungen einfach zu definieren.

Das Attribut, das direkt der Typ-Deklaration folgen muß, enthält einen String aus einer Folge von durch Leerzeichen voneinander getrennter Vektoren – für jedes Literal ein Vektor, der sich aus einer Folge von '0', '1', 'D' („don't care"), 'U' (unbestimmt) und 'Z' zusammensetzt.

Nicht unterstützt werden folgende Typen:

- Physikalische Typen, wie Zeit, sind nur für die Simulation relevant,

- „Access"(Pointer)-Typen, da für sie keine äquivalenten Hardware-Konstrukte zur Verfügung stehen.

- Dateien, da sie einem RAM oder ROM entsprechen.

5.4.1.2 Instantiierungen

Hierarchien werden direkt in Instantiierungenealisiert und direkt in die synthetisierte Struktur übernommen. Dies gilt auch bei **generate**-Anweisung.

Bei mehrfachen Instantiierungen sind folgende Strategien möglich:

- **Generalisierung („don't touch")**
  Nachdem eine Instanz einmal synthetisiert wurde, verweist anschließend jede Instantiierung auf dieses Element.

- **Individualisierung („uniquify hierarchy")**
  Es werden verschiedene Instanzen erzeugt, die danach individuell im Hinblick auf durch die Umgebung gegebene, unterschiedliche Anforderungen synthetisiert werden können.

- **Auflösen von Hierarchien.**

5.4.1.3 Inferenz von Speicherelementen

Die meisten Werkzeuge erzeugen bei der Synthese für jeden Prozeß und jede Signalzuweisung ein eigenes Schaltnetz oder Schaltwerk, je nach dem, welche zeitlichen Abhängigkeiten impliziert werden.

Schaltwerke entstehen durch die Inferenz von flanken- und pegelgesteuerten Speicherelementen. Sie beruht beim DesignCompiler auf dem besonderen Gebrauch der **wait**- und **if**-Anweisung. Wird einem Signal oder einer Variablen nicht in allen Fällen ein Wert zugewiesen, so wird der Wert mit Hilfe eines *Latch* oder *Registers* gespeichert. Auf diese Weise wird der Ausgang *TEMP* in Abb. 5.4 mit einem *Latch* verknüpft.

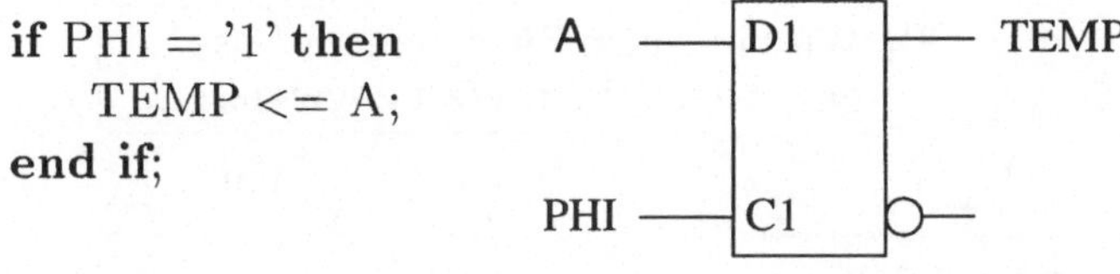

Abbildung 5.4: Latch-Inferenz

In Abb. 5.5 ist dies dagegen vermieden worden, da dem Signal für *alle* Fälle ein Wert zugewiesen wurde. Es ergibt sich eine kombinatorische Schaltung.

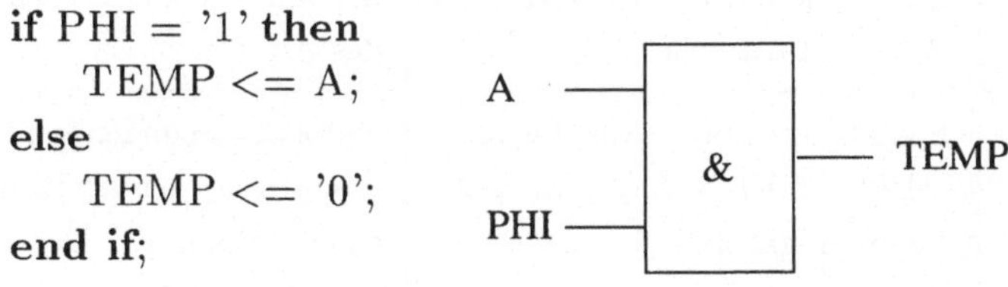

Abbildung 5.5: Kombinatorische Schaltung

Inferenzregeln

Abb. 5.6 und Tab. 5.1 geben Regeln an, wann durch eine Prozeßbeschreibung eine kombinatorische Schaltung synthetisiert wird und wann zusätzlich Speicherelemente inferiert werden.

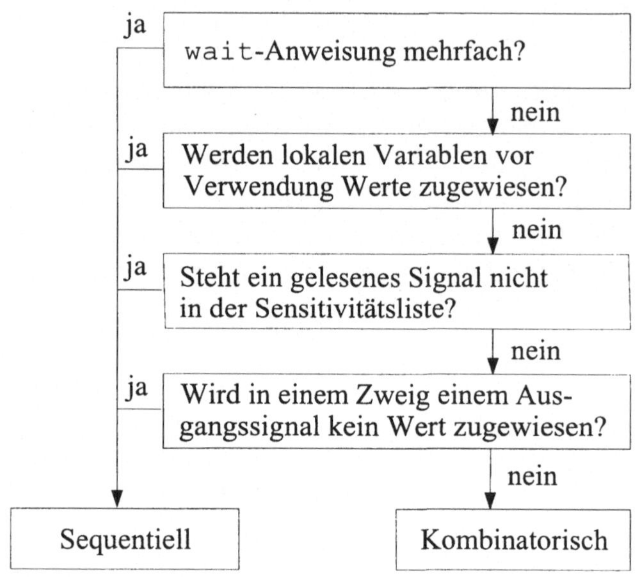

Abbildung 5.6: Inferenzregeln

Konstrukt	Schaltnetz	Schaltwerk
Signalzuweisung	Ziel steht nicht auf der rechten Seite des Ausdrucks.	Ziel kommt auf der *rechten* Seite des Ausdrucks vor.
Bedingte Signalzuweisung	Signalzuweisung (konkurrent, selektiv oder bedingt) ist nicht bedingungsabhängig.	Signalzuweisungen sind von Bedingungen der Prozeßabarbeitung abhängig. Der inferierte Speichertyp (transparent, nicht transparent) hängt von der Art der Bedingung ab.

Variable	Variablen werden bei jeder Prozeßaktivierung initialisiert und dienen nicht als Zwischenspeicher, d. h. sie entsprechen logischen Ausdrücken, und ihnen werden vor jeder Leseoperation Werte zugewiesen.	Variablen besitzen Werte vorheriger Prozeßaktivierungen, d. h. Variable wird als Operand gelesen, ohne daß vorher eine Zuweisung erfolgte. Eine Variable wird gelesen, wenn sie auf der rechten Seite bei einer Zuweisung steht oder in einem case-Ausdruck, in einer if-Bedingung oder als in-Parameter einer Prozedur oder Funktion vorkommt.
Operatoren	Alle logischen und arithmetischen Operatoren sind erlaubt.	Operatoren werden als Schaltnetze an den Ein- und Ausgängen der Speicher realisiert.
For-Schleife	For-Schleifen, die kein zeitliches Verhalten ausdrücken, realisieren Gatterwiederholungen	
Verzweigungen (if, case)	In allen Fällen findet eine Zuweisung an alle Variablen statt. Bei „Standard"-Werten empfiehlt es sich, vor Verzweigungen eine unbedingte Zuweisung dieses Wertes zu machen. Die „Sonderfälle" mit einem abweichenden Verhalten werden in Verzweigungen behandelt. Es werden dann meistens Multiplexerstrukturen erzeugt.	
Ereignisabfrage	Eine if-Anweisung darf keine Bedingung enthalten, die eine Taktflanke impliziert.	Ereignisbezogene Signalabfragen, z. B. if CLK'*event* and CLK = '1' then ...

| wait | Es wird ein Prozeß mit Sensitivitätsliste oder einer vergleichbaren wait-Anweisung verwendet (s. Abschnitt 3.3.2). Da der Prozeß nur einen Synchronisationspunkt besitzt, ist bei einer Aktivierung des Prozesses offensichtlich, wo dieser zuletzt gestoppt wurde. Eine Speicherung ist daher nicht erforderlich. | Mehrere wait-Anweisungen haben entsprechend viele Synchronisationspunkte und erfordern daher Speicherung des Punktes, an dem der Prozeß unterbrochen wurde. |

Tabelle 5.1: Schaltnetz oder Schaltwerk?

Synthesefähige Registerbeschreibungen

Schaltwerke entstehen, indem durch Signalzuweisungen implizit Register beschrieben werden. Taktpegel- und taktflankengesteuerte Elemente werden durch die Aktivierung im Prozeß unterschieden.

Latches werden durch bedingte Ausdrücke, die nicht alle Fälle abdecken, inferiert (s. Abb. 5.4).

Register. Bei flankengesteuerten Elementen können sowohl wait-Anweisungen als auch die Sensitivitätsliste eines Prozesses zusammen mit einer if-Anweisung benutzt werden:

```
process                 process ( sensitivity_list )
begin                   begin
    wait until edge;        if ...   then
    ...                         ...
end;                        elsif edge then
                                ...
                            end if;
                            ...
                        end;
```

Für den Ausdruck *edge* können z. B. beim DesignCompiler folgende Bedingungen eingesetzt werden:

- `Wait`-Anweisung:

    - Steigende Flanke: `SIGNAL = '1'`.
    - Fallende Flanke: `SIGNAL = '0'`.

- `If`-Anweisung:

    - Steigende Flanke: `SIGNAL'event and SIGNAL = '1'`,
      `not SIGNAL'stable and SIGNAL = '1'`.
    - Fallende Flanke: `SIGNAL'event and SIGNAL = '0'`,
      `not SIGNAL'stable and SIGNAL = '0'`.

In vielen Fällen können beide Anweisungen gegeneinander ausgetauscht werden. Die `if`-Anweisung ist aber flexibler einsetzbar, da sie nicht wie die `wait`-Anweisung am Anfang des Prozesses stehen muß. Außerdem ermöglicht sie eine bessere Steuerung des inferierten Speichertyps.

Steuersignale. Synchrone und asynchrone Steuersignale werden durch die Verschachtelung der Abfragen beschrieben.

Einschränkungen:

- Verwendung von einem Takt,

- Keine Verknüpfung anderer Signale mit dem Takt,

- Keine Zuweisung bei negierter Flankenbedingung.

- Erfolgt eine Variablenzuweisung in Abhängigkeit von einer Flankenbedingung, dann darf die Variable später im Prozeß nicht gelesen werden.

5.4.1.4 Variable oder Signal

Für die Speicherung von Zwischenergebnissen können prinzipiell Signale oder Variable verwendet werden. Soll der Speicher außerhalb des Prozesses sichtbar werden, dann sollte jedoch ein Signal verwendet werden. Da die Zuweisung an Signale nicht unmittelbar erfolgt, kann die Verwendung von Signalen zu Modellierungsfehlern führen. Bei Verwendung von Variablen wird das Ergebnis dann Signalen oder Ports zugewiesen.

5.4.1.5 Inferenz von Tri-State-Komponenten

Unter Verwendung des Attributs *ENUM_ENCODING* (s. Abschnitt 5.4.1.1) können beim DesignCompiler sehr leicht Komponenten mit Tri-State-Ausgängen modelliert und synthetisiert werden.

5.4.2   Einfluß von VHDL-Beschreibungen auf das Syntheseergebnis

Die Abhängigkeit der Syntheseergebnisse von der Beschreibung in VHDL soll an einem weiteren Beispiel erläutert werden.

Beispiel. Dem Signal X soll der Wert von Signal A, falls $SEL =$ "001", oder der Wert von Signal B, falls $SEL =$ "010", zugewiesen werden. Andere Werte von SEL haben keine Auswirkungen.

Eine erste Implementierung unter Verwendung der `null`-Anweisung, bei der unwirksame Werte von SEL unberücksichtigt bleiben, könnte wie folgt aussehen:

```
entity MUX is
    port ( SEL : in   Bit_Vector(1 to 3);
           A, B : in   Bit;
           X    : out Bit                 );
end MUX;

architecture A of MUX is
begin
    process ( A, B, SEL )
    begin
      case SEL is
        when "001"  => X <= A;
        when "010"  => X <= B;
        when others => X <= null;
      end case;
    end process;
end A;
```

Da X nicht in allen Fällen der `case`-Anweisung ein Wert zugewiesen wird, ist die sich aus der Synthese ergebende Schaltung sequentiell (s. Abb. 5.7).

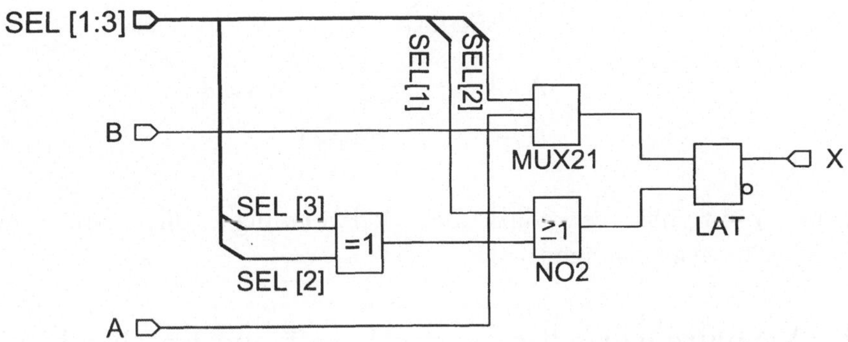

Abbildung 5.7: Syntheseergebnis bei Verwendung der null-Anweisung

Wird wie oben ein Wert für das Signal X, z. B. '0', in der others-Anweisung
definiert, dann kommt es zu keiner Speicher-Inferenz.

Durch die feste Vorgabe von Werten hat das Synthese-Werkzeug keine Freiheitsgrade. Die Verwendung des „don't care"-Wertes '-' im Typ *Std_ULogic*
(s. Abschnitt 3.4.4.1) umgeht dieses Problem. Abb. 5.8 zeigt die synthetisierte Schaltung.

```
entity MUX is
    port ( SEL : in   Std_ULogic_Vector(1 to 3);
           A, B : in   Std_Ulogic;
           X    : out Std_Ulogic                 );
end MUX;

architecture C of MUX is
begin
    process ( A, B, SEL )
    begin
      case SEL is
        when "001" => X <= A;
        when "010" => X <= B;
        when others => X <= '-';
      end case;
    end process;
end C;
```

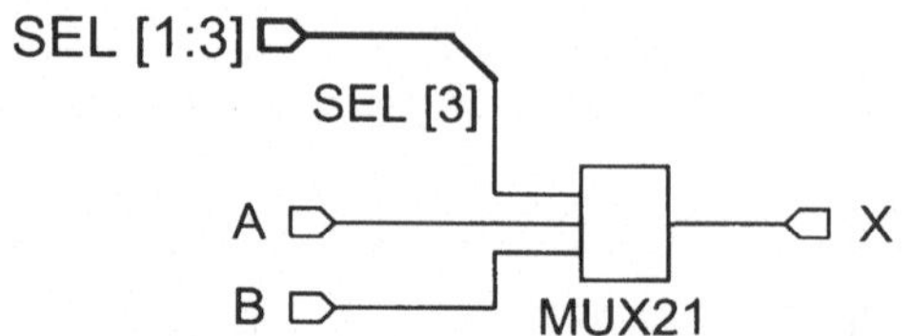

Abbildung 5.8: Syntheseergebnis bei Verwendung von „don't care"-Anweisungen

5.4.3   Verhaltensorientierte, synthesefähige Beschreibungen

Nach J.R. Armstrong und F.G. Gray lassen sich verhaltensorientierte Beschreibungen synthetisieren, wenn folgender Modellierungstil befolgt wird:

1. Spezifikationen werden auf eine Menge von Prozessen abgebildet.

2. Jeder Prozeß wird in eine Folge von durchzuführenden Aktionen untergliedert.

3. Jede Aktivität besteht aus Kontrollanweisungen (`if` und `case`) und Operationen, hauptsächlich Datentransferoperationen unter Verwendung von Signalzuweisungen. Kontrollanweisungen, wie zählen, können aber auch notwendig sein.

4. Schleifen sollten vermieden werden, außer wenn es sich um die wiederholte Instantiierung von Hardware-Komponenten handelt. In diesem Falle ist die Hardware-Korrespondenz mehr oder weniger einfach erkennbar.

Das folgende VHDL-Progamm illustriert diesen empfohlenen Modellierungsstil.

```
architecture Algorithmic of System is
    -- Signal- und andere Deklarationen
begin
    PROC_1: process
        -- Deklarationen
    begin
```

```
      -- Aktion 1
         -- Kontrollanweisungen
         -- Operationen
      -- Aktion 2
         -- Kontrollanweisungen
         -- Operationen
      ...
   end process;

   PROC_2: process
      -- Deklarationen
   begin
      ...
   end process;

   ...
end
```

5.4.4 Endliche Automaten (FSM)

VHDL ermöglicht durch die Vielzahl von sequentiellen und nebenläufigen Anweisungen, endliche Automaten auf sehr unterschiedliche Arten zu beschreiben. Automatische Syntheseverfahren erfordern aber, die Zahl der Modellierungsarten zu reduzieren. Die zur Zeit verfügbaren Synthese-Werkzeuge sind nur in der Lage, die Beschreibungen von endlichen synchronen Automaten zu verarbeiten.

Eigenschaften eines synchronen endlichen Automaten (F(init) S(tate) M(achine)) sind:

1. Der Automat befindet sich immer in einem definierten Zustand („*present state*"), der im Zustandsregister gespeichert wird.

2. In Abhängigkeit vom aktuellen Zustand und Eingabewert wird der Folgezustand („*next state*") berechnet.

3. In jeder Taktperiode wird dem aktuellen Zustand der ermittelte Folgezustand zugewiesen.

4. Ausgabewerte werden aufgrund des aktuellen Zustands (Moore-Automat) oder des Übergangs zwischen zwei Zuständen (Mealy-Automat) berechnet.

5.4.4.1 Beschreibungsmethoden in VHDL

VHDL legt keine dedizierte FSM-Beschreibung fest. Im folgenden werden verschiedene Beschreibungsmethoden von Automaten vorgestellt:

- **Ein-Prozeßmodell**

  In *einem* sequentiellen Prozeß erfolgt die Aktualisierung des Zustandes, die Berechnung des Folgezustandes und die Definition von Ausgabewerten.

  Nach der letzten Regel in Abb. 5.6 werden für die Ausgabe Speicherelemente inferiert, wenn nicht in jedem Zustand Ausgabewerte definiert werden. Daher muß in allen Zuständen für alle Fälle von Eingangskombinationen jedem Ausgang ein Wert zugewiesen werden. Da alle Operationen lokal in einem Prozeß erfolgen, kann der aktuelle Zustand mit einer Variablen oder mit einem Signal gespeichert werden.

- **Zwei-Prozeßmodell**

  Abb. 5.9 zeigt die Huffman-Normalform, bei der der Automat nur den logischen Block *SEQ* zur Bestimmung des Folgezustandes und der Ausgabe besitzt. Die Ausgangssignalerzeugung erfolgt abhängig vom Zustand oder Zustandsübergang (Transition). Im Block *MEM* werden die Zustandsspeicher inferiert. Die direkte Umsetzung dieser Struktur in VHDL resultiert in das sog. Zwei-Prozeßmodell, dessen prinzipielle Beschreibung in Abb. 5.10 wiedergegeben ist.

- **Drei-Prozeßmodell**
  Nach der in Abb. 5.11 gezeigten Struktur läßt sich der logische Block in einen zur Folgezustandberechnung und einen zur Ausgangssignalbestimmung aufteilen. In VHDL läßt sich diese Struktur mit drei Prozessen modellieren:

  1. Bestimmung des Folgezustandes,
  2. Definition der Ausgabesignale,
  3. Inferenz des Zustandsregisters.

  Um bei vielen Ausgangs-Ports besser lesbaren VHDL-Code zu erzeugen, kann der Prozeß zur Bestimmung der Ausgangssignale in mehrere

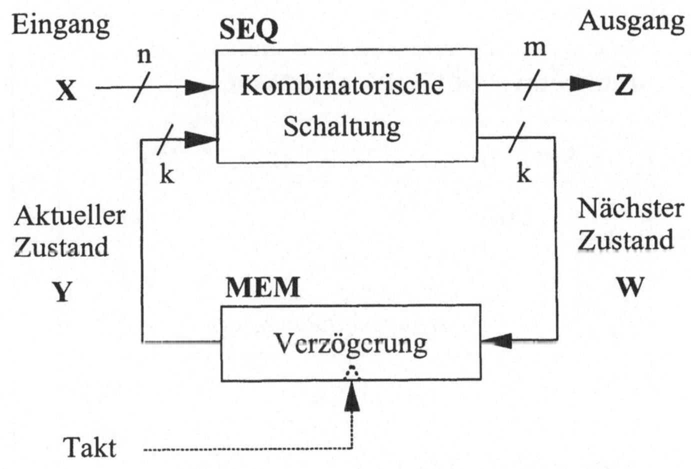

Abbildung 5.9: Huffman-Normalform

Prozesse aufgeteilt werden. Bei unterschiedlichen Arten von Ausgängen, die Werte direkt weiterleiten oder speichern, können Ausgänge gleicher Art jeweils in einem Prozeß zusammengefaßt werden.

Beschreibung der Zustandsübergänge

Zur Kodierung der Zustandsübergänge wird die `case`-Anweisung verwendet, um die jeweiligen Folgezustände und Ausgabewerte zu spezifizieren.

Default-Werte

Da es vorkommen kann, daß sich für viele Eingabefälle der Folgezustand nicht ändert oder der Ausgabewerte von Signalen gleich ist, können dem Signal, das den Folgezustand aufnimmt, und den Ausgabesignalen vor der ersten `if` oder `case`-Anweisung *Default-Werte* zugewiesen werden. Dies vermeidet eine Speicherinferenz, reduziert die Zahl der Signalzuweisungen und ermöglicht so eine einfachere Beschreibung.

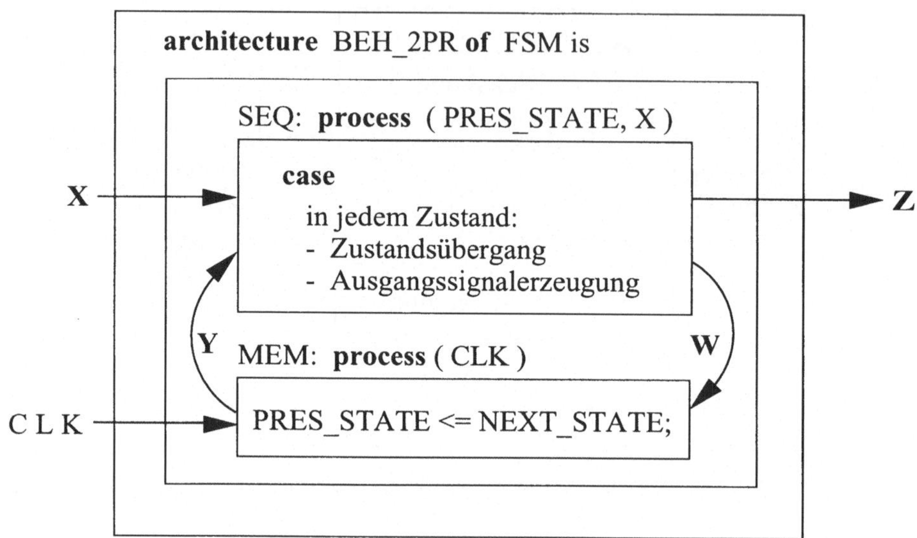

Abbildung 5.10: Zwei-Prozeßmodell einer FSM in VHDL

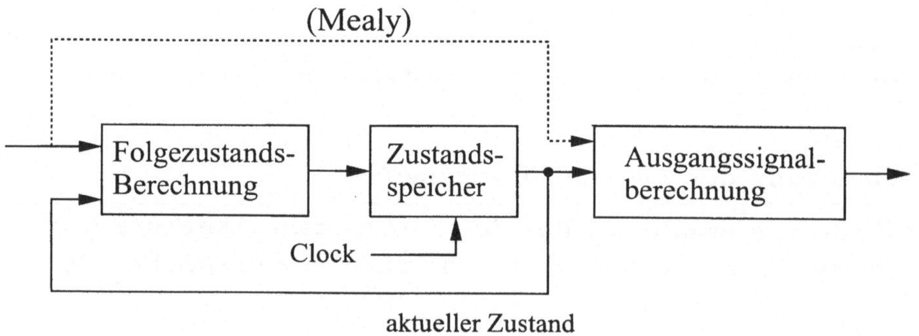

Abbildung 5.11: Struktur eines endlichen Automaten

Der Prozeß *SEQ* aus dem Zwei-Prozeßmodell in Abb. 5.10 läßt sich unter Verwendung von *NEXT_STATE* für den nächsten Zustand *W* aus Abb. 5.9

und von *PRES_STATE* für den aktuellen Zustand Y prinzipiell wie folgt in VHDL modellieren:

```
SEQ: process ( PRES_STATE, X0, X1, ... )
begin
   -- Default-Zuweisungen
   NEXT_STATE <= PRES_STATE;
   Z0              <= '0';
   ...

   -- Folgezustand und Ausgabesignale
   case PRES_STATE is
      when SINIT => Z1 <= '1';
                       if X0 = ... and ...  then
                          Z0 <= '1';
                          NEXT_STATE <= S1;
                       elsif ...  then
                          ...
                       end if;
      when S1     => ...
      ...
   end case;
end process;
```

Initialisierung

Da der aktuelle Zustand immer aus dem vorherigen Zustand bestimmt wird, ist die Kontrolle über den Anfangszustand sehr wichtig. So kann für alle Zustände jeweils ein Übergang zum gewünschten Anfangszustand definiert werden, was zu komplexeren Funktionen zur Berechnung des Folgezustandes führt. Häufiger wird in VHDL der sequentielle Prozeß *MEM* in Abb. 5.10 um eine synchrone oder asynchrone Initialisierung erweitert:

```
MEM: process ( RESET, CLK )
begin
   if RESET then
      PRES_STATE <= SINIT; -- Asynchrone Initialisierung
   elsif not CLK'stable and CLK = '1' then
      PRES_STATE <= NEXT_STATE;
   end if;
end process;
```

Asynchrone Funktionen können aber auch mittels zusätzlicher Prozesse beschrieben werden.

5.4.4.2 Sonderfall: Zyklische FSM

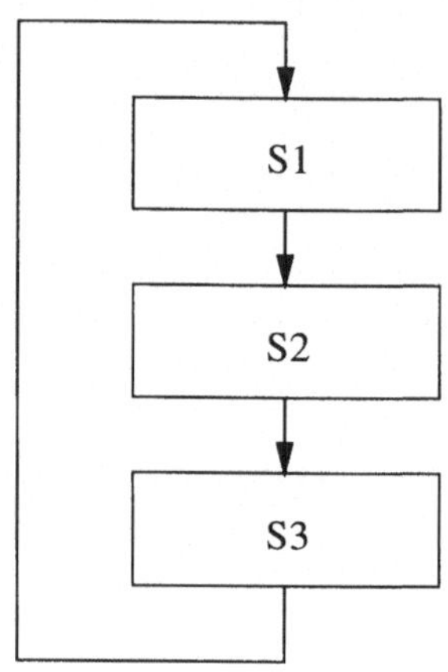

Abbildung 5.12: Sequentielle FSM

Zustände, die strikt nacheinander durchlaufen werden (s. Abb. 5.12), lassen sich besser mit einem Prozeß beschreiben, da die einzelnen Zustände nicht explizit benannt werden und durch **wait**-Anweisungen (Synchronisationspunkte) voneinander getrennt werden müssen:

```
process
begin
    wait until CLK = '1';
    -- Behandlung von Zustand S1
    wait until CLK = '1';
    -- Behandlung von Zustand S2
    wait until CLK = '1';
    -- Behandlung von Zustand S3
end process;
```

Die **wait**-Anweisungen stellen dabei Synchronisationspunkte dar. Ein Anwendungsfall ist die Beschreibung eines Lesezugriffs auf ein RAM in einem sequentiellen Prozeß, bei dem zunächst die Zugriffsmethode und die

Adressen definiert werden und nach einer Verzögerung die Datenwerte zur
Verfügung stehen.

Da diese Beschreibungsform mit einem RT-Synthesewerkzeug nicht verarbeitet werden kann, muß sie in eine der oben angegebenen Formen transformiert
werden.

5.4.4.3 Behandlung großer Automaten

Die Beschreibung großer Automaten mit vielen Zuständen und Initialisierungsbedingungen kann sehr komplex sein. Zur übersichtlicheren Darstellung können verwendet werden:

Prozeduren. Anweisungen, die in mehreren Zuständen gleich sind, können
in einer Prozedur bzw. einer Funktion zusammengefaßt werden. In den
Zuständen wird dann die Prozedur oder Funktion aufgerufen.

Teilfolgen. Desweiteren können Zustandsfolgen mehrmals verwendet werden, wenn der nachfolgende Zustand wie bei einem Unterprogrammaufruf
z. B. in einem Stack zwischengespeichert und im nächsten Zustand die Teilfolge bearbeitet wird. Nach Beendigung der Teilfolge wird mit dem alten Zustand fortgefahren. Im nachfolgenden Beispiel wird jeweils nach den
Zuständen $S2$ und SI die Zustandsfolge von $Sub1$ bis $SubRet$ ausgeführt
und zum Zustand $S3$ bzw. SK zurückgesprungen.

```
case STATE is
    when S1      => STATE := S2;
    when S2      => STATE := Sub1;
                    push( STACK, S3 );
    when S3      => STATE := ...
    ...
    when SI      => STATE := SJ;
    when SJ      => STATE := Sub1;
                    push( STACK, SK );
    when SK      => STATE := ...
    ...
    -- Teilfolge
    when Sub1    => STATE := Sub2;
    ...
    when SubRet => STATE := pop( STACK );
end case;
```

Dieser Stil ist gut geeignet für komplexe Controller mit vielen gleichen Befehlssequenzen.

Die dargestellten Beschreibungsformen sind sehr unterschiedlich, gemeinsam ist ihnen aber, daß der Automat sich zu einem bestimmten Zeitpunkt genau in einem Zustand befindet, also strikt sequentiell arbeitet. Sollen Zustandsfolgen parallel ablaufen, dann sind hierarchische Automaten erforderlich. Dabei steuert meistens ein Master über ein Protokoll, z. B. Handshake, andere Automaten.

5.4.4.4 Unterstützung der Synthese

Folgende Regeln für synthesefähige Beschreibungen sollten beachtet werden:

1. In einem Modul wird nur ein Automat beschrieben.

2. Zusätzliche Logik, die nicht unbedingt zum Automaten gehört, ist zu vermeiden.

3. Speicherelemente werden unabhängig von der Logik instantiiert.

5.4.4.5 Zustandskodierung

Neben der Beschreibung des Automaten kommt der Zustandskodierung eine entscheidende Bedeutung zu: Sie entscheidet über die Komplexität der Funktionen zur Bestimmung des Folgezustandes und der Ausgangssignale.

Da in VHDL die möglichen Zustände in einem Aufzählungstyp deklariert werden, ist der numerische Wert der Zustände durch die Position in der Aufzählung bestimmt. Somit ist es schwierig, *direkt* in VHDL eine andere Kodierung zu verwenden. Das Problem wird z. B. beim *VHDL-Compiler* Synopsys durch das Attribut *enum_encoding*, das eine Spezifikation der Kodierung der Zustandswerte erlaubt, behoben. Da aber nicht alle Simulatoren diese Erweiterung unterstützen, sind u. U. bei der verhaltensorientierten und bei der Gattersimulation unterschiedliche Zustandskodierungen erforderlich.

Zustände können dargestellt werden durch:

- **Binäre Kodierung**

- **„One-hot" Kodierung**
  Im Zustandsvektor wird jeder Zustand mit einem Bit repräsentiert.

Bei der binären Kodierung ist die Zahl der Speicherelemente minimal, aber für die Kodierung der Zustände wird zusätzliche Logik benötigt. Dagegen hat die „one-hot" Kodierung, die mehr Speicherelemente erfordert, folgende Vorteile:

- Geschwindigkeit ist unabhängig von der Zahl der Zustände,

- Kodierung ist immer nahezu optimal, auch wenn Zustände hinzugefügt oder gelöscht werden,

- Änderungen können sehr leicht vorgenommen werden.

5.5 Überblick über den synthesegestützten Entwurf

Abb. 5.13 zeigt abschließend die wesentlichen Schritte und Beschreibungen, die für die Synthese digitaler synchroner Schaltungen aus algorithmischen Beschreibungen notwendig sind.

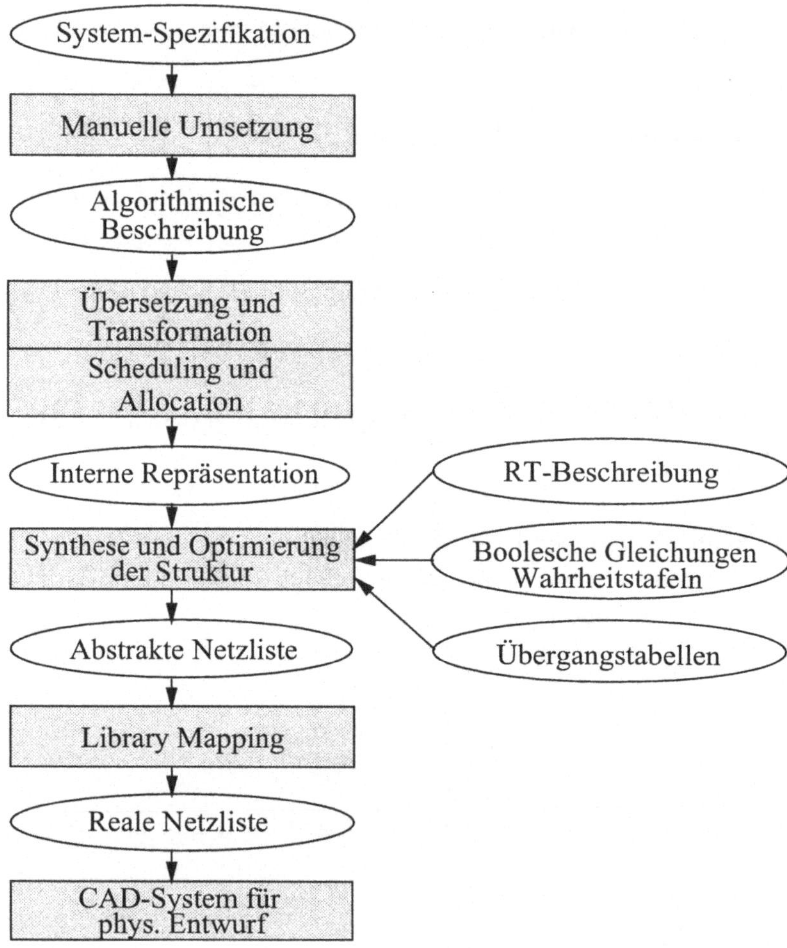

Abbildung 5.13: Überblick über die Methode der Synthese

6 Physikalischer Entwurf

Zur Herstellung eines ASIC ist es notwendig, die strukturelle Beschreibung, die z. B. durch Schematic-Entry oder Synthese gewonnen wurde, in geometrische Elemente für die Masken im Fabrikationsprozeß zu transformieren.

Gegenstand der nachfolgenden Darstellung ist die physikalische Realisierung zellenorientierter Entwürfe (s. Abschnitt 2.4.2), die auf Werkzeugen zur automatischen Plazierung und Verdrahtung basieren.

Ausgangspunkt ist jeweils eine Liste

- der benötigten Pins der Schnittstelle zur Außenwelt,

- der zu plazierenden Komponenten,

- der Netze, die die Verbindung der Pins der Komponenten und der Schnittstellen beschreiben.

Ziel der *Plazierung („placement")* der Komponenten ist ein Layout mit minimalem Flächenbedarf und kürzesten Verbindungslängen, um die sich daraus ergebenden Signalverzögerungen zu minimieren. Bei der *Verdrahtung („routing")* müssen alle Verbindungen mit dem zur Verfügung gestellten Platz und den Verdrahtungsebenen auskommen.

Makrozellen (s. Abschnitt 2.4.2.2), die funktionale Blöcke beinhalten und während der Plazierung bzw. Verdrahtung abgeschlossene Einheiten bilden, können aus Standardzellen oder aus automatisch generierten Blöcken mit regulären Strukturen bestehen. Da die Größe und die Umrisse der Makrozellen flexibel sein können, ist ein *Floorplanning* notwendig, bei dem sowohl die Größe und Gestalt als auch die Plazierung der Funktionsblöcke festgelegt werden.

Aufgrund der Komplexität des Problems wird meistens die Generierung des Layouts in die Phasen Plazierung und Verdrahtung aufgeteilt, obwohl diese Probleme und das Floorplanning sehr eng miteinander verbunden sind und gleichzeitig gelöst werden müßten. Dies kann dazu führen, daß für eine vorgegebene Plazierung keine Verdrahtung existiert, die die vorgegebenen Restriktionen erfüllt.

B. Preas und M. Lorenzetti gehen in ihrer Einführung in den physikalischen Entwurf detailliert auf verschiedene Verfahren der jeweiligen Entwurfsstile ein. Infolge der Bedeutung des Makrozellen-Entwurfs mit Standardzellen für unseren Mikroprozessorentwurf (s. Aufgabe 10.12) wird auf einige Aspekte etwas genauer eingegangen.

6.1   Floorplanning

Beim Floorplanning werden Zellen unterschiedlicher Größe und Form hinsichtlich minimalem Platzbedarf der Zellen und der Verdrahtung plaziert. Somit müssen neben den Zellattributen die Positionen der Zellen und Anforderungen an die Anschlüsse von Zellen, die flexibel behandelt werden können, bestimmt werden. Es gibt drei Arten von Zellen:

1. Zellen, für die bereits in einer Bibliothek gespeicherte physikalische Realisierungen existieren und für die somit die Schnittstellen bekannt und fest sind, müssen nur noch plaziert werden.

2. Der Aufbau der Zellen ist bekannt aber das Layout ist noch nicht festgelegt und kann durch das Floorplanning beeinflußt werden, z. B. sind für Standardzellen-Blöcke unterschiedliche Formen möglich.

3. Für flexible Zellen, deren Entwurf noch nicht durchgeführt oder unsicher ist, ist es sehr schwierig, die Charakteristiken der Schnittstellen und Restriktionen festzulegen.

Zu einem frühen Zeitpunkt des Entwurfsprozesses müssen Entscheidungen getroffen werden. Sie basieren daher auf zum Teil unvollständigen Informationen über Größe und Form der Zellen und Position der Anschlüsse. Das Problem hat damit zusätzlich zum Plazierungsproblem den Freiheitsgrad der flexiblen Anordnung der Anschlüsse, z. B. E/A-Anschlüsse.

Zur Lösung des Problems werden in der Literatur eine Vielzahl von Verfahren vorgeschlagen, die konstruktiv, iterativ oder wissensbassiert arbeiten. Die einzelnen Verfahren lassen sich schwer miteinander vergleichen, da die

Resultate sehr stark vom zu entwerfenden Objekt und der verwendeten Entwurfsstil abhängen. Darüber hinaus können die weiteren Phasen das Ergebnis beeinflussen. Aus diesem Grund werden Methoden vorgezogen, die den Schaltungsentwerfer voll einbeziehen und daher die algorithmischen Ansätze um interaktive Steuerungsmöglichkeiten erweitern.

6.2 Plazierung

Unter Plazierung versteht man die Abbildung von Komponenten in einer Strukturbeschreibung auf die Koordinaten einer verfügbaren Layout-Fläche. Während der Plazierung sind viele Randbedingungen zu beachten. Statt der expliziten Berücksichtigung aller Bedingungen wird mit Hilfe einer Zielfunktion, die indirekt einige Randbedingungen berücksichtigt, eine Plazierung bewertet.

Beim Standardzellenentwurf sind die Zellen, die gleiche Höhe haben, in Reihen angeordnet. Ihre Anschlüsse befinden sich an den oberen und unteren Kanten, so daß deren Verdrahtung über *Kanäle* zwischen den Reihen erfolgen kann. Gemäß den Anforderungen wird vom Layout-Programm die Zahl, Länge und Position der Reihen und Breite der Kanäle bestimmt, so daß das Layout dynamisch verändert werden kann. Für Verbindungen zwischen Zellen in verschiedenen Reihen werden sog. *„feedthroughs"* verwendet, die Bestandteil einer Zelle oder eigenständige Zellen sein können. Abb. 2.6 zeigt die Struktur eines Standardzellen-Layouts.

Damit ist die Komplexität der Plazierung nicht kleiner geworden, denn die benötige Chip-Fläche muß minimiert werden. Die Fläche ist abhängig von

- der Anzahl der Reihen und der Zahl und Größe der Kanäle, die auch von der Dichte der Verdrahtung bestimmt wird,

- der Länge der Reihen, da bei zu kurzen bzw. unterschiedlich langen Reihen Chip-Fläche ungenutzt bleibt.

Diese Kriterien stellen an die Algorithmen und die zugrunde liegenden Datenstrukturen hohe Anforderungen. Die Algorithmen basieren auf unterschiedlichsten Ansätzen: konstruktiv, iterativ, „simulated annealing" und genetisch. Für eine Darstellung der verschiedenen Ansätze sei auf die zahlreiche Fachliteratur verwiesen.

6.3   Verdrahtung

Nachdem durch die Plazierung alle Komponenten auf einer Ebene angeordnet wurden, bleibt noch die Aufgabe, diese elektrisch miteinander zu verbinden. Für die Realisierung der Leitungen werden Polysilizium und eine oder mehrere Metallebenen verwendet. Da die Ebenen voneinander isoliert sind, werden Verbindungen zwischen diesen Ebenen über *Vias* – es handelt sich dabei um Löcher in der Isolierschicht, die mit Metall gefüllt werden – realisiert. Der Verdrahtungsalgorithmus muß neben der Bestimmung, wie die Leitungen gelegt werden müssen, die Position der Vias zur Verbindung der Ebenen festlegen.

Auch bei diesem Problem müssen verschiedene Aspekte berücksichtigt werden:

- Die für die Verdrahtung verwendete Fläche soll minimal sein.

- Lange Verbindungen führen zu unerwünschten Signalpfadverzögerungen und höheren Fanout-Werten, die die Ausgangstreiber der Zellen belasten. Verbindungen sollten somit möglichst kurz sein.

- Die Signallaufzeit von kritischen Signalen muß auf Kosten anderer Signale minimiert werden.

Aufgrund der Größe der heutigen IC-Layouts ist ein „divide et impera"-Ansatz, der große Probleme in eine lösbare Größe zerlegt, notwendig. Das Problem kann damit für den Standardzellenentwurf in die nachfolgenden Schritte zerlegt werden:

1. **Partitionierung**
   Die zu verdrahtende Gesamtfläche wird in Teile, die noch zu verarbeiten sind, zerlegt.

2. **Globale Verdrahtung („global routing")**
   Jedes Netz wird einer Teilmenge der Verdrahtungsflächen zugeordnet. Dabei werden keine Verdrahtungswege oder Vias bestimmt, sondern unter Verwendung der Netzliste und Zieltechnologie werden kleinere Verdrahtungsprobleme ermittelt.

Falls die Zahl der Pfade in den Kanälen nicht ausreicht, können zusätzliche „feedthrough"-Zellen in die Standardzellreihen eingebaut werden, wodurch Mini-Kanäle enstehen.

3. **Detaillierte Verdrahtung („detailed routing")**
Nachdem die Standardzellen an die Stromversorgung und Masse angeschlossen wurden, wird für die durch die globale Verdrahtung gefundenen Probleme der genaue Verlauf der Verbindungsleitungen zwischen den Komponenten und den E/A-Zellen und die Position der Vias bestimmt.

Die entwickelten Algorithmen basieren auf der Graphentheorie. Aber in vielen Entwurfssystemen besteht die Möglichkeit, in die Verdrahtung manuell einzugreifen, z. B. für kritische Signalpfade.

Abb. 2.3 zeigt ein Standardzellen-Layout unseres Mikroprozessors.

6.4 Nachbearbeitung („back annotation")

Nach einem erfolgreich realisierten Layout muß dieses noch bewertet und validiert werden, d. h. es muß mit Hilfe der Netzlistenextraktion bestimmt werden, ob das Layout-System alle Netze verarbeitet hat. Dies gilt insbesondere bei manuellem Eingreifen.

Da während der verschiedenen Phasen des physikalischen Entwurfes nicht garantiert werden kann, ob alle Randbedingungen eingehalten wurden, sollte eine Extraktion der elektrischen Parameter (z. B. der resultierenden Leitungskapazitäten) erfolgen. Durch eine Simulation oder durch Benutzung eines „timinig verifiers" sollte man die dynamische Funktion der Schaltung noch einmal überprüfen („back annotation").

Ergibt die Nachsimulation die Einhaltung der Entwurfsspezifikationen, dann kann das Layout für die Fertigung aufbereitet werden (Ausgabe in einer Layout-Beschreibungssprache, z. B. GDS II).

7 Chip-Test

Mit dem Entwurfssystem wird zunächst eine logische Struktur des Schaltkreisentwurfs erstellt und diese durch Simulation validiert. Durch die Layout-Generierung wird die Abbildung auf eine physikalische Struktur vorgenommen, der eine konkrete Technologie und ein zugehöriger Herstellungsprozeß zugrunde liegen. Diese physikalische Struktur muß ebenfalls durch Simulation überprüft werden.

Während des Fertigungsprozesses können durch Staubpartikel in der Luft, Verunreinigungen im Basismaterial des Wafers, durch Justierfehler oder auch durch Bond-Fehler dauerhafte Fehlfunktionen des Chips verursacht werden. Diese Fehler können nur durch Untersuchung der gefertigten Bausteine aufgedeckt werden. Aus diesem Grund werden alle gefertigten Exemplare einem Test unterzogen. Die Ausbeute an funktionsfähigen Chips ist von verschiedenen technologischen Parametern, vor allem aber von der Größe der Chip-Fläche abhängig. Darüber hinaus ermöglicht der Chip-Test die Ermittlung der individuellen, maximalen Schaltgeschwindigkeit, so daß hier, z. B. in Abhängigkeit von der maximalen Taktfrequenz, verschiedene Leistungsklassen ausgewiesen werden können.

Zum Test wird der Chip mit einem entsprechend konfigurierten Tester verbunden, der ähnlich wie der Simulator des Entwurfssystems, die Eingänge des Bausteins mit vorgegebenen Werten belegt und die an den Ausgängen gemessenen Signale mit Vorgaben vergleicht. Die Vorgänge während eines Chip-Tests sind also mit denen bei der Logiksimulation vergleichbar. Allerdings ist beim Chip-Test die Bedeutung der logischen Schaltungsfunktion eher gering, stattdessen wird versucht, eine möglichst hohe *Fehlerüberdeckung* zu erreichen.

7.1 Testumgebung

Die Testumgebung besteht aus dem zu testenden Chip, einem Tester oder Testautomaten und dessen Bedienungskonsole zur interaktiven Steuerung des Testlaufes. Beim Tester handelt es sich um einen eigenständigen Rechner, der i. allg. an ein lokales Netz (LAN) angeschlossen werden kann und über eigene Massenspeicher, wie Festplatten oder Diskettenlaufwerke, verfügt. Dies ermöglicht eine einfache Übertragung bzw. Archivierung von Testdaten.

Während des Tests bildet der Tester eine mögliche Systemumgebung nach, in welcher der Chip betrieben werden soll. Dies bedeutet, daß er die Eingänge des Bausteins entsprechend ansteuert und die an den Ausgängen gemessenen Istwerte mit vorgegebenen Sollwerten vergleicht. Zu diesem Zweck verfügt der Tester über eine Anzahl von *Kanälen*, idealerweise kann jedem Anschlußpin des Chips ein Kanal zugeordnet werden. Notfalls können verbleibende Pins auch auf der Testplatine (DUT[1]-Karte) fest verdrahtet werden.

7.2 Elemente eines Tests

Für jeden Entwurf müssen die folgenden Testbestandteile neu erstellt werden:

- **DUT-Karte**
  Die Testplatine stellt die elektrische Verbindung zwischen dem zu testenden Chip und dem Tester her. Mit der Verdrahtung auf dieser Platine wird zugleich die Zuordnung der Anschlußpins des Chips zu den Kanälen des Testers vorgenommen.

- **Menge von Testvektoren**
  Ein *Testvektor* legt innerhalb eines bestimmten Zeitintervalls (z. B. Taktzyklus) für jeden belegten Kanal, d. h. für jedes betrachtete Signal, einen logischen Wert fest. Bei Eingangssignalen wird dieser Wert über den zugehörigen Testerkanal an den damit verbundenen Anschlußpin angelegt. Im Falle von Ausgangssignalen werden die jeweiligen Elemente des Testvektors als Sollwerte herangezogen und mit den gemessenen verglichen. Jedem Testvektor ist ein sog. *Template*[2] zugeordnet, in dem die Richtung der Signale (Ein- oder Ausgang), Zusammenfassung zu Signalgruppen (Bussen) und die Zugehörigkeit zu Taktphasengruppen festgelegt werden.

---

[1] DUT: Device under Test
[2] Template(engl.):Muster, Schablone

- **Vollständige Konfiguration des Testers**
  Eine *Konfiguration* besteht aus allen Einstellungen des Testers, die für
  einen Chip-Test benötigt werden. Dabei handelt es sich z. B. um die
  Festlegung der Betriebsspannungen, Spannungswerte für die logischen
  '0'- und '1'-Pegel, die Zuordnung der logischen Signale zu den physikalischen Kanälen des Testers und die Zusammenfassung von Einzelsignalen zu Bussen. Auch die auf der DUT-Karte vorgenommene Verdrahtung, also die Zuordnung der Testerkanäle zu den Anschlußpins
  des zu testenden Chips, ist Bestandteil einer Konfiguration. Darüber
  hinaus enthält die Konfiguration eine vollständige Menge von Testvektoren, d. h. für jedes Zeitintervall des Testlaufes wird ein Testvektor
  bereitgestellt.

Häufig wird die Konfiguration aus den Stimulidaten und Ergebnissen der
Gesamtsimulation automatisch erzeugt. Zu diesem Zweck verfügt z. B. der
Tester *Tektronix LV500* über entsprechende Software-Schnittstellen zu den
gängigen Entwurfssystemen und es werden Programme für die automatische
Generierung von Testvektoren und Konfigurationsdaten aus den Stimulidateien und Simulationsergebnissen bereitgestellt. Diese Software-Werkzeuge,
wie z. B. *TekWAVES* von Tektronix, laufen in derselben Umgebung wie das
Entwurfssystem. Über LAN oder Datenträger wird die generierte Konfiguration auf den Tester übertragen und kann dort in das interne Format
konvertiert werden.

Teil I: Literatur

P. Ammon, *Entwurf von Leiterplatten*, Hüthig, Heidelberg, 1987.

R. Airiau, J.M. Berge und V. Olive, *Circuit Synthesis with VHDL*, Kluwer Academic Publishers 1994.

J.R. Armstrong, *Chip-level Modeling with VHDL*, Prentice-Hall, 1989.

J.R. Armstrong und F.G. Gray, *Structured Logic Design with VHDL*, Prentice-Hall, 1993.

R. Brayton, G. Hachtel, C. McMullen und A. Sangiovanni-Vincentelli, *Logic Minimization Algorithms for VLSI Synthesis*, Kluwer Academic Publishers, 1984.

R. Camposano und W. Rosenstiel, *Rechnergestützter Entwurf hochintegrierter MOS-Schaltungen*, Springer-Verlag, Berlin, 1989.

B. Eschermann, *Funktionaler Entwurf digitaler Schaltungen*, Springer-Verlag, Berlin, 1993.

R.W. Hartenstein, *Standort Deutschland: Wozu noch Mikrochips?* IT Press Verlag, 1994.

E. Hörbst (ed.), *Logic Design and Simulation*, North-Holland, 1986.

C.A.R. Hoare, *Communicating Sequential Processes*, Prentice-Hall, 1985.

R. Kolla, P. Molitor und H. G. Osthof, *Einführung in den VLSI-Entwurf*, Teubner, Stuttgart, 1989.

R. Lipsett, C. Schaefer und C. Ussery, *VHDL: Hardware Description and Design*, Kluwer Academic Publishers, 1989.

A. Mäder, *VHDL Kurzbeschreibung*, Universität Hamburg, Fachbereich Informatik.

B. Preas und M. Lorenzetti, *Physical Design Automation of VLSI Systems*,

Benjamin Cummings, 1988.

H.U. Post, *Entwurf und Technologie hochintegrierter Schaltungen*, Teubner, Stuttgart, 1989.

F.J. Rammig, *Systematischer Entwurf digitaler Systeme*, Teubner, Stuttgart, 1989.

U. Tietze und C. Schenk, *Halbleiter-Schaltungstechnik*, Springer-Verlag, Berlin, 1980.

R.A. Walker und D.E. Thomas, „A model of design representation and synthesis", In *Proc. IEEE Design Autom. Conf.*, 1985, p. 453-459.

H.-J. Wunderlich, *Hochintegrierte Schaltungen: Prüfgerechter Entwurf und Test*, Springer-Verlag, Berlin, 1991.

Teil II

Praktikum

8 Der Praktikums-Mikroprozessor PMP12

Mikroprozessoren sind universell verwendbare, frei programmierbare Funktionseinheiten, die das vollständige Steuerwerk und Operationswerk (Rechenwerk) einer Rechenanlage enthalten und als integrierte Schaltungen aufgebaut sind. Die Bezeichnung „Prozessor" hat ihren Ursprung in der vorrangigen Aufgabe, einen Signalverarbeitungsablauf in Abhängigkeit von äußeren Einflüssen zu steuern: Ein Programm, d. h. ein Strom von Maschinenbefehlen, steuert die Verarbeitung von Daten, die im Arbeitsspeicher des Mikroprozessorsystems abgelegt sind. Unter einem *Mikroprozessorsystem* wird im folgenden eine Funktionseinheit verstanden, in der neben dem eigentlichen Mikroprozessor auch der Arbeitsspeicher vorhanden ist. Der Einsatzbereich von Mikroprozessorsystemen beschränkt sich nicht auf die Realisation von Rechenanlagen. Vielmehr sind Mikroprozessoren seit den 70er Jahren dabei, fest verdrahtete Schaltfunktionen mehr und mehr zu ersetzen. So wird die *Schaltungsentwicklung* zunehmend durch *Programmierung* ersetzt, wie z. B. bei der Signalverarbeitung die Programmierung von Signalprozessoren.

8.1 Befehlssatzarchitektur des PMP12

In diesem Kapitel wird die Funktionalität des im Praktikum zu entwerfenden Mikroprozessorsystems *PMP12*[1] definiert. Einleitend werden Klassifikationskriterien für Mikroprozessoren und Grundkonzepte für den Entwurf der Befehlssatzarchitektur behandelt, die dem Leser eine Einordnung der Architektur des *PMP12* gestattet. Die Beschreibung der *PMP12*-Architektur beschränkt sich auf den Befehlssatz, die Adressierungsarten sowie die Befehls- und Datenformate, d. h. auf jene Merkmale, die nach „außen" hin für den Benutzer sichtbar sind. Erst in den praktischen Aufgaben wird eine interne

---

[1] PMP12: Praktikums–Mikro–Prozessor, 12 Bit

Struktur des Mikroprozessorsystems *PMP12* entworfen, welche die in diesem Kapitel vorgegebene Funktionalität zu erfüllen hat. Die nachfolgenden Darstellungen bilden daher auch ein Nachschlagewerk für den Praktikumsentwurf.

Die wichtigsten Kriterien bei der Klassifikation von Mikroprozessoren sind neben der Verarbeitungsgeschwindigkeit:

- **Befehlssatz und Adressierungsarten**
  Der Befehlssatz bestimmt die Größe und Mächtigkeit des Befehlsvorrats, der dem Programmierer zur Verfügung steht. Unter Adressierungsarten werden jene Verfahren verstanden, über die Maschinenbefehle ihre Operanden referenzieren.

- **Datenwortbreite**
  Dieser Wert entspricht der Anzahl von Datenbits, die von dem Prozessor gleichzeitig verarbeitet werden können, d. h. der Wortbreite von Rechenwerk, internen Speicherelementen (Registern) und Datenwegen. Handelsübliche Mikroprozessoren weisen z. Zt. Datenwortbreiten im Bereich von 4 bis 64 Bit auf, wobei 32-Bit-Prozessoren als der aktuelle Standard bei Arbeitsplatzrechnern anzusehen sind.

- **Adreßraum**
  Er entspricht der Anzahl von Speicherworten, die ein Prozessor direkt adressieren kann. 8-Bit-Prozessoren verwenden üblicherweise 16 Bit breite Adressen und können damit maximal $2^{16} = 64$ KByte Arbeitsspeicher direkt adressieren. Bei 16-Bit-Prozessoren sind 1-16 MByte weit verbreitet, 32-Bit-Prozessoren kommen in der Regel auf $2^{32} = 4$ GByte[2] Adreßraum.

8.1.1 Grundlegende Konzepte

Funktionalität und Umfang von Befehlssatz, internen Registern und die Adressierungsarten werden sehr oft mit dem Begriff *Rechnerarchitektur* gleichgesetzt. In Wirklichkeit handelt es sich bei diesen Merkmalen lediglich um die „sichtbare" Oberfläche einer Architektur, wie sie sich dem Maschinenprogrammierer oder Compiler-Bauer darstellt, d. h. um die Schnittstelle

---

[2] Auch bei 16- und 32-Bit-Mikroprozessoren ist der Arbeitsspeicher meistens byteweise organisiert

zwischen Hardware und Software. Daher ist es sinnvoller, in diesem Zusammenhang von der *Befehlssatzarchitektur* zu sprechen. Für die Konzeption von Befehlssatzarchitekturen gibt es zur Zeit zwei grundlegende Ansätze:

- CISC[3]-Architekturen,

- RISC[4]-Architekturen.

CISC-Architekturen liegt die Zielsetzung zugrunde, durch Bereitstellung von Maschinenbefehlen mit hoher Funktionalität die Programmlänge zu verkürzen. Im Sinne einer vertikalen Verlagerung („vertical migration") von der Software in die Hardware werden für häufig benötigte Operationen mächtige Maschinenbefehle implementiert, die ganze Sequenzen aus elementaren Instruktionen ersetzen können. Ziel dieser vertikalen Verlagerung ist es, mit der Programmlänge auch die Zahl der Zugriffe auf den Programmspeicher zu verringern und so die Verarbeitungsgeschwindigkeit zu erhöhen. Befehlssätze von typischen CISC-Prozessoren bestehen aus weit über 100 Befehlen.

Allerdings führen die aufwendigen CISC-Befehle zu einem erhöhten Zeitaufwand bei der Befehlsdekodierung, denn es werden komplexere und damit auch langsamere Ablaufsteuerungen und Ausführungseinheiten notwendig. Als Folge davon wächst gegenüber einfachen Befehlssätzen der Zeitbedarf für die Abarbeitung aller Befehlstypen an. Auch die Ausführung elementarer Befehle wird so langsamer, als sie eigentlich sein müßte. Zudem bestehen bei vielen CISC-Architekturen große Unterschiede in den Ausführungszeiten der verschiedenen Maschinenbefehle. Dieser Umstand und die bei CISC-Prozessoren üblichen, zum Teil sehr aufwendigen Adressierungsarten erschweren die Implementierung eines effizienten Phasenpipelinings (d. h. die zeitlich überlappende Ausführung der verschiedenen Abarbeitungsphasen mehrerer, aufeinanderfolgender Befehle).

RISC-Architekturen weisen meist einen sehr kleinen Befehlssatz (z. B. 30-40 Instruktionen) auf, der sich auf elementare, universell verwendbare Funktionen beschränkt. Die Instruktionen sind durch ein einheitliches und schnell dekodierbares Befehlsformat gekennzeichnet. Die gegenüber

---

[3] CISC: Complex Instruction Set Computer
[4] RISC: Reduced Instruction Set Computer

CISC-Architekturen bei der Implementierung des Prozessorkerns eingesparte Chip-Fläche kann für die Unterbringung großer Registerbänke und schneller Zwischenspeicher („caches") genutzt werden, was die Speicherbandbreite deutlich erhöht. Während CISC-Architekturen aufwendige Adressierungsarten für Speicheroperanden unterstützen, verarbeiten die Befehle typischer RISC-Prozessoren lediglich Daten, die sich bereits in deren internen Registerbänken befinden. Alle Operanden müssen vor ihrer Verarbeitung mit speziellen *LOAD*-Befehlen (Ladebefehle) aus dem Arbeitsspeicher in Register geladen und nicht mehr benötigte Ergebnisse mit *STORE*-Befehlen (Speicherbefehle) wieder dort abgelegt werden. Dieses Verfahren wird als *Load-Store-Konzept* bezeichnet. Die Größe der Registerbänke (z. B. 32 bis über 1000 Register) und eine durch optimierende Compiler vorgenommene, effiziente Verteilung häufig benötigter Variablen auf die internen Register sorgen bei RISC-Prozessoren dafür, daß trotz zusätzlicher Lade- und Speicherbefehle der Arbeitsspeicher weniger frequentiert wird als bei vergleichbaren CISC-Architekturen.

Die Ausführungszeiten der meisten Befehle von RISC-Prozessoren liegen im Bereich von ein bis zwei Taktzyklen. Dies kommt der Implementierung eines leistungsfähigen Pipelinings ebenso zugute wie das oben beschriebene Load-Store-Konzept. Ressourcenkonflikte bei Zugriffen auf Speicheroperanden, wie sie die Adressierungsarten der CISC-Prozessoren verursachen können, lassen sich so weitgehend vermeiden. Alle RISC-ähnlichen Architekturen weisen ein sehr leistungsfähiges Pipelining auf. Die daraus resultierenden Geschwindigkeitsvorteile können, insbesondere beim Einsatz schneller Speichersysteme, den Nachteil mehr als ausgleichen, der sich aus einer gegenüber CISC um durchschnittlich 30-50% größeren Programmlänge ergibt.

RISC und CISC sind grundlegende Philosophien, die in den Entwurf von Befehlssatzarchitekturen mit einfließen. Welcher Ansatz nun von Fall zu Fall stärker betont wird, hängt von den jeweiligen Einsatzgebieten, aber auch von der Systemumgebung des Prozessors, z. B. dem Bus- und Speichersystem ab. Ein wichtiger Grund für den Einsatz von CISC-Prozessoren ist deren Kompatibilität zu bestehender Software. Bei neueren, kommerziellen Prozessoren sind Trends zu „Mischformen" aus RISC und CISC zu beobachten. Aktuelle CISC-Prozessoren wie z. B. die Typen 80486 und „Pentium" der Firma Intel, Inc. sind um einen RISC-Kern herum aufgebaut, auf dem die gewünschte CISC-Funktionalität emuliert (nachgebildet) wird. Auch diese Prozessoren verwenden ein Phasenpipelining und kommen nicht ohne integrierte „*caches*" aus. Auf der anderen Seite gibt es Tendenzen, RISC-Konzepte um mächtige Spezialbefehle zu erweitern und so deren Kodedichte zu verbessern.

Der Praktikumsmikroprozessor *PMP12* weist Merkmale beider Ansätze auf und kann daher weder ausschließlich der RISC- noch der CISC-Domäne eindeutig zugeordnet werden. Mit 16 Instruktionen und drei Adressierungs-arten ist der Befehlssatz sehr knapp gehalten, auch hier findet das Load-Store-Kozept Verwendung. Andererseits verfügt der *PMP12* nur über ein einziges Register. Daher muß vor jeder Rechenoperation ein Operand mit einem LOAD-Befehl aus dem Arbeitsspeicher geladen und anschließend das Ergebnis mit einem STORE-Befehl dort wieder abgelegt werden. Um den Praktikumsentwurf möglichst einfach und überschaubar zu halten, wurde beim Bottom-up-Entwurf auf ein Phasenpipelining, wie es z. B. die zeitliche Überlappung von Befehlsausführung und Laden des Folgebefehls darstellen würde, verzichtet.

Zwar kann sich der *PMP12* nicht mit der Leistungsfähigkeit moderner RISC- und CISC-Prozessoren, wie sie heutzutage in Arbeitsplatzrechnern verwendet werden, messen. Für viele Anwendungen, z. B. für Steuerungsaufgaben in Geräten der Konsumindustrie, stellen Mikroprozessorsysteme mit geringen Wortbreiten und kleinen Adreßräumen jedoch vollkommen ausreichende und zudem sehr wirtschaftliche Lösungen dar. Die Befehlssatzarchitektur kann auf den Anwendungsfall angepaßt werden.

8.1.2   Maschinenbefehlssatz

Der Befehlsvorrat des *PMP12* besteht aus 16 Maschinenbefehlen (s. Tab. 8.1), die den nachfolgend beschriebenen Klassen zugeordnet werden können:

- **L/S**
  Load/Store-Befehle laden einen Wert aus dem Arbeitsspeicher in das Akkumulatorregister *ACR* bzw. legen dessen Inhalt dort ab. Diese expliziten Transfers sind notwendig, da bei allen datentransformierenden Maschinenbefehlen ein Quelloperand dem Inhalt des Akkumulatorregisters *ACR* entspricht und das Ergebnis stets dort abgelegt wird.

- **I/O**
  Ein- und Ausgabebefehle stellen die Verbindung zur Außenwelt, d. h.

zu extern angeschlossenen Ein- und Ausgabegeräten her. Ein-/Ausgabebefehle legen den im Eingaberegister *IPR* befindlichen Wert im Arbeitsspeicher ab bzw. übertragen ein Speicherwort in das Ausgaberegister *OPR*. Die Aus- bzw. Eingänge dieser beiden Pufferregister werden über Anschlußpins aus dem Mikroprozessor herausgeführt. Quittungs- und Aufforderungssignale ermöglichen es externen Einheiten, dem System mitzuteilen, wann der Wert aus *IPR* übernommen werden soll, bzw. wann im Ausgaberegister *OPR* ein bereitgestellter Wert ausgelesen werden kann.

- **ALU**
  Die dyadischen arithmetisch-logischen Befehle verknüpfen den Inhalt des Akkumulatorregisters (*ACR*) mit einem Speicheroperanden in der angegebenen Weise. Das Ergebnis ersetzt den bisherigen Inhalt des Akkumulatorregisters.

- **SHIFT**
  Logische Schiebeoperationen sind monadische Operationen und beziehen sich immer auf das Akkumulatorregister *ACR*.

- **CTL**
  Befehle zur Kontrolle des Programmflusses: Unbedingte und bedingte Verzweigungen in Abhängigkeit vom Status des Akkumulators, Unterprogrammaufruf und -rücksprung (*CAll* und *RETURN*) sowie Anhalten des Systems.

Über das Kürzel in der zweiten Spalte von Tab. 8.1 werden in der Aufgabensammlung die verschiedenen Befehle identifiziert. *ST* (Stack) steht für das oberste Register des prozessorinternen Adreßkellers, *PC* („program counter") für den Befehlszähler, *Z*, *S* und *C* für die Bedingungen „Null" („zero"), „Vorzeichen" („sign") und „Übertrag" („carry"). Auf die Adressierungsarten für Speicheroperanden *m*, d. h. *M(m)* bzw. *M(M(m))* wird weiter unten eingegangen.

8.1.3   Befehls- und Datenformate

Sowohl das Daten- als auch das Befehlsformat des Mikroprozessorsystems *PMP12* basieren auf 12 Bit breiten Worten (s. Abb. 8.1). Die Verarbeitungseinheiten sowie die Register und Datenwege für Befehle, Adressen und

Klasse	Op-code	Mnemonic		Wirkung (IND=0/1)
L/S	1111	LOAD	A, m	$ACR \leftarrow M(m)/M(M(m))$
	0001	STORE	m, A	$M(m)/M(M(m)) \leftarrow ACR$
I/O	0010	INPUT	m, I	$M(m)/M(M(m)) \leftarrow IPR$
	0000	OUTPUT	O, m	$OPR \leftarrow M(m)/M(M(m))$
ALU	1100	ADC	A, m	$ACR \leftarrow ACR + M(m)/M(M(m)) + C$
	1101	SBB	A, m	$ACR \leftarrow ACR - M(m)/M(M(m)) - -C$
	1110	NAND	A, m	$ACR \leftarrow \overline{ACR \wedge M(m)/M(M(m))}$
SHIFT	1010	SHIFT	R, A	$ACR \leftarrow LSR(ACR)$
	1011	SHIFT	L, A	$ACR \leftarrow LSL(ACR)$
CTL	0100	JUMP	Z, m	$Z = 1 : PC \leftarrow m/M(m)$
	0101	JUMP	S, m	$S = 1 : PC \leftarrow m/M(m)$
	0110	JUMP	C, m	$C = 1 : PC \leftarrow m/M(m)$
	0111	JUMP	m	$PC \leftarrow m/M(m)$
	1000	CALL	m	$ST \leftarrow PC, PC \leftarrow m/M(m)$
	1001	RETURN		$PC \leftarrow ST$
	0011	STOP		Programmende

Tabelle 8.1: Der Befehlssatz des Mikroprozessorsystems *PMP12*

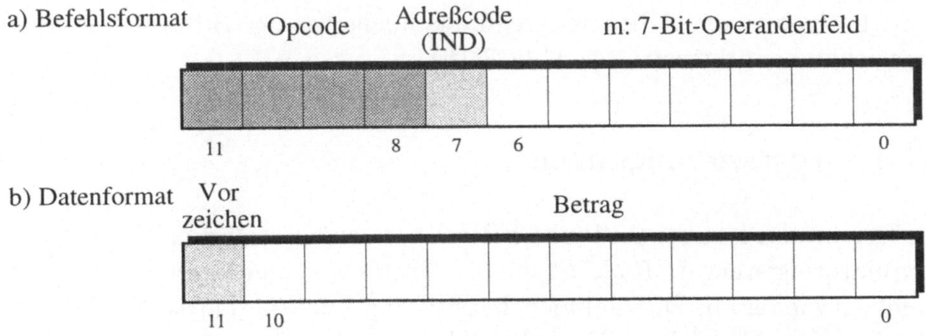

Abbildung 8.1: Befehls- und Datenformat des Mikroprozessorsystems *PMP12*

Daten weisen ebenfalls diese Wortbreite auf. Entsprechendes gilt auch für die Organisation des im System integrierten Arbeitsspeichers. Die Befehlsworte sind in drei Bereiche (Felder) unterteilt (s. Abb. 8.1a):

- **Opcode[5] (Bit 11..8):**
  Identifiziert die vom System auszuführende Operation. Zur besseren Verständlichkeit sind allen 16 Opcodes symbolische Kürzel, sog. *Mnemonics* (z. B. ADD oder STOP) zugeordnet (Tab. 8.1).

- **Adressierungskode IND (Bit 7):**
  Gibt die Adressierungsart an, d. h. wie der im Befehl enthaltene Operand zu interpretieren ist. Beim *PMP12* besteht der Adressierungskode lediglich aus diesem einen Bit, das zwischen den beiden Adressierungsarten Speicher-absolut ($IND =$ '0') und Speicher-indirekt ($IND =' 1'$) unterscheidet.

- **Operand m (Bit 6..0):**
  Dieser Bereich wird stets als die 7 Bit breite Speicheradresse des expliziten Operanden interpretiert, wobei Befehlstyp und Adressierungskode IND über die Art und Weise der Auswertung entscheiden.

Die zu verarbeitenden Daten werden als vorzeichenbehaftete Dualzahlen in Zweierkomplementdarstellung behandelt. Dementsprechend entfallen auf den Absolutbetrag elf Bits, während das höchstwertige Bit (MSB[6]) für das Vorzeichen benötigt wird (s. Abb. 8.1b).

8.1.4   Adressierungsarten

Die Befehle der Klassen ALU und SHIFT verwenden stets den Inhalt des Akkumulatorregisters *ACR* als *impliziten Operanden* und legen dort auch das Ergebnis wieder ab. Dies definiert bereits eine Adressierungsart des *PMP12*, nämlich die Akkumulator-implizite Adressierung. Der von den dyadischen ALU-Befehlen benötigte zweite Quelloperand ist explizit als Operandenfeld und Adressierungskode im Befehl enthalten, ebenso wie der Operand

---

[5] Opcode: Operationskode
[6] MSB: Most Significant Bit

von Ein- und Ausgabebefehlen. Architekturen, die mit nur einem *expliziten Operanden* auskommen, werden auch als *Einadreßmaschinen* bezeichnet. Für die Spezifikation des expliziten Speicheroperandens stehen beim *PMP12* zwei weitere Adressierungsarten zur Verfügung:

- **Speicher-absolut:** $(IND = \text{'0'})$, Schreibweise M(m)
  Das im Maschinenbefehl enthaltende Operandenfeld m gibt die Speicheradresse des Operanden an. Da m auf eine Breite von sieben Bits beschränkt ist, kann mit dieser Adressierungsart lediglich auf den Adreßbereich $0..2^7 - 1 = 127$ zugegriffen werden.

- **Speicher-indirekt:** $(IND = \text{'1'})$, Schreibweise M(M(m))
  Der unter Adresse m abgelegte Wert wird seinerseits als Speicheradresse, d. h. als Zeiger auf den eigentlichen Operanden interpretiert. Auf diese Weise ist es möglich, auch Speicheroperanden oberhalb von Adresse 127 zu verarbeiten.

Bei den Verzweigungsbefehlen der Klasse CTL wird das als nächstes auszuführende Befehlswort als „Operand" angesehen. Demnach ist hier im absoluten Modus m die Sprungadresse, bei $IND = \text{'1'}$ wird unter der Adresse m das Sprungziel ausgelesen. Analog zur Operandenadressierung bei den ALU-Befehlen sind mit direkt adressierenden Sprungbefehlen nur Verzweigungen in den Speicherbereich unterhalb von Adresse $2^7 = 128$ möglich. Daraus ergibt sich, daß dieser Speicherbereich Zeigern auf Daten und Sprungziele sowie, wegen der kürzeren Zugriffszeit bei direkter Adressierung, häufig benötigten Daten vorbehalten bleiben sollte.

8.2   Systemeinbindung

Die Kommunikation des Mikroprozessors mit der Außenwelt (Ein- und Ausgabeeinheit) erfolgt mit den folgenden Signalen:

1. **Programmstart:**

  - Startaddesse an *IPR* anlegen,
  - *START*,

2. **Aufforderungssignale:**

  - *IPRQ* („input request"): Aufforderung zur Eingabe,
  - *OPV* („output valid")   : Aufforderung zur Ausgabeübernahme,

3. **Quittungssignale:**

  - *IPV* („input valid")   : Eingabe ist gültig,
  - *OPREC* („output recognized"): Ausgabe wurde übernommen.

8.2.1   Programmstart

Zu Beginn eines jeden Maschinenprogramms befindet sich das System im Ruhezustand. Nach dem manuellen, externen Laden der Startadresse in *IPR* bewirkt *START* die Abarbeitung der dazugehörigen Programmbefehle.

8.2.2   Kommunikation mit der Umgebung

Der Austausch von Daten mit der Umgebung erfolgt ohne zentralen Takt, d. h. *asynchron*. Der Mikroprozessor und die Ein- und Ausgabeeinheiten sind zu Beginn der Übertragung nicht synchronisiert. Zur Synchronisation werden Steuersignale während der Übertragung verwendet.

8.2.2.1 Kommunikation beim Schreiben, Ausgabebefehle

Bei Ausgabebefehlen ist der Mikroprozessor der Sender. Je nach Überlappungsgrad der Steuersignale werden folgende drei Protokolle der asychronen Datenübertragung unterschieden:

1. **Nichtüberlappendes Protokoll** (s. Abb. 8.2a))
   Der Mikroprozessor schreibt die Ausgabedaten in das Ausgaberegister *OPR*, aktiviert die Signalleitung „Daten bereit" (*OPV*). Die Ausgabeeinheit erkennt „Daten bereit", übernimmt die Daten und bestätigt

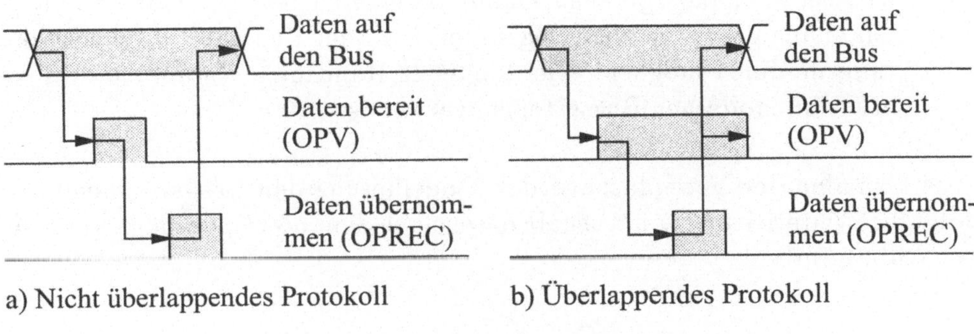

a) Nicht überlappendes Protokoll
b) Überlappendes Protokoll

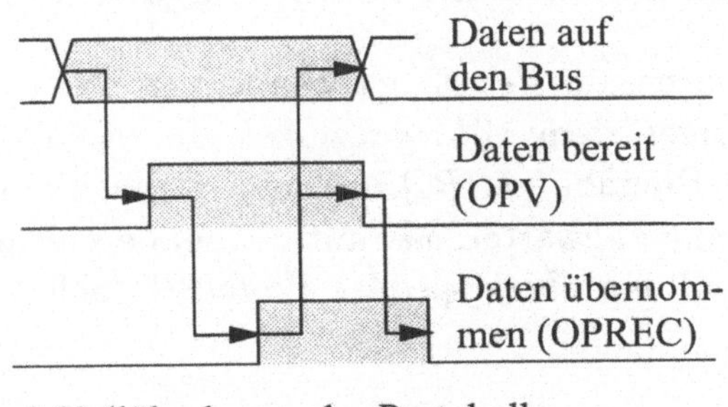

c) Vollüberlappendes Protokoll

Abbildung 8.2: Protokolle bei asynchroner Datenausgabe

„Daten übernommen" ($OPREC$). Sobald der Mikroprozessor dieses Signal erkennt, gibt er die Datenleitung frei.

Da nur eine erfolgte Datenübernahme vom Empfänger angezeigt wird, warten die Teilnehmer aufeinander. Ein fester Zeitraum wird für die Übertragung nicht benötigt. Diesem Vorteil stehen aber zwei benötigte Steuersignale und die Empfindlichkeit gegenüber Signalschwankungen entgegen.

2. **Überlappendes Protokoll** (s. Abb. 8.2b))
Zeitliche Fehler im Signal „Daten bereit" sind ausgeschaltet, wenn es verlängert und erst mit „Daten übernommen" abgeschaltet wird.

3. **Vollüberlappendes Protokoll** (s. Abb. 8.2c))
Die Signalfolge wird nur durch den Mikroprozessor und die Ausgabeeinheit bestimmt: Jeder wartet auf den anderen, weil die Zustands-

wechsel ineinandergreifen. Damit ist eine sichere Datenübertragung
unabhängig von Verzögerungszeiten auf dem Bus oder in den Schal-
tungsmodulen möglich. Als doppeltes Handshake-Verfahren wird es
in vielen modernen Bussystemen verwendet.

Aus Gründen der Vereinfachung der Modellierung der Ausgabeeinheit erfolgt die Weiterleitung von Ausgabedaten nach dem *überlappenden Protokoll*
(s. Abb. 8.2b)).

8.2.2.2 Kommunikation beim Lesen, Eingabebefehle

Das Lesen von Daten aus der Eingabeeinheit in das Eingaberegister *IPR*
wird vom Empfänger, dem Mikroprozessor, durch das Setzen des Signals
„Aufforderung zu Eingabe" *IPRQ* initiiert. Danach wird auf das einzulesende Datum solange gewartet, bis mit „Eingabe gültig" (*IPV*) quittiert
wird. Auch hier soll ein *überlappendes Protokoll* nach Abb. 8.3 verwendet
werden.

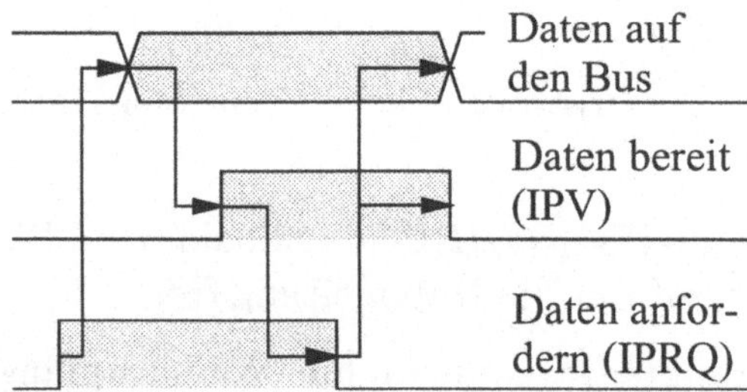

Abbildung 8.3: Protokoll bei asynchroner Dateneingabe

9 Aufbau von Praktika

9.1 Entwurfsstrategien

Zum Entwurf komplexer Systeme existieren drei grundlegende Entwurfsstrategien:

1. Top-down-Entwurf,

2. Bottom-up-Entwurf,

3. Meet-in-the-Middle-Entwurf.

9.1.1 Top-down-Entwurf

Der Schaltungsentwickler beginnt mit seinem Wissen über die zu realisierende Funktion, die danach in kleinere Teileinheiten hinsichtlich einiger Kriterien, wie Kosten, Geschwindigkeit oder Chip-Fläche, partitioniert wird. Die Aufgabe wird dann durch die jeweiligen Teilfunktionen und die Interaktion der Signale gelöst. Da anschließend auf die Teileinheiten die gleiche Vorgehensweise angewendet wird, ergibt sich eine Hierarchie von Aufgaben, die immer detaillierter werden. Der Prozeß endet, wenn Basisfunktionen verwendet werden können.

Beispielsweise kann beim Entwurf eines Mikroprozessors von dessen Befehlsschnittstelle, d. h. von dessen Befehlssatz und Programmiermodell ausgegangen werden. Im Zuge des Entwurfsprozesses zerfällt das Gesamtsystem zunächst in die Blöcke Operationswerk (Datenpfad) und Steuerwerk (Kontrollpfad). Das Operationswerk kann seinerseits wieder in Blöcke, wie Arithmetik-Logik-Einheit (ALU), Stack, Register usw., zerlegt werden.

Der Top-down-Entwurf setzt voraus, daß sich Teilsysteme zunächst abstrakt, nämlich als „black boxes", beschreiben lassen. Die nach außen hin „sichtbare" Funktionalität der Teileinheiten muß abstrakt definierbar sein, ohne daß auf die Details ihrer internen Realisierung näher eingegangen werden muß (z. B. über VHDL-Entities, s. Abschnitt 3.3). Damit kann vor dem vollständigen Entwurf auf Logikebene das Zusammenwirken von Systemkomponenten evaluiert werden. So ist es möglich, daß die Komponentenmodelle zu verschiedenen Abstraktionsebenen gehören. Die dadurch einsetzbare *Multi-Level-Simulation* ist darüber hinaus ein Ansatz, der zur Verkürzung von Simulationszeiten führen kann, da weniger Anweisungen simuliert werden müssen. Somit erfordert diese Vorgehensweise eine Hardware-Beschreibungssprache, die Modelle auf verschiedenen Ebenen unterstützt. VHDL ist dazu in der Lage (s. Abschnitt 2.3.2).

9.1.2   Bottom-up-Entwurf

Im Gegensatz zum Top-down-Entwurf, der ein Detaillierungsprozeß ist, handelt es sich beim Bottom-up-Entwurf um einen Kompositionsprozeß. Hier wird von den verfügbaren Primitiven (z. B. Gatter) ausgegangen, welche in einer Standardzellenbibliothek abgelegt sind. Diese Standardzellenbibliothek wird i. allg. vom Halbleiterhersteller dem Entwickler zur Verfügung gestellt. Das Verhalten dieser Primitiven wird in VHDL durch ein verhaltensorientiertes Modell beschrieben. Aus den Bibliothekselementen werden komplexere *Komponenten* gebildet, die ihrerseits auf der nächst höheren Ebene als elementare Bausteine eingesetzt werden können.

Für das Beispiel des Mikroprozessors bedeutet dies, daß z. B. ein Registerbaustein aus einzelnen Flip-Flops entworfen wird. Aus mehreren dieser Registerbausteine kann auf der nächsten Ebene der Entwurfshierarchie ein Kellerspeicher (Stack) aufgebaut werden. Analog dazu wird aus Gattern ein Addierer gebildet, der zu einer ALU ausgebaut werden kann. Auf Basis von ALU, Registerbausteinen und Kellerspeicher kann nun das Operationswerk des Mikroprozessors entworfen werden.

Der Einsatz zuvor entworfener Komponenten auf höheren Entwurfsebenen wird als *Instantiierung* bezeichnet. Durch die Instantiierung selbstentworfener Komponenten beim Entwurf weiterer, ihrerseits ebenfalls wieder instantiierbarer Komponenten wird dem Entwurf eine hierarchische Struktur, der sog. Entwurfsbaum („design tree"), verliehen.

Je nachdem auf welcher Ebene sich die Primitive befinden, können die entsprechenden Simulationswerkzeuge zur Überprüfung der bis zu diesem Zeitpunkt eingegebenen Schaltung verwendet werden. Da in diesem Praktikum Gatter als Primitive betrachtet werden, können spezielle Simulatoren auf Logikebene („gate level"-Simulatoren) verwendet werden. Schaltungen auf Logikebene können aufgrund der Möglichkeiten von VHDL, strukturelle Beschreibungen mit Hilfe von Komponentendeklaration, Komponenteninstanziierung und Komponentenkonfiguration zu definieren, ebenfalls simuliert und getestet werden. Allerdings sind Simulatoren, die speziell für die Logikebene entworfen worden sind, i. allg. effizienter.

Welche Komponenten aber miteinander verknüpft werden sollen, ist nicht offensichtlich. Dazu partitioniert der Schaltungsentwickler die zu realisierende Funktion in kleinere Teilfunktionen, die durch bereits existierende Entwürfe aus z. B. vorangegangenen Projekten realisiert werden können. Damit unterliegt die Partitionierung der Restriktion der Verfügbarkeit. Erfüllen die Teilschaltungen nicht die geforderte Spezifikation, dann müssen sie neu entworfen werden, oder die Partitionierung muß anders vorgenommen werden.

So ergeben sich zwei Richtungen des Entwurfs:

↓ **Partitionierung**
Die Konzeptionierung erfolgt wie beim Top-down-Entwurf von der abstrakten Beschreibung der Lösungsmöglichkeit zur detaillierten Lösung.

↑ **Implementierung und Validierung**
Aus Primitiven werden komplexere Komponenten gebildet, die ihrerseits auf der nächst höheren Ebene als elementare Bausteine eingesetzt werden können. Da alle Komponenten, die für die in der Partitionierung bestimmten Teilfunktionen benötigt werden, zur Verfügung stehen, kann das Zusammenwirken der entworfenen Komponenten untersucht und validiert werden.

In diesem Praktikum entfällt beim Bottom-up-Entwurf die eigentliche Partitionierung, da sie durch die Aufgaben vorgegeben ist. Die durch die Aufgaben definierte Partitionierung orientiert sich an den in der Literatur beschriebenen Komponenten eines Mikroprozessors.

9.1.3 Meet-in-the-Middle-Entwurf

Da beim Top-down-Entwurf auf die Verfügbarkeit von realisierten Komponenten keine Rücksicht genommen werden braucht, wird dieser Idealfall

i. allg. nicht zu Standardkomponenten führen. Die Höhe der Entwicklungskosten ist daher nicht absehbar. Bottom-up-Entwürfe sind meistens ökonomischer, da Standardkomponenten verwendet werden, können aber häufig die geforderte Spezifikation nicht auf Anhieb erfüllen. Daher werden in der Praxis in vielen Entwürfen beide Vorgehensweisen geeignet kombiniert.

9.2   Standardpraktika

Dieser Abschnitt enthält sechs verschiedene Vorschläge für zielgruppenorientierte Praktika (P1 bis P6), die sich aufgrund der eben beschriebenen Entwurfsstrategien ergeben. Die Praktika können aus den Aufgaben in Kapitel 10 zusammengestellt werden.

Ein Überblick der Entwurfsobjekte, die in den verschiedenen Praktika behandelt werden, kann Tab. 9.1 entnommen werden. Dabei werden neben den unterschiedlichen Vorkenntnissen der möglichen Anwendergruppen auch verschiedene Methoden und Abstraktionsebenen des Entwurfs berücksichtigt.

Die nachfolgende Zusammenstellung erhebt keinen Anspruch auf Vollständigkeit. Sie soll vielmehr exemplarisch Wege aufzeigen, wie die einzelnen Aufgaben miteinander kombiniert werden können. Da einige der aufgeführten Praktika dasselbe Entwurfsobjekt, das Mikroprozessorsystem *PMP12*, zum Ziel haben, wird so auch illustriert, wie ein und dieselbe Problemstellung aus unterschiedlichen Sichtweisen heraus und mit verschiedenen Methoden angegangen werden kann.

9.2.1   Praktikum P1: Einführungspraktikum

Zielgruppe

Studenten ohne Vorkenntnisse im Digitalentwurf. Dieses Praktikum ist besonders als Ergänzung zu den einführenden Lehrveranstaltungen auf dem Gebiet der Digitaltechnik geeignet.

Auf- gabe	Entwurfsobjekt	Reihenfolge der Aufgaben					
		P1	**P2**	**P3**	**P4**	**P5**	**P6**
10.1	4-Bit-Addierer	1	1	1		1	
10.2	12-Bit-ALU	5	5	2	7	2	1
10.3	12-Bit-Parallelregister 8-fach-Registerstack	2	2	3	8	3	2
10.4	D-Flip-Flop	3	3				
10.5	12-Bit-Schieberegister	4	4	4	9	4	3
10.6	12-Bit-Akkumulator	6	6	5	6	5	
10.7	12-Bit-Zähler		7	6	5	6	4
10.8	Operationswerk		8	9	3	7	
10.9	PLA-Steuerwerk		9	10	4	8	5
10.10	Strukturorientiertes Mikroprozessorsystem		10	8	2		
10.11	Verhaltensorientiertes Mikroprozessorsystem			7	1		
10.12	Physikalischer Entwurf des Mikroprozessor-ASIC		11	11	10		
10.13	Test des Mikroprozessor- ASIC		12	12	11		

Tabelle 9.1: Übersicht der Praktika P1 bis P6

Lernziele und Inhalte

Am Beispiel überschaubarer Entwurfsobjekte, wie z. B. Addierern und Schieberegistern, werden die grundlegenden Eigenschaften kombinatorischer und sequentieller Logik praktisch erarbeitet und gleichzeitig die Vorgehensweisen beim rechnergestützten Schaltungsentwurf erlernt. Aus Vereinfachungsgründen werden die Entwürfe als Schaltpläne (*Schematics*) graphisch erstellt, so daß auch ohne Vorkenntnisse in Hardwarebeschreibungssprachen ein maximaler Lernerfolg erzielt werden kann. Das Einführungspraktikum kann auch als Basis für weiterführende Praktika verwendet werden.

Aufgabenstellungen

Aufgabe	Entwurfsobjekt	Teilaufgaben
10.1	4-Bit-Addierer	1.A.1-3
10.3	12-Bit-Parallelregister	3.A.1-3
	8-fach-Registerstack	
10.4	D-Flip-Flop	4.A.1
10.5	12-Bit-Schieberegister	5.A.1
10.2	12-Bit-ALU	2.A.1-3
10.6	12-Bit-Akkumulator	6.A.1

9.2.2   Praktikum P2: Schematic-basierter Entwurf des Mikroprozessorsystems PMP12

Zielgruppe

Studenten mit elementaren Vorkenntnissen in digitaler Schaltungstechnik und Automatentheorie (FSM).

Lernziele und Inhalte

Der „klassische" Schaltkreisentwurf auf Basis graphischer Schaltplaneingabe ist ein etablierter und in der Praxis bis heute vorherrschender Entwurfsweg. Dies spiegelt sich nicht zuletzt in der Fülle von Softwarewerkzeugen wider, die eine große Anzahl von Herstellern für die unterschiedlichsten Rechnerplattformen anbieten.

Bedingt durch die graphische Darstellung der Entwurfsobjekte können insbesondere auch Anfänger bereits nach kurzen Einarbeitungszeiten brauchbare Ergebnisse erzielen. Ein weiterer Vorteil dieser auf die Strukturdomäne beschränkten Entwurfsmethode ist die vollständige Einflußmöglichkeit des Entwicklers auf die Auswahl der verwendeten Schaltungselemente und deren Verbindungstopologie.

Dieses Praktikum entspricht einem strukturierten Bottom-up-Entwurf, der ausgehend von elementaren Gattern, über einen Addierer zu einer Akkumulatoreinheit schließlich zum vollständigen Mikroprozessorsystem *PMP12* führt. Auch aus diesem Grunde eignet sich dieses Standardpraktikum besonders für Personen, die sich die wichtigsten Grundlagen der Mikroprozessortechnik einmal praktisch erarbeiten möchten.

Aufgabenstellungen

Aufgabe	Entwurfsobjekt	Teilaufgaben
10.1	4-Bit-Addierer	1.A.1-3
10.3	12-Bit-Parallelregister	3.A.1-3
	8-fach-Registerstack	
10.4	D-Flip-Flop	4.A.1
10.5	12-Bit-Schieberegister	5.A.1
10.2	12-Bit-ALU	2.A.1-3
10.6	12-Bit-Akkumulator	6.A.1
10.7	12-Bit-Zähler	7.A.1
10.8	Operationswerk	8.A.1
10.9	PLA-Steuerwerk	9.A.1-7
10.10	Strukturorientiertes	10.A.1-2
	Mikroprozessorsystems	
10.12	Physikalischer Entwurf des	12.A.1-5
	Mikroprozessor-ASIC	
10.13	Test des Mikroprozessor-ASIC	13.A.1

9.2.3   Praktikum P3: Meet-in-the-Middle-Entwurf des Mikroprozessorsystems PMP12

Zielgruppe

Personen mit Grundkenntnissen in VHDL.

Lernziele und Inhalte

In diesem Praktikum wird mit der Kombination aus Bottom-up- und Top-down-Entwurf ein besonders praxisrelevanter Weg beschritten. Anhand kleiner, überschaubarer Teilaufgaben werden zunächst die grundlegenden Techniken der struktur- und verhaltensorientierten Schaltungsmodellierung mit VHDL sowie der Schaltungssynthese eingeübt.

Im zweiten Praktikumsabschnitt wird, ausgehend von einer Multi-Level-Architekturbeschreibung, das Mikroprozessorsystem *PMP12* unter Anwendung einer Top-down-Strategie entworfen. Dies vermittelt Erfahrungen im Entwurf auf Systemebene, die auch zu den Voraussetzungen für Hardware-Software-Codesign zählen.

Aufgabenstellungen

Abb. 9.1a) verdeutlicht die Abfolge der Aufgabenstellungen für dieses Praktikum. Deutlich sind die Bottom-up- und die Top-down-Phase erkennbar. In der Bottom-up-Phase werden systematisch synthesefähige VHDL-Beschreibungen von Elementen eines Operationswerks (z. B. ALU, Stack und Zähler) erstellt. Die Top-down-Phase dagegen vermittelt eine Entwurfsmethode, die von einer abstrakten, algorithmischen Beschreibung des Mikroprozessors ausgeht und diese in den weiteren Aufgaben immer weiter verfeinert. Diese Zielarchitektur ist nicht zwingend, sondern es besteht die Möglichkeit, verschiedene Architekturen zu evaluieren.

Aufgabe	Entwurfsobjekt	Teilaufgaben
10.1	4-Bit-Addierer	1.B.1-11
10.2	12-Bit-ALU	2.B.8-18
10.3	12-Bit-Parallelregister	3.B.1-4
	8-fach-Registerstack	
10.5	12-Bit-Schieberegister	5.B.1-3
10.6	12-Bit-Akkumulator	6.B.1-3
10.7	12-Bit-Zähler	7.B.1-6
10.11	Verhaltensorientiertes	11.B.1-12
	Mikroprozessorsystem	
10.10	Strukturorientiertes	10.B.1-4
	Mikroprozessorsystem	
10.8	Operationswerk	8.B.1-3,5
10.9	PLA-Steuerwerk	9.B.1-3,5-8
10.12	Physikalischer Entwurf des	12.A.1-5
	Mikroprozessor-ASIC	
10.13	Test des Mikroprozessor-ASIC	13.A.1

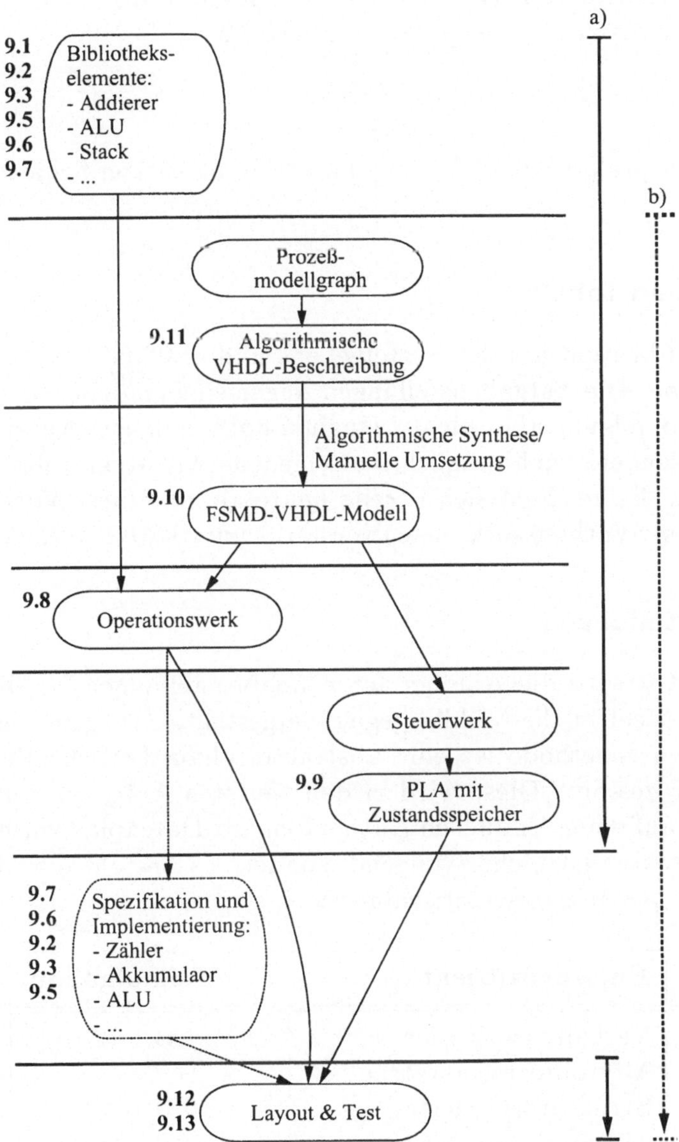

Abbildung 9.1: Gegenüberstellung: a) Meet-in-the-Middle-Entwurf b) Top-down-Entwurf

9.2.4   Praktikum P4: Top-down-Entwurf des Mikroprozessorsystems PMP12

Zielgruppe

Personen mit praktischer Erfahrung in VHDL-gestützter Schaltungsmodellierung.

Lernziele und Inhalte

Der Entwurf beginnt auf der Systemebene und eröffnet so besonders hohe Freiheitsgrade. Die Aufgabenstellungen zeigen einen möglichen Lösungsweg auf, dessen Befolgung aber nicht zwingend notwendig ist. Auf dieses Weise ist es insbesondere auch möglich, verschiedene Architekturalternativen zu untersuchen. Es zeichnet sich bereits heute ab, daß diese Vorgehensweise von künftigen Synthesewerkzeugen verstärkt unterstützt werden wird.

Aufgabenstellungen

In Abb. 9.1b) wird die Abfolge der Aufgabenstellungen für dieses Praktikum dem Meet-in-the-Middle gegenübergestellt. Ausgangspunkt dieser VHDL-Entwurfsmethode ist eine abstrakte, algorithmische Beschreibung des Mikroprozessors. Diese wird in den weiteren Aufgaben immer weiter im Hinblick auf einen Endlichen Automaten mit Datenpfad verfeinert. Diese Zielarchitektur ist nicht zwingend, sondern es besteht die Möglichkeit, *verschiedene Architekturen* zu evaluieren.

Aufgabe	Entwurfsobjekt	Teilaufgaben
10.11	Verhaltensorientiertes Mikroprozessorsystem	11.B.1-12
10.10	Strukturorientiertes Mikroprozessorsystem	10.B.1-4
10.8	Operationswerk	8.B.1-4,5
10.9	PLA-Steuerwerk	9.B.1-3,5-8
10.7	12-Bit-Zähler	7.B.1-6
10.6	12-Bit-Akkumulator	6.B.1-3
10.2	12-Bit-ALU	2.B.1-7

10.3	12-Bit-Parallelregister	3.B.1-4
	8-fach-Registerstack	
10.5	12-Bit-Schieberegister	5.B.1-3
10.12	Physikalischer Entwurf des	12.A.1-5
	Mikroprozessor-ASIC	
10.13	Test des Mikroprozessor-ASIC	13.A.1

9.2.5 Praktikum P5: Einführung in VHDL

Zielgruppe

„Umsteiger" vom Schematic-orientierten Entwurf mit VHDL-Grundkenntnissen.

Lernziele und Inhalte

Hier werden die grundlegenden Techniken zur Beschreibung von Entwurfsobjekten in VHDL vermittelt. Dabei werden die Modellierungsaspekte so unterschiedlicher Abstraktionsebenen wie Logik-, Register-Transfer-, Algorithmische und PMS-Ebene berücksichtigt.

Aufgabenstellungen

Aufgabe	Entwurfsobjekt	Teilaufgaben
10.1	4-Bit-Addierer	1.A.4-7
10.2	12-Bit-ALU	2.B.8-18
10.3	12-Bit-Parallelregister	3.A.4-11
	8-fach-Registerstack	
10.5	12-Bit-Schieberegister	5.A.2-3
10.6	12-Bit-Akkumulator	6.B.1-3
10.7	12-Bit-Zähler	7.B.1-6
10.8	Operationswerk	8.B.1-3
10.9	PLA-Steuerwerk	9.B.4

9.2.6   Praktikum P6: Einführung in die VHDL-Synthese

Zielgruppe

Personen mit soliden VHDL-Kenntnissen, die für verschiedene Schaltungs-klassen Aspekte von synthesefähigen VHDL-Beschreibungen kennenlernen und üben wollen. Das Praktikum ist auch besonders für „Umsteiger" vom Schematic-orientierten Entwurf geeignet.

Lernziele und Inhalte

Bei diesem Praktikum handelt es sich um eine kompakte, praktische Ein-führung in die Technik der VHDL-Synthese auf der Logik- und Register-Transfer-Ebene. Die Aufgabenstellungen decken eine Teilmenge des Top-down-Praktikums ab (s. Abschnitt 9.2.4).

Aufgabenstellungen

Aufgabe	Entwurfsobjekt	Teilaufgaben
10.2	12-Bit-ALU	2.B.8-18,1-7
10.3	12-Bit-Parallelregister	3.A.4-9
	8-fach-Registerstack	3.B.1-2
10.5	12-Bit-Schieberegister	5.A.2-3
		5.B.1-3
10.7	12-Bit-Zähler	7.B.1-6
10.9	PLA-Steuerwerk	9.B.2-3,5

10 Praktische Aufgaben

Aufgabensammlung

Die Aufgabensammlung ist eine Kombination aus „kleinem Lehrbuch" und
praktischer Anleitung. Jede Aufgabenstellung stellt eine in sich geschlossene
Einheit im Rahmen des Gesamtentwurfs dar und ist in die folgenden Abschnitte gegliedert, die zugleich auch den Phasen einer Aufgabenbearbeitung
entsprechen:

- **Grundlagen**
  Hier wird das allgemeine Hintergrundwissen vermittelt, das den Leser
  in die Lage versetzt, die nachfolgende Aufgabenstellung eigenständig
  zu lösen. Darüber hinaus wird auch auf mögliche Realisierungsalterna-
  tiven und die Einsatzgebiete des jeweiligen Teilentwurfs, insbesondere
  auch auf dessen Verwendung im Rahmen des Praktikumsentwurfs eingegangen.

- **Aufgabenstellung**
  Dieser Abschnitt enthält eine genaue Spezifikation der zu entwerfenden
  Schaltung bezüglich ihrer Funktionalität und ihrer Schnittstellen.

- **Bottom-up-Entwurfsdurchführung**
  Anleitung zum *Schematic-Entwurf*, Erörterung spezifischer Probleme
  und sonstige Implementierungshinweise.

- **Top-down-Entwurfsdurchführung**
  Alternativ zum in der Bottom-up-Richtung durchgeführten Entwurf
  über die strukturorientierte Schematic-Eingabe werden für die meisten Aufgabenstellungen auch Varianten angeboten, die auf verhaltensorientierten *VHDL-Beschreibungen* basieren. Grundsätzlich liegen beiden Varianten die selben Grundlagen und Aufgabenstellungen
  zugrunde. Allerdings sind wegen der Mächtigkeit von VHDL zur Simu-
  lationsbeschreibung und Synthese bei einigen Aufgaben die Entwürfe
  in ihrer Funktionalität erweitert worden.

- **Entwurfsvalidierung**

  Die Validierung des logischen Schaltungsentwurfs erfolgt mit Hilfe eines Simulators. In diesem Abschnitt befinden sich Hinweise auf schaltungsspezifische Aspekte, auf die bei der Simulation zu achten ist. Beispiele hierfür sind die Erörterung spezieller Probleme und Fehlerquellen bzw. Hinweise auf die zu simulierenden Abläufe.

- **Nachbereitung**

  In der jede Aufgabe abschließenden Nachbereitung werden die Ergebnisse der Simulation bzw. Synthese ausgewertet, kommentiert und der Entwurf dokumentiert. Im Vordergrund steht dabei die Ermittlung der in Datenblättern üblicherweise angegebenen zeitlichen Parameter.

10.1 Kaskadierbare 4-Bit-Addiereinheit

Lernziele und Inhalte

Entwurfsstrategien Top-down, Bottom-up und Meet-in-the-Middle, strukturierter Schaltungsentwurf am einfachen Beispiel von Addiereinheiten, erste Erfahrungen im Umgang mit dem Entwurfssystem, Konfigurierung von VHDL-Komponenten, Modellierungsarten in VHDL, „bus resolution function".

10.1.1 Grundlagen

Ein Grundelement zur Durchführung arithmetischer Operationen ist der Addierer. Er kann sowohl zur Addition als auch zur Subtraktion binärer Zahlen eingesetzt werden. Darüber hinaus bilden Addierer die Ausgangsbasis zur Realisierung komplexerer Berechnungseinheiten, wie z. B. Multiplizierer oder komplette Arithmetik-Logik-Einheiten (ALUs), die zu den Kernstücken von Mikroprozessoren gehören. Ein durch Parallelschaltung kaskadierbares Addierermodul stellt somit ein vielseitig einsetzbares Rechenelement dar.

Halbaddierer. Das einfachste Addierermodul ist der *Halbaddierer*. Ein derartiger Baustein ist in der Lage, zwei 1-Bit-Operanden A und B zu addieren und das zweistellige Ergebnis, bestehend aus der Summe S und dem Übertrag $Cout$, zu generieren (s. Tab. 10.1).

A	B	Cout	S
0	0	0	0
0	1	0	1
1	0	0	1
1	1	1	0

Tabelle 10.1: Funktionstabelle eines Halbaddierers

Um 1-Bit-Addierermodule zu Addierern für mehrere Bit-Positionen kaskadieren zu können, ist es notwendig, daß jede 1-Bit-Einheit den Übertrag ihrer vorangeschalteten, d. h. der nächst niederwertigen Bit-Position, mit einbeziehen kann.

Volladdierer. Schaltungseinheiten, die neben den Eingangsvariablen A und B auch einen Eingangsübertrag Cin berücksichtigen, werden dementsprechend als *Volladdierer* bezeichnet. Formt man die Funktionsgleichungen des Volladdierers in geeigneter Weise um, so wird offensichtlich, daß ein Volladdierer leicht aus zwei Halbaddierern aufgebaut werden kann. Ein Halbaddierer übernimmt die Summenbildung aus A und B, ein weiterer ist für die Einbeziehung des Eingangsübertrags Cin zuständig. Tab. 10.2 enthält die Funktionstabelle eines Volladdierers.

Cin	A	B	Cout	S
0	0	0	0	0
0	0	1	0	1
0	1	0	0	1
0	1	1	1	0
1	0	0	0	1
1	0	1	1	0
1	1	0	1	0
1	1	1	1	1

Tabelle 10.2: Funktionstabelle eines Volladdierers

N-Bit-Addierer. Addierer für n-stellige Binärzahlen können auf einfache Weise aus n-1 Volladdierern und einem Halbaddierer aufgebaut werden, indem jede Addiererstufe an ihrem Übertragseingang Cin das Ausgangssignal $Cout$ ihrer Vorgängerstufe erhält. Da die niederwertigste Addiererstufe keinen Vorgänger hat, deren Übertrag sie verarbeiten muß, ist dort ein Halbaddierer ausreichend. Für kaskadierbare N-Bit-Addierer wird ein Übertragseingang benötigt, und damit sind n Volladdierer erforderlich.

Bei einem so aufgebauten Addierer muß der Übertrag alle Stufen der Reihe nach durchlaufen haben, bevor in der höchstwertigen Stufe der endgültige Übertrag und das Resultat S ermittelt werden können. Dieses Verfahren wird als *Ripple-Carry* bezeichnet.

Der Zeitbedarf einer Addition nach dem Ripple-Carry-Prinzip wächst proportional mit der zu verarbeitenden Wortbreite. Um dies zu vermeiden, werden für den Aufbau von Mikroprozessoren oft Addierer verwendet, die nach dem *Carry-look-ahead*-Prinzip arbeiten. Bei diesem Verfahren werden alle Überträge direkt aus den Eingangsvariablen berechnet. Dabei werden, unabhängig von der Wortbreite, lediglich zwei Gatterlaufzeiten benötigt, wobei allerdings der Schaltungsaufwand für die parallele Berechnungslogik entsprechend anwächst. Aus Vereinfachungsgründen werden sich die nachfolgenden Übungsaufgaben auf das Ripple-Carry-Verfahren beschränken. Im Rahmen des Top-down-Entwurfs der ALU (Aufgabe 10.2) wird speziell auf das Carry-look-ahead-Verfahren näher eingegangen.

10.1.2 Bottom-up-Entwurfsdurchführung

10.1.2.1 Aufgabenstellung

Der Bottom-up-Entwurf des 4-Bit-Addierermoduls zerfällt in drei Teilaufgaben:

1. Aus logischen Grundgattern einer Standardzellenbibliothek ist ein Halbaddierermodul mit der Bezeichnung *HA* zu entwerfen.

2. Auf der Basis dieses Halbaddierers wird anschließend der Volladdierer *FA* entworfen.

3. Das 4-Bit-Addierermodul *ADD4B* wird aus vier Instanzen von *FA* aufgebaut. Die Weiterleitung des Übertrags zwischen den einzelnen Volladdierern erfolgt dabei nach dem Ripple-Carry-Verfahren. Es ist darauf zu achten, daß sich *ADD4B* ebenfalls zur Kaskadierung – etwa zum Aufbau eines 12-Bit-Addierers – eignet. Die in Abb. 10.2 dargestellte Schnittstelle ist dementsprechend zu erweitern.

Die nachfolgende Schilderung der Entwurfsdurchführung geht auf die Vorgehensweise beim Bottom-up-Entwurf mit

- graphischen Editoren,

- VHDL

ein und ermöglicht so eine Gegenüberstellung der Entwurfsmethoden.

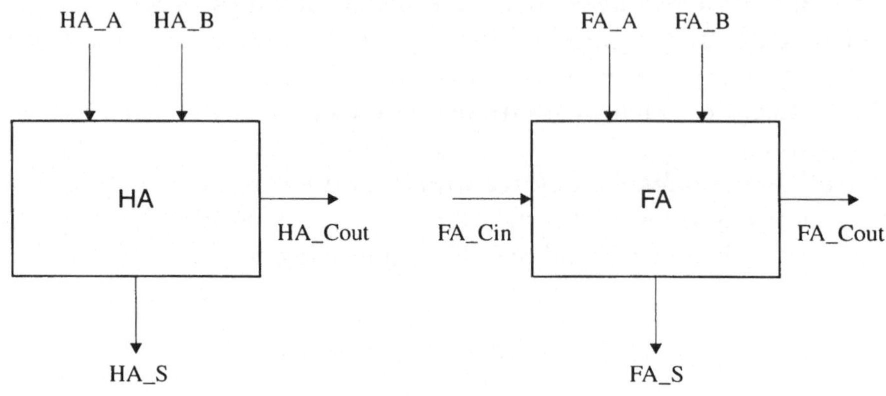

a) Halbaddierer

b) Volladdierer

Abbildung 10.1: Schnittstelle von *HA* und *FA*

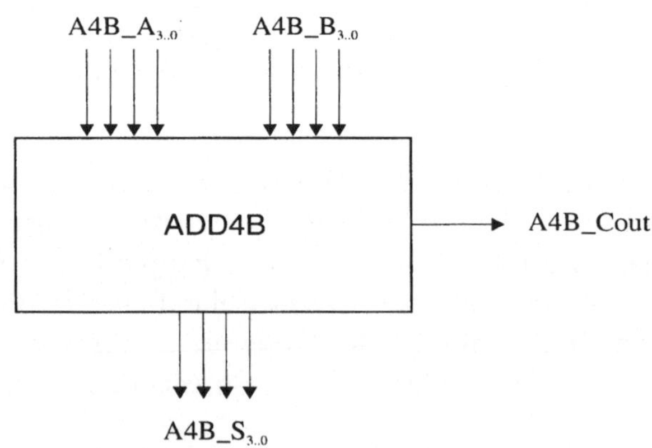

c) 4-Bit-Addierer

Abbildung 10.2: Schnittstelle von *ADD4B*

10.1.2.2 Entwurfsdurchführung mit graphischem Editor

Beim Entwurf des Halbaddierers HA sind die folgenden, grundlegenden Schritte durchzuführen:

1. **Aufstellen der Funktionsgleichung**
   Aus der Funktionstabelle des Halbaddierers (s. Tab. 10.1) können die *disjunktiven Normalformen* der Booleschen Funktionen für die Ausgänge von HA (S und $Cout$) abgelesen und anschließend gegebenenfalls minimiert werden.

2. **Übertragung der Funktionsgleichung in ein Schaltbild**
   Die Gleichungen lassen sich direkt in ein entsprechendes, in diesem Fall sehr einfaches Schaltnetz übertragen.

3. **Erstellung des Symbols (Schaltzeichens)**
   Mit dem entsprechenden graphischen Editor wird ein Symbol (Schaltzeichen) erstellt, das durch sein Aussehen hinreichend Information über die Komponente vermittelt. Bei der späteren Instantiierung wird dieses Symbol die Komponente graphisch repräsentieren.

4. **Registrierung der Komponente und des Symbols**
   Um eine spätere Instantiierung (Wiederverwendung) zu ermöglichen, muß die Schaltung des Halbaddierermoduls, deren editierbares Schaltbild auch als Schematic bezeichnet wird, dem Entwurfssystem als Komponente bekanntgemacht werden. Der entsprechende Vorgang, der zugleich auch das erstellte Symbol mit dem Schematic verknüpft, wird häufig als *Registrierung* bezeichnet.

Einzelheiten über die Eingabe und Registrierung von Komponenten sowie die Erstellung und Zuordnung von Symbolen (Schaltzeichen) können der Dokumentation des verwendeten Entwurfssystems entnommen werden.

Teilaufgabe 1.A.1: *Erstellen Sie den Halbaddierer HA.*

Teilaufgabe 1.A.2: *Realisieren Sie analog den Volladdierer FA unter Verwendung von Instanzen der Komponente HA (s. Abschnitt 10.1.1).*

Teilaufgabe 1.A.3: *Erstellen Sie durch entsprechende Verschaltung von vier FA-Komponenten den 4-Bit-Addierer ADD4B.*

Um die Simulation bzw. Instantiierung zu vereinfachen, sind die Eingangssignale $A4B\_A_3$ ... $A4B\_A_0$ und $A4B\_B_3$ ... $A4B\_B_0$ sowie die Ausgänge $A4B\_S_3$ ... $A4B\_S_0$ zu jeweils vier Bit breiten *Bussen* zusammenzufassen. Unter einem Bus wird im folgenden die logische Zusammenfassung mehrerer Einzelverbindungen zu einem Objekt verstanden (s. Abschnitt 3.2.1.1). Analog zur Unterstützung von Feldern (Arrays) durch höhere Programmiersprachen wird so die Möglichkeit geschaffen, Signalgruppen jeweils als eine einzige „Variable" anzusprechen, z. B. ihnen einen gemeinsamen Wert (bei vier Bits eine einstellige Hexadezimalzahl) zuzuweisen. Weiterhin tragen sie entscheidend zur Übersicht in den Schematics (Schaltbildern) bei.

Alle Komponenten sind vor ihrer Weiterverwendung (Instantiierung) durch Logiksimulation auf ihre korrekte Funktionalität hin zu überprüfen. Für die Schaltungssimulation ist es wichtig, alle Signale mit individuellen Namen zu versehen. Es ist empfehlenswert, dabei ein Kürzel des Schaltungsnamens voranzustellen (z. B. HA_A für den Eingang A des Halbaddierers HA).

10.1.2.3 Entwurfsdurchführung mit VHDL

Mit VHDL können ebenfalls die Komponenten nach der in der Aufgabenstellung festgelegten Reihenfolge entworfen werden. Nachdem die Entities der einzelnen Module festgelegt wurden, muß das Verhalten in der Architektur beschrieben werden. Die erforderlichen Teilschritte lassen sich mit denen der graphischen Eingabe vergleichen. Während die Aufstellung der Funktionsgleichungen und Übertragung in ein Schaltbild einer Architekturimplementierung entspricht, sind Schaltzeichen und Entity als ähnlich anzusehen. Durch die Übersetzung (Analyse) sind die VHDL-Entwurfsobjekte in der Modellbibliothek verfügbar und können durch Konfiguration zueinander in Beziehung gebracht werden.

VHDL bietet verschiedene Methoden, um die aufgestellten Funktionsgleichungen einzubinden. Da beim Bottom-up-Entwurf existierende Bausteine in einer höheren Beschreibungsebene verwendet werden, ist hier nur die Abbildung der Gleichungen auf Strukturkomponenten möglich. Im Abschnitt

10.1.3, der sich mit dem Top-down-Entwurf befaßt, wird auf andere Modellierungsarten eingegangen. Bei strukturellen Beschreibungen wird die Hierarchie mit der Referenzierung von Komponenten und deren Instantiierung aufgebaut.

Vorgaben

Da mit Hilfe der Addiermodule auf weitere, praktische Aspekte der Entwurfsbeschreibung mit VHDL eingegangen werden soll, enthalten die über WWW zugänglichen Dateien die Beschreibungen der Entities und Architekturen der Komponenten in VHDL.

Zunächst eine kurze Beschreibung der Dateien mit den in der Aufgabenstellung beschriebenen Module in VHDL:

- `ha.vhd`
  Definition der für den Volladdierer benötigten Halbaddierer HA,

- `fa.vhd`
  Instantiierung der Halbaddierer HA und die damit verbundene Beschreibung des Volladdierers FA,

- `add4b.vhd`
  Beschreibung des 4-Bit-Addierers $ADD4B$ durch Instantiierung der Volladdierer FA.

Wie beim graphischen Entwurf wurden zur Vereinfachung der späteren Simulation bzw. Intanziierung die Eingangssignale $A4B\_A$ und $A4B\_B$ und die Ausgänge $A4B\_S$ zu Bussen zusammengefaßt.

Konfiguration

Die hierarchische Zusammensetzung der in den Dateien beschriebenen Komponenten zum 4-Bit-Addierer $ADD4B$ wird in der Konfiguration (s. Abschnitt 4.3.6.3) durch Festlegung, welches existierende VHDL-Modell in die Komponenteninstanz eingesetzt wird, definiert.

Teilaufgabe 1.A.4:   *Geben Sie die Konfiguration für ADD4B an.*

Modellierung der Verzögerungszeiten

Die Bestimmung der Verzögerungszeiten ist sehr wichtig für die Erstellung von Datenblättern und abstrakteren Modellen. Die in den Architekturen der VHDL-Beschreibungen mit Hilfe des einfachen Verzögerungsmodells beschriebenen Verzögerungszeiten sind generisch. Zur Bestimmung des zeitlichen Verhaltens der Schaltung unter Verwendung von Standardzellen sollen jetzt die maximalen Verzögerungszeiten aus den Datenblättern der verwendeten Zellenbibliothek verwendet werden.

Teilaufgabe 1.A.5: *Realisieren Sie in weiteren Architekturbeschreibungen das Verhalten der im 4-Bit-Addierer verwendeten Komponenten durch Gatter aus der Ihnen zur Verfügung stehenden Standardzellenbibliothek. Dazu müssen Sie das logische und zeitliche Verhalten der Gatter nachbilden.*

Mögliche Arten der Modellierung von Gatterverzögerungen in VHDL werden in Abschnitt 3.4.4.3 beschrieben. Achten Sie darauf, daß bei der Verwendung einer Standardzellenbibliothek mit anderen Verzögerungszeiten die Architekturen schnell und einfach geändert werden können.

Teilaufgabe 1.A.6: *Konfigurieren Sie den 4-Bit-Addierer mit den an die Bibliothek angepaßten Komponenten.*

10.1.2.4 Validierung des Schematic-basierten Entwurfs

Bei der Simulation des Halb- und des Volladdieres ist die Übereinstimmung mit den Funktionstabellen in Tab. 10.1 bzw. Tab. 10.2 zu überprüfen. Die Wahl dieser Eingabewerte, auch Testvektoren genannt, ist nicht trivial, da bei einem erschöpfenden funktionalen Test die Zahl der Vektoren exponentiell mit der Zahl der Eingangsvariablen steigt.

Die Stimuli (Eingabewerte) für den 4-Bit-Addierer $ADD4B$ sind so zu wählen, daß die korrekte Verschaltung der einzelnen Volladdierer nachgewiesen werden kann. Des weiteren ist darauf zu achten, daß aus den Simulationsläufen die für die Nachbereitung benötigten Verzögerungszeiten hervorgehen. Insbesondere muß die zeitliche Auswirkung des Ripple-Carry korrekt erfaßt werden können. Wählen Sie dazu die Stimuli für den 4-Bit-Addierer so, daß auf den vier Bit breiten Ein- und Ausgangsbussen jede Bit-Position identifiziert werden kann, d. h. daß eventuelle spiegelbildliche Vertauschungen oder Verdrehungen einzelner Signale im Inneren des Addierermoduls erkennbar sind.

10.1.2.5 Validierung des VHDL-Entwurfs

VHDL erlaubt in einer Test-Bench den automatischen Vergleich der simulierten Werte des an die Standardzellenbibliothek angepaßten strukturellen Entwurfs des 4-Bit-Addierers mit vorgegebenen Funktionswerten. Mit Hilfe der `assert`-Anweisung kann bei Nichtübereinstimmung zwischen den verzögerten, simulierten Werten und den Funktionswerten eine Fehlermeldung ausgegeben werden.

Teilaufgabe 1.A.7: *Integrieren Sie unter Verwendung der Integer-Addition und Funktionen zur Konvertierungen zwischen Vektordarstellungen und Integer aus den Ihnen zur Verfügung stehenden Standardpaketen einen automatischen Soll-Ist-Vergleich für alle Eingabekombinationen in die Test-Bench.*

Validieren Sie Ihre Modellierung durch automatischen Vergleich der jeweils simulierten Werte. Können Sie durch Simulation die maximalen Verzögerungszeiten des 4-Bit-Addierers automatisch bestimmen?

10.1.2.6 Auswertung (Nachbereitung)

Vervollständigen Sie anhand der Simulationsergebnisse die nachfolgenden Datenblätter.

Die Eingänge $A4B\_A_3 \ldots A4B\_A_0$ bzw. $A4B\_B_3 \ldots A4B\_B_0$ des 4-Bit-Addiereres $ADD4B$ werden aus Gründen der Vereinfachung gemeinsam betrachtet. Geben Sie stets die *maximalen* Werte an, welche durch das Ripple-Carry-Prinzip bedingt sind.

Parameter	Von	Nach	Wert [ns]
t_{plh}	HA_A/HA_B	HA_S	
t_{phl}		HA_S	
t_{plh}		HA_Cout	
t_{plh}		HA_Cout	

Tabelle 10.3: Halbaddierer *HA*

Parameter	Von	Nach	Wert [ns]
t_{plh}	FA_A/FA_B	FA_S	
t_{phl}			
t_{plh}		FA_Cout	
t_{phl}			
t_{plh}	FA_Cin	FA_S	
t_{phl}			
t_{plh}		FA_Cout	
t_{phl}			

Tabelle 10.4: Volladdierer *FA*

Parameter	Von	Nach	Wert [ns]
t_{plh}	A4B_A/A4B_B	A4B_S	
t_{phl}			
t_{plh}		A4B_Cout	
t_{phl}			
t_{plh}	A4B_Cin	A4B_S	
t_{phl}			
t_{plh}		A4B_Cout	
t_{phl}			

Tabelle 10.5: 4-Bit-Addierer *ADD4B*

10.1.3 Top-down-Entwurfsdurchführung

10.1.3.1 Aufgabenstellung

Auf der Basis des im Bottom-up-Entwurf modellierten 4-Bit-Addierers *ADD4B* soll der synchrone 4-Bit-Addierer *SYNCHADD* gemäß dem Schaltplan in Abb. 10.3 mit unterschiedlichen Modellierungsarten (Struktur, Datenfluß und Verhalten) entworfen werden.

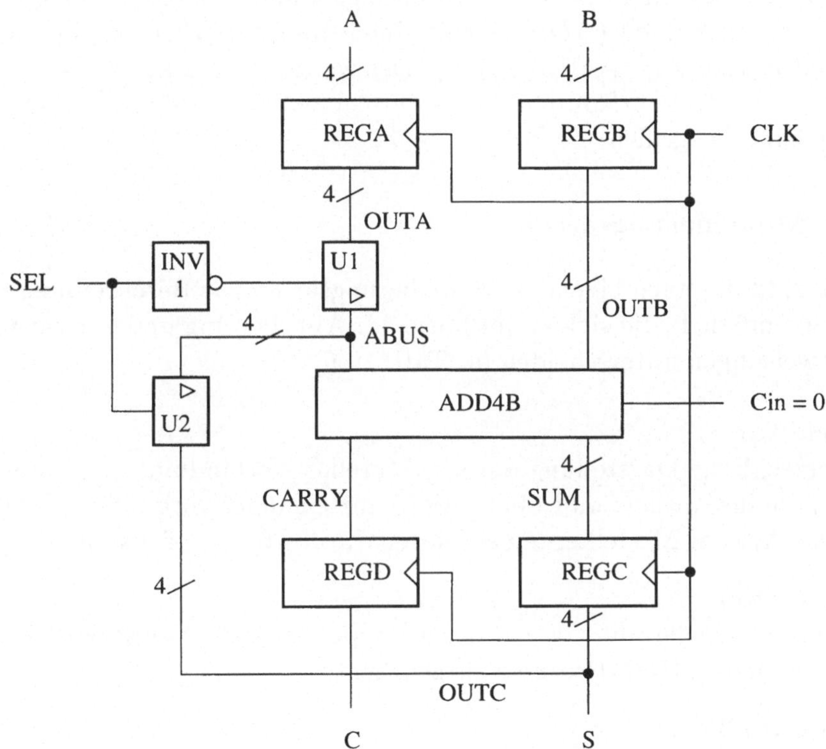

Abbildung 10.3: Schaltplan des synchronen 4-Bit-Addierers *SYNCHADD*

Der synchrone 4-Bit-Addierer besteht aus den Komponenten:

- 4-Bit-Addierer (*ADD4B*),

- 4-Bit-Register (*REGA, REGB, REGC*),

- 1-Bit-Register (*REGD*),

- Inverter (*INV*),

- 4-Bit-Tri-State-Buffer (*U1*, *U2*).

Beschreiben Sie umgangssprachlich die prinzipielle Funktionsweise des synchronen 4-Bit-Addierers.

Diese Komponente wird in dieser Form für die weitere Implementierung des Mikroprozessors nicht benötigt. Allerdings findet sich die Verknüpfung einer Arithmetik-Einheit (*ADD4B*) mit einem Register (*REG_C*) in einem Akkumulator wieder (s. Aufgabe 10.6). Des weiteren wird auf Funktionen, die im Zuge der Entwurfsdurchführung implementiert werden, in späteren Aufgaben zurückgegriffen.

10.1.3.2 Modellierungsarten

In VHDL sind die nachfolgenden Modellierungsarten zur Beschreibung der Abstraktion möglich, die sich in der Form der Abarbeitung und der verwendeten Anweisungen unterscheiden (s. Tab. 10.6):

- **Struktur**
  Hierarchische Darstellung der strukturellen Verbindung von Elementen, die instantiiert und über Signale miteinander verbunden werden. Diese Art der Modellierung steht der Hardware am nächsten.

- **Verhalten**
  Der funktionelle oder algorithmische Aspekt eines Entwurfs wird durch sequentielle VHDL-Prozesse ausgedrückt.

- **Datenfluß**
  Beschreibung des Datenflusses vom Eingang zum Ausgang des entworfenen Modells. Eine Operation wird definiert durch eine Sammlung von Datentransformationen und durch nebenläufige Anweisungen. Somit handelt es sich um eine Mischung aus Struktur- und Verhaltensbeschreibung, die die Struktur von Datenpfaden beschreibt, während die Operationen auf den Daten als elementare Funktionen (z. B. logische und arithmetische Funktionen, Vergleiche, Kodierungen und Dekodierungen, ...) vorhanden sind.

Modellierung	Abarbeitung	Anweisungen
Struktur	Nebenläufig	Komponenteninstanzen
Verhalten	Sequentiell	Prozeß Variablenzuweisung Kontrollanweisungen Prozeduraufruf
Datenfluß	Nebenläufig (implizite Definition der Struktur)	Block Signalzuweisungen Nebenläufiger Prozeduraufruf

Tabelle 10.6: Modellierungsarten in VHDL

Beispiel. Die verschiedenen Modellierungsarten sollen am Beispiel einer Realisierung der Äquivalenzfunktion *equal* mit den Parametern A und B dargestellt werden:

Struktur:
```
component XOR2
    port ( I1, I2 : in Bit; O : out Bit );
end component;
component INV
    port ( I : in Bit; O : out Bit );
end component;
signal TEMP : Bit;
begin
    I1: XOR2 port map ( A, B, TEMP );
    I2: INV   port map ( TEMP, Y );
end;
```

Verhalten:
```
process ( A, B )
begin
    if A = B then
        Y <= '1' after 5 ns;
    else
        Y <= '0' after 6 ns;
    end if;
end process;
```

Datenfluß: Y <= **not** (A **xor** B) **after** 5 ns;

Schaltungen und Systeme werden meistens durch eine geeignete Kombination dieser Modellierungsarten beschrieben.

Diese Arten erlauben den *Top-down-Entwurf*, der als ein Detaillierungsprozeß aufgefaßt werden kann, während dessen Verlauf eine Aufgabe in kleinere Teileinheiten partitioniert wird. Das Verhalten jeder Teilfunktion kann mit VHDL beschrieben werden.

Im folgenden werden die Modelle gemäß den verschiedenen Modellierungsarten erstellt. Zunächst wird auf die strukturelle Modellierung eingegangen, da sie eine gute Ausgangsbasis für die weiteren Modellierungen darstellt. Darüber hinaus ermöglicht sie es, den Umgang mit dem VHDL-Simulationssystem zu üben (s. Abschnitt 10.1.3).

10.1.3.3 Entwurfsdurchführung

Strukturelle Modellierung

Bei der Beschreibung des Bottom-up-Entwurfs des 4-Bit-Addierers (s. Abschnitt 10.1.2) wurden bereits die Dateien `add4b.vhd`, `fa.vhd` und `ha.vhd` vorgestellt. Die weiteren für den synchronen Addierer notwendigen VHDL-Beschreibungen befinden sich in den Dateien:

- `synchadd.vhd`
  Netzliste zur Beschreibung des synchronen Addierers auf der obersten Hierarchieebene. Alle Komponenten in Abb. 10.3 sind VHDL-Entities in einer niedrigeren Ebene, die in der nachfolgenden Datei oder in der schon im Bottom-up-Entwurf verwendeten Datei `add4b.vhd` beschrieben werden.

- `buf4b.vhd`
  Beschreibung des 4-Bit-Tri-State-Buffer *BUF4B*. Hierzu wird die Komponente *BUF3S* aus dem Paket *STD_LOGIC_COMPONENTS* viermal instantiiert.

Zeit [ns]	0	50	100	150	200	250	300	350	400	450	500	550
CLK	0	1	0	1	0	1	0	1	0	1	0	1
SEL	0	0	0	0	0	0	0	0	0	0	1	1
A	0	0	1	1	8	8	7	7	0	0	0	0
B	0	0	1	1	8	8	1	1	3	3	0	0
S												
C												

Tabelle 10.7: Wertetabelle für Teststimuli

Validierung. In Abschnitt 4.3.3 wurde der prinzipielle Aufbau einer Test-Bench in VHDL vorgestellt. Die korrekte Funktionsweise des synchronen Addierers soll nun mit Hilfe der Stimuli in Tab. 10.7 überprüft werden.

Ergänzen Sie die Wertetabelle unter der Annahme, daß die Register ohne Verzögerung arbeiten.

In der Datei `testbench.vhd` finden Sie eine Test-Bench, mit welcher der Addierer unter Zuhilfenahme der obigen Stimuli getestet werden kann sowie die für die Test-Bench notwendige Konfiguration *CTEST*.

Des weiteren werden für die Simulation neben den bereits im Bottom-up-Entwurf (s. Abschnitt 10.1.2.3) beschriebenen VHDL-Dateien (`ha.vhd`, `fa.vhd` und `add4b.vhd`) die oben beschriebene Dateien `buf4b.vhd` und `synchadd.vhd` benötigt.

Simulieren Sie den Addierer mit Ihrem VHDL-Simulator. Machen Sie die Signalverläufe sichtbar und überprüfen Sie die Ergebnisse auf Korrektheit.

Teilaufgabe 1.B.1: *Geben Sie in VHDL eine alternative, flexiblere und leichter änderbare Beschreibung der Signalverläufe an, die in der Test-Bench* `testbench.vhd` *definiert sind.*

Teilaufgabe 1.B.2: *Geben Sie andere Konfigurationsmöglichkeiten an (s. Abschnitt 4.3.6.3.*

Im folgenden sollen die so vollständig strukturell beschriebenen und validierten Komponenten auf die beiden anderen Arten modelliert werden.

Verhaltensorientierte Modellierung

Der synchrone Addierer ist vollständig verhaltensorientiert mit einem Prozeß zu beschreiben. In der verhaltensorientierten Beschreibung des synchronen Addierers müssen modelliert werden:

1. Addition,

2. Register,

3. Datentransfer zwischen den Registern und dem Addierer.

Addition. Je nach Art der Zahlendarstellung mit

- *Integer*,

- *Bit_Vector, Std_ULogic_Vector* etc.

ergeben sich für arithmetische Operationen unterschiedliche Realisierungsmöglichkeiten mit verschiedenen Vorteilen. Die Darstellung mit dem Standardtyp *Integer* ist eine natürlichere und präzisere Beschreibung als die Bit-Vektordarstellung. Wird aber nur ein Teil des Objektes betrachtet, z. B. bei Rundung oder Bereichsüberschreitung, dann ist die binäre Repräsentation geeigneter.

Auf der Basis von *Std_Logic* definieren die IEEE-Standardarithmetikpakete *STD_LOGIC_UNSIGNED* und *STD_LOGIC_SIGNED* durch Überladung u. a. den Operator „+". Im Synopsys-System werden für Bit-Vektoren im Paket *BV_ARITHMETIC* arithmetische Operationen definiert. Transformationsfunktionen aus den Arithmetikpaketen erlauben eine einfache Konvertierung der einen Form in die andere, so daß die jeweils geeignete Repräsentation gewählt werden kann.

Teilaufgabe 1.B.3: *Die Summanden A und B werden weiterhin als Vektoren übergeben. Schreiben Sie unter Berücksichtigung des Übertrags Cin am Eingang jeweils eine Prozedur zur Berechnung einer 4-Bit-Summe S und des entstehenden Übertrags Cout*

- *mit Hilfe der Integer-Addition,*

- *nach der Schulmethode (s. Abschnitt 10.1.1),*

- *unter Verwendung des Operators „+" für Signed.*

Fassen Sie die verschiedenen Prozeduren in dem Paket ARITHMETIC zusammen.

Register. In der nächsten Aufgabe (10.3) wird genauer auf die VHDL-Beschreibung von Registern eingegangen. Eine einfache Möglichkeit, Register implizit zu beschreiben, ist die Verwendung eines Prozesses nach dem folgenden Schema (s. Abschnitt 5.4.1.3):

```
process ( CLK, ...)
begin
    ...
    if CLK'event and CLK = '1' then
        ...
        Q <= ...; -- Datenspeicherung
        ...
    end if;
    ...
end process;
```

Modellierung des Datentransfers. Mit Hilfe des Inverters *INV* und der 4-Bit-Buffer *U1* und *U2* wird der Datenfluß zwischen den Registern und dem Addierer gesteuert.

Teilaufgabe 1.B.4: *Beschreiben Sie die durch diese Komponenten realisierte Funktion verhaltensorientiert als Folge von sequentiellen Anweisungen.*

Teilaufgabe 1.B.5: *Geben Sie den vollständigen Prozeß an und binden Sie ihn in eine Architektur ein. Validieren Sie die Beschreibung.*

Datenflußbeschreibung

Register und Addition. Die Datenflußmodellierung erfordert eine nebenläufige Beschreibung des Ablaufs.

Teilaufgabe 1.B.6: *Beschreiben Sie die Register mit Hilfe des „guarded command"-Konzepts.*

Die Addition soll weiterhin mit einer Prozedur algorithmisch beschrieben werden. Da für Prozedur- und Funktionsparameter der Typen **out** und **inout** standardmäßig Variablen erwartet werden, ist die Prozedur bzw. Funktion nur in einem sequentiellen Kontext (Unterprogramm oder Prozeß) möglich. Werden diese Parameter explizit als Signal definiert und Signalzuweisungen verwendet, dann kann die Prozedur oder Funktion nebenläufig aufgerufen werden.

Teilaufgabe 1.B.7:   *Kopieren Sie das von Ihnen während der verhaltensorientierten Modellierung entwickelte Paket ARITHMETIC mit den verschiedenen Prozeduren zur Realisierung der Addition. Modifizieren Sie die Parameter auf die geschilderte Art und Weise. Verallgemeinern Sie die Addition für n Bit.*

Busrealisierung.   In der verhaltensorientierten Beschreibung mußte auf die Hardware-Realisierung der Verbindungsstrukturen der Elemente keine Rücksicht genommen werden. Dies ändert sich jetzt: Die Verbindungsstrukturen der Elemente (Register und Addierer) untereinander sollen *implizit* beschrieben werden.

Nach der Strukturbeschreibung in Abb. 10.3 sind die Ausgänge der 4-Bit-Buffer *U1* und *U2* miteinander verbunden – über einen sog. Bus (*ABUS* in Abb. 10.3). Für den Fall, daß *beide* Ausgänge *aktiv* sind, ist eine Funktion zur Konfliktlösung („bus resolution function") notwendig (s. Abschnitt 3.4.1.2). Die für *Std_Logic* definierte Funktion *resolved* ist in der Lage, das Verhalten von auf einen Bus zusammengeschalteten Komponenten mit Tri-State-Ausgängen zu modellieren.

Die Busrealisierung soll nun auf zwei andere Arten implizit beschrieben werden:

Teilaufgabe 1.B.8:   *Beschreiben Sie datenflußorientiert eine Tri-State-Busrealisierung mit Hilfe von nebenläufigen Anweisungen.*

Teilaufgabe 1.B.9:   *Ersetzen Sie die 4-Bit-Buffer U1 und U2 und den Inverter INV durch einen implizit beschriebenen Multiplexer.*

Validieren Sie jeweils Ihre Implementierungen.

Meet-in-the-Middle

Teilaufgabe 1.B.10:   *Ersetzen Sie die prozedurale Addition aus der Datenflußbeschreibung durch die Instantiierung der strukturell beschriebenen Komponente ADD4B. Validieren Sie Ihre Beschreibung.*

10.1.3.4 Parametrisierbare Beschreibungen

Eine Parametrisierung kann benutzt werden für:

- Zeitparameter,

- Dimension der in den Ports verwendeten Signalvektoren,

- Wertebereiche von Subtypen,

- Physikalische Größen (z. B. Temperatur, kapazitive Last),

- Zahl der instantiierten Unterkomponenten, d. h. Parametrisierung der Struktur: Reguläre Strukturen bzw. optionale Strukturen.

Bei dem im vorigen Abschnitt untersuchten Addierer handelt es sich um einen 4-Bit-Ripple-Carry-Addierer. Die Volladdierer (FA) sind daher regulär miteinander verbunden.

Generate-Anweisung

Hardware kann oft mit mehreren gleichartigen Modulen, die in regulärer Art und Weise miteinander verbunden sind, realisiert werden. VHDL ermöglicht mit Hilfe der `generate`-Anweisung die parametrisierbare Definition einer Reihe von nebenläufigen Anweisungen, die für einen diskreten Bereich oder in Abhängigkeit von Bedingungen ausgeführt werden. Dies erlaubt eine einfache und flexible *generische Definition* von regulären Strukturen, die in ihrer Größe allgemein gehalten werden können (vgl. Gatter aus dem Standard-Package und die vierfache Instantiierung des Tri-State-Buffer in der Datei `buf4b.vhd`).

Für einen diskreten Bereich wird die `generate`-Anweisung mit einer `for`-Schleife folgendermaßen kombiniert:

generate_ name: **for** *var_ name* **in** *range* **generate** ... **end generate**.

Die für den Index benötigte Laufvariable *var_ name* wird automatisch deklariert und kann innerhalb der Anweisung verwendet werden.

Da parametrisierte reguläre Schaltungen und Systeme fast immer Sonderfälle aufweisen, gibt es optionale Strukuren, z. B.

- Ein- und Ausgangsleitungen,

- Randbausteine von systolischen Arrays,

- Rekursive Strukturen (Rekursionsverankerung!),

- Komponenten für den Systemtest.

Diese Fälle erfordern die Verwendung der Anweisung

generate_name: **if** *condition* **generate** ... **end generate**.

Die durch **generate**-Anweisungen instantiierten Komponenten müssen in der Konfiguration des strukturellen Modells mit Blockkonfigurationsanweisungen näher beschrieben werden:

for *generate_name* [(*index_range*)]
    -- *Weitere Blockkonfigurationen*
    -- *Komponentenkonfigurationen*
end for;

Die Zahl der instantiierten Komponenten ist in der Beschreibung nicht fixiert. Sie kann erst beim Konfigurieren festgelegt werden.

Teilaufgabe 1.B.11:   *Beschreiben Sie mit Hilfe der* **generate**-*Anweisung einen N-Bit-Ripple-Carry-Addierer in VHDL. Als Verzögerungszeiten sollen die in der Standardzellenbibliothek vorgegebenen maximalen Verzögerungszeiten verwendet werden. Geben Sie die Konfiguration an.*

Validierung des generischen Ripple-Carry-Addierers

Weisen Sie die korrekte Funktion des Ripple-Carry-Addierers für $n = 12$ nach, indem Sie ihn mit allen Eingangskombinationen testen. Schreiben Sie die dafür erforderliche Test-Bench.

10.2 Kaskadierbare Arithmetik-Logik-Einheit (ALU)

Lernziele und Inhalte

Schaltungstechnische Realisierung von Arithmetik-Logik-Einheiten, Grundoperationen durch einen strukturierten Entwurf und Synthese.

10.2.1 Grundlagen

Werden in einem digitalen System arithmetische und logische Operationen zu verschiedenen Zeiten benötigt, dann können diese in einer Arithmetik-Logik-Einheit (ALU^1) zusammengefaßt werden, was den Flächenbedarf verringert.

Bei einer ALU handelt es sich um ein Schaltnetz zur Berechnung verschiedener arithmetischer und logischer Funktionen F mit bis zu zwei Eingangsoperanden A und B. Die Verknüpfung $F(A, B)$ wird durch den Operationskode CTL festgelegt, der an den dafür vorgesehenen Steuereingängen angelegt wird. Die Funktion F hat für auftretende Überträge eine Bit-Stelle (Binärziffer) mehr als die beiden Operanden A und B. Arithmetik-Logik-Einheiten zählen zu den Kernstücken von Mikroprozessoren, sind aber auch in Form von Standardbausteinen als separate Schaltkreise erhältlich, z. B. als TTL-Baustein 74181 (4-Bit-ALU).

Zu den grundlegenden Operationen eines Mikroprozessors gehören neben den logischen und arithmetischen Funktionen auch die Schiebeoperationen. Diese werden aber meistens nicht mit der ALU realisiert, sondern direkt mit einem Schieberegister (s. Aufgabe 10.5).

Die ALU verknüpft die beiden n-stelligen Operanden

$$A = (A_{n-1}, A_{n-2}, \ldots, A_0)$$
$$B = (B_{n-1}, B_{n-2}, \ldots, B_0)$$

bei *logischen Operationen* zu dem (n+1)-stelligen Ergebnis

$$F(A, B, Cin) = (Cdummy, F_{n-1}, F_{n-2}, \ldots, F_0),$$

---

[1]ALU: Arithmetic and Logical Unit

wobei der Wert von Cin unberücksichtigt bleibt und $Cdummy$ jeden Wert annehmen darf, und bei *arithmetischen Funktionen* unter Berücksichtigung des Übertrags Cin zu dem (n+1)-stelligen Ergebnis

$$F(A, B, Cin) = (Cout, F_{n-1}, F_{n-2}, \ldots, F_0).$$

Da für die arithmetischen Operationen des *PMP12*-Mikroprozessors das *Zweierkomplement* als Zahlendarstellung verwendet wird, müssen negative Zahlen nicht gesondert behandelt werden. Mit dem Zweierkomplement lassen sich bei n Bits Zahlen von -2^{n-1} bis $2^{n-1} - 1$ darstellen.

10.2.2   Aufgabenstellung

Der Operationskode CTL, der an die Steuereingänge der 4-Bit-ALU *ALU4B* angelegt wird, selektiert eine mit den Eingangsoperanden durchzuführende Funktion aus Tab. 10.8.

Durchschalten von A	AL4_F = AL4_A AL4_Cout = 0
Durchschalten von B	AL4_F = AL4_B AL4_Cout = 0
Addition A + B	AL4_F = AL4_A + AL4_B + AL4_Cin AL4_Cout = Addiererübertrag
Subtraktion A − B	AL4_F = AL4_A − AL4_B − AL4_Cin AL4_Cout = Addiererübertrag
Negierte bitweise Konjunktion $\overline{A \wedge B}$	$AL4\_F_i = \overline{AL4\_A_i \wedge AL4\_B_i}$ für $i = 0..3$ AL4_Cout = 0

Tabelle 10.8: Funktionen der 4-Bit-ALU *ALU4B*

Aus drei kaskadierten Instanzen der 4-Bit-ALU wird dann die kaskadierbare 12-Bit-Realisierung *ALU12B* erstellt.

Die Schnittstelle von *ALU12B* ist, abgesehen von der Datenwortbreite, identisch mit der von *ALU4B* und wird durch Abb. 10.4 festgelegt und beinhaltet folgende Signale:

- **AL12_Cin** : Übertragseingang,

- **AL12_Cout** : Übertragsausgang,

- **AL12_CTL$_{m-1..0}$** : m Steuereingänge.

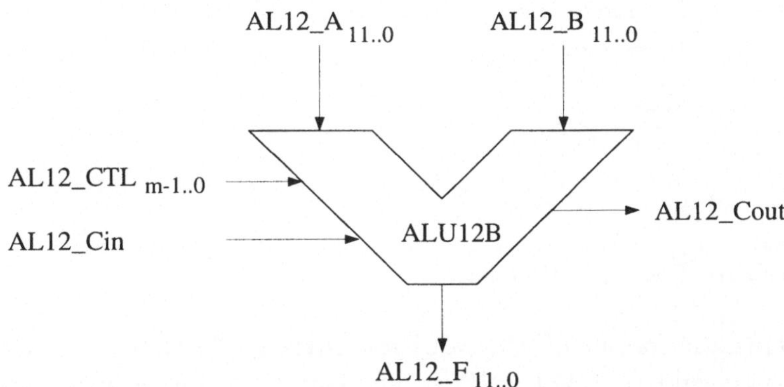

Abbildung 10.4: Schnittstelle der 12-Bit-ALU *ALU12B*

10.2.3 Bottom-up-Entwurfsdurchführung

Zentraler Bestandteil der meisten ALU-Einheiten ist ein Addierer. Die Funktionsauswahl wird im folgenden durch Steuern der Addierereingänge und Nachschalten von Multiplexern (s. Abb. 10.5) realisiert. Für die einzelnen Operationen aus Tab. 10.8 kann dies wie folgt aussehen:

Addition: $F = A + B + Cin$

Direktes Durchschalten der ALU-Dateneingänge auf die entsprechenden Eingänge des Addierers und Verbinden des Addiererausgangs mit dem ALU-Ausgang.

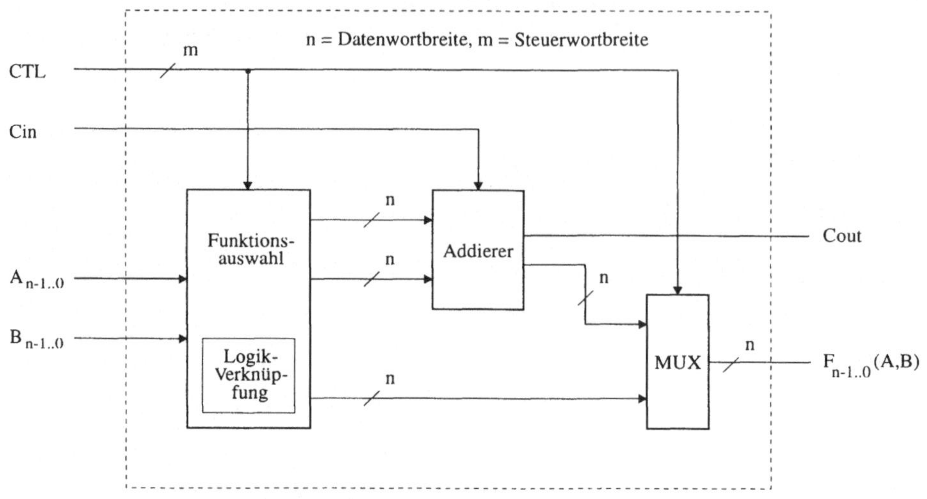

Abbildung 10.5: Erweiterung des Addierers zu einer einfachen ALU

Subtraktion: F = A – B – Cin

Die Subtraktion kann auf die Addition zurückgeführt werden, indem die
Funktionsauswahl (s. Abb. 10.5) den Dateneingang A unverändert, jedoch den Eingang B bitweise negiert auf die Addierereingänge schaltet. So
wird $A + \overline{B}$ berechnet, d. h. eine Addition des *Einerkomplements* von B
durchgeführt. Da das im Praktikum zu entwerfende Mikroprozessorsystem
PMP12 die *Zweierkomplementdarstellung* für vorzeichenbehaftete Dualzahlen verwendet, ist bei Verwendung der ALU-Komponente darauf zu achten,
daß bei einer Subtraktion der Übertragseingang auf '1' gesetzt werden muß.
So wird aus $F = A + \overline{B}$ durch $Cin = $'1' der Wert $A + \overline{B} + 1$, was der Summe aus A und dem Zweierkomplement von B, also der Subtraktion $A - B$
entspricht. Soll bei der Subtraktion ein „Borgen" aus einer vorangegangenen
Subtraktion berücksichtigt werden, dann muß 1 vom Operanden B abgezo-
gen werden, denn in diesem Fall ist nicht $A + \overline{B} + 1$, sondern $(A + \overline{B} + 1)$
$- 1$ zu berechnen. Dementsprechend muß dann der Übertragseingang auf '0'
gesetzt werden. Auch der Übertragsausgang muß im Sinne der Zweierkomplementdarstellung interpretiert werden: Eine '0' bedeutet einen Überlauf
der Subtraktion, also ein „Borgen", eine '1' besagt, daß kein Überlauf stattfindet. Der Eingang Cin ist somit auch als eine Art Steuereingang zur

Funktionsauswahl (hier: Unterscheidung Addition/Subtraktion) anzusehen. Diese Unterscheidungen werden aber erst bei Verwendung bzw. Simulation des ALU-Moduls im Akkumulator (Aufgabe 10.6) vorgenommen.

Direktes Durchschalten: F = A bzw. F = B

Die direkte Durchschaltung eines der Eingangsoperanden auf den Ausgang kann in der Funktionsauswahl durch Nullsetzen des jeweils anderen Addiereingangs bewirkt werden. Das Ergebnis dieser „Addition" wird auf den Schaltungsausgang gelegt. Diese Funktion wird in einem Mikroprozessor beispielsweise für das Laden oder Abspeichern von prozessorinternen Registern benötigt.

Logische Verknüpfung: z. B. F = $\overline{A \wedge B}$

In diesem Fall bewirken die Steuereingänge CTL, daß der Multiplexer am ALU-Ausgang nicht den Ausgang des Addierers, sondern den des logischen Verknüpfungsnetzwerks (s. Abb. 10.5) auswählt. Üblicherweise werden die bitweise Konjunktion (AND), Disjunktion (OR), Negation (NOT) und Antivalenz (XOR) zur Verfügung gestellt. Bei der Durchführung logischer Verknüpfungen muß der Übertragsausgang $Cout$ stets auf '0' gesetzt werden.

Aus Vereinfachungsgründen beschränkt sich im Bottom-up-Entwurf die Aufgabenstellung bei den logischen Funktionen auf die NAND-Funktion, aus der jedoch alle übrigen logischen Funktionen abgeleitet werden können.

10.2.3.1 Entwurfsdurchführung

Teilaufgabe 2.A.1: *Erweitern Sie gemäß der in Abb. 10.5 angegebenen Struktur den in Aufgabe 10.1 entworfenen 4-Bit-Addierer ADD4B zur kaskadierbaren 4-Bit-ALU ALU4B, die die in Tab. 10.8 festgelegten Funktionen unterstützt.*

Teilaufgabe 2.A.2: *Entwerfen Sie aus drei Instanzen von ALU4B die kaskadierbare 12-Bit-Ausführung ALU12B, nachdem Sie durch Logiksimulation die korrekte Funktion Ihres Entwurfs für ALU4B überprüft haben.*

Auch *ALU12B* soll als ein *kaskadierbares* Modul ausgelegt werden, obwohl die Wortbreite von *ALU12B* bereits der Datenwortbreite des zu entwerfenden Mikroprozessorsystems *PMP12* entspricht. Die Kaskadierbarkeit der

ALU-Einheit ist jedoch Voraussetzung dafür, daß auch Operanden verarbeitet werden können, deren Wortbreite einem Vielfachen der physikalischen ALU-Wortbreite entspricht. In diesen Fällen werden jeweils Teilworte in zeitlich aufeinanderfolgenden Operationen miteinander verknüpft. Dabei werden im Rahmen einer Prozessorumgebung sowohl die Zwischenergebnisse als auch die entstehenden Überträge zwischengespeichert (s. Aufgabe 10.6).

Teilaufgabe 2.A.3:   *Erstellen Sie mit dem graphischen Editor für die ALU-Komponente ALU12B ein Symbol (Schaltzeichen), das durch sein Aussehen hinreichend Information über das Bauteil vermittelt.*

10.2.3.2 Validierung

Für die Simulation sind die Eingangsoperanden so zu wählen, daß alle für die Datenblätter (Nachbereitung) benötigten Verzögerungszeiten aus den Simulationsläufen der 12-Bit-Komponente hervorgehen und daß evtl. Verdrahtungsfehler, wie z. B. das Vertauschen einzelner Signale oder Fehler bei der Komposition der drei *ALU4B* zu *ALU12B*, sicher erkannt werden.

Bei der Addition und Subtraktion müssen Stimuli verwendet werden, mit denen die Auswirkung des Ripple-Carry im Addierer (vgl. Aufgabe 10.1) erfaßbar sind. Diese Werte sollen später bei der Festlegung der maximal zulässigen Taktfrequenz des Mikroprozessorsystems *PMP12* herangezogen werden.

Simulieren Sie alle von *ALU12B* unterstützten Funktionen mit Hilfe geeigneter Eingangsdaten, insbesondere ist die Auswirkung des Übertragseingangs *AL12_Cin* auf die verschiedenen Operationen zu überprüfen. Beachten Sie bei der Simulation, daß im Zusammenhang mit der Subtraktion dieser Anschluß als ein Steuereingang anzusehen ist (s. Abschnitt 10.2.2).

10.2.3.3 Auswertung (Nachbereitung)

Kommentieren Sie die Simulatorausgabe, so daß die durchgeführten Operationen und die zugehörigen Verzögerungszeiten klar erkennbar sind.

Tragen Sie für die 12-Bit-Komponente die ermittelten Verzögerungszeiten in das nachfolgende Datenblatt ein.

Parameter	Von	Nach	Wert [ns]
t...			

Tabelle 10.9: Arithmetik-Logik-Einheit *ALU12B*

Hinweise

Werden Arithmetik-Logik-Einheiten in synchronen Systemen mit fester Taktfrequenz eingesetzt, so muß sich die Periodendauer des Systemtaktes am
Zeitbedarf der langsamsten Berechnung orientieren. In Datenblättern werden daher üblicherweise die verschiedenen Operationen, wie Addition, Subtraktion oder NAND, nicht separat aufgeführt, sondern den angegebenen
Verzögerungszeiten stets die zeitaufwendigsten Operationen zugrunde gelegt. Gehen Sie beim Ausfüllen des Datenblattes genauso vor. Machen
Sie jedoch in Ihren Simulationsergebnissen die von den verschiedenen Operationen benötigten Zeiten deutlich kenntlich, Sie erleichtern sich so das
Auffinden der längsten Signallaufzeiten für die verschiedenen Pfade erheblich. Dies gilt insbesondere auch für die Betrachtung des Steuersignals
$AL12\_CTL$.

Achten Sie bei der Addition und Subtraktion darauf, daß Sie für die Zeiter-
mittlung Eingangswerte zugrunde legen, die zu *maximalen* Verzögerungszeiten führen. Diese Angaben sind grundlegend dafür, um im späteren Ge-
samt-Design den Pfad mit den längsten Signallaufzeiten, den sog. „kritischen Pfad" zu ermitteln. Der kritische Pfad bestimmt im übrigen auch die
maximal mögliche Taktfrequenz des Prozessors.

10.2.4 Top-down-Entwurfsdurchführung

In der Bottom-up-Entwurfsdurchführung wurde eine ALU mit den für den
Mikroprozessor *PMP12* benötigten und in Tab. 10.8 beschriebenen Funktionen realisiert. Wenn aber z. B. im Zuge eines Hardware/Software-Codesigns
der Befehlssatz des Mikroprozessors um weitere arithmetische oder logische
Funktionen ergänzt werden soll, ist eine einfache Erweiterung der Funktionalität der ALU erforderlich, wobei die Realisierung hinsichtlich des Flächenbedarfs oder der Geschwindigkeit optimiert werden muß. Der oben beschriebenen Bottom-up-Entwurfsdurchführung liegt jedoch kein allgemein
verwendbarer Ansatz zugrunde.

Aufgrund der großen Bedeutung derartiger Funktionseinheiten in digitalen Systemen wurden Synthesewerkzeuge entwickelt, die auf die speziellen Anforderungen bei der ALU-Synthese eingehen, wie z. B. das von F. Buijs, P. Vogelgesang und T. Lengauer beschriebene *CLASSY*-System.

Da es sich bei ALUs um Schaltnetze handelt, kann eine optimierte Gatterrealisierung auch mit Hilfe der RT-Synthese aus einer verhaltensorientierten VHDL-Beschreibung auf RT-Ebene (s. Abschnitt 5.4.3) gewonnen werden. Im folgenden wollen wir nun auf einige Aspekte des synthesegestützten Entwurfs mit VHDL eingehen.

Da für beliebige ALUs kein allgemeinverwendbarer Generator bekannt ist, muß die Verhaltensbeschreibung auf RT-Ebene in Boolesche Gleichungen übersetzt werden. Wie beim Bottom-up-Entwurf werden die Funktionen parallel berechnet. Über einen Multiplexer wird dann das richtige Ergebnis selektiert.

Die Beschreibung basiert meistens auf regulären Strukturen der zu synthetisierenden Bausteine, die bei der Implementierung berücksichtigt werden. So gibt es Funktionen, deren Resultat-Bits iterativ berechnet werden kann: z. B. Addition. Für alle Stellen, mit Ausnahme der Iterationsverankerung, kann die gleiche Berechnungsvorschrift angewendet werden. Eine ALU-Realisierung für ein Bit wird als Bit-Slice bezeichnet.

10.2.4.1 Parallele Berechnung der Funktionen

Intuitiver Ansatz. Bei dem in der Bottom-up-Entwurfsdurchführung beschriebenen intuitiven Ansatz zur Realisierung von Multifunktionsbausteinen, die mehrere Operationen durchführen können, wird für jede ausführbare ALU-Operation eine eigene Realisierungsmöglichkeit bestimmt. Die Festlegung, welche berechneten Bits gültig sind, kann, wie beim Bottom-up-Entwurf, über einen Multiplexer oder Dekoder erfolgen.

Die in Abb. 10.6 von rechts kommenden Steuersignale CTL_j bewirken, daß die Bausteine der Zeile j entweder die zum Kontrollkode j gehörende Operation ausführen oder lediglich die Daten an ihren Eingängen A und B unverändert zum Ausgang weiterleiten.

„Resource sharing". Ein Nachteil dieses Ansatzes ist die ineffiziente Hardware-Ausnutzung. So könnte z. B. durch Ausnutzung von gemeinsamen Teilfunktionen ein Teil der zur Realisierung der Addition notwendigen

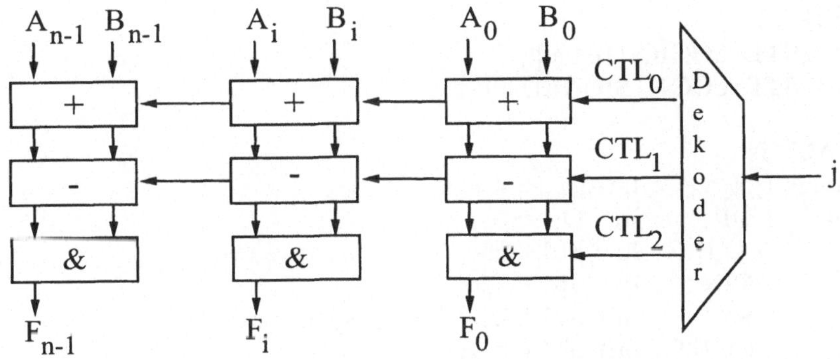

Abbildung 10.6: Intuitiver Ansatz für eine ALU

Gatter auch für andere Operationen, z. B. XOR-Funktion, genutzt werden. Die gleiche arithmetische Ressource kann für verschiedene Operanden, die mit der gleichen Funktion zu unterschiedlichen Zeiten verknüpft werden, verwendet werden, wenn der jeweils benötigte Operand über einen Multiplexer selektiert wird. Trotz des zusätzlichen Aufwandes an Multiplexern benötigt diese Realisierung i. allg. weniger Fläche. Dieses „resource sharing" kann auch bei Operationen, die zur gleichen Familie gehören, wie z. B. Addition und Subtraktion, angewendet werden. Im allgemeinen Fall müssen jedoch die Teilfunktionen, die gemeinsam genutzt werden sollen, angegeben werden, da die in den Synthesewerkzeugen zur Verfügung gestellte Strukturierung (s. Abschnitt 5.1.2) aufgrund der Komplexität des Problems dazu meist nicht in der Lage ist.

Verhaltensorientierte Beschreibung einer N-Bit-ALU

Das nachfolgende VHDL-Programm auf RT-Ebene realisiert das in Tab. 10.8 definierte Verhalten für N-Bit-Operationen bis auf die Berücksichtigung des Übertragseingang und Generierung des Übertrags. – dies wird aber im weiteren Entwurfsablauf nachgeholt.

```
package P is
    type Operation is (opAdd, opSub, opNand, opSelectA, opSelectB);
endP;
```

```vhdl
use WORK.P.all;
library IEEE;
use IEEE.STD_LOGIC_1164.all;
use IEEE.STD_LOGIC_SIGNED.all;

entity ALU is
   generic ( N       : Integer := 4 );
   port    ( OP     : in   Operation;
             A, B   : in   Std_Logic_Vector(N-1 downto 0);
             CIN    : in   Std_Logic;
             F      : out  Std_Logic_Vector(N-1 downto 0);
             COUT : out  Std_ULogic                         );
end ALU;

architecture A of ALU is
begin
   process ( OP, A, B, CIN )
   begin
      case OP is
         when opAdd     => F <= A + B;
         when opSub     => F <= A - B;
         when opNand    => F <= not (A and B);
         when opSelectA => F <= A;
         when opSelectB => F <= B;
      end case;
   end process;
end A;
```

Die Architekturbeschreibung stellt ein Schema dar, wie eine ALU in VHDL verhaltensorientiert beschrieben werden kann. Sie bildet die Basis, auf der die folgenden Aufgaben aufbauen.

Kontrollkodes. Die Vorgabe eines Kontrollkodes CTL ist eigentlich eine Überspezifikation des Verhaltens und damit eine überflüssige Einschränkung des Lösungsraumes. Obwohl die Wahl der Kodierung wichtig für die Komplexität der Dekodierung des Operationskodes in der ALU ist, kann sie bei der verhaltensorientierten Beschreibung vernachlässigt werden. Daher wurden im obigen Programm für die durchzuführenden Operationen der Aufzählungstyp Operation mit den symbolischen Namen definiert. Abhängig von der Operation wird dann die Funktion ausgeführt.

Teilaufgabe 2.B.1: *Synthetisieren Sie die ALU-Beschreibung für $n = 4$, 12.*

Kaskadierung. Die angegebene Architektur sieht keine Kaskadierung vor. Dazu müssen bei den arithmetischen Operationen der Übertrag am Eingang Cin berücksichtigt und der entstandene Übertrag $Cout$ ausgegeben werden.

Da die im obigen VHDL-Programm verwendeten Operatoren „+" und „-" den erzeugten Übertrag nicht ausgeben, muß dieser geeignet bestimmt werden. Eine Möglichkeit ist, die Bit-Breite der Operanden um eins zu erhöhen und dann die Operanden mit einer führenden '0' zu versehen. Das höchstwertige Bit im Ergebnis ist dann der gesuchte Übertrag $Cout$.

Teilaufgabe 2.B.2: *Modifizieren Sie die ALU-Beschreibung entsprechend.*

Teilaufgabe 2.B.3: *Synthetisieren Sie die modifizierte Beschreibung für $n = 4$, 12 und vergleichen Sie die beiden Synthese-Ergebnisse.*

Realisierung mit Carry-look-ahead-Generator

Die Verwendung eines Carry-Generators zur Bestimmung von $Cout$ ist ein anderer Weg, der im folgenden genauer betrachtet wird. Für den Ausgangsübertrag C_i an der Stelle i gilt:

$$C_i = (A_i \wedge B_i) \vee (C_{i-1} \wedge A_i \oplus B_i).$$

Mit $G_i = A_i \wedge B_i$ und $P_i = A_i \oplus B_i$ ergibt sich demnach:

$$C_i = G_i \vee (C_{i-1} \wedge P_i).$$

Aufgrund der iterativen Strukur dieses Problems wird zunächst auf die Realisierung iterativ beschriebener Funktionen eingegangen.

Iterativ definierte Funktionen. Die `generate`- bzw. `loop`-Anweisung wiederholt ein Menge von parallelen Anweisungen:

- Instantiierung von Komponenten oder Anwendung von binären Funktionen auf eine Folge von Elementen,

- Zuweisung an Signalvektoren,

- bitweise Ausführung von Operationen.

Anwendung einer binären Funktion auf eine Folge von Elementen.
Wenn für binäre Funktionen das Assoziativgesetz gilt, können sie auf eine
Folge, bestehend aus einer beliebigen Anzahl von Elementen, ausgeweitet
werden. Im nachfolgenden VHDL-Programm wird einmal mit der Hilfe der
generate- und das anderemal mit der **loop**-Anweisung überprüft, ob alle
Elemente eines Bit-Vektors auf '1' gesetzt sind (UND-Funktion).

```
entity AND_N is
    generic ( N : Integer );
    port    ( X : in   Bit_Vector(1 to N);
              Y : out Bit                 );
end AND_N;
```

```
architecture A of AND_N is
    signal TEMP: Bit_Vector(1 to N);
begin
    TEMP(1) <= X(1);
    L: for I in 1 to N-1 generate
        TEMP(I+1) <= X(I+1) and
                     TEMP(I);
    end generate;
    Y <= TEMP(N);
end A;
```

```
architecture B of AND_N is
begin
    process ( X )
        variable TEMP : Bit;
    begin
        TEMP := X(1);
        for I in 2 to N loop
            TEMP := TEMP and
                    X(I);
        end loop;
        Y <= TEMP;
    end process;
end B;
```

Werden diese Beschreibungen synthetisiert, dann ergibt sich für beide Architekturen die in Abb. 10.7 dargestellte Schaltung. Diese wiederholte
Ausführung wird insbesondere zur Bestimmung der Statusflags eines Akkumulators (Aufgabe 10.6) benötigt. Für die Realisierung eines Carry-
Generators muß die Beschreibung leicht modifiziert werden.

Bitweise Ausführung von Operationen. Die Funktion kann aber auch
bitweise auf die Elemente eines Vektors angewendet werden:

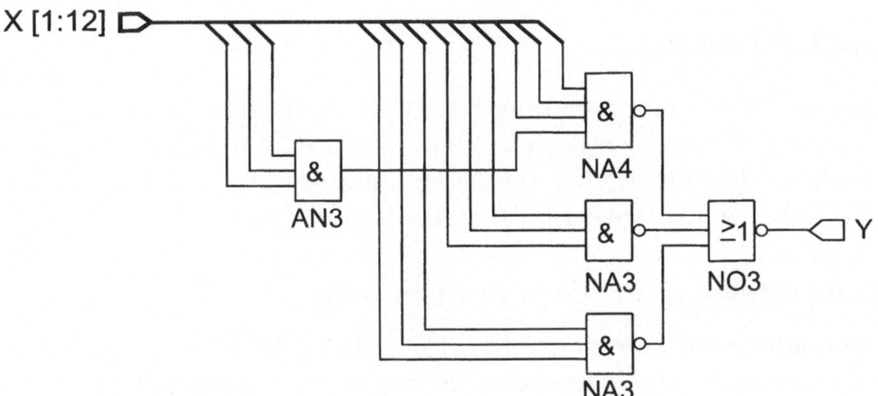

Abbildung 10.7: AND_N-Funktion (n = 12)

```
process ( A, B )                    process ( A, B )
begin                               begin
   for I in 1 to N loop                L: for I in 1 to N generate
      V(I) <= F( A(I), B(I) );             V(I) <= F( A(I), B(I) );
   end loop;                            end generate;
end process;                        end process;
```

In Aufgabe 10.1 haben Sie in Abschnitt 10.1.3.3 das VHDL-Paket *ARITH-METIC* mit verschiedenen Funktionen zur Addition von zwei Bit-Vektoren realisiert.

Teilaufgabe 2.B.4: *Erweitern Sie das Paket um die für die Addition und Subtraktion von Bit-Vektoren mit einem Carry-Generator benötigten Funktionen oder Prozeduren. Verwenden Sie diese Prozeduren zur Modellierung der kaskadierbaren N-Bit-ALU-Beschreibung.*

Teilaufgabe 2.B.5: *Synthetisieren Sie die Beschreibung für n = 4, 6.*

Vergleichen Sie die Realisierungen für n = 12 mit

- dem obigen VHDL-Programm,

- der Kaskadierung von drei 4-Bit-ALUs mit Carry-Generator,

- der Kaskadierung von zwei 6-Bit-ALUs mit Carry-Generator.

10.2.4.2 Bit-Slices

Aufgrund der großen Bedeutung von ALUs geht dieser Abschnitt auf die Realisierung von ALUs mit einer Vielzahl von Funktionen ein. Dabei wird der traditionelle Entwurf dem synthesegestützten Entwurf gegenübergestellt. Des weiteren werden bevorzugt Bit-Slices verwendet.

Aufgabenstellung für die erweiterte ALU

Die auszuführende Funktion F_i wird durch den Betriebsmoduseingang m und den Funktionsauswahleingang S bestimmt. Damit gilt für den auszuführenden Operationskode: $CTL = G(S, m)$. Der Betriebsmodus $m =$ '0' selektiert die logischen Funktionen, während $m =$ '1' den arithmetischen Funktionen zugeordnet ist. Mit der ALU sollen die nachfolgenden Funktionen realisiert werden, wobei i bzw. j den Dezimalwert von S repräsentieren.

1. **Logische Operationen** für $m =$ '0':

i	$F_i(A, B)$		i	$F_i(A, B)$
0	$\overline{A}$		8	$\overline{A} \vee B$
1	$\overline{A \vee B}$		9	$\overline{(A \oplus B)}$
2	$\overline{A} \wedge B$		10	B
3	0		11	$A \wedge B$
4	$\overline{A \wedge B}$		12	1
5	$\overline{B}$		13	$A \vee \overline{B}$
6	$A \oplus B$		14	$A \vee B$
7	$A \wedge \overline{B}$		15	A

2. **Arithmetische Funktionen** für $m =$ '1':

$$F'_{j1}(A, B, Cin) = A + B + Cin$$
$$F'_{j2}(A, B, Cin) = A - B - Cin$$
$$F'_{j3}(A, Cin) \quad\; = A + Cin.$$

Die ALU wird sukzessiv über die Zahl der Stellen aufgebaut. Zunächst wird eine 1-Bit-ALU entworfen, die später auf vier Bit erweitert wird.

1-Bit-ALU

Teilaufgabe 2.B.6: *Bestimmen Sie zunächst die minimalen logischen Gleichungen der negierten Funktionen $\overline{F_i}$ in Abhängigkeit vom Funktionsauswahlsignal S.*

Teilaufgabe 2.B.7: *Führen Sie die Funktionen F_i und F_i' auf $\overline{F_i}$ zurück, in dem Sie die $\overline{F_i}$ geeignet mit m und Cin verknüpfen.*

Hinweis: Es gilt: $a = \overline{a} \oplus 1$.

Teilaufgabe 2.B.8: *Welche Bedeutung haben die jetzt definierten F_i'?*

Teilaufgabe 2.B.9: *Geben Sie die Schaltung an, nachdem Sie die gefundenen Gleichungen manuell auf eine Gatterstruktur abgebildet haben. Als Gatter stehen zur Verfügung:*

- *Inverter,*

- *AND (2, 3 und 4 Eingänge), OR (2 und 3 Eingänge),*

- *NAND (2, 3 und 4 Eingänge), NOR (2 und 3 Eingänge),*

- *XOR (2 Eingänge) und XNOR (2 Eingänge).*

Teilaufgabe 2.B.10: *Wie lautet die zugehörige Strukturbeschreibung in VHDL? Beschreiben Sie die benötigten Gatter aus der Standardzellenbibliothek auf der Basis der Komponenten im Paket STD_LOGIC_COMPONENTS und den in der Standardzellenbibliothek angegebenen Zeiten.*

Da die 1-Bit-ALU die Basis für die weiteren Schritte bildet, ist ihre Korrektheit eine unbedingte Voraussetzung.

Teilaufgabe 2.B.11: *Synthetisieren Sie die 1-Bit-ALU und versuchen Sie, eine optimale Lösung hinsichtlich des Flächenbedarfs und Verzögerungszeiten zu erreichen. Beachten Sie besonders die Erläuterungen im Abschnitt 5.4.1.3.*

Teilaufgabe 2.B.12: *Geben Sie alternative VHDL-Beschreibungen an, in denen Sie z. B. „don't care"-Werten oder andere VHDL-Konstrukte verwenden.*

Dokumentieren Sie die durchgeführten Iterationen und das Ergebnis der Analyse, und vergleichen Sie die Lösung mit Ihrem Handentwurf.

Teilaufgabe 2.B.13:   *Generieren Sie aus der synthetisierten Schaltung eine VHDL-Beschreibung.*

Überprüfen Sie die Funktionsweise der generierten ALU für alle Funktionen mit allen Eingabekombinationen.

4-Bit-ALU mit Carry-Generator

Die 1-Bit-ALU soll nun mit Hilfe eines Carry-Generators für die Addition und Subtraktion zu einer 4-Bit-ALU erweitert werden. Falls für den Carry-Generator Zwischensignale aus der ALU benötigt werden, können Sie die Entity erweitern.

Teilaufgabe 2.B.14:   *Erweitern Sie die 4-Bit-ALU für die Kombination mit einem Carry-Generator. Achten Sie darauf, daß eine Kaskadierung möglich ist, um aus der 4-Bit-ALU größere Einheiten aufbauen zu könnenn. Beschreiben Sie den Carry-Generator verhaltensorientiert und verbinden Sie ihn mit der 4-Bit-ALU.*

Teilaufgabe 2.B.15:   *Erstellen Sie ein verhaltensorientiertes Modell der 4-Bit-ALU.*

Überprüfen Sie die Korrektheit Ihrer strukturell beschriebenen ALU mit Carry-Generator, in dem Sie alle Funktionen mit allen Eingangskombinationen belegen und die Ergebnisse mit dem verhaltensorientierten Modell automatisch vergleichen.

12-Bit-ALU

Teilaufgabe 2.B.16:   *Erweitern Sie jetzt die VHDL-Beschreibung Ihrer 4-Bit-ALU zu einer 12-Bit-ALU und validieren Sie Ihre Beschreibung.*

10.3   12-Bit-Parallelregister und Register-Stack

Lernziele und Inhalte

Handhabung von Bussen und Einzelverbindungen mit dem Entwurfswerkzeug, Entwurf und Anwendung von flanken- und pegelgesteuerten Parallelregistern (statische und dynamische Taktung), Realisierung eines Kellerspeichers als Register-Stack.

10.3.1   Grundlagen

10.3.1.1 Flanken- und pegelgesteuerte Register

Register sind Anordnungen von Flip-Flops bzw. von Latches zur schnellen Speicherung binärer Datenworte mit kurzen Zugriffszeiten. Es werden die folgenden Grundformen unterschieden:

- **Schieberegister, Serienregister**
  sind kettenförmige Anordnungen von Flip-Flop-Stufen. Schreib- und Lesezugriffe finden seriell Bit für Bit statt, können je nach Bauart aber zusätzlich auch parallel erfolgen. Auf die Schieberegister wird im Rahmen von Aufgabe 10.5 näher eingegangen.

- **Parallelregister**
  führen Schreib- und Lesezugriffe stets parallel, d. h. gleichzeitig auf allen Bit-Positionen aus.

An den Registerausgängen steht die Information statisch zur Verfügung und kann zerstörungsfrei ausgelesen werden. Zur Synchronisierung mit der Umgebung erfolgen parallele Schreibzugriffe in Abhängigkeit von einem Taktsignal, wobei in den nachfolgenden Aufgabenstellungen sowohl die flanken- als auch die pegelabhängige Steuerung Verwendung finden wird.

Flankengesteuerte Register. Für den Betrieb eines flankengesteuerten Registers (s. Abb. 10.8a)) ist es ausreichend, daß das einzuschreibende Datum lediglich eine kurze Zeit vor (Setup-Zeit) und evt. auch nach der aktiven Taktflanke (hier: '0' $\rightarrow$ '1') (Hold-Zeit) stabil an den Dateneingängen bereitgestellt wird. Ansonsten haben Änderungen und Instabilitäten an den

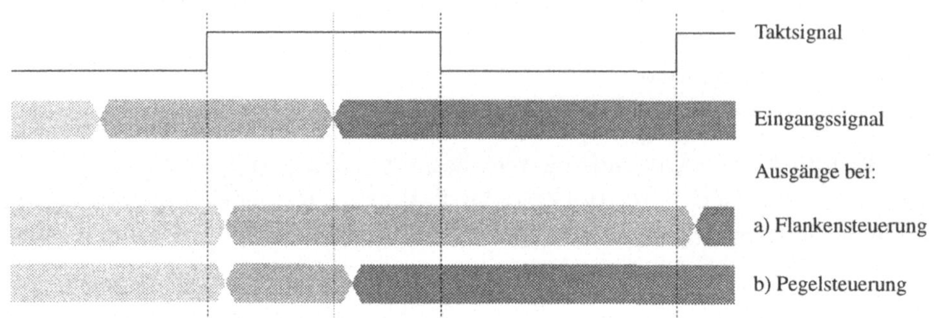

Abbildung 10.8: Flanken- und Pegelssteuerung

Eingängen keine Auswirkungen. Diese Wirkungsweise des Taktsignals wird auch als *dynamische Taktung* bezeichnet.

Pegelgesteuerte Register (Latches) leiten während der gesamten aktiven (hier positiven) Taktphase jede Änderung der Eingangssignale direkt an ihre Ausgänge weiter. Die Eingangswerte unmittelbar vor Ende der positiven Taktphase bleiben während der nachfolgenden negativen Taktphase gespeichert (s. Abb. 10.8b). Werden auch während der positiven Taktphase an der Ausgangsseite stabile Signalwerte verlangt, so muß sichergestellt sein, daß die Eingangssignale während dieses Zeitraums ebenfalls stabil anliegen. In diesem Zusammenhang wird auch von *statischer Taktung* gesprochen.

Das in der nachfolgenden Aufgabenstellung zu entwerfende, flankengesteuerte 12-Bit-Parallelregister wird als Puffer für Befehls- und Datenworte, z. B. bei Ein- und Ausgabeoperationen des Mikroprozessorsystems *PMP12*, beim Datenaustausch zwischen Bussen sowie beim Aufbau eines Stack zum Einsatz kommen.

10.3.1.2 Stack

Stacks (Keller- oder Stapelspeicher) sind Datenstrukturen mit LIFO-Zugriff. Dies bedeutet, daß stets nur auf das „oberste", also daß jeweils zuletzt eingeschriebene Datenwort zugegriffen werden kann. Grundsätzlich stellt ein Stack folgende Operationen zur Verfügung:

- **Push: Einschreiben eines neuen Datums**
  Aus der Sicht des Benutzers werden alle gespeicherten Datenworte um ein Register nach „unten" verschoben. Der an den Dateneingängen angelegte Wert wird in das oberste Register eingeschrieben und steht anschließend am Ausgang zur Verfügung.

- **Pop: Entfernen des obersten Wertes**
  Alle eingeschriebenen Werte werden um ein Register nach „oben" verschoben. Der ursprüngliche Inhalt des obersten Registers wird dabei mit dem zuvor an zweiter Stelle stehenden Wert überschrieben.

Anwendungen

Eine wichtige Anwendung von Stacks in Mikroprozessorsystemen ist die Unterstützung geschachtelter Unterprogramme. Neben den Rücksprungadressen werden über den Stack auch aktuelle Parameter und Funktionsergebnisse zwischen den Unterprogrammebenen ausgetauscht. Bei der Behandlung von Unterbrechungen (*Interrupts*) wird zusätzlich der Maschinenstatus auf dem Stack gesichert. Die meisten Mikroprozessoren verwalten einen Stack im Arbeitsspeicher, der Zugriff wird über den Stapelzeiger, ein speziell dafür eingerichtetes Zeigerregister, gesteuert. Alternativ dazu kann ein Stack aber auch als *Register-Stack*, d. h. als eine sequentielle Verkettung von Registern, realisiert werden. Eine weitere Anwendung finden Register-Stacks in den sogenannten Stackarchitekturen, wie z. B. den mathematischen Koprozessoren der Intel 80x87-Familie und einigen Taschenrechnern, die mit UPN arbeiten. Dort dienen sie der effizienten Auswertung arithmetischer Ausdrücke.

10.3.2 Aufgabenstellung

10.3.2.1 Register

Das zu entwerfende, flankengesteuerte 12-Bit-Parallelregister *REG12B* hat die in Abb. 10.9 beschriebene Schnittstelle. Die verwendeten Signal haben folgende Bedeutung:

- **R12_$D_{11..0}$** : Dateneingänge

Abbildung 10.9: Schnittstelle des Parallelregisterbausteins *REG12B*

- **R12_RN** : Asynchroner Rücksetzeingang
  Asynchron bedeutet, daß mit diesem Signal jederzeit, also unabhängig vom Taktsignal, der Inhalt des Registers auf Null gesetzt werden kann. Dies geschieht hier mit einem '0'- Pegel, da der Eingang als '0'-aktiv definiert wurde.

- **R12_CLK** : Takteingang
  Eine entsprechende Pegeländerung an diesem Eingang bewirkt die Abspeicherung der Eingangswerte D_i und deren Weiterleitung an die Ausgänge Q_i.

- **R12_Q$_{11..0}$** : Datenausgänge.

10.3.2.2 Register-Stack

Es ist ein Register-Stack mit einer Tiefe von acht Worten zu je zwölf Bit zu entwerfen. Die Schnittstelle (s. Abb. 10.10) soll die folgenden Signale beinhalten:

- **S8W_RN** : Asynchroner Rücksetzeingang
  Durch einen '0'-Pegel werden die Inhalte aller acht Register auf den Wert Null gesetzt.

- **S8W_DIR** : Operationswahl
  Auswahl zwischen den Operationen Push und Pop.

- **S8W_CLK** : Takteingang
  Die mit dem Signal *S8W_DIR* ausgewählte Operation wird mit der steigenden Taktflanke durchgeführt.

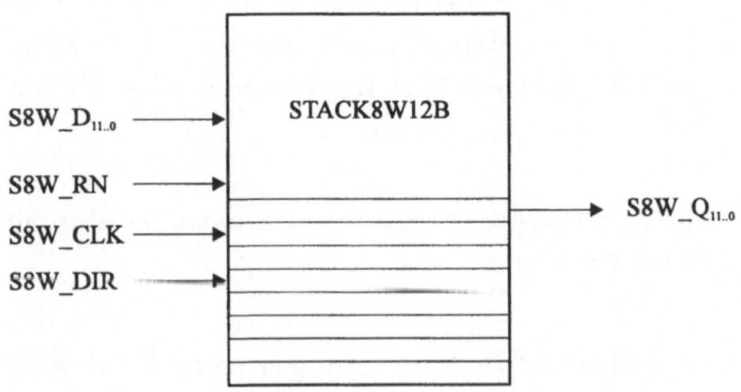

Abbildung 10.10: Schnittstelle des Register-Stack *STACK8W12B*

- **S8W_D$_{11..0}$** : Dateneingänge
  Der an den Dateneingängen angelegte Wert wird bei der Push-Operation mit steigender Taktflanke in das oberste Register geschrieben.

- **S8W_Q$_{11..0}$** : Datenausgänge
  Bis zum Ende der positiven Taktphase bleibt der Wert am Ausgang erhalten. Die Ausgabe der neuen Stapelspitze wird bis zur negativen Taktphase verzögert.

Achten Sie darauf, daß, wenn mehr Pop- als Push-Operationen auftreten, Nullen nachgeschoben werden.

10.3.3 Bottom-up-Entwurfsdurchführung

Der Bottom-up-Entwurf des Register-Stack zerfällt in drei Teilaufgaben:

1. Zunächst werden parallel ladbare Registerbausteine mit asynchroner Rücksetzmöglichkeit benötigt.

2. Zur Synchronisation mit der Prozessorumgebung müssen die Datenausgänge $S8W\_Q_{11..0}$ das alte Datum noch bis zur nächsten fallenden Flanke von $S8W\_CLK$ beibehalten und dürfen erst danach den aktuellen Wert auf der Stapelspitze führen. Die erforderliche Verzögerung des Datenausgangs wird mit einem nachgeschalteten Latch erreicht.

3. Sind diese grundlegenden Komponenten erstellt und erfolgreich simuliert, so soll in einem dritten Schritt unter Hinzunahme von Standard-
   gattern und Multiplexern aus der verwendeten Zellenbibliothek der
   Register-Stack realisiert werden.

Der Bottom-up-Entwurf kann entweder mit einem graphischem Editor oder
VHDL durchgeführt werden.

10.3.3.1 Entwurfsdurchführung mit graphischem Editor

Entwurf eines parallelen 12-Bit-Registers

Teilaufgabe 3.A.1: *Geben Sie die Schaltung des in Abb. 10.9 spezifizier-
ten 12-Bit-Registers REG12B ein. Die Eingangs- und Ausgangssignale sind
jeweils zu Bussen zusammenzufassen.*

Mit den meisten Entwurfswerkzeugen werden Busse über deren Bezeichner
definiert. Die Schreibweise ähnelt vielfach den Array-Deklarationen höherer
Programmiersprachen, wobei in der Regel zuerst der Index des höchstwertig-
sten Einzelsignals, dann der des niederwertigsten angegeben wird. Beispielsweise kann eine Bezeichnung wie $R12\_D(11..0)$ für einen 12 Bit breiten Bus
stehen. Achten Sie in diesem Zusammenhang unbedingt auf eine konsistente
Namensgebung. Neben der entscheidend verbesserten Übersicht im Schaltbild gestattet die Definition von Bussen, bei der Logiksimulation die Signale
$R12\_D_{11} \ldots R12\_D_0$ als eine logische Einheit, z. B. mit dreistelligen Hexadezimalzahlen, zu stimulieren und die zugehörige Ausgabe entsprechend
darzustellen.

Als Bausteine sind die vorderflankengesteuerten D-Flip-Flops mit asynchronem Rücksetzeingang (Zellenbezeichnung: *DFF*) aus der Zellenbibliothek zu
verwenden. Um bei der Schaltungseingabe den Aufwand zu reduzieren, ist
es zweckmäßig, zunächst eine kleinere Teileinheit (z. B. ein 4-Bit-Register)
zu realisieren, von der anschließend mehrere Instanzen kaskadiert werden.

Entwurf eines 12-Bit-Latch

Damit ein zuverlässiges Zusammenspiel des Register-Stack mit seiner Umgebung zu jeder Zeit gewährleistet ist, wurde in der Aufgabenstellung vorgegeben, daß bei Push-Operationen die Eingangsvariablen zwar mit der steigenden Taktflanke übernommen werden sollen, sich der neue Inhalt aber

erst mit der darauf folgenden fallenden Taktflanke am Ausgang auswirken darf. Andererseits wurden im letzten Abschnitt die Registerbausteine aus *vorderflankengesteuerten* D-Flip-Flops aufgebaut. Dies hätte zur Folge, daß bei Push- und Pop-Operationen schon zum Zeitpunkt der steigenden Taktflanke der neue Wert in das oberste Register übernommen und bereits nach den (relativ kurzen) Gatterlaufzeiten auch am Ausgang erscheinen würde. Um den alten Wert bis zum Ende der High-Phase am Ausgang zu erhalten, muß die Ausgabe der Stapelspitze entsprechend verzögert werden. Dies kann mit Hilfe eines vor den Schaltungsausgang geschalteten Latch erfolgen, das analog zum 12-Bit-Parallelregister aufgebaut werden kann. Dabei sind die vorderflankengesteuerten D-Flip-Flops durch geeignete Elemente aus der Zellenbibliothek zu ersetzen.

Teilaufgabe 3.A.2: *Erstellen Sie hierzu eine Kopie des 12-Bit-Registers und ersetzen Sie darin die vorderflankengesteuerten D-Flip-Flops durch geeignete Bibliothekselemente.*

Entwurf des Register-Stack

Teilaufgabe 3.A.3: *Sind das 12-Bit-Register sowie das Latch eingegeben und durch Logiksimulation validiert, so kann mit Hilfe dieser Komponenten, dem Multiplexer MPX2M12B (aus den WWW-Dateien, Schnittstelle: Abb. 10.11, Funktionstabelle: Tab. 10.10) und Grundgattern aus der Zellenbibliothek der Entwurf des Register-Stack durchgeführt werden.*

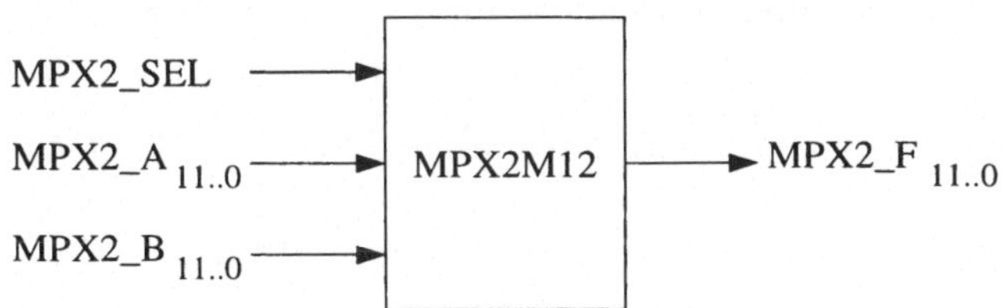

Abbildung 10.11: Schnittstelle des Multiplexers *MPX2M12*

Um die Fehlerlokalisierung bei der nachfolgenden Logiksimulation zu erleichtern, sollten interne Signale der Schaltung mit individuellen, aussagekräftigen Namen versehen werden.

SEL	A_i	B_i	F_i
0	0	x	0
0	1	x	1
1	x	0	0
1	x	1	1

Tabelle 10.10: Funktionstabelle des Mulitplexers *MPX2M12*

Bei der Gestaltung der graphischen Eingabe ist darauf zu achten, daß die Abmessungen des Schaltbildes ungefähr dem Darstellungsformat des verwendeten Ausgabegeräts entsprechen. Graphische Editoren verfügen in der Regel über Funktionen, mit denen die Darstellung einer Schaltung automatisch so angepaßt werden kann, daß sie exakt den verfügbaren Bildschirmbereich ausfüllt. Allerdings sind z. B. bei extrem „länglichen" Schaltungsanordnungen diese für den Gesamtüberblick sehr nützlichen Funktionen nicht mehr sinnvoll verwendbar, da in jenen Fällen das System zu einer extremen Gesamtverkleinerung gezwungen ist. Entsprechendes gilt für die Lesbarkeit von Ausdrucken bzw. Schaltungsplots.

10.3.3.2 Entwurfsdurchführung mit VHDL

In Aufgabe 10.1 wurden im Top-down-Entwurf des synchronen Addierers Register in unterschiedlichen Beschreibungsformen verwendet:

- Komponente aus dem Standardpaket *STD_LOGIC_COMPONENTS*,

- Prozeß in verhaltensorientierter Beschreibung,

- Block in Datenflußbeschreibung.

Mit Hilfe der **generate** oder **loop**-Anweisung kann aus beliebig häufig instantiierten Speicherelementen das Register aufgebaut werden. Diese Vorgehensweise wird für den Bottom-up-Entwurf eines Schieberegisters (s. Abschnitt 10.5.3) benutzt.

Ziel dieser Aufgabe ist jedoch das Kennenlernen von Beschreibungsmöglichkeiten in VHDL für Register und Latches, so daß die gewünschte Funktionalität direkt formuliert werden kann. Ein nachfolgender Syntheseschritt erlaubt die Abbildung der gewünschten, technologieunabhängigen Funktionalität auf die Komponenten einer Zellbibliothek. Daher ist die Beschreibung
von synthetisierbaren und technologieunabhängigen VHDL-Beschreibungen
von Latches und Registern Gegenstand der nachfolgenden Aufgaben (s. Abschnitt 5.4.1.3).

Beschreibung eines 1-Bit-Latch

Das Verhalten eines Latch läßt sich nach der obigen Beschreibung wie folgt
verbal formulieren: Der Eingang IN wird an den Ausgang OUT angelegt,
wenn der Pegel des Takts CLK aktiv ist, ansonsten behält der Ausgang
seinen alten Wert. Daher wird der Takt in diesem Zusammenhang auch als
„gate" bezeichnet.

Die Umsetzung in VHDL erfordert, daß der Eingang und der Takt in die
Sensitivitätsliste (implizit oder explizit) des Prozesses aufgenommen werden.
Eine Änderung des Eingangswertes impliziert bei einem aktivem Takt eine
Neuberechnung des Ausgangs. Der Wert des Ausgangs kann von weiteren
Kontrollsignalen bestimmt werden (z. B. Setzen, Rücksetzen). Muß zur
Änderung des Ausgangswertes das Taktsignal aktiv sein, so spricht man
von einem synchronen Verhalten, ansonsten von einem asynchronen.

Die Beschreibung von Latches basiert darauf, daß dem Ausgang für mindestens eine Kombination von Eingangswerten kein Wert zugewiesen wird oder
wenn mindestens der Wert eines Signals, das nicht in der Sensitivitätsliste
aufgeführt wird, im Prozeß gelesen wird (s. Abschnitt 5.4.1.3).

Teilaufgabe 3.A.4: *Legen Sie die Schnittstellenbeschreibung (Entity)
eines 1-Bit-Latch mit asynchronem '0'-aktivem Reset fest.*

Teilaufgabe 3.A.5: *Geben Sie jeweils eine synchron und eine asynchron operierende, verhaltensorientierte Implementierung des Latch gemäß
der Aufgabenstellung unter Verwendung eines*

- *Blocks mit Guard („guarded command"),*

- *Prozesses*

an.

Welche Signale müssen in den „guard" und in die Sensitivitätsliste aufgenommen werden? Verwenden Sie die Verzögerungszeiten aus der Standardzellenbibliothek.

Beschreibung eines 1-Bit-Registers

Im Gegensatz zu Latches wird bei Registern die Datenspeicherung durch eine Flanke (Vorder- oder Rückflanke) des Taktsignals ausgelöst. Um die Beschreibung eines Latch in die eines Registers umzuwandeln, muß der Prozeß unabhängig von Änderungen der Daten sein. Im Abschnitt 5.4.1.3 werden synthetisierbare Schema für Registerbeschreibungen, die u. a. vom Design-Compiler von Synopsys unterstützt werden, vorgestellt. Genauere Informationen, wie z. B. das Erkennen einer steigenden Signalflanke zu formulieren ist, können der Dokumentation des verwendeten Synthese-Werkzeugs entnommen werden.

Teilaufgabe 3.A.6:   *Wandeln Sie die Beschreibung des Latch mit asynchronem, '0'-aktivem Rücksetzeingang in die eines entsprechenden Registers mit einem Rücksetzeingang gleicher Art um.*

Entwurf eines parallelen 12-Bit-Registers und Latch

Nach der Aufgabenstellung sind ein Latch und ein Register mit 12 Bit Wortbreite gefordert. Die obigen 1-Bit-Realisierungen lassen sich leicht erweitern. Dabei ist die Länge in der Beschreibung nicht festgelegt, sondern sie wird erst bei der Konfigurierung einer Instanz fixiert. Somit können mittels einer derartigen Beschreibung Komponenteninstanzen unterschiedlicher Wortlänge erzeugt werden.

Wiederholte Instantiierung von Komponenten. Eine naheliegende Möglichkeit ist, wie bei der graphischen Eingabe und beim Ripple-carry-Addierer, mit Hilfe der `generate` oder `loop`-Anweisung Kopien der Komponenten zu erzeugen und einzeln über einen Index mit dem Bus zu verbinden.

Die wiederholte Instantiierung von Komponenten kommt im weiteren Verlauf des Praktikums öfters vor. Insbesondere wird im Top-down-Entwurf der ALU (s. Abschnitt 10.2.4) darauf eingegangen.

Verwendung von Ein- oder Ausgangsvektoren. Eine andere Möglichkeit zur Beschreibung von N-Bit-Registern in VHDL ergibt sich, wenn man die Ein- und Ausgänge als Vektoren auslegt und in der verhaltensorientierten Beschreibung Vektoroperationen verwendet. Des weiteren verfügt VHDL über die **generate**-Anweisung, die die Generierung von äquivalenten, nebenläufigen Anweisungen für einen diskreten Bereich erlaubt. Dazu wird für den Index eine Laufvariable automatisch deklariert. Die Anweisung kann iterativ oder konditional verwendet werden. Die Iteration erlaubt die Wiederholung einer Menge von parallelen Anweisungen, z. B. Komponenteninstantiierung oder die Wertzuweisung an Signalvektoren. Zuweisungen können auch innerhalb einer **for**-Schleife erfolgen, wenn deren Grenzen global statisch (spätestens zur Auswertungszeit berechenbar („elaboration")) sind, erfolgen.

Teilaufgabe 3.A.7:   *Geben Sie die Schnittstelle eines Latch und eines Registers an, die jeweils Datenvektoren der Länge n verarbeiten können. Der endgültige Wert von n wird in der Konfigurierung festgelegt.*

Teilaufgabe 3.A.8:   *Geben Sie eine Implementierung mit der* **generate**-*Anweisung und eine mit der* **for**-*Schleife an.*

Teilaufgabe 3.A.9:   *Synthetisieren Sie die Implementierungen für n = 12 und vergleichen Sie das Ergebnis mit dem strukturellen Entwurf.*

Entwurf des Stack

Teilaufgabe 3.A.10:   *Geben Sie eine strukturelle Beschreibung des Register-Stack an, indem Sie als Komponenten das eben entworfene 12-Bit-Latch, Register und entsprechende Gatter aus der Standardzellenbibliothek verwenden, die Sie entsprechend ihrem Verhalten logisch und zeitlich in VHDL nachgebildet haben.*

Das Set- und Reset-Signal dürfen sich nicht gleichzeitig ändern. Für die Eingangssignale und den Takt gilt das gleiche.

Teilaufgabe 3.A.11:   *Überprüfen Sie mit der* **assert**-*Anweisung, ob eine gleichzeitige Änderung folgender Signale vorliegt:*

- *Set- und Reset-Signal,*
- *Eingangssignale und Takt.*

10.3.3.3 Validierung

Beim 12-Bit-Register sind die Operationen Laden, Zurücksetzen und die korrekte Wirkungsweise des Taktsignals zu überprüfen. Stellen Sie die Stimuli so zusammen, daß Sie die Funktionsfähigkeit des Registers für alle Bit-Positionen nachweisen können. Berücksichtigen Sie bei der Festlegung der Taktlänge die Datenblätter der verwendeten Komponenten und Bibliothekszellen.

Führen Sie bei der Simulation des Stack ein vollständiges Füllen und Leeren durch. Testen Sie auch das Verhalten des Stack, wenn mehr Push- als Pop-Operationen durchgeführt werden. Überprüfen Sie, ob sich die neuen Ausgangswerte auch tatsächlich erst als Reaktion auf die *fallende* Taktflanke einstellen. Achten Sie außerdem darauf, daß während der Simulation die Zeitrestriktionen eingehalten werden, die aus den Datenblättern der verwendeten Bibliothekselemente hervorgehen. Insbesondere dürfen bei getakteten Schaltungen Änderungen an den Eingangssignalen *niemals* gleichzeitig mit den Taktflanken erfolgen. In diesem Zusammenhang sei auch auf die Setup- und Hold-Zeit (s. Abschnitt 4.4.3.1, Abb. 4.12) hingewiesen. Ebenso wie beim Register sollen die eingeschriebenen Daten so gewählt werden, daß falsche oder vertauschte Verbindungen sicher erkannt werden können.

10.3.3.4 Auswertung (Nachbereitung)

Kommentieren Sie den Ausdruck des Simulationsverlaufs und markieren Sie die ermittelten Verzögerungszeiten. Für alle entworfenen Komponenten sind die relevanten Verzögerungszeiten anhand der Simulationsergebnisse in den oben aufgeführten Tabellen zusammenzufassen.

Parameter	Von	Nach	Wert [ns]
t..			

Tabelle 10.11: Paralleles 12-Bit-Register *REG12B*

Anmerkung. Aus der Dauer einer Reset-Operation ($S8W\_RN = {}'0'$), mit der eventuell zu Beginn der Simulation die Schaltung initialisiert wurde,

Parameter	Von	Nach	Wert [ns]
t..			

Tabelle 10.12: Stack *STACK8W12B*

kann *nicht* auf die Verzögerungszeit t_{phl} von RN nach Q geschlossen werden. Um die relevante Verzögerungszeit ermitteln zu können, müssen die Datenausgänge vor der Reset-Operation den Wert '1' angenommen haben.

10.3.4 Top-down-Entwurfsdurchführung

10.3.4.1 Entwurfsdurchführung

Beschreibungen von Stacks finden sich aufgrund ihrer Bedeutung in fast jedem Informatik-Buch, das sich mit abstrakten Datenstrukturen beschäftigt. Die dort beschriebenen Programme lassen sich meist auf eine sehr einfache Weise nach VHDL übertragen. Jedoch wurden diese meist für sequentielle Programmiersprachen ausgelegt, mit denen reale Hardware nur unzureichend modelliert und damit auch synthetisiert werden kann.

Teilaufgabe 3.B.1: *Geben Sie eine verhaltensorientierte Implementierung des Stack der Tiefe k und der Wortbreite n mit dem gewünschten Verhalten unter Verwendung der parallelen Wertzuweisung an.*

Teilaufgabe 3.B.2: *Synthetisieren Sie den Stack STACK8W12B.*

In der Bottom-up-Entwurfsdurchführung (s. Abschnitt 10.5.3) war die Formulierung von `assert`-Anweisungen für eine Überprüfung verlangt, ob sich Signale am Set- und am Reset-Eingang oder Eingangssignale gleichzeitig mit dem Taktsignal ändern.

Teilaufgabe 3.B.3: *Binden Sie die `assert`-Anweisungen in das VHDL-Modell des Stack ein.*

Aufgabenstellungserweiterung: Statussignale EMPTY und FULL

Die Beschreibung soll nun um zusätzliche Statussignale erweitert werden, die z. B. in der Testphase zur Überprüfung dienen, ob auf den Stack noch Daten abgelegt oder geholt werden können. Zu diesem Zweck sind die Signale *EMPTY* und *FULL* vorgesehen, die in weiteren Funktionen bestimmt

werden. So können über einen Zähler, der die aktuelle Zahl der Elemente
auf dem Stack enthält, die jeweiligen Signalwerte ermittelt werden. Eine
weitere Möglichkeit ist die Vergrößerung eines Stackelements um ein Bit,
das signalisiert, ob das Element durch einen Push-Befehl auf den Stapel gelegt wurde oder ob es eine nachgezogene bzw. durch ein Reset entstandene
Null ist.

Teilaufgabe 3.B.4:   *Ergänzen Sie die Beschreibung um die Signale EMPTY
und FULL.*

10.3.4.2 Validierung

Gehen Sie bei der Validierung der beiden Stack-Beschreibungen analog zur
Validierung des Bottom-up-Entwurfs vor:

- Führen Sie bei der Simulation des Stack ein vollständiges Füllen und
  Leeren durch. Werden die Signale *EMPTY* und *FULL* korrekt gesetzt?

- Testen Sie auch das Verhalten des Stack, wenn mehr Push- als Pop-
  Operationen durchgeführt werden.

- Überprüfen Sie, ob sich die neuen Ausgangswerte auch tatsächlich erst
  als Reaktion auf die fallende Taktflanke einstellen.

- Überzeugen Sie sich von der korrekten Funktion der `assert`-Anwei-
  sungen für die gleichzeitige Änderung des Set und des Reset-Signals
  und für die gleichzeitige Änderung der Eingangssignale und des Takts.

10.4 Scan-Path-fähiges D-Flip-Flop

Lernziele und Inhalte

Scan-Path-Methode als strukturierter Ansatz für testfreundlichen Schaltungsentwurf, zweiflankengesteuerte Flip-Flops nach dem Master-Slave-Prinzip, quasistatische CMOS-Logik.

Werden in einem Standardzellenentwurf Speicherelemente aus diskreten Gattern entworfen, so besteht die Gefahr, daß aufgrund verdrahtungsbedingter Lasten und Verzögerungszeiten die spätere Schaltung nicht ordnungsgemäß funktioniert. Aus diesem Grund übernehmen die Halbleiterhersteller i. allg. keine Garantie für die Funktionsfähigkeit derartiger Schaltungen. Stattdessen wird empfohlen, Speicherelemente ausschließlich aus den in den Zellenbibliotheken bereitgestellten Flip-Flop- und Registerschaltungen aufzubauen und auf rückgekoppelte Gatterlogik zu verzichten. Mit dieser Aufgabenstellung wird eine rein didaktische Zielsetzung verfolgt, nämlich dem Leser die Arbeitsprinzipien quasistatischer CMOS-Technologie nahezubringen.

10.4.1 Grundlagen

Einleitend wird die *Scan-Path-Methode*, ein weit verbreitetes Beispiel für strukturierte Verfahren zum Entwurf testfreundlicher Schaltungen, vorgestellt. Wie die meisten dieser Verfahren basiert auch die Scan-Path-Methode auf der Verwendung von taktflankengesteuerten Speicherelementen, wie sie auch für den Aufbau von Schieberegistern benutzt werden.

Bei der Verwendung der CMOS-Technologie gibt es für den Aufbau derartiger Speicherelemente eine besondere Schaltungstechnik, die sogenannte *quasistatische Logik*. Am Beispiel eines Latches wird in das Prinzip der quasistatischen Logik eingeführt. Dieses Latch wird dann im Rahmen der Aufgabenstellung zu einem Master-Slave-Flip-Flop erweitert, das über asynchrone Setz- und Rücksetzeingänge verfügt und sich für die Implementierung eines Scan-Path eignet.

10.4.1.1 Testfreundlicher Entwurf

Der Testaufwand nach der Fertigung integrierter Schaltkreise wächst exponentiell mit der Schaltungskomplexität. Ein besonderes Problem bilden dabei die *inneren Knoten* einer integrierten Schaltung, d. h. jene Punkte, auf

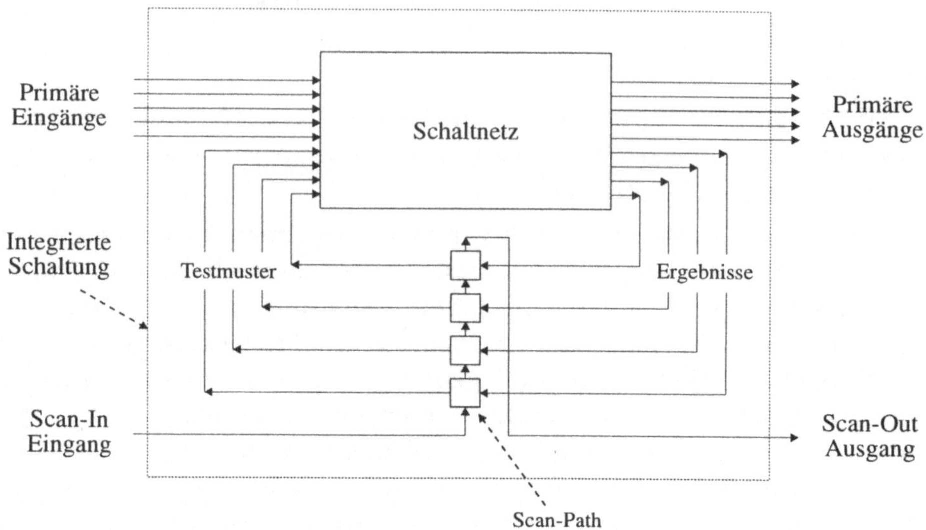

Abbildung 10.12: Schaltkreis mit Scan-Path

die beim Schaltungstest nicht unmittelbar über einen Anschluß des Bausteins zugegriffen werden kann. Während aufgrund technologischer Fortschritte die Schaltungskomplexitäten weiterhin anwachsen, bleibt die Zahl der Anschlüsse begrenzt, wodurch sich die Anzahl der inneren Knoten weiter vergrößert. Andererseits besteht die Notwendigkeit zur Qualitätssicherung auf hohem Niveau. Aus diesen Gründen müssen bereits beim Schaltungsentwurf geeignete Maßnahmen ergriffen werden, damit beim Schaltungstest auch die inneren Knoten der Schaltung unter vertretbarem Aufwand mit Testwerten beschrieben und ausgelesen werden können. Dabei sind *strukturierte Verfahren* den individuellen, an die jeweilige Schaltungsstruktur angepaßten Ad-hoc-Techniken vorzuziehen. Strukturierte Verfahren sind unabhängig von der jeweiligen Funktion und Zielsetzung der Schaltung einsetzbar, oft können die zugehörigen Teststrukturen automatisch durch das Entwurfssystem generiert werden. werden. Diesen Vorteilen steht lediglich ein etwas größerer Flächenverbrauch als bei Ad-Hoc-Verfahren gegenüber.

Scan-Path-Methode. Einer der wichtigsten Vertreter für strukturierte Verfahren ist die Scan-Path-Methode. Der Scan-Path, der auch als *Prüfbus* bezeichnet wird, schafft die Möglichkeit, in einem bestimmten Betriebsmodus ein Schaltwerk in ein Schaltnetz zu transformieren. Dazu werden alle Speicherelemente zu einem Schieberegister zusammengeschlossen. Anfang und Ende dieser Kette sind als Bausteinanschlüsse verfügbar. Beim Test können nun Speicherelemente und kombinatorische Logik separat überprüft werden, was die Testkomplexität erheblich reduziert:

- Die Überprüfung der speichernden Einheiten erfolgt im Testmodus durch serielles Ein- und Ausschieben verschiedener Bit-Folgen in die zum Scan-Path zusammengeschalteten Speicherelemente.

- Zum Test der kombinatorischen Logik werden zunächst im Testmodus die Prüfmuster seriell über den Scan-Path eingelesen und so an die Eingänge des Schaltnetzes angelegt. Nach dem Ende der Gatterlaufzeiten wird im Betriebsmodus die Antwort der kombinatorischen Logik durch das Anlegen eines Taktimpulses in den Scan-Path übernommen. Nun kann, wiederum im Testmodus, das Ergebnis seriell ausgelesen und mit den Sollwerten verglichen werden.

Jedes der im Scan-Path zusammengeschalteten Speicherelemente wirkt wie ein zusätzlicher primärer Eingang zur Beobachtung interner Knoten, wobei lediglich zwei zusätzliche Anschlüsse benötigt werden. Die Verdrahtung des Scan-Path kann automatisch durch das Entwurfswerkzeug erfolgen. Gegenstand dieser Aufgabenstellung ist der Entwurf eines D-Flip-Flops, das sich für den Aufbau eines Scan-Path eignet.

10.4.1.2 Dynamische Taktung nach dem Master-Slave-Prinzip

Flip-Flops sind elementare Speicherelemente, die ein Bit an Information aufnehmen können. Sie bilden die Grundbausteine für den Aufbau schneller Registerspeicher (s. Aufgabe 10.3). Für Schieberegister, also auch für einen Scan-Path, ist es notwendig, daß mit jedem Taktzyklus die Information um genau eine Bit-Position weitergeschoben werden kann. Speicherelemente mit statischer (d. h. zustandsgesteuerter) Taktung (s. Aufgabe 10.3) sind wegen des *Race-Problems* für den Aufbau von Schieberegistern ungeeignet: Eine an das erste Latch angelegte Information würde während der aktiven Taktphase das gesamte Schieberegister durchlaufen, da jedes Element das nachfolgende ansteuert und deren Eingänge während dieses Zeitraums sensitiv sind. Daraus resultiert die Forderung, daß die von einer Stufe neu eingelesene Information erst dann an deren Ausgang weitergegeben werden darf, wenn der Eingang der nachgeschalteten Stufe bereits wieder verriegelt ist. Jedes Speicherelement muß also die neue Information erst einmal zwischenspeichern, um sie später, nach Schließung der Eingänge, an den Ausgang durchzuschalten. Bis dahin muß die alte Information am Ausgang verfügbar sein.

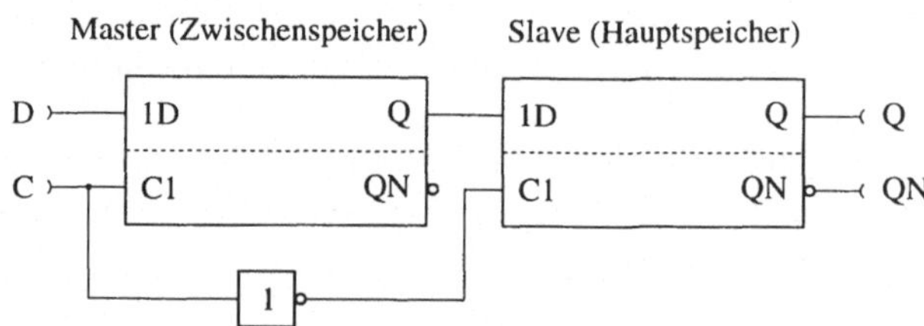

Abbildung 10.13: Prinzipieller Aufbau eines Master-Slave-D-Flip-Flop

Eine Möglichkeit, dies zu erreichen, besteht im Aufbau von Flip-Flops nach dem *Master-Slave*-Prinzip. Hier werden zwei zustandsgesteuerte Speicherelemente (Latches), d. h. ein Zwischenspeicher (*Master*) und ein Hauptspeicher (*Slave*), hintereinander geschaltet (s. Abb. 10.13). Die gegensätzliche Taktung von Master und Slave bewirkt, daß stets höchstens eines der beiden Latches durchgeschaltet ist und somit zu keinem Zeitpunkt Eingang und Ausgang der Gesamtschaltung logisch miteinander verbunden sind. Die Funktionsweise einer derartigen Anordnung ist in Abb. 10.14 dargestellt.

Bevor eine neue Eingangsinformation in den Master übernommen werden kann, wird (1) der Slave vom Master getrennt. Erst dann werden die Eingänge des Masters freigegeben (2). Diese Reihenfolge wird durch unterschiedliche Schwellspannungen der betreffenden Gatter erzwungen. Für die Dauer der gesamten aktiven Taktphase gelangen alle Eingangsänderungen unmittelbar in den Master, während der davon entkoppelte Slave weiterhin den früheren Speicherinhalt am Ausgang der Schaltung bereitstellt. Die fallende Taktflanke bewirkt nun die Übernahme der neuen Master-Information in den Slave und damit deren Erscheinen am Schaltungsausgang. Auch hier sorgen unterschiedliche Schwellspannungen dafür, daß zunächst die Master-Eingänge geschlossen werden (3) und erst dann der Master-Inhalt zum Slave durchgeschaltet wird (4). So ist während beider Umschaltvorgänge gewährleistet, daß der Schaltungseingang niemals den Schaltungsausgang direkt

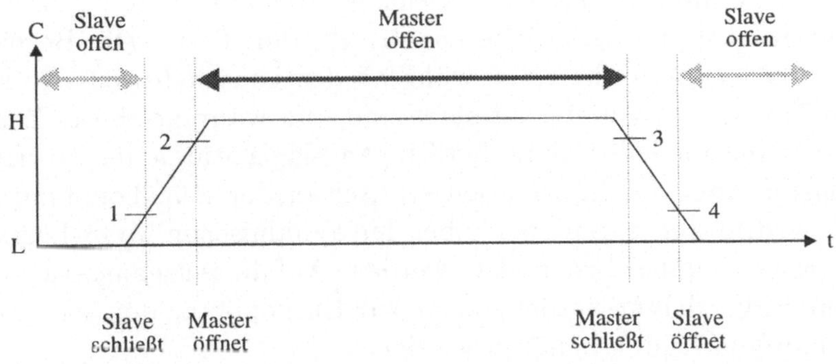

Abbildung 10.14: Funktionsweise eines Master-Slave-Flip-Flop

beeinflussen kann. Es ist zu beachten, daß es sich bei beiden Speichern um zustandsgesteuerte, also um statisch getaktete Speicherelemente handelt. Dies hat zur Folge, daß der Wert, der unmittelbar vor der fallenden Flanke am Eingang der Gesamtschaltung anliegt, mit dem Abfallen des Taktsignals übernommen und zum Ausgang der Gesamtschaltung durchgestellt wird. Aus diesem Grund wird die fallende Taktflanke vielfach auch als die *aktive* Flanke bezeichnet. Das Verhalten gleicht somit dem in Abb. 10.8a) dargestellten mit dem einzigen Unterschied, daß dort die steigende Flanke aktiv ist.

10.4.1.3 Quasistatische CMOS-Logik

Die CMOS-Technologie ermöglicht es, durch Parallelschaltung von zwei komplementären Transistoren sog. *Transmission-Gates* zu realisieren. Transmission-Gates haben die Funktionalität von Schalter-Elementen, d. h. sie können durch ein Steuersignal entweder in einen leitenden oder in einen hochohmigen Zustand versetzt werden. Beim nachfolgend (s. Abb. 10.15) beschriebenen D-Latch werden gegenüber einem konventionellen Aufbau aus kreuzgekoppelten NOR-Gattern vier Transistoren eingespart. Das Schaltverhalten entspricht dem in Abb. 10.8b) dargestellten. Während das Taktsignal C den Wert '1' führt, ist das Transmission-Gate $TG1$ leitend und das Eingangssignal wird unmittelbar über die Inverter $I1$ und $I3$ an den Ausgang Q bzw. $I1$, $I2$ und $I4$ nach QN weitergeleitet. Wechselt der Takt auf '0', so schließt $TG1$ und sperrt den Eingang. Das Transmission-Gate

TG2 öffnet und die Information hält sich während der Low-Phase des Taktes in der Rückkopplungsschleife aus *I1*, *I2* und *TG2*. Die Bezeichnung „*quasistatisch*" rührt daher, daß während des Umschaltprozesses kurzzeitig beide Transmission-Gates gesperrt sind und während dieses Zeitraums sich die Information lediglich in den Eingangskapazitäten der Inverter hält. Da ansonsten aber die Information statisch in der Rückkopplungsschleife gehalten wird, braucht, anders als bei der dynamischen MOS-Logik, keine Mindestarbeitsfrequenz beachtet zu werden. Auf die Ausgangsstufen I3 und I4 kann nicht verzichtet werden, da sie zur Entkopplung der Schaltung von nachgeschalteten Lasten benötigt werden.

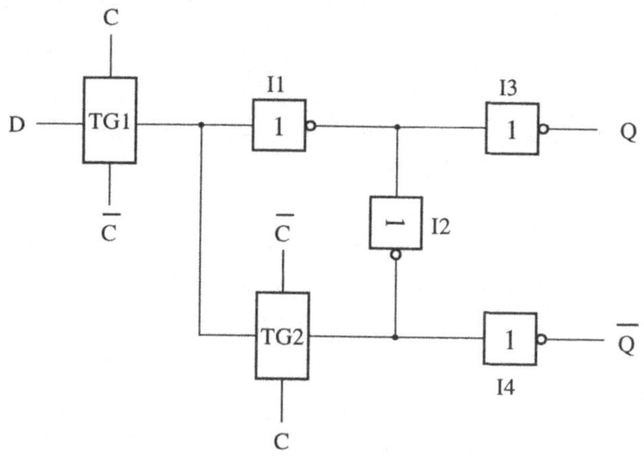

Abbildung 10.15: Pegelgesteuertes D-Latch in quasistatischer CMOS-Logik

10.4.2   Bottom-up-Entwurfsdurchführung

Teilaufgabe 4.A.1:   *Erweitern Sie das quasistatische D-Latch aus Abb. 10.15 zu einem Scan-Path-fähigen Master-Slave-Flip-Flop (s. Abb. 10.13 und Abb. 10.14) mit der Komponentenbezeichnung DFF.*

Versehen Sie *DFF* mit den in Abb. 10.16 beschriebenen Setz- und Rücksetzeingängen, die asynchron arbeiten, d. h. unabhängig vom Taktsignal zu jedem Zeitpunkt wirksam sind. Für den Testbetrieb am Scan-Path ist ein zusätzlicher Dateneingang *DFF_SI* („scan in") vorzusehen. Mit dem

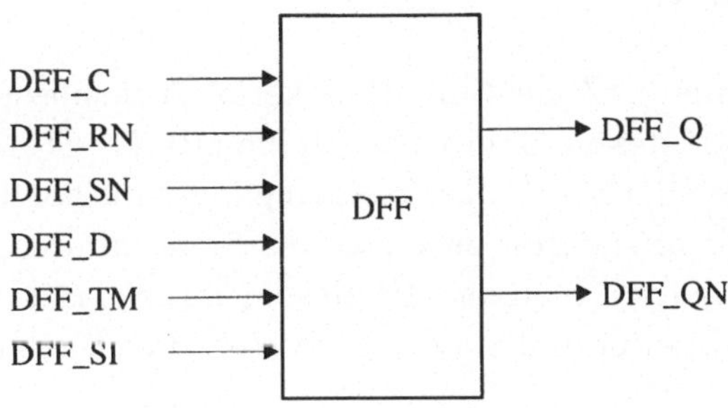

Abbildung 10.16: Schnittstelle des Master-Slave-D-Flip-Flop *DFF*

Steuersignal *DFF_TM* kann zwischen dem Dateneingang für Normalbetrieb *DFF_D* und dem für Testbetrieb *DFF_SI* gewählt werden. Im Testmodus sind die asynchronen Steuersignale *DFF_SN* und *DFF_RN* unwirksam. Anders als bei der allgemeinen Darstellung in Abb. 10.14, soll bei der Komponente *DFF* die Abspeicherung und Ausgabe der neuen Eingangsinformation mit der *steigenden* Taktflanke vorgenommen werden. Dieses Verhalten entspricht somit dem in Abb. 10.8a) beschriebenen. Die Funktionalität von *DFF* ist durch Tab. 10.13) vollständig definiert.

Eingänge DFF_..						Ausgänge DFF_..		Operationen
C	D	RN	SN	TM	SI	Q	QN	
x	x	0	1	0	x	0	1	RESET
x	x	1	0	0	x	1	0	SET
↑	1	1	1	0	x	1	0	Betriebsmodus
↑	0	1	1	0	x	0	1	
↑	x	x	x	1	1	1	0	Testmodus
↑	x	x	x	1	0	0	1	

Tabelle 10.13: Funktionstabelle des Master-Slave-D-Flip-Flop *DFF*

Entwurfsalternative

Sind in der verwendeten Zellenbibliothek keine Transmission-Gates vorhanden, so können statt dessen Treiberbausteine mit Tri-State-Ausgängen verwendet werden. Die Setz- und Rücksetzeingänge müssen Master *und* Slave beeinflussen, damit asynchron gesetzte Zustände mindestens einen halben Taktzyklus lang erhalten bleiben. Zu diesem Zweck sind in den Rückkopplungsschleifen von Master und Slave die Inverter durch geeignete Logikgatter zu ersetzen.

10.4.3   Validierung

Simulieren Sie alle in Tab. 10.13 aufgeführten Operationen:

- Asynchrone Setz- und Rücksetzfunktionen,

- Taktsynchrones Schreiben:
  Im Betriebsmodus über den Dateneingang DFF_D,
  im Testmodus über den Testeingang DFF_SI.

Die Simulation der asynchronen Setz- und Rücksetzfunktionen muß im Betriebsmodus den Vorrang gegenüber Schreiboperationen nachweisen, ebenso, daß sich die so erzeugten Zustände dauerhaft in der Schaltung halten. Weiter ist zu zeigen, daß diese beiden Eingänge im Testmodus wirkungslos sind. Die korrekte Unterscheidung zwischen Dateneingang DFF_D und Testeingang DFF_SI können Sie nachweisen, indem Sie bei allen taktsynchronen Schreiboperationen diese Eingänge mit entgegengesetzten Werten stimulieren. Bei der Festlegung der Taktphasendauer sind die Datenblätter der verwendeten Komponenten und Bibliothekszellen zu berücksichtigen.

Aus dem Simulationslauf müssen alle Verzögerungszeiten hervorgehen, die für das Datenblatt in Tab. 10.14 benötigt werden. Eine bei Simulationsbeginn zur Initialisierung vorgenommene Setz-, Rücksetz- oder Schreiboperation ist für die Ermittlung von Verzögerungszeiten ungeeignet, da sie keinen Übergang von '0' nach '1' oder '1' nach '0' bewirkt, sondern vom undefinierten Zustand ausgeht.

10.4.4 Auswertung (Nachbereitung)

In den Simulationsergebnissen sind die einzelnen Operationen zu kennzeichnen und die relevanten Verzögerungszeiten in das folgende Datenblatt einzutragen.

Parameter	Von	Nach	Wert [ns]
t..			

Tabelle 10.14: Scan-Path-fähiges D-Flip-Flop *DFF*

10.5   12-Bit-Schieberegister

Lernziele und Inhalte

Handhabung von Bussen mit dem Entwurfssystem, Vertiefung des Umgangs mit Schaltwerken, Entwurf eines synchronen Schieberegisters.

10.5.1   Grundlagen

Zu den grundlegenden Operationen eines Mikroprozessors gehören arithmetische und logische Schiebeoperationen. So kann beispielsweise die Division einer Dualzahl durch eine Zweierpotenz als eine Schiebeoperation in Richtung auf die niederwertigste Bit-Position (LSB) durchgeführt werden. Für die hardwaremäßige Realisierung von Schiebeoperationen finden Schieberegister Verwendung.

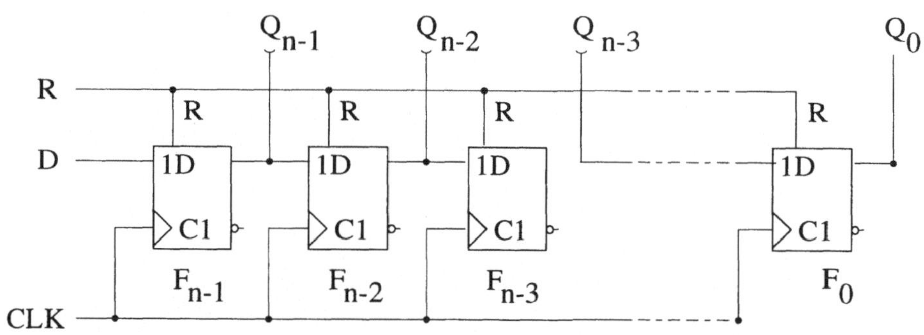

Abbildung 10.17: Serielle Kaskadierung von D-Flip-Flops zu einem Schieberegister

Schieberegister werden üblicherweise als Reihenschaltung gemeinsam getakteter Flip-Flop-Stufen aufgebaut. Die in Abb. 10.17 dargestellte Anordnung eignet sich zur Rechtsverschiebung n-stelliger Dualzahlen. Mit jedem Takt wird die Information von einem Flip-Flop zum jeweils nächsten übertragen. Wegen des *Race-Problems* eignen sich zum Aufbau von Schieberegistern ausschließlich takt*flanken*gesteuerte Speicherelemente. In den meisten Ausführungen gestatten Schieberegister sowohl den seriellen als auch den parallelen Zugriff auf ihren Inhalt (s. Abb. 10.18):

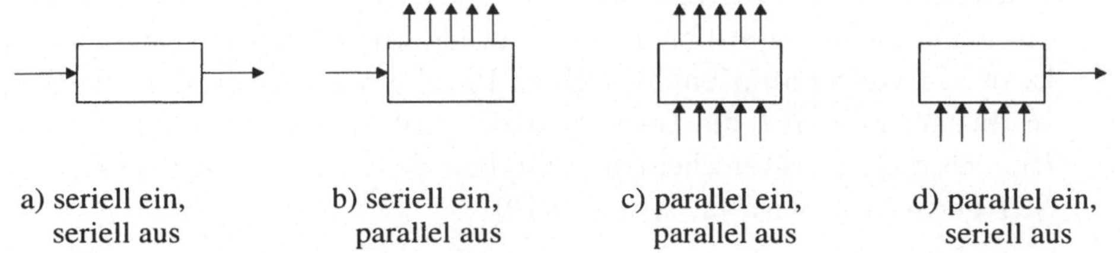

a) seriell ein,
seriell aus

b) seriell ein,
parallel aus

c) parallel ein,
parallel aus

d) parallel ein,
seriell aus

Abbildung 10.18: Möglichkeiten der Ein- und Ausgabe bei Schieberegistern

- **Serielles Ein- und Auslesen** (s. Abb. 10.18a))
  Die serielle Ausgabe erfolgt am Ende der Kette, hier über den Ausgang Q_0. Mit jeder aktiven Taktflanke wird das am Eingang D (s. Abb. 10.17) anliegende Datum in die Stufe F_{n-1} übernommen und die bestehende Information um eine Bit-Position nach rechts verschoben. Der Inhalt des letzten Flip-Flops F_0 wird dabei überschrieben.

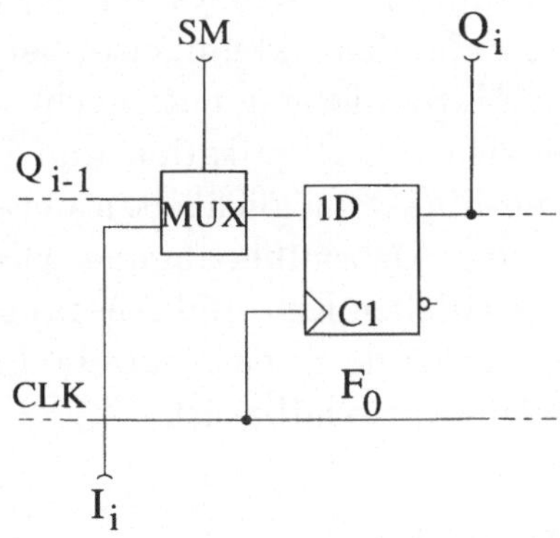

Abbildung 10.19: Umschaltung zwischen serieller und paralleler Eingabe

- **Serielles Einschreiben, paralleles Auslesen** (s. Abb. 10.18b))
  Für die parallele Ausgabe müssen zusätzlich die Ausgänge der übrigen Flip-Flop-Stufen $F_{n-1} \ldots F_1$ aus der Komponente herausgeführt werden (hier als $Q_{n-1} \ldots Q_1$). Ein Anwendungsbeispiel für diese Betriebsart ist das Einlesen von Daten durch eine serielle Schnittstelle.

- **Paralleles Ein- und Auslesen** (s. Abb. 10.18c)) Werden zusätzlich die Eingänge aller Stufen F_i nach außen hin zugänglich gemacht, so kann die volle Funktionalität eines Parallelregisters erreicht werden. In diesem Fall sind die Betriebsarten „shift" (Schieben) und „store" (Speichern) zu unterscheiden, zwischen denen mit dem Steuersignal SM gewechselt wird (s. Abb. 10.19).

- **Paralleles Einschreiben, serielles Auslesen** (s. Abb. 10.18d)) Das Register wird in der Betriebsart „store" parallel geladen, anschließend werden im Shift-Modus die Bits einzeln über den Ausgang Q_0 (s. Abb. 10.17) ausgelesen. Dieses Verfahren findet u. a. bei der Datenausgabe über serielle Schnittstellen Verwendung.

Häufig gestatten Schieberegisterbausteine auch das Umschalten der Schieberichtung, was durch eine geeignete Erweiterung der Selektionsmöglichkeiten durch den Multiplexer MUX in Abb. 10.19 erreichbar ist.

Anwendung

Im Rahmen des $PMP12$-Mikroprozessorsystems wird ein parallel schreib- und lesbares Schieberegister für den Akkumulator benötigt. Die Schiebeoperationen ermöglichen die Unterstützung entsprechender Maschinenbefehle, die ihrerseits für die effiziente Multiplikation und Division von Dualzahlen benötigt werden. Die Einsatzmöglichkeiten bei der Umwandlung zwischen serieller und paralleler Datenübertragung wurden bereits angesprochen. Verbindet man den seriellen Ein- und Ausgang eines Schieberegisters durch eine Rückkopplungsschleife, so entsteht ein *Umlaufspeicher*, der zur Erzeugung von Impulsfolgen verwendbar ist.

10.5.2   Aufgabenstellung

Es ist das 12-Bit-Schieberegister $SHREG12B$ mit der in Abb. 10.20 dargestellten Schnittstelle zu entwerfen. Die Funktionalität wird in Tab. 10.15 definiert, wobei die Signale folgende Bedeutung haben:

- **SH12_SN** : Asynchrones Setzen
  SH12_RN : Asynchrones Rücksetzen
  Die Setz- und Rücksetzeingänge sollen asynchron, d. h. unabhängig vom Taktsignal wirksam sein.

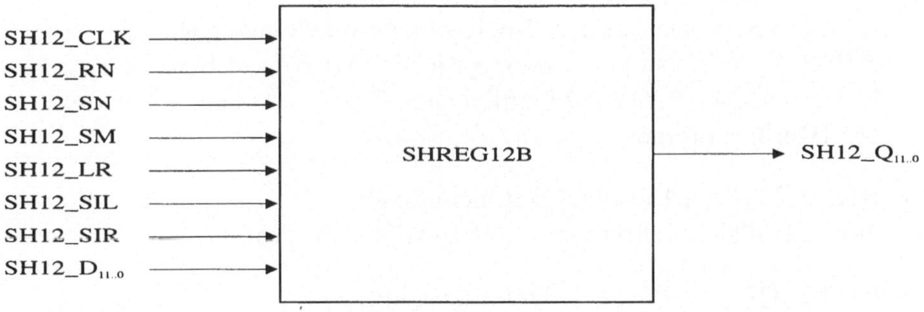

Abbildung 10.20: Schnittstelle der Komponente *SHREG12B*

Eingänge SH12_...						Ausgänge SH12_...	Opera-
D_i	CLK	RN	SN	SM	LR	Q_i	tion
x	x	0	1	0	x	0	Reset
x	x	1	0	0	x	1	Set
0	↑	1	1	0	x	0	Store
1	↑	1	1	0	x	1	
x	↑	x	x	1	0	Q_{i+1} für i = 10..0, Q_{11} = SIR	Shift right
x	↑	x	x	1	1	Q_{i-1} für i = 11..1, Q_0 = SIL	Shift left

Tabelle 10.15: Funktionstabelle des Schieberegisterbausteins *SHREG12B*

- **SH12_SM** : Betriebsart
  Mit dem Signal $SH12\_SM$ wird zwischen paralleler und serieller Betriebsart gewählt.

- **SH12_LR** : Richtung der Verschiebung
  in der Betriebsart „shift".

- **SH12_SIL, SH12_SIR** : Serielle Eingänge
  für die Betriebsart „shift". Bei Rechtsverschiebungen wird der Wert an
  $SH12\_SIR$ in das höchstwertigste Bit (MSB) und bei Linksverschie-
  bungen der an $SH12\_SIL$ anliegende Pegel in das niederwertigste Bit
  (LSB) übernommen.

- **SH12_$D_{11..0}$** : Parallele Dateneingänge
  zum parallelen Schreiben in der Betriebsart „store".

- **SH12_$Q_{11..0}$** : Parallele Datenausgänge,
  an denen zu jedem Zeitpunkt der aktuelle Inhalt lesbar ist.

10.5.3   Bottom-up-Entwurfsdurchführung

Das 12-Bit-Schieberegister $SHREG12B$ kann gemäß der Aufgabenstellung
entweder mit einem graphischem Editor oder VHDL entworfen werden.

10.5.3.1 Entwurfsdurchführung mit graphischem Editor

Teilaufgabe 5.A.1:   *Verwenden Sie für den Aufbau des Schieberegisters
das in Aufgabe 10.4 entworfene, Scan-Path-fähige Master-Slave-D-Flip-Flop
DFF.*

Angesichts der regulären Schaltungsstruktur ist es auch hier zweckmäßig,
zunächst eine kleinere Teileinheit, z. B. eine 4-Bit-Komponente zu entwerfen, von der in einem zweiten Schritt drei Instanzen zur 12-Bit-Ausführung
kaskadiert werden.

Wie bereits in der Aufgabenstellung der Aufgabe 10.1 erwähnt, sollten die
Abmessungen des eingegebenen Schaltplans möglichst „rechteckig" gewählt
werden, um auch nach einer durch die Ausgaberoutinen der Entwurfswerkzeuge vorgenommenen Skalierung noch eine brauchbare Darstellung zu erhalten.

10.5.3.2 Entwurfsdurchführung mit VHDL

Bei einem Schieberegister sind nicht alle Instanzen nach dem gleichen Schema mit der Außenwelt verdrahtet. Im nachfolgenden VHDL-Programm, das

als Beispiel dienen soll, wird mit jedem Takt ein Bit am Eingang SIR eingelesen und ein Bit am Ausgang $SOUT$ herausgeschrieben. Die Daten-Bits
werden dabei um eine Position verschoben. Daher erfordert das erste und
das letzte Modul eine spezielle Verdrahtung, was durch den Einsatz einer
generate-Anweisung mit Bedingung leicht erfolgen kann.

```
entity SHIFT_RIGHT_REG is
    generic ( N      : in   Integer range 2 to 64 := 12 );
    port    ( CLK  : in   Bit;
              SIR    : in   Bit;
              SOUT : out Bit  );
end SHIFT_RIGHT_REG;

architecture STRUCT of SHIFT_RIGHT_REG is
    component DFF
       port ( D, CLK : in Bit; Q : out Bit );
    end component;
    signal INTERN : Bit_Vector(N-2 downto 0);
begin
    REG: for I in N-1 downto 0 generate
        REG_FIRST: if  I = N-1 generate
            DFF_FIRST: DFF
                port map ( SIR, CLK, INTERN(I-1) );
          end generate;
        REG_MIDDLE: if  0 < I and I < N-1 generate
            DFF_MIDDLE: DFF
                port map ( INTERN(I), CLK, INTERN(I-1) );
          end generate;
        REG_LAST: if  I = 0 generate
            DFF_LAST: DFF
                port map ( INTERN(I), CLK, SOUT );
          end generate;
      end generate;
end STRUCT;
```

Teilaufgabe 5.A.2: *Passen Sie die VHDL-Beschreibung der Komponenten an die Aufgabenstellung an. Verwenden Sie für das D-Flip-Flop das
entsprechende Element aus der Standardzellenbibliothek.*

Teilaufgabe 5.A.3: *Synthetisieren Sie die SHREG12B-Netzliste.*

10.5.3.3 Validierung

Bei der Logiksimulation sind alle möglichen Eingabekombinationen vollständig zu überprüfen. Wählen Sie die Eingangsdaten für das parallele Schreiben so, daß Sie die korrekte Verdrahtung aller Bit-Positionen nachweisen können. Berücksichtigen Sie bei der Dimensionierung der Taktlänge die Datenblätter der verwendeten Komponenten und Bibliothekszellen. Aus dem Simulationslauf müssen alle Verzögerungszeiten hervorgehen, die für die Nachbereitung benötigt werden. Bezüglich der Laufzeiten sind zwei Klassen von Operationen zu unterscheiden:

- **Asynchrone Operationen**
  Zurücksetzen aller Daten-Bits auf den Wert '0' („reset") und setzen aller Daten-Bits auf den Wert '1' („set").

- **Taktsynchrone Operationen**
  Sequentielle Schiebeoperationen (Betriebsart „shift") und paralleles Schreiben (Betriebsart „store").

Bei den taktsynchronen Schiebe- und Ladeoperationen sind lediglich die Signallaufzeiten der verwendeten D-Flip-Flops (DFF, s. Aufgabe 10.4) für die Verzögerungszeit maßgeblich. Daher haben alle synchronen Operationen den gleichen Zeitbedarf. Beachten Sie in diesem Zusammenhang auch, daß für diese Verzögerung lediglich der Signalpfad vom Takteingang zu den Ausgängen $SH12\_Q_i$ relevant ist. Die Steuer- und Dateneingänge $SH12\_SM$, $SH12\_LR$, $SH12\_SIL$, $SH12\_SIR$ und $SH12\_D_i$ haben wegen der taktsynchronen Arbeitsweise keine unmittelbare Auswirkung auf die Ausgänge und werden deshalb im Datenblatt nicht berücksichtigt. Wie bei allen synchronen Operationen ist hier lediglich die Laufzeit vom Takteingang zu den Ausgängen relevant.

Die Setz- und Rücksetzeingänge wirken asynchron, d. h. unabhängig vom Taktsignal. Aufgrund dieser unmittelbaren Einwirkung auf die Ausgangssignale müssen die zugehörigen Pfade in Abb. 10.20 dokumentiert werden.

10.5.3.4 Auswertung (Nachbereitung)

Kennzeichnen Sie in den Simulationsergebnissen die überprüften Funktionen und die ermittelten relevanten Verzögerungszeiten. Tragen Sie die Ergebnisse in das nachfolgend aufzustellende Datenblatt ein.

Parameter	Von	Nach	Wert [ns]
t ...			

Tabelle 10.16: Schieberegister SHREG12B

10.5.4 Top-down-Entwurfsdurchführung

10.5.4.1 Beschreibung von Schiebeoperationen in VHDL

Zuweisung in Bereichen eines Bit-Vektors. Eine genaue Beschreibung des gewünschten Verhaltens der Funktion ist mit der Zuweisung von Vektorbereichen möglich. Innerhalb eines Prozesses ist die Realisierung mit einer Prozedur möglich. Die folgende Prozedur verschiebt die Bits im Vektor logisch um n Stellen nach rechts:

```
procedure shiftLogicalRight( BV : inout Bit_Vector;
                             N  : in      Natural    ) is
    alias     A_BV : Bit_Vector(BV'length-1 downto 0) is BV;
    constant C     : Bit_Vector(N-1 downto 0) := (others => '0');
begin
    BV := C & A_BV(A_BV'left downto N);
end shiftLogicalRight;
```

Da standardmäßig für Prozedurparameter der Typen *out* und *inout* Variable erwartet werden, ist die Prozedur nur in einem sequentiellen Kontext (Unterprogramm oder Prozeß) möglich. Die Prozedur kann *nebenläufig*, d. h. innerhalb eines Blocks, aufgerufen werden, wenn der Parameter *BV* explizit als Signal definiert und die Signalzuweisung verwendet wird.

Funktionen shr und shl. Die Funktionen *shr* und *shl* werden u. a. im IEEE-Paket *STD_LOGIC_UNSIGNED* für *Std_Logic_Vector* zur Verfügung gestellt. Basierend auf der Vektordarstellung läßt sich die obige logische Rechtsverschiebung mit Hilfe der Funktion *shr* beschreiben:

```
library IEEE;
use IEEE.STD_LOGIC_UNSIGNED.all;
...
signal DATA, RESULT : Std_Logic_Vector( ... );
signal N            : Integer;
```

```
. . .
RESULT  <= shr( DATA, N );
```

VHDL'93 stellt die Operatoren *sll, srl, sla, sra, rol* und *ror* für logisches und arithmetisches Schieben und für das Rotieren von Vektoren der Typen *Bit* und *Boolean* direkt zur Verfügung:

```
signal DATA, RESULT : Bit_Vector( ... );
signal N                 : Integer;
. . .
RESULT <= DATA srl N;
```

Falls der für das Schieben verwendete Datentyp kein *Bit_Vector* ist, müssen Konvertierungsfunktionen verwendet werden.

10.5.4.2 Entwurfsdurchführung

Teilaufgabe 5.B.1:   *Entwerfen Sie ein N-Bit-Schieberegister, das nach rechts schiebt. Die Zahl der Positionen kann generisch eingestellt werden.*

Teilaufgabe 5.B.2:   *Beschreiben Sie verhaltensorientiert das 12-Bit-Schieberegister SHREG12B in VHDL mit dem in Tab. 10.15 angegebenen Verhalten.*

Teilaufgabe 5.B.3:   *Synthetisieren und analysieren Sie die Netzliste.*

10.5.4.3 Validierung

Überprüfen Sie die korrekte Funktion des synthetisierten 12-Bit-Schieberegisters.

10.6 Akkumulatoreinheit mit Status-Flags

Lernziele und Inhalte

Erweiterung des ALU-Bausteins aus Aufgabe 10.2 zu einer Akkumulatoreinheit, Zeitverhalten (Timing) von Register-ALU-Einheiten, arithmetisches und logisches Schieben, Definition und Generierung von Statusinformationen.

10.6.1 Grundlagen

Ursprünglich steht der Begriff *Akkumulator* für eine Speichereinheit, die neu eingeschriebene Daten automatisch zu ihrem bisherigen Inhalt addiert. Im Zusammenhang mit vielen von-Neumann-Rechnern steht dieser Begriff jedoch für ein ausgezeichnetes, prozessorinternes Register (*Akkumulatorregister*), das von einem Großteil der Maschinenbefehle als impliziter Quell- und Zieloperand verwendet wird.

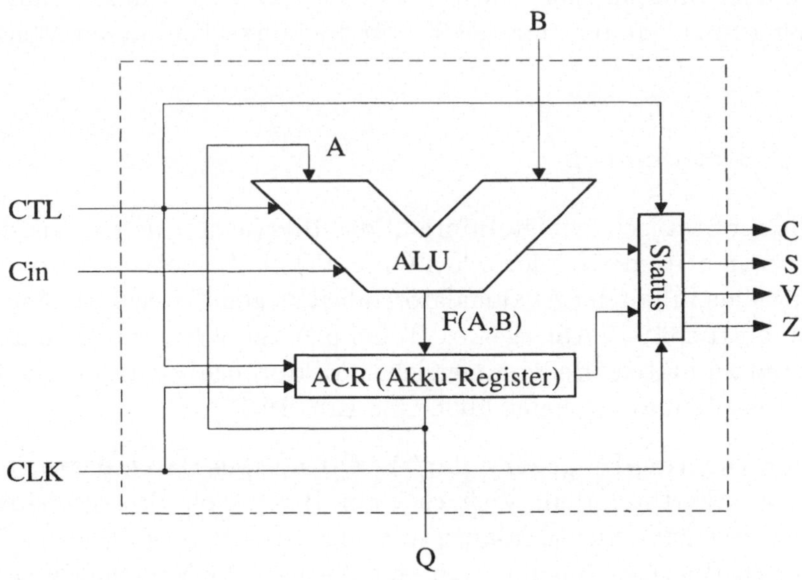

Abbildung 10.21: Blockschaltbild einer Akkumulatoreinheit

Unter einer *Akkumulatoreinheit* wird im folgenden die Erweiterung der Arithmetik-Logik-Einheit (ALU) (s. Aufgabe 10.2) um ein parallel schreib- und lesbares Schieberegister (s. Aufgabe 10.5) und um eine *Statuseinheit* verstanden (s. Abb. 10.21). Das Schieberegister übernimmt die Funktion des Akkumulatorregisters (*ACR*). Der Inhalt von *ACR* wird stets als Operand A der ALU verwendet. Das Ergebnis der Verknüpfung mit dem von außen angelegten Operanden B ersetzt dessen alten Inhalt, um dann im nächsten Taktzyklus als neuer Operand A zur Verfügung zu stehen. Bei diesen Operationen wird für *ACR* die Betriebsart des parallel les- und schreibbaren Registers gewählt (s. Abschnitt 10.5.1). Im Schiebemodus dient es der Durchführung von arithmetischen und logischen Schiebeoperationen. Auf diese Schiebeoperationen, welche grundlegend für die effiziente Multiplikation und Division von Dualzahlen sind, wird weiter unten (s. Abschnitt 10.6.1.1) näher eingegangen.

Anwendung

Im Rahmen des Mikroprozessorsystems *PMP12* wird die Akkumulatoreinheit das Kernstück des *Operationswerks* darstellen, welches für die Ausführung aller Maschinenbefehle zuständig ist. Daher ist das Verhalten der Akkumulatoreinheit auch maßgeblich für die Funktionalität der Maschinenbefehle.

10.6.1.1 Statuseinheit

Aufgabe der Statuseinheit ist, Informations-Bits (engl.: *„flags"*) aus den Resultaten von arithmetisch-logischen Operationen, Schiebeoperationen bzw. dem aktuellen Inhalt der Akkumulatoreinheit zu generieren, zwischenzuspeichern und für spätere Abfragen, z. B. bei bedingten Programmverzweigungen, bereit zu halten. Bei kommerziellen Mikroprozessoren sind die folgenden Status-Bit-Informationen üblich (s. Tab. 10.17):

C: Übertrag (engl.: „carry flag"). Oft müssen Daten bearbeitet werden, deren Wortbreite ein Vielfaches der Breite von Prozessor-Registern und ALU beträgt. Nur so können mit dem Praktikumsprozessor etwa 24-Bit oder 36-Bit-Datentypen unterstützt werden. Die Vorgehensweise dabei ist, daß zunächst die Bit-Positionen 11..0 und in weiteren Schritten die jeweils höherwertigen 12-Bit-Teilworte der beiden Operanden (23..12 usw.)

miteinander verknüpft und die jeweiligen Teilergebnisse abgespeichert werden. Bei der Addition können dabei von Teilwort zu Teilwort Überträge auftreten, die zu dem Ergebnis der jeweils höherwertigen Teiladdition hinzuaddiert werden müssen. Dementsprechend sind bei der Subtraktion diese Überträge vom nächsten Teilergebnis abzuziehen. Dies wird beim Praktikumsmikroprozessor dadurch ermöglicht, daß – wie übrigens bei den meisten Mikroprozessoren – das Carry-Flag immer dann gesetzt wird, wenn bei der nächsten Teiloperation ein Übertrag bzw. Borgen zu berücksichtigen ist. Zu diesem Zweck schließen die Akkumulatoroperationen ADC und SBB das Signal auf dem Übertragseingang C stets in die Berechnung mit ein (s. Tab. 10.17).

Bei logischen Operationen erhält das Carry-Bit stets den Wert '0', bei Schiebebefehlen soll es das „herausfallende“ Bit übernehmen. Alle anderen Operationen müssen es unverändert lassen.

V: Komplement-Überlauf (engl.: „overflow flag“). V gibt darüber Auskunft, ob bei der letzten ALU-Operation durch Überschreitung des darstellbaren Zahlenbereichs ein Vorzeichenwechsel entstanden ist.

Soll beispielsweise die Operation 32000 + 4000 mit 16-Bit-Genauigkeit berechnet werden, so kommt es zu einem Komplement-Überlauf, denn der darstellbare Zahlenbereich reicht bei 16-Bit-Worten lediglich von -32768 bis +32767. Während das Carry-Bit für die Kaskadierung von Rechenoperationen, wie Addition und Subtraktion, benötigt wird, gibt das Überlauf-Bit an, ob die verfügbare Wortbreite für die Aufnahme des Ergebnisses ausreichend ist (V = '0') oder nicht (V = '1').

Z: Null (engl.: „zero flag“). Z hat immer dann den Wert '1', wenn das Ergebnis der zuletzt ausgeführten arithmetischen oder logischen Operation den Wert 0 zum Ergebnis hatte.

S: Vorzeichen (engl.: „sign flag“). Die letzte ALU-Operation führte zu einem negativen Ergebnis, d. h. dessen MSB hat den Wert '1'. Bei einigen Mikroprozessortypen, so auch beim Praktikumsprozessor $PMP12$, beziehen sich das Z- und das S-Flag stets auf den aktuellen Inhalt des Akkumulatorregisters ACR, d. h. sie können nicht nur durch arithmetisch-logische Instruktionen, sondern auch durch Ladebefehle verändert werden.

Sonstige Statusinformationen. Zusätzlich zu den genannten, stellen viele Mikroprozessortypen auch Statusinformationen für die Verarbeitung von

Dezimalzahlen (BCD-Überlauf), Modus-Bits zu den aktuellen Betriebsarten und zur Verarbeitung von Unterbrechungen (*Interrupts*) bereit.

Üblicherweise werden die Status-Bits, die gemeinsam mit dem Inhalt des Programmzählers auch als *Maschinenstatus* bezeichnet werden, in einem speziellen, dafür reservierten Register, dem sogenannten *Statusregister* gespeichert.

10.6.1.2 Operationen

Durch das Hinzufügen des Akkumulatorregisters ACR wird das Schalt*netz* der ALU zu einem Schalt*werk* erweitert. Wie bereits erwähnt, wird mit jedem Taktimpuls t der neue Inhalt des Akkumulatorregisters (ACR) als eine Verknüpfung aus dessem alten Inhalt mit einem von außen anliegenden Datum B gebildet:

$$ACR_t = F(ACR_{t-1}, B_t)$$

Der *Operationskode* (Steuervektor CTL) legt die Art der Verknüpfung F fest. Dabei können die folgenden Klassen von Operationen unterschieden werden:

Arithmetisch-logische Verknüpfungen

Von der ALU (s. Abb. 10.21) werden die arithmetisch-logischen Verknüpfungen ausgeführt. Im allgemeinen handelt es sich dabei um logische Grundfunktionen, wie die bitweise Konjunktion (AND), Disjunktion (OR), die Negation (NOT) sowie die Antivalenz (XOR). Als arithmetische Grundfunktionen stellen die meisten kommerziellen Prozessoren Addition und Subtraktion, die Zweierkomplementbildung (NEG) und in vielen Fällen auch Befehle für Multiplikation und Division zur Verfügung.

Schiebeoperationen (engl.:„shift“)

Die Schiebeoperationen (s. Abb. 10.22) werden vom Akkumulatorregister ohne Mitwirkung der ALU durchgeführt. Dabei wird auch das Carry-Flag mit einbezogen (s. Abb. 10.22). Neben den dargestellten Schiebeoperationen verfügen Standardmikroprozessoren i. allg. auch über Funktionen für bitweises Rotieren, auf die hier jedoch nicht weiter eingegangen werden soll.

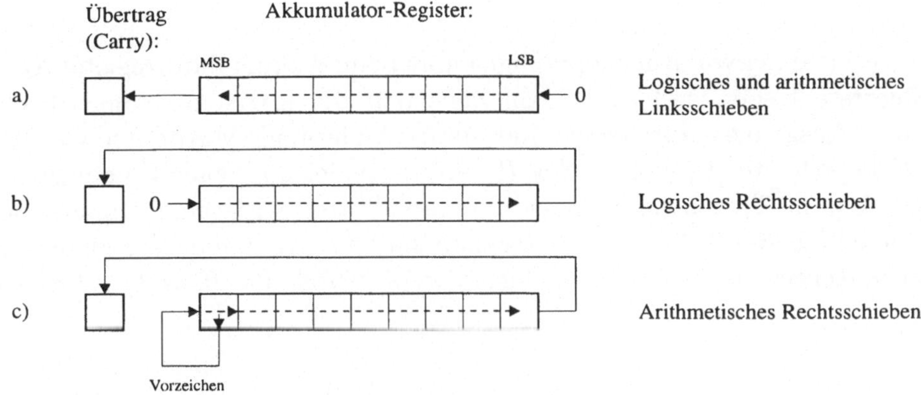

Abbildung 10.22: Arithmetisches und logisches Schieben

Je nach Richtung der Verschiebung können durch Schiebeoperationen Dualzahlen mit Zweierpotenzen multipliziert bzw. durch sie dividiert werden, wodurch die Basis für effiziente Multiplikations- und Divisionsroutinen geschaffen wird. Während bei der Multiplikation, also der Linksverschiebung, keine unterschiedliche Behandlung vorzeichenloser und vorzeichenbehafteter Dualzahlen notwendig ist (s. Abb. 10.22.a)), muß bei der Rechtsverschiebung (d. h. der Division) vorzeichenbehafteter Dualzahlen das Vorzeichenbit erhalten bleiben (s. Abb. 10.22.c)). Diese Operation wird auch als *arithmetisches Schieben* bezeichnet. Beim vorzeichenlosen Rechtsschieben ist kein Vorzeichen zu berücksichtigen, so daß hier ebenfalls der Wert '0' in das MSB nachgeschoben wird (s. Abb. 10.22.b)).

Sonstige Operationen

Ebenfalls zum Funktionsumfang einer Akkumulatoreinheit gehören Operationen zum Einschreiben des an B angelegten Wertes in das Akkumulatorregister *ACR* (LOAD), zum Zurücksetzen aller internen Zustände (RESET) und eine Funktion NOP, die alle intern gespeicherten Zustände und Informationen unverändert läßt.

Beim Praktikumsmikroprozessor wird sich die Aufgabenstellung auf einige wenige Grundoperationen beschränken, auf die jedoch alle genannten Funktionen zurückgeführt werden können.

10.6.1.3 Zeitverhalten (Timing)

Zur Vermeidung von Rückkopplungen muß beim Akkumulatorregister ACR sichergestellt sein, daß zu keinem Zeitpunkt die Registereingänge direkt zu den Ausgängen durchgeschaltet sind. Andernfalls würde ein von der ALU berechnetes Ergebnis $F(A, B)$ sofort wieder als neuer Eingangsoperand A zum Tragen kommen und innerhalb der ALU eine erneute Berechnung auslösen. Aus diesem Grunde muß das Akkumulatorregister aus takt*flanken*gesteuerten Speicherelementen (s. Abschnitt 10.3.1.1) aufgebaut sein.

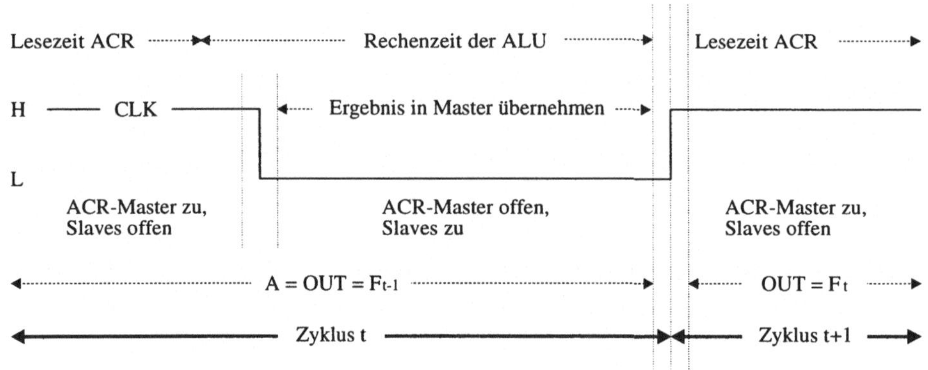

Abbildung 10.23: Timing einer Akkumulatoreinheit nach dem Master-Slave-Prinzip

Ein besonders stabiles Verhalten wird durch den Einsatz von Master-Slave-Flip-Flops erreicht:

- Nach Beginn eines Taktzykluses t ($CLK = $'1', s. Abb. 10.23) werden von außen der Eingangsoperand B, der Eingangsübertrag Cin und der Operationskode CTL angelegt. Der Operand A wurde bereits zum Ende des vorangegangenen Zyklus t-1 in das Akkumulatorregister eingeschrieben. Im Schaltnetz der ALU wird $F_t(A, B)$ berechnet (s. Abb. 10.21). Während der positiven Taktphase ($CLK = $'1') sind bei den Speicherelementen des Akkumulatorregisters die Eingänge der Slaves zwar geöffnet, da jedoch die Mastereingänge geschlossen sind, bleibt am Ausgang Q und damit auch am ALU-Eingang der alte Wert F_{t-1} erhalten (s. Abb. 10.21).

- Mit dem Wechsel auf CLK = '0' werden zunächst die Eingänge der Slaves des ACR geschlossen, erst dann öffnen sich die Mastereingänge, um von der ALU das neue Ergebnis $F_t(A, B)$ zu übernehmen. Dank dieser Reihenfolge stellen die Slaves auch weiterhin den *ursprünglichen* Wert $A = F_{t-1}$ bereit, so daß es keinesfalls zu einer Rückkopplung über die ALU kommen kann. Während der nun beginnenden negativen Taktphase bleiben die Master des Akkumulatorregisters für das neue Ergebnis $F_t(A, B)$ schreibbar. Daher ist lediglich sicherzustellen, daß die ALU ihr Ergebnis hinreichend lange (Gatterlaufzeiten) *vor* der steigenden Taktflanke von t+1 liefert. Die Rechenzeit der ALU geht somit in die Setup-Zeit der Dateneingänge $B_{11..0}$, des Übertrageingangs Cin und der Steuereingänge $CTL_{m..0}$ ein.

- Die nächste steigende Taktflanke leitet den nachfolgenden Zyklus t+1 ein. Nach Verstreichen der Gatterlaufzeiten steht das im Zyklus t berechnete Ergebnis am Ausgang Q der Akkumulatoreinheit und damit auch als neuer Operand A am ALU-Eingang zur Verfügung.

Ebenso wie das Berechnungsergebnis am Ausgang Q, so werden auch die zugehörigen Statusinformationen an den Ausgängen S, Z und C nach Beginn des Folgezyklusses t+1 bereitgestellt.

Häufig wird an Stelle eines einzelnen Akkumulatorregisters auch eine Ansammlung von Registern, die sogenannten *Register-Files* zur Verfügung gestellt. Auf diese Weise kann eine größere Anzahl häufig benötigter Variablen zur schnellen Verarbeitung bereitgehalten werden. Derartige Bausteine werden als *Register-ALUs* (RALU) bezeichnet.

10.6.2 Aufgabenstellung

Die Schnittstelle der zu entwerfenden Akkumulatoreinheit mit Status-Flags $AKKU12B$ ist in Abb. 10.24 dargestellt. Die Funktionalität der Komponente wird in Tab. 10.17 definiert.

Aus Gründen der Vereinfachung wird auf das Überlauf-Bit V verzichtet. In den Spalten der Status-Bits $AK12\_S$ (Vorzeichen), $AK12\_Z$ (Null) und

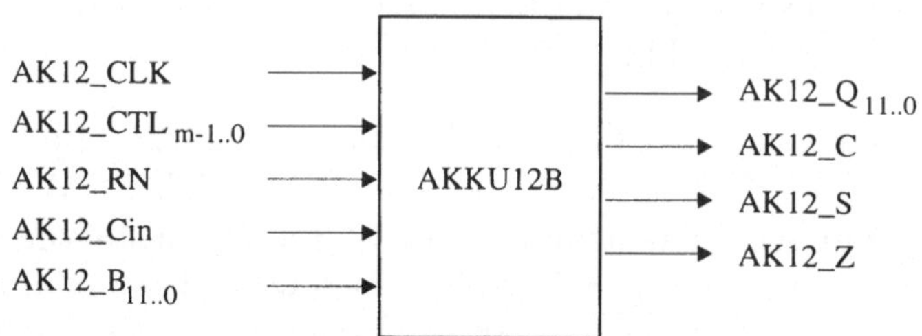

Abbildung 10.24: Schnittstelle der Komponente *AKKU12B*

Operation	Operations kode	Transfer	AK12_..		
			S	Z	C
NOP		ACR = ACR	=	=	=
RESET[2]	RN = 0	ACR = 0	0	1	0
LOAD		ACR = B	*	*	=
ADC (Addition mit Übertrag)		ACR = ACR + B + Cin	*	*	*
SBB (Subtraktion mit Borgen)		ACR = ACR − B − Cin	*	*	*
NAND		$ACR = \overline{ACR \wedge B}$	*	*	0
SHR (Logisches Rechtsschieben)		ACR = SHR(ACR) C = LSB(ACR)	0	*	*
SHL (Logisches Linksschieben)		ACR = SHL(ACR) C = MSB(ACR)	*	*	*

Tabelle 10.17: Funktionalität der Akkumulatoreinheit *AKKU12B*

$AK12\_C$ (Carry, Übertrag) bedeutet ein „=", daß der jeweilige Wert bei der entsprechenden Operation unverändert bleiben muß, „*" steht für eine dem Ergebnis der Operation entsprechende (s. Abschnitt 10.6.1.1) Veränderung. $AK12\_Z$ (Null) und $AK12\_S$ (Vorzeichen) sollen auch von LOAD-Opera-

---

[2] Diese Operation hat asynchron zu erfolgen

tionen verändert werden. Dies bedeutet, daß anders als bei vielen kommerziellen Mikroprozessoren sich diese Werte nicht auf das Ergebnis der letzten arithmetisch-logischen Operation, sondern generell auf den aktuellen Inhalt des Akkumulatorregisters ACR beziehen sollen. Im Gegensatz zum Carry-Bit $AK12\_C$ kann daher eine separate Zwischenspeicherung dieser Werte entfallen, weil sie jederzeit aus dem Inhalt von ACR gewonnen werden können. Die Anzahl m der Bits des Operationskodes $AK12\_CTL_{m-1..0}$ und deren Funktionalität ergeben sich aus dem inneren Aufbau der Akkumulatoreinheit und der ALU $ALU12B$ (s. Aufgabe 10.2). Tragen Sie die für Ihren Entwurf festgelegten Werte in Tab. 10.17 ein.

Grundsätzlich könnte das Carry-Flag $AK12\_C$, ebenso wie das Rechenergebnis, auch schaltungsintern auf den Übertragseingang der ALU zurückgeführt und so auf den Eingang $AK12\_Cin$ verzichtet werden. Durch die Herausführung dieses ALU-Eingangs aus der Akkumulatoreinheit verbleibt Ihnen aber die Möglichkeit, an Stelle des in der Statuseinheit von $AKKU12B$ gespeicherten Übertrags (Ausgang $AK12\_C$) auch Überträge aus anderen Quellen zu berücksichtigen.

Carry-Flag bei der Subtraktion

Beachten Sie beim Entwurf, daß bei der *Subtraktion* die ALU (bzw. der in ihr befindliche Addierer) das Carry-Flag $AK12\_C$ im Gegensatz zur geforderten Definition (s. Abschnitt 10.6.1.1) invertiert erzeugt und an seinem Übertragseingang auch so benötigt wird:

- **Erzeugung des Übertrags durch die ALU**
  Das Übertrags-Bit $AK12\_C$ wird von der ALU genau dann auf '1' gesetzt, wenn das Ergebnis einer n-stelligen, binären Addition zu einer '1' in der (nicht vorhandenen) n+1-ten Bit-Position führen würde. Bei der Subtraktion A − B wird das Zweierkomplement von B zu A addiert (s. Abschnitt 10.2.2). Daher tritt ein Übertrag ($AK12_C = $ '1') bei allen „normalen" Ergebnissen, d. h. genau dann auf, wenn bei einer Subtraktion *kein* Borgen von dem nächsthöheren Teilwort stattfindet. Im entgegengesetzten Fall signalisiert $AK12_C = $ '0', daß ein „Borgen" von der nächsthöheren Bit-Position notwendig wird – ein im Vergleich zur Addition umgekehrtes Verhalten.

- **Interpretation des Übertragseingangs durch die ALU**
  Andererseits ist Ihnen bereits von Aufgabe 10.2 her bekannt, daß bei
  der Subtraktion A − B ohne Berücksichtigung eines „Borgens", der
  Übertragseingang auf '1' zu setzen ist, nämlich zur Bildung des Zwei-
  erkomplements von B. Es wird dann $A + \overline{B} + 1 = A - B$ berechnet.
  Um ein „Borgen" von einer vorangegangenen (Teil-)Subtraktion zu
  berücksichtigen, wird $AK12\_C$ dementsprechend auf '0' gesetzt, d. h.
  es wird $(A + \overline{B} + 1) - 1 = A - B - 1$ berechnet.

In Abschnitt 10.6.1.1 wurde aber gefordert, daß sowohl bei der Addition als
auch bei der Subtraktion das gespeicherte Carry-Flag immer dann auf '1' zu
setzen ist, wenn im Falle verketteter Operationen über mehrere Teilworte für
ein eventuell nachfolgendes Teilwort ein Übertrag (Addition) bzw. Borgen
(Subtraktion) zu berücksichtigen ist:

- C = '0': Es muß kein Übertrag bzw. Borgen berücksichtigt werden.

- C = '1': Wurde eine Addition ausgeführt, so muß das Ergebnis der
  nachfolgenden Teiladdition um den Übertrag von 1 erhöht
  werden, bei einer Subtraktion ist das Resultat der nächsten
  Teilsubtraktion um 1 zu verringern.

Somit benötigt die ALU bei der Subtraktion an ihrem Übertragseingang
ein gegenüber der Addition invertiertes Carry $AK12\_C$, gleichzeitig gibt
sie es aber auch invertiert aus. Daher brauchten beim Entwurf der ALU
keine Vorkehrungen getroffen zu werden, um die entgegengesetzte Semantik des Carry bei Addition und Subtraktion zu berücksichtigen. Für den
Benutzer des *PMP12* soll jedoch, wie bei den meisten der kommerziellen
Mikroprozessoren, das Carry-Flag die oben dargestellte Bedeutung haben.
Es ist Aufgabe der Akkumulatorinheit *AKKU12B*, die erforderlichen Um-
wandlungen intern auszuführen. Daher müssen (nur) bei der Subtraktion
sowohl das in die ALU hereingeleitete Carry $AK12\_C$ als auch der an ihrem
Übertragsausgang entstandene Wert negiert werden.

10.6.3   Bottom-up-Entwurfsdurchführung

10.6.3.1   Entwurfsdurchführung

Teilaufgabe 6.A.1:   *Entwerfen Sie auf Basis der ALU-Einheit ALU12B* *(s. Aufgabe 10.2), des 12-Bit-Schieberegisters SHREG12B (s. Aufgabe 10.5) und unter Hinzunahme von Standardlogik aus der Zellenbibliothek die 12-Bit-Akkumulatoreinheit AKKU12B gemäß der Aufgabenstellung.*

Achten Sie beim Entwurf der Akkumulatoreinheit darauf, daß das Carry-Flag (Ausgang $AK12\_C$) nur bei jenen Operationen verändert wird, für welche dies in Tab. 10.17 gefordert wird. In allen anderen Fällen *muß* der alte Wert des Carry-Flag erhalten bleiben. Stellen Sie ebenfalls sicher, daß der Wert am Eingang $AK12\_Cin$ nur bei der Addition (Operation ADC) und Subtraktion (SBB) Auswirkungen auf das Verknüpfungsergebnis haben kann. Dies ist insbesondere dann notwendig, wenn die Operationen NOP und LOAD ALU-intern durch eine Addition mit der Konstante 0 realisiert werden (s. Aufgabe 10.2). Die Entwurfsdurchführung entspricht ansonsten dem von den vorangegangenen Aufgabenstellungen her bekannten Vorgang.

10.6.3.2 Validierung

Simulieren Sie jede der in Tab. 10.17 aufgeführten Operationen, wobei aus dem Simulationslauf alle für die Nachbereitung benötigten Verzögerungszeiten, die geforderten Setup-Zeiten und die maximale Taktfrequenz der Akkumulatoreinheit hervorgehen müssen. Lassen Sie sich zur Ermittlung der Setup-Zeiten und der maximalen Taktfrequenz die Signalverläufe an geeigneten internen Knoten der Akkumulatoreinheit ausgeben. Simulieren Sie zu diesem Zweck die zeitintensivste ALU-Operation und verwenden Sie Operanden, die zur maximalen Rechenzeit führen (s. Simulationsergebnisse in Abschnitt 10.2.3.2).

Um die minimale Taktzykluslänge zu ermitteln, lassen Sie alle Steuer- und Dateneingänge der Akkumulatoreinheit unverändert. Schaffen Sie vorher Bedingungen und Zustände, bei denen allein durch eine steigende Taktflanke die zeitintensivste ALU-Operation ausgelöst wird. Lesen Sie nun den Zeitraum von der Taktflanke bis zum Erscheinen der Ergebnisse an den Eingängen von Akkumulator und Statusregister aus Ihren Simulationsergebnissen ab. Werden nun noch die Setup-Zeiten dieser Speicherelemente hinzugerechnet (s. Datenblätter der verwendeten Bibliothekszellen), so erhalten Sie den Zeitbedarf für einen gesamten Berechnungszyklus mit den folgenden Teil-Operationen:

- Ausgabe des Operanden A,

- Verknüpfung mit dem extern anliegenden Operanden $AK12\_B$ durch die ALU,

- Einschreiben des Ergebnisses in das Akkumulatorregister,

woraufhin dieses Ergebnis als neuer Operand A für die Berechnung im nachfolgenden Zyklus zur Verfügung steht. Die Länge einer Taktperiode, d. h. der Zeitraum zwischen zwei ansteigenden Taktflanken, darf die Summe der dafür benötigten Zeiten keinesfalls unterschreiten.

Bei der Simulation jener Operation, mit der Sie die Setup-Zeiten für die Operandeneingänge $AK12\_B_{11..0}$ und den Übertragseingang $AK12\_Cin$ ermitteln wollen, gehen Sie analog vor. Schaffen Sie durch Laden des gewünschten Operanden in das Akkumulatorregister und durch Anlegen der benötigten Operationskodes bereits vor der eigentlichen Messung die Bedingungen für die zeitintensivste Rechenoperation. Achten Sie auch darauf, daß das Statusregister den gewünschten Inhalt hat. Während bei der vorherigen Messung eine Änderung des Operanden A (Inhalt von ACR) diese Berechnung auslöste, bleiben nun alle anderen Parameter unverändert und es soll lediglich $AK12\_B_{11..0}$ bzw. $AK12\_Cin$ verändert werden.

Hinweise zur Vermeidung von Fehlern beim Entwurf der Stimuli

Zur Vermeidung der am häufigsten begangenen Fehler beachten Sie beim Entwurf der Stimuli bitte die folgenden Hinweise:

- Bei Festlegung der in den Stimuli verwendeten Taktzykluslänge und der Verzögerung des Taktes gegenüber den angelegten Daten- und Steuersignalen (Setup-Zeit) sind die Verzögerungszeiten der verwendeten Komponenten zu berücksichtigen. Achten Sie dabei insbesondere auch auf die Einhaltung jener Setup-Zeiten, welche durch die Rechenzeit der ALU bedingt sind. Setzen Sie beim Entwurf der Stimuli einen besonders sicheren (hohen) Wert an! Eine genauere Abschätzung der tatsächlich benötigten Setup-Zeit wird im Rahmen der Nachbereitung vorgenommen.

- Stellen Sie durch geeignete Eingabewerte sicher, daß für den Operandeneingang $AK12\_B$ alle Bit-Positionen $B_{11..0}$ korrekt beschaltet worden sind.

- Vermeiden Sie das Anlegen ungültiger Operationskodes an die Eingänge $AK12\_CTL_{m-1..0}$.

- Stellen Sie sicher, daß von Ihrer Schaltung die Status-Bits in der festgelegten Art und Weise (s. Tab. 10.17) ausgegeben werden. Weisen Sie auch die Wirkungslosigkeit der Operationen LOAD und NOP für das Carry-Flag nach. Hier kann das Anzeigen ausgesuchter, schaltungsinterner Signale den Simulationslauf vereinfachen.

- Bei der Ermittlung von Verzögerungs- und Setup-Zeiten darf lediglich der untersuchte Eingang verändert werden. Alle anderen Eingänge müssen unverändert bleiben und zum Zeitpunkt der besagten Eingangsänderung muß sich die gesamte Schaltung in einem stabilen Zustand befinden.

10.6.3.3 Auswertung (Nachbereitung)

Die Funktionalität synchroner Systeme kann allgemein als eine Menge von Transferoperationen zwischen Speichereinheiten beschrieben werden. Dabei bestimmt der Transfer mit dem größten Zeitbedarf die Zykluslänge des Systemtaktes.

Die Transferoperationen des Akkumulators schließen arithmetisch-logische Berechnungen mit ein. Es ist daher zu erwarten, daß sie zu den zeitaufwendigsten Transfers des Gesamtsystems gehören und maßgeblich für die maximale Taktfrequenz des Mikroprozessorsystems *PMP12* sein werden. Aus diesem Grunde hat die Auswertung der Simulationsergebnisse das Ziel, eine möglichst genaue Angabe über die maximale Taktfrequenz zu liefern, bei welcher die Akkumulatoreinheit noch zuverlässig arbeitet.

Wie dabei allgemein vorzugehen ist, wurde in Abschnitt 4.4.3.2 beschrieben. Bei der Akkumulatoreinheit wird intern eine Rückkopplung des Schaltungsausgangs $AK12\_Q$ auf den Operandeneingang A der integrierten ALU vorgenommen. Somit stellt bei den Transferoperationen der Akkumulatoreinheit das Akkumulatorregister *ACR* sowohl die Quelle als auch eine der Senken dar: Der alte Wert von *ACR* wird mit einem externen Operanden $AK12\_B$ verknüpft, das Ergebnis dieser Verknüpfung ersetzt den alten Inhalt von *ACR*. Eine weitere Senke ist das interne Übertrags-Bit in der Statuseinheit (s. Abb. 10.25). Der Zeitbedarf dieser Transfers ergibt sich aus den Laufzeiten ihrer Teiloperationen:

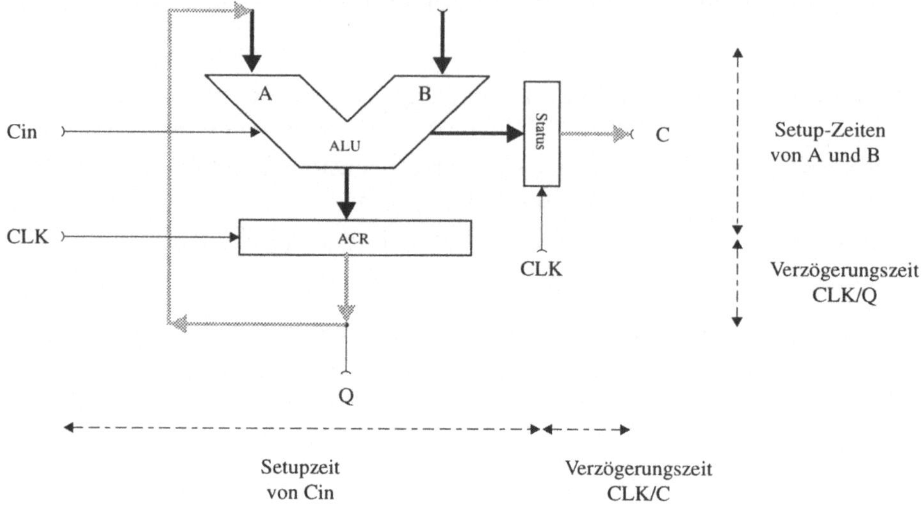

Abbildung 10.25: Laufzeitrelevante Datenpfade bei den Transferoperationen
der Akkumulatoreinheit

- Auslesen des Operanden A aus der Quelle ACR. Dieser Vorgang wird
  durch die steigende Taktflanke ausgelöst. Der Zeitbedarf dieses Vor-
  gangs entspricht übrigens der Verzögerungszeit vom Takteingang CLK
  zu den Datenausgängen $Q_{11..0}$, die auch in der Dokumentation zu finden ist.

- Durchführung einer arithmetisch-logischen Verknüpfung mit dem Operanden B und Einschreiben des Ergebnisses in das Akkumulatorregister ACR Setzen des Carry-Bit der Statuseinheit zum Zeitpunkt der
  nächsten steigenden Taktflanke.

Damit die korrekte Arbeitsweise der Akkumulatoreinheit unter allen Um-
ständen gewährleistet ist, muß der Zeitraum zwischen zwei aufeinanderfolgenden steigenden Taktflanken, d. h. die Dauer einer Taktperiode T,
hinreichend lang sein, so daß bei jeder möglichen Kombination aus dem
altem Inhalt des Akkumulatorregisters ACR, extern anliegendem Operanden $AK12\_B$ und Übertragseingang $AK12\_Cin$ beide Teiloperationen abgeschlossen sind und das Ergebnis an den Senken verfügbar ist. Zusätzlich sind noch die Setup-Zeiten der Senken zu berücksichtigen. Um diesen

Zeitbedarf ermitteln zu können, müssen somit während der Simulation die Signalverläufe an den entsprechenden internen Konten beobachtet und die Setup-Zeiten der als Senken fungierenden Speicherelemente gegebenenfalls den Datenblättern der verwendeten Zellenbibliothek entnommen werden.

Wird diese Akkumulatoreinheit jedoch innerhalb einer Systemumgebung, z. B. einem Mikroprozessorsystem betrieben, so müssen bei der Festlegung der Taktlänge dieses Systems die Pfade von den externen Quellen über die Eingänge $AK12\_B_{11..0}$ bzw. Cin nach ACR und zum Statusregister ebenfalls betrachtet werden. Dabei beschreiben die Setup-Zeiten für die Eingänge $AK12\_B$ und $AK12\_Cin$ die Teilpfade der Transfers innerhalb der Akkumulatoreinheit. Diese Setup-Zeiten schließen also auch den Berechnungsvorgang mit ein. Hinzu kommt der Zeitbedarf für das Auslesen der Operandenquellen für $AK12\_B$ und $AK12\_Cin$ (d. h. deren Verzögerungszeiten) und die Verzögerung entlang des Signalpfades bis zu jenen Eingängen der Akkumulatoreinheit. Eine weitere Kenngröße ist die Setup-Zeit des Steuervektors $AK12\_CTL_{m-1..0}$.

Parameter	Von	Nach	Wert [ns]
t..			

Tabelle 10.18: Akkumulatoreinheit AKKU12B

Mindestdauer einer Taktperiode T_{min}

Pfad $ACR \rightarrow ACR$
.... ns Verzögerungszeit CLK nach $Q_{11..0}$
.... ns Laufzeit über ALU-Eingang A bis ACR
.... ns Setup-Zeit von ACR
.... ns $\sum$

Pfad $ACR \rightarrow$ „Status"
.... ns Verzögerungszeit CLK nach $Q_{11..0}$
.... ns Laufzeit über ALU-Eingang A bis „Status"
.... ns Setup-Zeit des Statusregisters
.... ns $\sum$

Maximum ($\sum$):   .... ns + 30% Sicherheitsspielraum = T_{min} = ...ns

Setup-Zeit für AK12_B$_{11..0}$

Pfad $AK12\_B_{11..0} \rightarrow ACR$

    .... ns Laufzeit über ALU-Eingang B bis ACR

    .... ns Setup-Zeit von ACR

    .... ns $\sum$

Pfad $AK12\_B_{11..0} \rightarrow$ „Status"

    .... ns Laufzeit über ALU-Eingang B bis „Status"

    ... ns Setup-Zeit von „Status"

    .... ns $\sum$

Maximum ($\sum$):   .... ns $= t_{setup}(AK12\_B) = ...$ ns

Setup-Zeit für AK12_C$_i$n

Pfad $AK12\_Cin \rightarrow ACR$

    .... ns Laufzeit über ALU-Eingang Cin bis ACR

    .... ns Setup-Zeit von ACR

    ... ns $\sum$

Pfad $AK12\_Cin \rightarrow$ „Status"

    .... ns Laufzeit über ALU-Eingang Cin bis ACR

    .... ns Setup-Zeit von „Status"

    .... ns $\sum$

Maximum ($\sum$):   .... ns $= t_{setup}(AK12\_Cin) = ...$ ns

10.6.4   Top-down-Entwurfsdurchführung

Teilaufgabe 6.B.1: *Geben Sie die Gleichungen zur Bestimmung der Flags Z, C und S in VHDL an, und überprüfen Sie das korrekte Verhalten.*

Teilaufgabe 6.B.2: *Modellieren Sie die 12-Bit-Akkumulatoreinheit AK-KU12B mit der in Tab. 10.17 beschriebenen Funktionalität gemäß Abb. 10.21. Sie können dazu die verhaltensorientierte Beschreibung der 12-Bit-ALU-Einheit und des 12-Bit-Schieberegisters und die Gleichungen zur Bestimmung der Status-Flags verwenden.*

Teilaufgabe 6.B.3: *Synthetisieren und validieren Sie Ihren Entwurf.*

10.7 Parallel ladbarer 12-Bit-Dualzähler

Lernziele und Inhalte

Grundprinzipien asynchroner und synchroner Zählschaltungen, Aufbau eines parallel ladbaren Synchronzählers.

10.7.1 Grundlagen

Zählelemente und Frequenzzähler gehören in der Digitaltechnik zu den meistverwendeten Bausteinen und werden für vielseitige Zähl- und Steueraufgaben eingesetzt. Unter einem *Zähler* wird eine Schaltungsanordnung verstanden, bei der innerhalb gewisser Grenzen eine eindeutige Zuordnung zwischen der Anzahl von eingegebenen Impulsen und dem Zustand der Ausgangssignale besteht. Bei *Dualzählern* kann jedes der n Ausgangssignale zwei Zustände annehmen, so daß hier 2^n Kombinationen möglich sind.

Von-Neumann-Architekturen verwenden einen Dualzähler zur Adressierung des Speicherbereichs, in dem sich das auszuführende Maschinenprogramm befindet. Dieser Zähler wird als *Programmzähler* bezeichnet. Zu Beginn wird die Startadresse des benötigten Programms in den Zähler geladen. Während der Programmabarbeitung enthält der Programmzähler stets die Speicheradresse des Folgebefehls: Bei linearer Programmfortschreitung inkrementiert der Zähler nach jedem Laden eines Befehlswortes seinen Inhalt. Im Fall von Programmverzweigungen, Unterprogrammaufrufen oder Unterprogrammrücksprüngen wird der Zählerstand mit der im Verzweigungsbefehl enthaltenen bzw. auf der Spitze des Stacks liegenden Sprungadresse überschrieben. Programmzähler müssen daher neben der Zählfunktion auch eine parallele Lademöglichkeit bereitstellen.

Dualzähler können über eine Verkettung von dynamisch getakteten Flip-Flop-Stufen realisiert werden (s. Abb. 10.26), wobei sowohl Master-Slave- als auch einflankengesteuerte Flip-Flops verwendbar sind (s. Abschnitt 10.3.1.1). Dabei werden zwei grundlegende Implementierungsformen unterschieden:

Asynchrone Dualzähler

Der Zustand einer Stufe Z_i ändert sich immer dann, wenn Z_{i-1}, also die vorangeschaltete Stufe von '1' auf '0' wechselt. Dies wird dadurch erreicht,

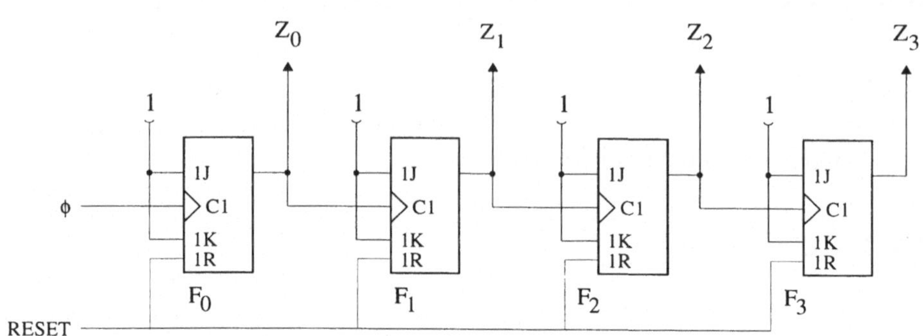

Abbildung 10.26: Asynchroner 4-Bit-Dualzähler mit RESET

daß der Takteingang C jeder Stufe Z_i mit dem Ausgang ihrer Vorgängerstufe Z_{i-1} verbunden wird (s. Abb. 10.26). Wegen $J = K = \,'1'$ ändern die
Flip-Flops ihre Zustände mit jeder fallenden Taktflanke an ihrem Eingang
(„toggle"), so daß jede Stufe als ein Frequenzteiler im Verhältnis von 2:1
arbeitet. Entscheidender Nachteil dieser auch als *Ripple-Counter* bezeich-
neten Schaltung ist der Umstand, daß sich die Verzögerungszeiten der hin-
tereinandergeschalteten Stufen addieren. Im ungünstigsten Fall müssen alle
Teilerstufen durchlaufen werden, bis der neue Wert an jedem der Ausgänge
$Z_{i-1} \ldots Z_0$ verfügbar ist.

Synchrone Dualzähler

Die Stufe Z_i wechselt ihren Zustand bei einer Takflanke auf dem Eingangssignal ϕ dann, wenn alle vorhergehenden Stufen $Z_{i-1} \ldots Z_0 = \,'1'$ sind. Zu
diesem Zweck wird das Eingangssignal ϕ nicht von Stufe zu Stufe durchge-
reicht, sondern parallel an alle Flip-Flop-Stufen angelegt. Für jede Stufe Z_i
wird durch Konjunktion aller vorhergehender Ausgangswerte $Z_{i-1} \ldots Z_0$
die Bedingung ermittelt, wann ϕ jeweils wirksam wird und wann nicht. Somit stellt sich nach jedem Zählimpuls der neue Wert in allen Stufen ungefähr
zum gleichen Zeitpunkt ein und die maximal mögliche Frequenz ist weitgehend unabhängig von der Wortbreite. Darüber hinaus weisen synchrone
Zähler eine höhere Störsicherheit als asynchrone auf. Diese Vorteile werden
durch einen höheren Schaltungsaufwand erkauft: Jeder Stufe Z_i muß ein
AND-Gatter mit i+1 Eingängen vorangeschaltet sein.

Anwendungen

Bei vielen Anwendungen, z. B. beim Einsatz als Programmzähler in Mikroprozessorsystemen, ist es notwendig, daß der Zähler über einen zusätzlichen Eingangsbus mit einem bestimmten Startwert geladen werden kann (s. o.). Für weitere Ausprägungen von Zählerbausteinen, wie Rücksetzfunktionen (RESET), umschaltbare Zählrichtung, Dezimalzähler und Vorwahlzähler sei auf die Literatur verwiesen.

10.7.2 Aufgabenstellung

Der zu realisierende synchrone 12-Bit-Vorwärtszähler *COUNTER12B* mit paralleler Ladefunktion verfügt über die in Abb. 10.27 abgebildete Schnittstelle.

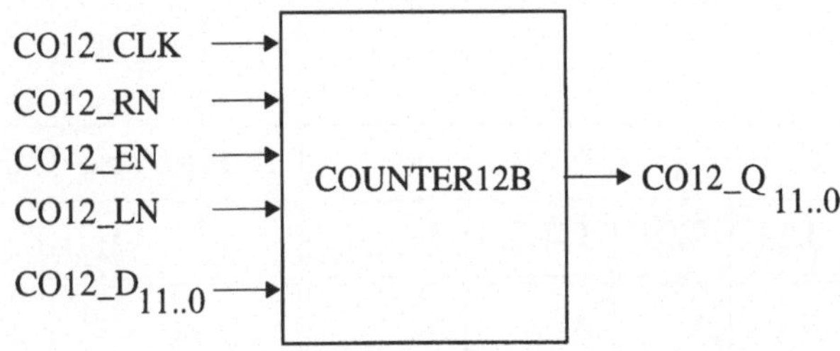

Abbildung 10.27: Schnittstelle von *COUNTER12B*

Die Schnittstellensignale haben im einzelnen folgende Bedeutung:

- **CO12_D$_{11..0}$** : Dateneingänge

- **CO12_CLK** : Takteingang

- **CO12_EN** : Zählmoduswahl
  Mit $CO12\_EN =$ '0' wird das Modul in den Zählmodus versetzt, in dem bei jeder ansteigenden Signalflanke am Takteingang $CO12\_CLK$ der Zählerinhalt um eins erhöht wird.

- **CO12_LN** : Daten an den Eingängen speichern
  Eine '0' auf dem Steuereingang $CO12\_LN$ bewirkt die Abspeicherung

des an den Dateneingängen $D_{11..0}$ angelegten Datenwortes bei einer ansteigenden Signalflanke am Takteingang $CO12\_CLK$.

- **CO12_RN** : Asynchroner Rücksetzeingang
  Als einziges Steuersignal ist der Rücksetzeingang $CO12\_RN$ asynchron wirksam.

Tab. 10.19 beschreibt die Funktionsweise des Zählers. Zu beachten ist, daß die Funktion auch durch die Wertekombination an den Steuereingängen $CO12\_EN$ und $CO12\_LN$ bestimmt wird:

1. Sind beide Steuereingänge deaktiviert (auf '1' gesetzt), so bleibt der im Zähler abgespeicherte Wert unverändert.

2. Die gleichzeitige Aktivierung von Lade- und Zählfunktion ($CO12_LN = CO12_EN = $ '0') ist nicht vorgesehen und muß vom Benutzer verhindert werden.

Eingänge CO12_..					Ausgänge CO12_..
RN	**LN**	**EN**	**CLK**	$\mathbf{D_{11..0}}$	$\mathbf{Q_{11..0}}$
0	x	x	x	x	0
1	0	x	↑	x	$D_{11..0}$
1	1	1	↑	x	Speichern
1	1	0	↑	x	Vorwärtszählen

Tabelle 10.19: Funktionstabelle von $COUNTER12B$

10.7.3   Bottom-up-Entwurfsdurchführung

10.7.3.1 Entwurfsdurchführung

Teilaufgabe 7.A.1: *Entwerfen Sie gemäß der Aufgabenstellung den vorwärts zählenden, synchron arbeitenden 12-Bit-Binärzähler COUNTER12B.*

Verwenden Sie für den Aufbau des 12-Bit-Dualzählers den im WWW zur Verfügung gestellten 4-Bit-Zählerbaustein *COUNTER4B* (s. Abb. 10.28 und Tab. 10.20).

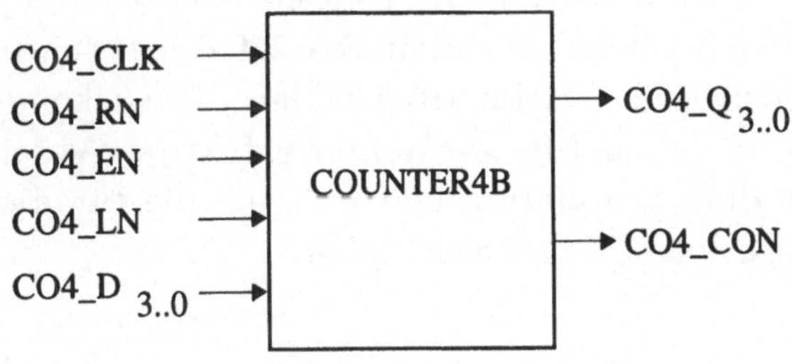

Abbildung 10.28: Schnittstelle von *COUNTER4B*

RN	LN	EN	CLK	$D_{3..0}$	$Q_{3..0}$	CON
0	x	x	x	x	0	0
1	0	x	↑	x	$D_{3..0}$	(1)
1	1	1	↑	x	$Q^{t-1}_{3..0}$	CON_{t-1}
1	1	0	↑	x	*COUNT*	(1)

Tabelle 10.20: Funktionstabelle von *COUNTER4B*

Die Bezeichner für die Anschlußpins wurden analog zu denen von *COUNTER12B* gewählt. Achten Sie beim Entwurf der Schaltung auf die Einhaltung des synchronen Zählerprinzips, also darauf, daß der Zählimpuls *CLK* in allen Stufen gleichzeitig ausgewertet wird. Zu diesem Zweck stellen die *COUNTER4B*-Komponenten die Steuereingänge *EN* („Anhalten des Zählers") und die Statusinformation *CON* („alle Stufen auf 1") zur Verfügung (s. Abb. 10.28). Das Eingangssignal *LN* bestimmt auch hier wieder die Betriebsart ('0' = paralleles Laden, '1' = Zählen).

10.7.3.2 Validierung

Überprüfen Sie bei der Simulation beide Betriebsarten (Zählen und paralleles Laden) und achten Sie auf die zeitlich korrekten Auswirkungen der Steuer- und Dateneingänge. Insbesondere ist die synchrone Arbeitsweise des Zählers nachzuweisen: Beim Hochzählen dürfen keine Verzögerungen entstehen, die durch einen *Ripple-Counter*-Effekt (s. Abschnitt 10.7.1) bedingt sind. Aus dem Simulationslauf müssen alle für die Nachbereitung benötigten Verzögerungszeiten hervorgehen.

10.7.3.3 Auswertung (Nachbereitung)

Berücksichtigen Sie bei der Ermittlung der Verzögerungszeiten, daß stets die maximal möglichen Laufzeiten erfaßt werden müssen:

Parameter	Von	Nach	Wert [ns]
t..			

Tabelle 10.21: Zähler COUNTER12B

10.7.4   Top-down-Entwurfsdurchführung

10.7.4.1 Darstellung von Zahlen

Synchrone Zähler lassen sich als Kombination aus einer arithmetischen Funktion und aus Speichereinheiten realisieren. Je nach Art der Zahldarstellung (Integer oder Bit-Vektor) ergeben sich unterschiedliche Darstellungen mit verschiedenen Vorteilen.

Integer. Für einen Modulo-Zähler ist die folgende einfache Beschreibung mittels eines sequentiellen Prozesses möglich:

```
signal C : Integer range 0 to 2**P-1;
process
    wait until CLK = '1';
    C <= (C+1) mod 2**P;
end process;
```

Diese Beschreibung ist allerdings nicht in allen Fällen synthesefähig.

Bit-Vektoren. Die IEEE-Arithmetikpakete *STD_LOGIC_UNSIGNED* und *STD_LOGIC_SIGNED* definieren die Addition auf der Basis von *Std_Logic* durch Überladen des Operators „+".

10.7.4.2 Entwurfsdurchführung

Das Inkrementieren läßt sich sehr gut mit der *Integer*-Addition verhaltensorientiert beschreiben. Bei Syntheseanwendungen ist jedoch die Angabe des zu verwendenden Wertebereiches erforderlich, da die Zahl der für die Realisierung benötigten Bits aus dieser Angabe ermittelt wird. Da ein 12-Bit-Zähler von 0 bis 4095 zählen kann, wird für die Ein- und Ausgabe des Zählerwertes durch `Integer range 0 to 4095` ein Integer-Subtyp definiert, aus dem auf die erforderliche Zahl von Bits geschlossen werden kann. Damit ergibt sich gemäß der Aufgabenstellung die nachfolgende Entity-Beschreibung des Zählers:

```
entity COUNTER12B is
    port ( RN  : in   Bit;
           LN  : in   Bit;
           EN  : in   Bit;
           CLK : in   Bit;
           D   : in   Integer range 0 to 4095;
           Q   : out  Integer range 0 to 4095  );
end COUNTER12B;
```

Teilaufgabe 7.B.1: *Geben Sie gemäß der Aufgabenstellung eine verhaltensorientierte Architektur von COUNTER12B an, indem Sie das Inkrementieren auf die Integer-Addition zurückführen. Validieren Sie die Beschreibung.*

Teilaufgabe 7.B.2: *Synthetisieren Sie Ihre Beschreibung.*

Teilaufgabe 7.B.3: *Überprüfen Sie mit der* `assert`-*Anweisung, ob Lade- und Zählfunktion gleichzeitig aktiviert wurden.*

Inkrementier-Funktion

In Prozessoren sind spezielle Register (Zählregister, Schleifenzähler, Programmzähler) fortlaufend zu inkrementieren bzw. zu dekrementieren. Diese

Funktion könnte z. B. eine ALU ausführen, was aber die Befehlsabarbeitung im Prozessor verlangsamen würde.

Teilaufgabe 7.B.4:   *Schreiben Sie in VHDL eine Funktion* inc, *die den in einem Bit-Vektor abgelegten Wert inkrementiert, ohne die Addition zu verwenden.*

Teilaufgabe 7.B.5:   *Geben Sie eine neue verhaltensorientierte Architektur unter Verwendung der Funktion* inc *an.*

Teilaufgabe 7.B.6:   *Synthetisieren Sie Ihre Beschreibung und generieren Sie aus dem synthetisierten Zähler eine strukturelle VHDL-Beschreibung.*

10.7.4.3 Auswertung

Vergleichen Sie die Ergebnisse der Synthese zum einen bei Verwendung von „+" und zum anderen bei *inc*.

10.8   Operationswerk

Lernziele und Inhalte

Grundlegende Strukturierung digitaler Systeme in Kontrollpfad und Datenpfad, Realisierung des Datenpfads für ein Mikroprozessorsystem in Form eines Operationswerks auf der Basis bisher erstellter Komponenten.

10.8.1   Grundlagen

Seit der Entwicklung der ersten Mikroprozessoren in den 70er Jahren haben diese universell einsetzbaren Bausteine eine große Bedeutung in der Datenverarbeitung erlangt. Heute werden hochintegrierte Mikroprozessoren mit hoher Leistungsfähigkeit in einer Vielzahl von Systemen eingesetzt. Ein *Mikroprozessorsystem* (vielfach auch: *Mikrocomputer*) besteht in seinem grundsätzlichen Aufbau aus drei Hauptbaugruppen:

1. **Mikroprozessor**

2. **Arbeitsspeicher**
   zum Speichern der Rechengrößen und der Programme.

3. **Ein- und Ausgabeeinheiten,**
   über die Daten (Programme und Rechengrößen) eingelesen und ausgegeben werden können.

Wie bei den meisten digitalen Systemen ist es auch bei Mikroprozessoren zweckmäßig, den Gesamtentwurf in einen *Kontrollpfad* (Steuerwerk) und einen *Datenpfad* (Operationswerk) zu strukturieren (s. Abb. 10.29).

In den folgenden zwei Aufgabenstellungen werden unter Verwendung der bisher entworfenen Komponenten Datenpfad und Kontrollpfad realisiert und in der sich daran anschließenden Aufgabe unter Hinzunahme eines mit dem Entwicklungswerkzeug generierten RAM-Moduls zu einem vollständigen Mikroprozessorsystem zusammengefügt.

Für den Bottom-up-Entwurf wird die Schnittstelle zwischen Kontrollpfad und Datenpfad durch die Aufgabenstellungen vorgegeben.

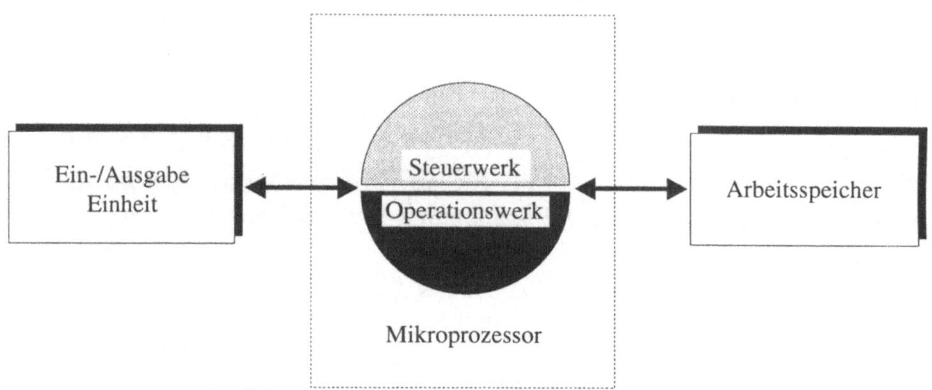

Abbildung 10.29: Komponenten eines Mikroprozessorsystems

10.8.1.1 Kontrollpfad

Innerhalb eines digitalen Systems realisiert das *Steuerwerk* den Kontrollpfad. Hier werden die zur Ansteuerung der verschiedenen Funktionseinheiten des Systems erforderlichen *Ansteuersignale* generiert. Steuerwerke sind
i. allg. in der Lage, *Rückmeldungen* aus dem System entgegenzunehmen
und auszuwerten. So ist es möglich, auf externe Ereignisse und Anforderungen zu reagieren. Die Art und Weise der Reaktionen bzw. die ausgegebenen
Steuersequenzen werden durch ein im Steuerwerk abgelegtes Programm festgelegt.

Bei Mikroprozessorsystemen obliegt es dem Steuerwerk, die benötigten Ansteuersignale innerhalb des Mikroprozessors zu erzeugen, sowie die Ein- und
Ausgabeeinheiten und den Speicher anzusteuern. Das Steuerwerk veranlaßt
das Lesen der Maschinenbefehle aus dem Arbeitsspeicher, interpretiert sie
und steuert deren Ausführung über Ansteuersignale.

10.8.1.2 Datenpfad

Die Implementierung des Datenpfads wird häufig als *Operationswerk* bezeichnet. Bei einem Mikroprozessor werden im Operationswerk u. a. die
Operationen auf den Rechengrößen ausgeführt und die Operanden bzw. Ergebnisse von Rechenoperationen zwischengespeichert. Aus diesem Grund

wird für das Operationswerk häufig auch die Bezeichnung *Rechenwerk* verwendet.

Neben den Rechenfunktionen umfaßt das Operationswerk eines Mikroprozessors aber auch alle Einheiten, die für den Anschluß von Ein- und Ausgabeeinheiten, für den Speicherzugriff sowie für die Abarbeitung der auszuführenden Maschinenprogramme erforderlich sind. Beispiele für letztere Funktionseinheiten sind Daten- und Befehlspuffer, der Programmzähler (s. Aufgabe 10.7) und der Kellerspeicher (Stack) für die Unterprogrammadressen.

Alle Funktionen des Operationswerks werden durch Ansteuersignale kontrolliert, die vom Steuerwerk generiert oder von außen angelegt werden. Zugleich generiert das Operationswerk Rückmeldesignale, die vom Steuerwerk ausgewertet werden.

10.8.2   Aufgabenstellung

Jeder Maschinenbefehl des Mikroprozessorsystems läßt sich durch eine Sequenz aus verschiedenen Elementaroperationen mit den im Operationswerk enthaltenen Einheiten realisieren. Die Elementaroperationen, die auch als *Mikrooperationen* bezeichnet werden, sind die Grundbausteine für die benötigten Datentransfers zwischen diesen Einheiten. Das im Steuerwerk implementierte Programm liefert die zur Durchführung der Mikrooperationen erforderlichen Ansteuersignale.

Die zu realisierende Komponente *OPWODEF* entspricht einer vollständigen Implementierung des Datenpfads für das Mikroprozessorsystem *PMP12*.

10.8.3   Bottom-up-Entwurfsdurchführung

10.8.3.1 Vorgaben

Das Operationswerk enthält folgende Einheiten:

- **Abarbeitung des Programmflusses:**

    - **PC (Programmzähler)**
      enthält die Adresse des als nächstes auszuführenden Maschinenbefehls.

    – **IR (Befehlsregister)**
enthält den Operationskode des aktuellen Maschinenbefehls und den Adressierungskode (s. Abb. 10.30).

    – **ST (Stack)**
ist hier ein acht Worte tiefer Kellerspeicher zur Aufnahme von Rücksprungadressen für Unterprogramme.

- **Durchführung von Arbeitsspeicherzugriffen:**

    – **AR (Adreßregister)**
enthält bei Speicherzugriffen die anzusprechende Adresse.

    – **MR (Speicherregister)**
dient als Datenpuffer bei Lesezugriffen auf den Arbeitsspeicher.

- **Unterstützung von Ein-/Ausgabeoperationen:**

    – **IPR (Eingaberegister)**
dient der Zwischenspeicherung von Daten, die von externen Eingabegeräten in das Mikroprozessorsystem eingelesen werden.

    – **OPR (Ausgaberegister)**
hält bei Ausgabeoperationen das Datenwort bereit, so daß es von externen Einheiten übernommen werden kann.

- **Arithmetisch-logische Operationen:**

    – **AKKU (Akkumulatoreinheit)**
ist die eigentliche Verarbeitungseinheit und der Operandenpuffer (Akkumulatorregister) des Operationswerks (s. Aufgabe 10.6)

- **Verbindungsstrukturen:**

    – **OP_SYSBUS (Systembus)**
dient der Übermittlung von Daten zwischen den o. g. Registern und Verarbeitungseinheiten. Für Schreibzugriffe auf den Arbeitsspeicher wird der Systembus aus dem Mikroprozessor herausgeführt.

Wortbreite für Daten-, Adreß- und Befehlsregister

Die Wortbreite für Daten- und Adreßregister und die Breite der zugehörigen
Verbindungen beträgt beim Mikroprozessorsystem *PMP12* einheitlich zwölf
Bit.

Beim Befehlsregister kann sich auf die Breite des Opcodes zuzüglich dem für
den Adressierungskode benötigte Bit beschränkt werden (s. Abb. 10.30).

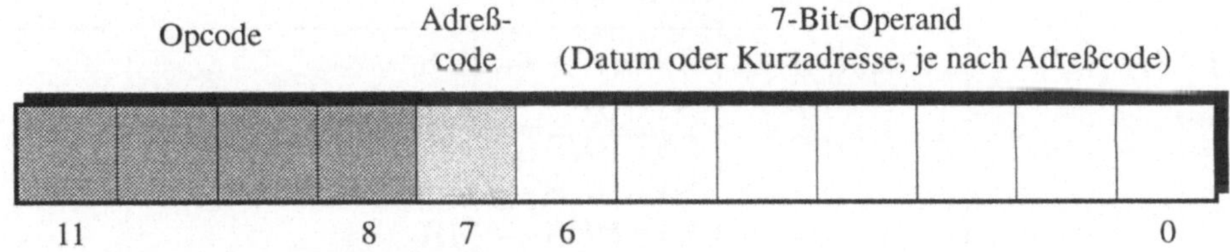

Abbildung 10.30: Befehlsformat des Mikroprozessorsystems *PMP12*

Ansteuersignale

Zur Steuerung der verschiedenen Mikrooperationen des Operationswerks liefert das Steuerwerk die Ansteuersignale $A \ldots G$ sowie $K \ldots U$ und zur
Steuerung des Speicherzugriffs das Signal I (s. Tab. 10.22).

Signale	Werte	Operation
A, B, C	-[3], 0, 0	PC unverändert
	0, 1, 0	PC ← SYSBUS
	1, 1, 0	PC ← ST (oberstes Kellerelement)
	-, 0, 1	PC ← PC + 1
	-, 1, 1	verboten
D, E	-, 0	STACK unverändert
	0, 1	POP STACK
	1, 1	ST ← PC (PUSH STACK)

---

[3] „-" bedeutet „dont't care", d. h. das betreffende Signal darf einen beliebigen Wert
annehmen

F, G	-, 0	AR unverändert
	0, 1	AR ← SYSBUS
	1, 1	AR ← PC
I^4	0	MD ← M[AR]
	1	M[AR] ← SYSBUS
K	0	MR unverändert
	1	MR ← MD
L, M, N	-, 0, 0	SYSBUS ← IPR
	-, 0, 1	SYSBUS ← ACR
	0, 1, -	$SYSBUS_{11..7}$ ← 0
		$SYSBUS_{6..0}$ ← $MR_{6..0}$
	1, 1, -	SYSBUS ← MR
P	0	OPR unverändert
	1	OPR ← SYSBUS
U	0	IR unverändert
	1	IR ← $MR_{11..7}$ (die 5 höchstwert. Bits)
AK_CTL^5, T	AK_CTL, 1	ACR unverändert
	AK_CTL, 1	ACR ← ACR + SYSBUS + AK12_C
	AK_CTL, 1	ACR ← ACR − SYSBUS − AK12_C
	AK_CTL, 1	ACR ← $\overline{ACR \wedge SYSBUS}$
	AK_CTL, 1	ACR ← LSR^6(ACR)
	AK_CTL, 1	ACR ← LSL^7(ACR)
	AK_CTL, 1	ACR ← SYSBUS
	AK_CTL, 1	ACR unverändert
	beliebig, 0	ACR unverändert

Tabelle 10.22: Kodierung der Operationen von *OPWODEF*

Beim Entwurf des Operationswerks kann davon ausgegangen werden, daß
vom Steuerwerk nur sinnvolle Kombinationen von Mikrooperationen initi-

---

[4] I steuert lediglich das RAM an, wird daher nicht in *OPWODEF* hineingeführt.

[5] Es sind jeweils die in Aufgabe 6 für die entsprechende Operation festgelegten
Steuerwerte gemeint

[6] LSR:Logische Rechtsverschiebung (vgl. Abschnitt 10.6.1.2)

[7] LSL:Logische Linksverschiebung

iert werden: So wird z. B. mit jeder Mikrooperation „Übernahme eines Datums vom Systembus in ein Zielregister" im gleichen Taktzyklus auch eine Mikrooperation ausgelöst, welche die zugehörige Quelle auf den Systembus schaltet. Dies bedeutet, daß „verbotene" oder unsinnige Kombinationen von Ansteuersignalen nicht auftreten.

Beim Lesen aus dem Arbeitsspeicher muß zwischen Befehls- und Datenworten unterschieden werden können. Im Fall von Datenworten muß die volle Breite des Lesepuffers MR auf den Systembus geschaltet werden. Soll die in Befehlsworten enthaltene Operandenadresse (Bit 6..0, s. Abb. 10.30) ausgewertet werden, so darf nur dieser Teil des in MR befindlichen Befehlswortes auf den Systembus gelangen, während der übrige Bereich auf 0 gesetzt werden muß. Andernfalls würden bei Befehlsworten der Opcode (Bit 11..8) und das Adressierungsbit (Bit 7) Einfluß auf die Operandenadresse haben. Die Unterscheidung zwischen diesen beiden Fällen wird durch das Ansteuersignal L vorgenommen (s. Tab. 10.22).

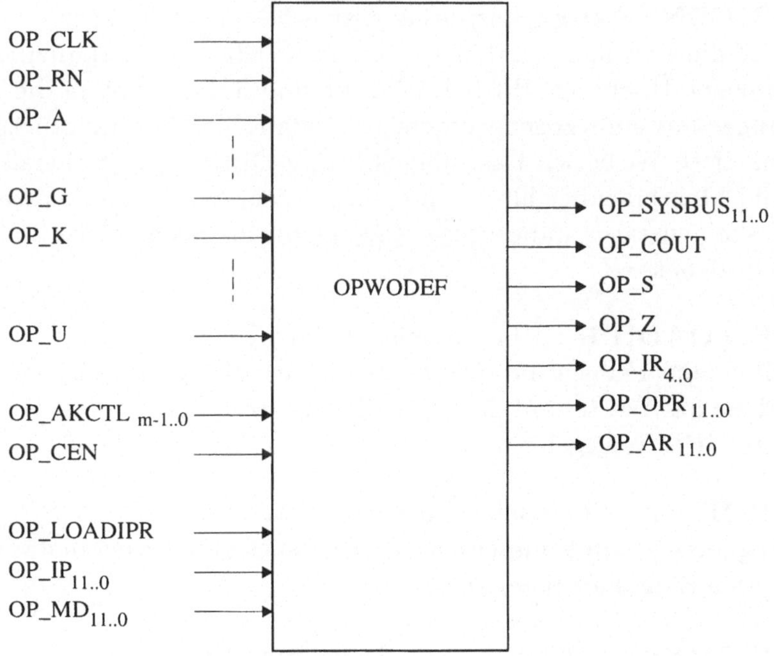

Abbildung 10.31: Schnittstelle von $OPWODEF$

Die Schnittstelle von *OPWODEF* ist in Abb. 10.31 dargestellt, deren Signale sind folgendermaßen definiert:

- **OP_CLK** : Systemtakt
  Der Systemtakt dient der taktsynchronen Durchführung aller Transfers. Ein bestimmter Transfer kann z. B. dadurch freigegeben werden, indem das dafür zuständige Ansteuersignal den Systemtakt für den Takteingang der als Senke vorgesehenen Einheit freigibt.

- **OP_RN** : System-Reset
  Dieses '0'-aktive Signal setzt *alle* Speicherelemente von *OPWODEF* zurück.

- **OP_A ... OP_G, OP_K ... OP_U** : Steuersignale vom Steuerwerk

- **OP_AKCTL$_{m-1..0}$** : Ansteuersignale für Akkumulatoreinheit

- **OP_CEN** : Aktivierung des abgespeicherten Übertrags.
  Wird dieser Eingang auf '0' gesetzt, so soll das vom Akkumulator ausgegebene Übertrags-Bit bei Addition und Subtraktion in die Berechnungen mit einbezogen werden, andernfalls bleibt es unberücksichtigt. Auf diese Weise wird es möglich, für Addition und Subtraktion sowohl Maschinenbefehle zu implementieren, bei denen das Carry des Maschinenstatus unberücksichtigt bleibt, als auch solche, die es mit einbeziehen.

- **OP_LOADIPR** : Übernahme der Eingabe
  Mit einem '1'-Pegel auf diesem Signal wird die taktsynchrone(!) Übernahme des Wertes auf dem Eingabebus $OP\_IP_{11..0}$ in das Eingaberegister *IPR* freigegeben.

- **OP_IP$_{11..0}$** : Eingabebus für externe Daten
  Eingabebus zum Einlesen von extern angelegten Daten in das systeminterne Eingaberegister *IPR*.

- **OP_MD$_{11..0}$** : Datenbus zum Arbeitsspeicher
  Dieser 12 Bit breite Datenbus liefert die aus dem Arbeitsspeicher gelesenen Daten.

- **OP_SYSBUS$_{11..0}$** : Systembus
  zur Herausführung des zentralen Systembusses, über den die meisten internen Transfers des Operationswerks durchgeführt werden. Während bei Lesezugriffen aus dem Arbeitsspeicher die Daten über die Eingänge $OP\_MD_{11..0}$ in den Lesepuffer MR übertragen werden, wird der Systembus für die Schreibzugriffe auf den Arbeitsspeicher verwendet.

- **OP_C, OP_S, OP_Z** : Rückmeldungssignale
  geben Auskunft über den Status der in $OPWODEF$ enthaltenen Akkumulatoreinheit (Übertrag, Vorzeichen und Null).

- **OP_IR$_{4..0}$** : Maschinenbefehl
  Opcode und Adressierungsbit des aktuellen Maschinenbefehls.

- **OP_OPR$_{11..0}$** : Ausgabebus
  des Mikroprozessorsystems. Über ihn werden die im Ausgaberegister OPR gepufferten Daten der Außenwelt zur Verfügung gestellt. Er ist damit das Gegenstück zum Eingabebus $OP\_IP_{11..0}$.

- **OP_AR$_{11..0}$** : Adreßbus
  Bei Schreibzugriffen auf den Arbeitsspeicher wird auf den Adreßbus die Zieladresse ausgegeben, gleichzeitig mit dem zu speichernden Datum auf dem Systembus $OP\_SYSBUS_{11..0}$. Analog dazu sorgt das Steuerwerk bei Lesezugriffen dafür, daß vor der Übernahme des Datums an $OP\_MD_{11..0}$ die Leseadresse im internen Adreßregister AR abgelegt wurde und somit hier bereitgestellt wird.

10.8.3.2 Entwurfsdurchführung

Teilaufgabe 8.A.1: *Unter der Komponentenbezeichung OPWODEF ist ein Operationswerk mit integriertem Ein- und Ausgabewerk zu entwerfen, das folgende, bereits in vorherigen Aufgabenstellungen entworfene Einheiten enthält: REG12B, AKKU12B, STACK8W12B und COUNTER12B.*

Orientieren Sie sich beim Entwurf an den Ansteuersignalen und an deren Bedeutung für die verschiedenen Funktionen des Operationswerks. In Tab. 10.22 sind die Signale bereits nach ihren Zuständigkeiten für die verschiedenen Teileinheiten sortiert. Verschaffen Sie sich zunächst einen Überblick und

fertigen Sie eine Handskizze mit den einzelnen Teileinheiten, ihren Ansteuersignalen und deren Verbindungen untereinander an. Das zentrale Element
ist dabei der Systembus OP_SYSBUS.

Bei der graphischen Eingabe sollten zunächst die einzelnen Einheiten (z. B.
Stack, Programmzähler) mit ihren Ansteuersignalen und der zu ihrer Auswertung benötigten Logik (Gatter und Multiplexer) separat plaziert werden.
Geben Sie die Verbindungen *zwischen* den verschiedenen Bauteilgruppen
erst dann an, wenn Sie deren Platzbedarf im Schematic abschätzen können
und Sie die Baugruppen entsprechend verschoben haben. Machen Sie bei
globalen Signalen wie Reset (OP_RN) und Takt (OP_CLK) ggf. von der
Möglichkeit Gebrauch, auf das explizite Ziehen von Verbindungen zu verzichten und statt dessen die Verbindung durch gleichnamige Benennung von
Netzen (d. h. Leitungen) zu definieren.

Beim Entwurf sollen ausschließlich die nachfolgend aufgeführten Module verwendet werden:

- $REG12B$ (s. Aufgabe 10.3),

- $STACK8W12B$ (s. Aufgabe 10.3),

- $AKKU12B$ (s. Aufgabe 10.6),

- $COUNTER12B$ (s. Aufgabe 10.7),

- Logische Gatter aus der Zellenbibliothek.

Zur Verfügung gestellte Einheiten:

- $MPX2M12$
  12 Bit breiter 2:1 Multiplexer (s. Funktionstabelle aus Aufgabe 10.3),

- $MPX4M12$
  12 Bit breiter 4:1 Multiplexer (s. Funktionstabelle aus Abb. 10.33),

- $REG5B$
  5-Bit-Parallelregister   (s. Funktionstabelle aus Abb. 10.35).

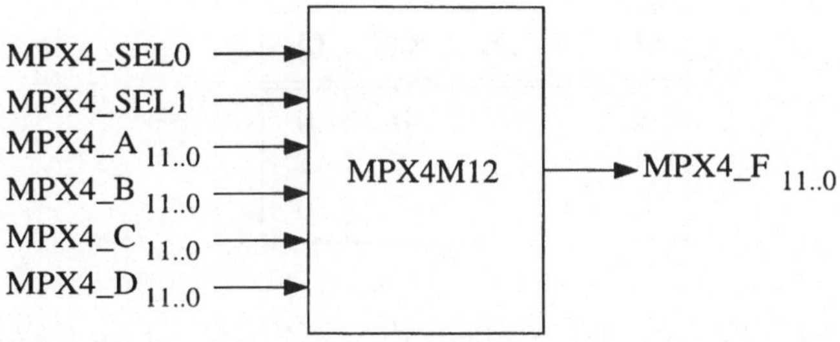

Abbildung 10.32: Multiplexer *MPX4M12*

SEL1	SEL0	A_i	B_i	C_i	D_i	F_i
0	0	0	x	x	x	0
0	0	1	x	x	x	1
0	1	x	0	x	x	0
0	1	x	1	x	x	1
1	0	x	x	0	x	0
1	0	x	x	1	x	1
1	1	x	x	x	0	0
1	1	x	x	x	1	1

Abbildung 10.33: Funktionstabelle des Multiplexers *MPX4M12*

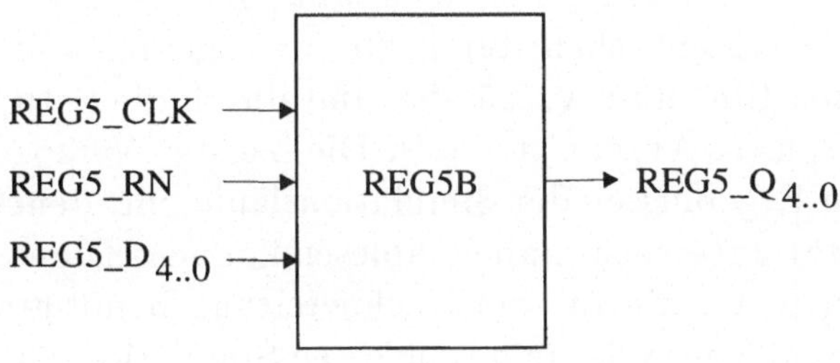

Abbildung 10.34: 5-Bit-Register REG5B

D_i	CLK	RN	Q_i
x	x	0	0
1	↑	1	1
0	↑	1	0

Abbildung 10.35: Funktionstabelle des 5-Bit-Registers *REG5B*

10.8.3.3 Validierung

Bei der Logiksimulation soll sowohl das korrekte logische Verhalten untersucht als auch das Zeitverhalten der Schaltung dokumentiert werden. Zur Validierung des logischen Verhaltens sind der System-Reset, das Laden der Eingaberegister und alle in Tab. 10.22 aufgeführten Transferoperationen zu simulieren.

Es hat sich als zweckmäßig erwiesen, den Simulationslauf in mehrere Teile mit separaten Stimuliprogrammen zu strukturieren, in denen jeweils einige der in Tab. 10.22 aufgeführten Transfers simuliert werden. Neben den kürzeren und damit überschaubareren Simulationsläufen hat dies den Vorteil, daß stets nur ein Teil der Ein- und Ausgangssignale beobachtet werden muß, was ebenfalls erheblich zur Übersichtlichkeit beiträgt. Wählen Sie auch hier wieder die Eingabewerte so, daß Fehlschaltungen wie vertauschte oder gespiegelte Busverbindungen sicher erkannt werden können.

Wie bei den meisten digitalen Bausteinen läßt sich das Zeitverhalten des Operationswerks im wesentlichen durch die Verzögerungszeiten zwischen den dafür relevanten Ein- und Ausgängen und durch die Setup-Zeiten der Eingänge beschreiben (s. Abschnitt 4.4.3). Die meisten Verzögerungszeiten werden Sie aus den Ergebnissen der Simulationsläufe, mit denen Sie die logische Funktionalität untersucht haben, ablesen können. Die verbleibenden Verzögerungszeiten bzw. die für die Nachbereitung benötigte Setup-Zeit ermitteln Sie zweckmäßigerweise in gesonderten Simulationsläufen. Führen Sie daher bereits *vor* der Praktikumssitzung die im Abschnitt „Auswertung" (s. Abschnitt 10.8.3.4) beschriebenen Vorbereitungen durch.

10.8.3.4 Auswertung (Nachbereitung)

Wie bereits in Abschnitt 4.4.3.1 erwähnt, besteht die Dokumentation des Zeitverhaltens aus den

- **Verzögerungszeiten**
  entlang der relevanten Signalpfade zwischen den Schaltungsein- und Ausgängen,

- **Setup-Zeiten**
  der Daten- und Ansteuereingänge.

Diese Parameter werden u. a. benötigt, um später im Rahmen eines Gesamtsystems Aussagen über die maximale Taktfrequenz treffen zu können (s. Abschnitt 4.4.3.2).

Ermittlung der Verzögerungszeiten

Zur Ermittlung und Zusammenstellung von Verzögerungszeiten gehen Sie wie folgt vor:

- **Ermittlung der relevanten Signalpfade** von den Schaltungseingängen zu den Ausgängen.

  Betrachten Sie Schnittstelle, Funktionalität und Schematic von *OPWODEF* und überlegen Sie sich, welche Eingangssignale sich *unmittelbar* auf welche Ausgänge auswirken können. Bedenken Sie dabei, daß Schaltungsausgänge, die von getakteten Registern gespeist werden, lediglich vom Takt *unmittelbar* abhängig sein können. Tragen Sie die relevanten Signalpfade in Abb. 10.31 ein.

- **Aufstellen der Tabelle mit den Verzögerungszeiten**
  Stellen Sie die Signalnamen der Anfangs- und Endpunkte aller Pfade in einer Tabelle (s. Tab. 10.23) zusammen. Sehen Sie dabei – soweit sinnvoll – Angaben sowohl für ansteigende als auch für abfallende Ausgangssignale vor.

- **Gezielte Auswertung der Simulationsergebnisse**
  Markieren Sie in Ihren Simulationsergebnissen jene Stellen, aus denen die benötigten Zeiten hervorgehen und tragen Sie diese in Tab. 10.23 ein.

Parameter	Von	Nach	Wert [ns]
t..			

Tabelle 10.23: Komponente OPWODEF

Ermittlung der Setup-Zeiten

Setup-Zeiten werden üblicherweise für alle relevanten Eingänge separat angegeben. Beschränken Sie sich im Praktikum darauf, den bzw. die Eingänge zu betrachten, die mit der längsten Setup-Zeit behaftet sind.

- **Auswahl der Transferoperation mit der längsten Setup-Zeit**
  Überlegen Sie sich, bei welchen der vom Operationswerk unterstützten Datentransfers für das Bereitstellen der Daten an der Senke (d. h. dem Zielregister) die meiste Zeit benötigt wird. Bedenken Sie dabei, daß die Setup- bzw. Verzögerungszeiten der in den Signalpfaden enthaltenen Module (Register, Stack, Akkumulator) in die Setup-Zeiten der Eingänge von *OPWODEF* mit eingehen. Greifen Sie auf die Ergebnisse der vorangegangenen Aufgaben bzw. die Dokumentation Ihrer Zellenbibliothek zurück.

- **Bestimmung der zugehörigen Steuereingänge**
  Ermitteln Sie jene Daten- und Steuereingänge von *OPWODEF*, welche für diese Transfers zuständig sind *und* deren Signalwerte unmittelbare Auswirkungen auf die Eingänge der beteiligten Speicherelemente (Senken) haben. „Unmittelbare" Auswirkungen sind insbesondere dann *nicht* gegeben, wenn auf dem Signalpfad vom betrachteten Schaltungseingang zum Zielregister getaktete Speichereinheiten liegen.

- **Simulation**
  Führen Sie während der Logiksimulation eine Situation herbei, in der sich lediglich diese Steuereingänge ändern. Beobachten Sie nun, wieviel Zeit benötigt wird, bis die Auswirkungen dieser Änderungen an den Eingängen des Zielregisters stabil vorliegen. Genau dies ist der Zeitraum, der verstreichen muß, bis die nächste aktive Taktflanke auftreten darf. Lassen Sie sich vom Simulator die Signalverläufe an den entsprechenden inneren Knoten der Schaltung ausgeben. Stellen Sie dabei sicher, daß Sie den ungünstigsten Fall (worst case) betrachten!

Berechnung der Setup-Zeit für Eingang/Eingänge OP_..................:

$$
\begin{aligned}
&\text{Laufzeit OP\_.................} \to \text{.....................: .... ns}\\
&+\ t_{setup} < Senke >: \qquad\qquad\qquad\qquad \text{.... ns}\\
&= \qquad\qquad\qquad\qquad\qquad\qquad\qquad\qquad\quad \text{.... ns}\\
&-\ \text{Taktverzögerung an Senke} \qquad\qquad\quad \text{.... ns}\\
&=\ \textstyle\sum: \qquad\qquad\qquad\qquad\qquad\qquad\qquad\quad \text{.... ns}
\end{aligned}
$$

10.8.4 Top-down-Entwurfsdurchführung

In Aufgabe 10.11 wird der Mikroprozessor *PMP12* mittels eines Prozeß-modellgraphens funktional partitioniert und die Funktionen verhaltensori-entiert beschrieben. Die im Abschnitt 10.10.4 beschriebene strukturelle Partitionierung dieser Beschreibung im Hinblick auf eine FSMD resultiert jeweils in einen Prozeß für das Steuerwerk und für das Operationswerk. Die beiden Prozesse werden jeweils mit einer Schnittstelle (Entity) versehen und die Prozesse in die zugehörigen Architekturen eingebunden. Verwenden Sie nach Möglichkeit mnemonische Steuersignale.

So kann das Verhalten der Komponenten im weiteren Verlauf des Entwurfs mit Architekturen in niedrigeren Abstraktionsebenen detaillierter beschrie-ben werden. Dazu müssen die schon in Abschnitt 5.3 vorgestellten Probleme bei der algorithmischen Synthese gelöst werden: „Allocation" und „schedu-ling".

Das Verhaltensmodell, das die Transformation der Eingabedaten in Ausga-bedaten algorithmisch kontrollflußorientiert beschreibt, muß in eine Struktur auf Register-Transfer-Ebene überführt werden. Auf dieser Ebene wird die Schaltung als eine Struktur aus Registern, Funktionseinheiten (z. B. Arith-metik-Logik-Einheiten) und Elementen zur Realisierung von Bussen etc. realisiert, der sog. Datenpfad. Zur Ansteuerung dieser Komponenten wird ein Steuerwerk erstellt, daß dafür sorgt, daß zum richtigen Zeitpunkt die Register die Operanden laden, die durchzuführenden Operationen selektiert und Datenverbindungen geschaltet werden.

„Allocation". Im weiteren Entwurfsablauf müssen die Komponenten, die die im Operationswerk definierten Funktionen realisieren, und deren Ver-bindungen untereinander bestimmt werden. Zur „allocation" gehören die Bestimmung der

- Register oder RAM-Speicher zum Aufnehmen der Daten,

- Verbindungsleitungen zum Datentransport zwischen den Komponenten.

Diese Probleme sind nicht unabhängig voneinander, so hat die Zahl der verwendeten Register einen großen Einfluß auf die Komplexität der Verbindungen, die sich niederschlägt in Chip-Fläche, Signalverzögerungen, Fan-in- und Fan-out-Werten und Kosten.

„Scheduling". In synchronen Systemen werden die einzelnen Operationen in verschiedenen Kontrollschritten, die mit einer Taktperiode korrespondieren, durchgeführt. Somit stellt ein Kontrollschritt eine Zeiteinheit dar, die nicht weiter zerlegt werden kann. Beim „scheduling" wird nun jede Operation einem Kontrollschritt so zugeordnet, daß für die Durchführung der geforderten Gesamtfunktion minimale Zeit benötigt wird, d. h. die Zahl der notwendigen Taktzyklen wird minimiert unter Berücksichtigung der zur Verfügung gestellten Funktionseinheiten und Zieltechnologie.

Es ist offensichtlich, daß „scheduling" und „allocation" nicht unabhängig voneinander sind:

1. **„Allocation"** $\rightarrow$ **„scheduling"**
   Für Operationen, die im gleichen Zeitschritt ausgeführt werden, muß jeweils eine Funktionseinheit zur Verfügung gestellt werden, d. h. Wissen über die durchgeführte „allocation" ist erforderlich. Bei Operationen, die länger als eine Taktperiode dauern, ist die Geschwindigkeit der verwendeten Komponenten sehr wichtig.

2. **„Scheduling"** $\rightarrow$ **„allocation"**
   Die Zahl der verwendeten Komponenten wird durch das „scheduling" bestimmt; die Kosten müssen aber minimal sein.

Um beide Probleme möglichst gut zu lösen, gibt es u. a. folgende Strategien:

1. Für eine definierte Menge von Funktionseinheiten wird ein optimales „scheduling" (ein optimaler Ablauf) bestimmt.

2. Die erste Strategie wird mit Hilfe von Heuristiken iterativ durchlaufen. Dabei wird mit Hilfe von Heuristiken die nächste Menge von Funktionseinheiten bestimmt.

3. Beide Aufgaben werden gleichzeitig, meistens im Hinblick auf minimale Fläche oder maximale Geschwindigkeit, gelöst.

Eine Zusammenstellung der verschiedenen Techniken findet sich in dem Buch von J.R. Armstrong und F. Gray.

Die Definition des Operationswerks für den Mikroprozessor *PMP12* erfordert ein „allocation", und für das Steuerwerk muß ein „scheduling" durchgeführt werden. Da zur Zeit keine Werkzeuge zur Verfügung stehen, die diese Aufgabenstellung in allen Fällen lösen, und die Komplexität der Probleme nicht zu groß ist, werden diese im folgenden und im Abschnitt 10.9.4 *manuell* realisiert.

In der Bottom-up-Entwurfsdurchführung werden mögliche, durch das Operationswerk in Abhängigkeit von Steuersignalen durchgeführte, Transferoperationen und die zugehörige Schnittstellenbeschreibung vorgegeben. Ziel der nachfolgenden Entwurfsdurchführung ist, diese Angaben aus der strukturorientierten Beschreibung des Mikroprozessors in Aufgabe 10.10 abzuleiten.

10.8.4.1 Entwurfsdurchführung

Die im Operationswerk enthaltenen Funktionseinheiten können entweder aus einer bereits existierenden Komponentenbibliothek stammen („bottom-up allocation"), oder müssen im Verlaufe des weiteren Top-down-Entwurfs im Hinblick auf die konkreten Anforderungen spezifiziert und realisiert werden.

Meet-in-the-Middle: Verwendung einer Komponentenbibliothek

In den Aufgaben 10.1, 10.2, 10.5, 10.6, 10.7 etc. werden Komponenten, die in einem Operationswerk für den *PMP12*-Mikroprozessor verwendet werden können (s. Bottom-up-Entwurf), spezifiziert, verhaltensorientiert in VHDL beschrieben, teilweise synthetisiert und strukturell miteinander verknüpft. Durch Komponenteninstantiierung entsteht ein hierarchisches Design. Die durchzuführenden Operationen werden nicht mehr mit Funktionen realisiert, sondern durch die verschiedenen Komponenten. Die Steuerung der von den Komponenten durchzuführenden Operationen erfolgt über Kontrollsignale, die aus den Steuersignalen des noch genauer zu entwerfenden Steuerwerks abgeleitet werden.

Da in der folgenden Durchführung die verhaltensorientiert beschriebenen
Funktionen des Operationswerks schrittweise durch Komponenten ersetzt
werden, ist immer wieder eine Validierung der Transformation notwendig.

Teilaufgabe 8.B.1: *Realisieren Sie zunächst die arithmetischen und logischen Funktionen mit einem Akkumulator (s. Aufgabe 10.6). Verwenden
Sie für Testzwecke zunächst für die ALU eine verhaltensorientierte Architektur.*

Die Verwendung eines *Umsetzers* zwischen Steuerwerk und Operationswerk
bietet den Vorteil einer hohen Flexibilität. Änderungen bei den Kontrollsignalen haben keine Auswirkungen auf die Implementierung des Steuerwerks.

Teilaufgabe 8.B.2: *Implementieren Sie den Prozeß CODE_TRANS, der
die vom Steuerwerk zur Aktivierung dieser Funktionen benutzten Signale in
die zugehörigen Steuersignale für den Akkumulator umsetzt.*

Bestimmen Sie, mit welchen bisher von Ihnen entworfenen Komponenten
die anderen Funktionen realisiert werden können und welche Komponenten
dann miteinander über Busse zu verbinden sind.

Im folgenden werden die weiteren Komponenten sukzessive in die Beschreibung eingebunden. Dies erfordert:

1. **Transformation der Ansteuersignale des Steuerwerks**
   Die mnemonischen Signale des Steuerwerks müssen in die Ansteuer-
   signale für die einzelnen Komponenten des oben definierten Prozesses
   CODE_TRANS umgesetzt werden.

2. **Definition der Busrealisierungen**
   Mit der algorithmischen Beschreibung des Informationsflusses zwischen den einzelnen Funktionen wurden abstrakt die Verbindungen der
   Komponenten untereinander definiert. Jetzt muß beschrieben werden,
   wie und mit welcher Technologie die Busse realisiert werden. Für die
   Realisierung der durch die Verbindungen entstehenden Busse stehen
   zur Verfügung:

   * Tri-State-Treiber,

   * Multiplexer.

Für die Steuerung sind weitere Kontrollsignale erforderlich.

Teilaufgabe 8.B.3: *Beschreiben Sie das Operationswerk strukturorientiert, indem sie alle Funktionen mit den Komponenten, die durch die Bearbeitung der Aufgaben 10.1-10.7 entstanden sind, realisieren und miteinander über Busse verbinden.*

Top-down-Enwurf: Spezifikation der Komponenten

Teilaufgabe 8.B.4: *Partitionieren Sie die Funktionen in Teilfunktionen, die synthetisiert werden können.*

Schnittstelle des Operationswerks

Die vom Prozeß *CODE_TRANS* generierten Signale in Aufgabe 10.9 ergeben systeminterne Ansteuersignale, die vom Steuerwerk generiert werden.

Teilaufgabe 8.B.5: *Nehmen Sie den Prozeß CODE_TRANS aus der Beschreibung des Operationswerks heraus und binden Sie ihn zwischen Steuer- und Operationswerk ein. Danach müssen Sie die Entity des Operationswerks entsprechend anpassen.*

10.8.4.2 Validierung

Diese Art der Entwurfsdurchführung mit verschiedenen Abstraktionsstufen der einzelnen Komponenten des Operationswerks und des Steuerwerks, das immer noch verhaltensorientiert beschrieben wird, führt dazu, daß der Mikroprozessor in „*multi level*" – auch „*mixed level*" genannt – beschrieben wird. „Multi level"-Beschreibungen können mit VHDL simuliert werden.

Validieren Sie zunächst die einzelnen Funktionen des Operationswerks. Überzeugen Sie sich anschließend von der korrekten Funktionsweise des veränderten Mikroprozessors. Führen Sie dazu eine Simulation mit dem Testprogramm aus Aufgabe 10.10 durch.

10.9   PLA–Steuerwerk

Lernziele und Inhalte

PLA-Realisierung des Kontrollpfads eines *Steueroperationssystems*, Modellierung von Steuerwerken als Mealy- und Moore-Automaten, Aufstellen der Ausgabefunktion eines *Mealy*-Automatens bei vorgegebener Zustandsmenge, Übergangsfunktion und Menge der auszuführenden Transfers, Automatische Generierung eines PLA, Top-down-Entwurf mittels Steuerwerkssynthese

10.9.1   Grundlagen

Wie in Aufgabe 10.8 beschrieben, ist es bei den meisten digitalen Systemen zweckmäßig, den Entwurf in einen Daten- und einen Kontrollpfad zu strukturieren. Die Implementierungen beider Pfade zusammengenommen, also das *Operationswerk* und das *Steuerwerk* wird auch als *Steueroperationssystem* bezeichnet (Abb. 10.36).

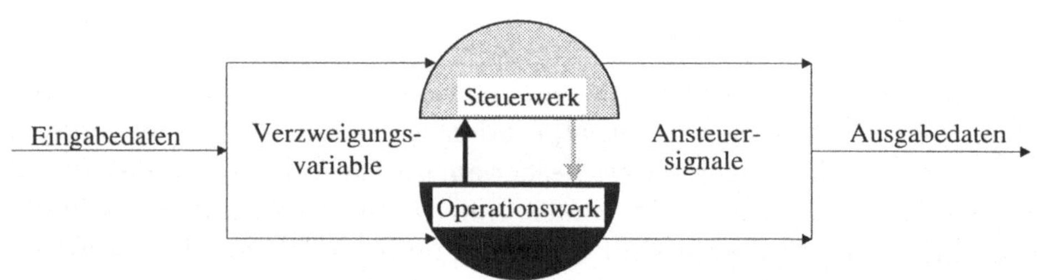

Abbildung 10.36: Steueroperationssystem

Datenpfad. Beim Mikroprozessorsystem *PMP12* obliegt die Realisation des Datenpfads dem Operationswerk (s. Aufgabe 10.8). Das Operationswerk ist für die Ausführung der erforderlichen Operationen in Abhängigkeit von den Ansteuersignalen des Steuerwerks zuständig, wobei Daten aus dem Arbeitsspeicher oder der „Außenwelt" verarbeitet werden (s. Abb. 10.36).

Kontrollpfad wird vom Steuerwerk repräsentiert, dessen Aufgabe darin besteht, die Abarbeitung des aktuellen Maschinenbefehls sowie das Laden des nächsten Befehlswortes zu steuern. Das Steuerwerk

- liefert *Ansteuersignale* zur Steuerung des Systems und externer Einheiten,

- erhält aus dem angesteuerten System sowie von externen Einheiten Rückmeldungen, im folgenden als *Verzweigungsvariable* bezeichnet.

Formal werden Steuerwerke i. allg. als endliche Automaten mit Ausgabe modelliert, wobei die Ausgabe– und die Übergangsfunktion das im Steuerwerk abgespeicherte „Programm" definieren. Dieses Programm legt die Art und Weise der erzeugten Sequenzen von Ansteuersignalen bzw. die Reaktion auf bestimmte Werte der Verzweigungsvariablen fest. Die Möglichkeit, in unterschiedliche Zustände verzweigen zu können, gestattet es dem Steuerwerk, Informationen zu speichern. Grob gesagt sind die Zustände mit den Adressen (Zeilen) eines Steuerprogramms vergleichbar.

Modellierung und Implementierung von Steuerwerken

Formales Grundmodell für alle Steuerwerke ist *Huffmans Normalform* (Abb. 10.37).

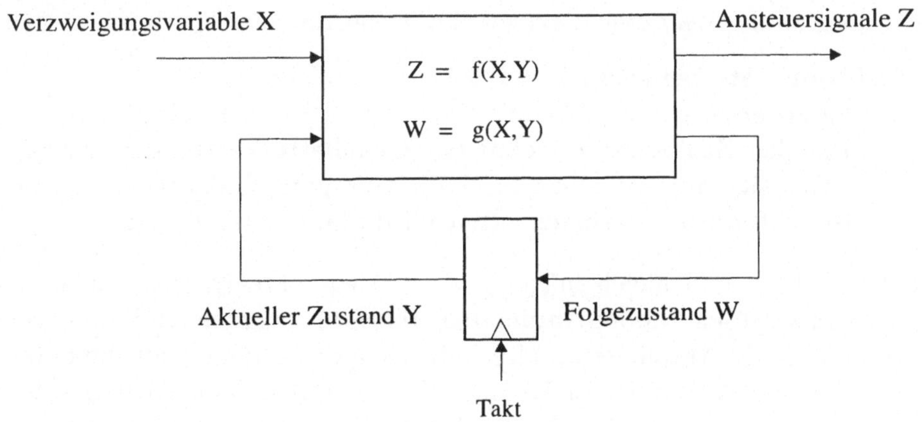

Abbildung 10.37: Huffman Normalform für synchrone Steuerwerke

Ein synchrones Steuerwerk besteht demnach im wesentlichen aus zwei Komponenten:

1. **Schaltnetz**
   realisiert die *Übergangsfunktion g* und die *Ausgabefunktion f*. Die Übergangsfunktion g legt in Abhängigkeit des aktuellen Zustandes Y und der Verzweigungsvariablen X den Folgezustand W fest. Mit der Ausgabefunktion f werden die auszugebenden Ansteuersignale Z bestimmt.

2. **Zustandsregister**
   enthält die Kodierung des *aktuellen Zustands*. Dieser Wert kann auch als die „Adresse" angesehen werden, an der sich das Programm des Steuerwerks momentan befindet.

Grundformen von Steuerwerken. Für synchrone Steuerwerke werden üblicherweise zwei Grundformen von endlichen Automaten verwendet. Sie unterscheiden sich durch die Wirkungsweise der Verzweigungsvariablen X, also der Eingangssignale, auf die Ansteuersignale Z:

1. **Mealy-Steuerwerk: $\mathbf{Z = f(X, Y)}$**
   Die ausgegebenen Ansteuersignale können sowohl vom aktuellen Zustand Y als auch von den jeweiligen Werten der Verzweigungsvariablen abhängig sein. Dies bedeutet, daß sich Änderungen auf diesen Eingängen unmittelbar nach den Gatterlaufzeiten des Schaltnetzes und *unabhängig* vom Taktsignal auf die Ansteuersignale auswirken.

2. **Moore-Steuerwerk: $\mathbf{Z = f(Y)}$**
   Die zu erzeugenden Ansteuersignale sind lediglich als Funktion des aktuellen Zustandes Y definiert. Geänderte Verzweigungsvariablen wirken sich nur mittelbar durch die Übergangsfunktion aus, kommen also erst mit der nächsten aktiven Taktflanke zum Tragen.

Beide Modelle sind gleich mächtig, d. h. jeder Mealy-Automat kann in einen äquivalenten Moore-Automaten überführt werden und umgekehrt. Während Mealy-Automaten i. allg. mit weniger Zuständen als die entsprechenden Moore-Varianten auskommen, haben letztere den Vorteil, daß sich deren Ausgänge nur mit der aktiven Taktflanke ändern können. Ungeachtet von Änderungen der Verzweigungsvariablen ist hier sichergestellt, daß die Ansteuersignale während des gesamten Taktzyklus stabil bleiben.

10.9.2 Aufgabenstellung

Gegenstand dieser Aufgabe ist der Entwurf einer Mealy-Steuerwerkskomponente *STWK* für das Mikroprozessorsystem *PMP12*.

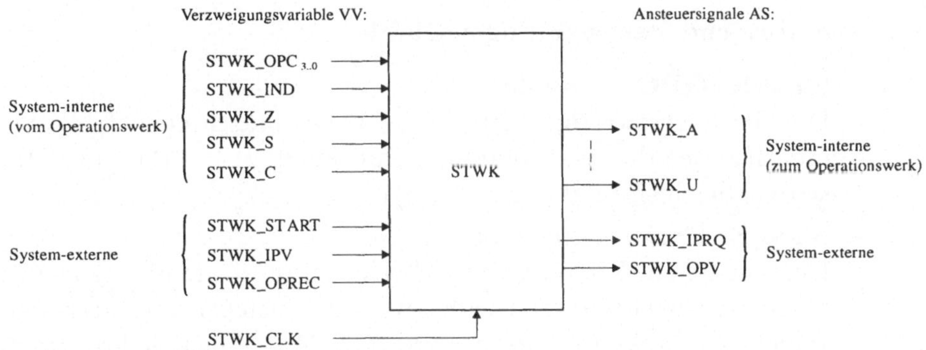

Abbildung 10.38: Schnittstelle der Steuerwerkskomponente *STWK*

Die Schnittstelle der zu entwerfenden Steuerwerkskomponente besteht aus den benötigten Verzweigungsvariablen und Ansteuersignalen (Abb. 10.38) sowie einem Eingang für den Systemtakt. Eine Verzweigungsvariable heißt *systemintern*, wenn sie ein Ausgangssignal des Operationswerks ist, *systemextern* dagegen, wenn sie von außerhalb über Anschlußpins in das *PMP12*-System hereingeführt wird. Analog dazu werden die Ansteuersignale für das Operationswerk (s. Abb. 10.31) als systemintern bzw. die dem Benutzer zur Verfügung gestellten Status – und Aufforderungssignale als systemextern bezeichnet. Im einzelnen besteht die Schnittstelle der Steuerwerkskomponente aus:

- **Systemexterne Verzweigungsvariable:**

    - **STWK_START** : Programmstart
      löst die Abarbeitung jenes Maschinenprogramms aus, dessen Startadresse sich im Eingaberegister *IPR* befindet.

    - **STWK_IPV** : „input valid"
      Quittungssignal für das Protokoll bei Eingabebefehlen. Ein '1'-Pegel signalisiert dem System die Gültigkeit des Datums im Eingaberegister *IPR* des Operationswerks.

    – **STWK_OPREC** : „output recognized"
Analog zu *STWK_IPV* das entsprechende Quittungssignal für
Ausgabebefehle. Eine externe Einheit setzt diesen Eingang auf
'1', sobald sie das im Ausgaberegister bereitgestellte Datum übernommen hat.

● **Systeminterne Verzweigungsvariable:**

    – **STWK_OPC** : Opcode
Die vier höchstwertigen Bits des aktuellen Maschinenbefehls. Sie
identifizieren die auszuführende Operation, z. B. ADD (s. Maschinenbefehlsformat, Abb. 8.1.a))

    – **STWK_IND** : Adressierungskode
Der aus einem Bit bestehende Adressierungskode des aktuellen
Maschinenbefehls unterscheidet zwischen speicher-absoluter- und
speicher-indirekter Adressierungsart (s. Maschinenbefehlsformat,
Abb. 10.30).

    – **STWK_Z, STWK_S** und **STWK_C**
Die Status-Flags (Null, Vorzeichen und Übertrag) der Akkumulatoreinheit.

● **Systemexterne Ansteuersignale:**

    – **STWK_IPRQ** : „input request"
Aufforderung zur Eingabe. Eingabebefehle setzen dieses Signal
auf '1', während sie auf das einzulesende Datum im Eingaberegister *IPR* (also bis zur Quittung mit $STWK_IPV = $'1') warten.

    – **STWK_OPV** : „output valid"
Analog zu *STWK_IPRQ* bleibt bei Ausgabebefehlen dieses Si-
gnal so lange auf '1', bis eine externe Einheit mit einer '1' auf
STWK_OPREC die Übernahme des Werts im Ausgaberegister
OPR bestätigt hat.

● **Systeminterne Ansteuersignale:**

    – **STWK_A ... STWK_G, STWK_I, STKW_K ... STWK_U**
Ansteuersignale für das Operationswerk (s. Abb. 10.31).
Anmerkung: Die angegebenen Signalbezeichnungen gelten nur
für den Bottom-up-Entwurf. Bei Top-down ergeben sich die Bezeichner im Zuge des Entwurfsablaufs.

10.9.3 Bottom-up-Entwurfsdurchführung

Ausgehend von der geforderten Funktionalität des *PMP12* (Befehlssatz sowie den Daten- und Befehlsformaten (s. Abb. 10.30) einerseits und den für deren Realisierung vom Operationswerk *OPWODEF* zur Verfügung gestellten Transferoperationen (s. Tab. 10.22) andererseits, wird das Steuerprogramm, also die Gleichungen für Übergangs- und Ausgabefunktion des Steuerwerks, aufgestellt. Die Schnittstelle des Steuerwerks zum Operationswerk und zur Außenwelt wurde bereits in der Aufgabenstellung definiert.

10.9.3.1 Vorgaben

Als Hilfestellung werden vorgegeben:

- Der Zustandsgraph des Steuerwerks, aus dem sich wiederum die Zustandsmenge und die Übergangsfunktion g ablesen lassen.

- Die notwendigen Transferoperationen des Operationswerks, welche für die verschiedenen Maschinenbefehle in den einzelnen Zuständen durchzuführen sind. Aufgrund der in Tab. 10.29 implementierten Funktionen und Steuerkodes des Operationswerks kann hieraus die Ausgabefunktion hergeleitet werden.

- Die Protokolle für die Ein- und Ausgabebefehle, d. h. für das Lesen und Beschreiben des Ausgabe- bzw. des Eingaberegisters durch externe Einheiten.

Übergangs- und Ausgabefunktion werden zunächst in einer Zustandstabelle zusammengefaßt. Anschließend wird diese in eine Eingabedatei für den PLA-Generator des verwendeten Entwurfswerkzeugs übertragen.

Steuerprogramm

Das Steuerprogramm, das durch die im folgenden aufzustellenden Übergangs- und Ausgabefunktionen definiert wird, kontrolliert die korrekte Abarbeitung aller im Befehlssatz enthaltenen Maschinenbefehle und das Laden des jeweils nachfolgenden Befehls. Die hierfür grundlegenden Transferoperationen des Operationswerks *OPWODEF* wurden im Rahmen von Aufgabe 10.8 implementiert. In den meisten Fällen handelt es sich dabei um Transfers zwischen den verschiedenen Speichereinheiten, wie z. B. dem Befehlsregister, dem Akkumulatorregister und dem Arbeitsspeicher. Zum Entwurf des Steuerprogramms, d. h. zur Definition von Zustandsmenge, Übergangs- und Ausgabefunktion, müssen die Maschinenbefehle in Folgen von elementaren Transferoperationen des Operationswerks zerlegt werden.

Für das Steuerwerk des Mikroprozessorsystems PMP12 ist das Resultat einer Zerlegung von Maschinenbefehlen in Folgen elementarer Transferoperationen des Operationswerks in Abb. 10.39 dargestellt.

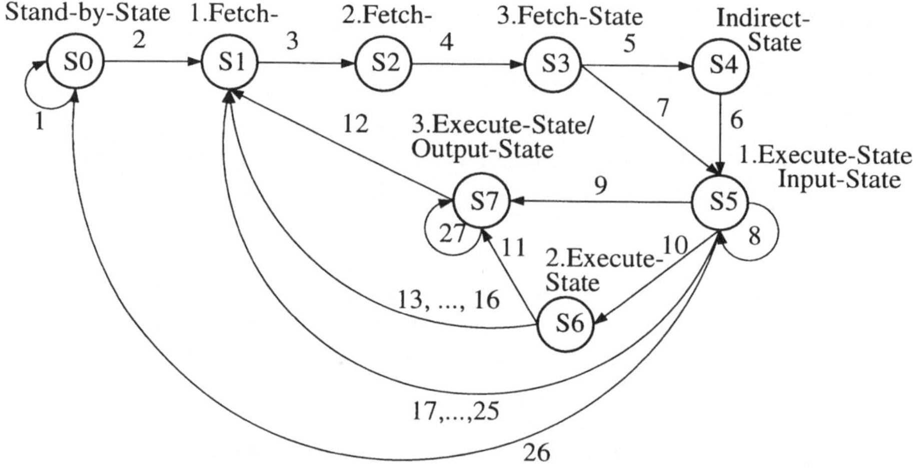

Abbildung 10.39: Zustandsgraph eines Steuerwerks für das Mikroprozessorsystem *PMP12*

Ruhezustand. Zu Beginn eines jeden Maschinenprogramms befindet sich der Automat im Ruhezustand S0, und die Startadresse des abzuarbeitenden Maschinenprogramms wird von außen geladen (Signal *LOADIPR* des Operationswerks, (s. Abschnitt 10.8.2). Eine '1' auf dem externen Signal *START* bewirkt den Übergang in die *Holphase* des Maschinenbefehls (Übergang 2).

Holphase gliedert sich in einen unbedingten Teil mit den Zuständen S1 und S2 sowie in einen bedingten Teil, indem in Abhängigkeit vom Adressierungskode *IND* entweder vom Zustand S3 in einen Indirekt-Zustand S4 verzweigt wird, oder der Übergang von S3 nach Zustand S5 direkt erfolgt

(Übergänge 5 bzw. 7). In S4 wird die Operandenadresse in das Adreßregister AR geladen (Übergang 6), die zuvor (wenn $IND =$ '1' war, Übergang 5) in S3 aus dem Speicher dorthin geladen wurde. Andernfalls ($IND =$ '0'), also beim direkten Weg von S3 nach S5, verbleibt dort die bereits während S2 geladene 7-Bit-Adresse m.

Ausführungsphase. Mit Zustand S5 beginnt die Ausführungsphase des Maschinenbefehls. Bei Befehlen mit Speicheroperanden (Übergang 10) wird nun aus der zuvor in das Adreßregister AR geladenen Arbeitsspeicheradresse der Operand in den Lesepuffer MR geholt. Abhängig vom Operationskode OPC sowie den Quittungssignalen der Ein- und Ausgabe $IPV/OPREC$ können ein, zwei oder drei Zustände (S5, S6, S7) ggf. mehrmals durchlaufen werden. Bei Verzweigungsbefehlen werden die Statussignale ausgewertet (Übergänge 22 und 23). Im Falle des Eingabebefehls `INPUT M,IN` sorgt Zustand S5 für die Abwicklung der Eingabe gemäß des Eingabeprotokolls: Das Signal $IPRQ$ („input request") fordert so lange zur Eingabe auf, bis das entsprechende Wort von außen nach IPR geladen und durch IPV quittiert wurde (Übergang 8). Danach kann der Eingabezustand verlassen und das Wort im Arbeitsspeicher abgelegt werden (Übergang 18). Mit dem Übergang in den Zustand S1 (Laden des nächsten Maschinenbefehls) wird stets der Programmzähler PC in das Adreßregister AR übertragen. Lediglich bei der Ausführung von Programmsprüngen (Übergang 23) ist dies nicht erforderlich, weil in diesen Fällen sich die Sprungadresse bereits seit der Holphase des Operanden (S2 bzw. S4) dort befindet. Vielmehr muß das Sprungziel in den Programmzähler PC geladen werden, damit die Programmbearbeitung an dieser Stelle fortgesetzt werden kann.

10.9.3.2 Entwurfsdurchführung

Die Entwurfsdurchführung besteht aus drei Schritten, auf die im folgenden näher eingegangen wird:

1. **Aufstellen der Zustandstabelle**
   Die Übergangsfunktion g und die Ausgabefunktion f werden mit der Zustandstabelle (s. Tab. 10.26) definiert.

2. **Implementierung der Booleschen Funktionen f und g**
   durch Eingabe dieser im Format des PLA-Generators Ihres Entwurfs-

systems. Der Generator bildet die Schaltfunktionen effizient auf eine entsprechende physikalische Struktur ab.

3. **Dimensionierung und Anschluß des Zustandsregisters**
   Die Kodierung des aktuellen Zustands wird im Zustandsregister gespeichert. Analog dazu müssen auch die Ansteuersignale in geeigneter Weise durch Zwischenspeicherung verzögert werden.

Aufstellen der Zustandstabelle

Ein Zustandsgraph ist ein graphisches Hilfsmittel, das zu einem besseren Verständnis der Beziehungen zwischen den Zuständen beiträgt. Für eine gegebene Menge von Eingaben können damit sehr einfach entlang der Pfeile die Zustandsübergänge verfolgt werden. Bei großen Schaltungen mit vielen Zuständen und Ausgabesignalen wird das Diagramm aufwendig zu zeichnen und unübersichtlich. Daher werden in diesen Fällen Zustandstabellen, in denen die Zustandsübergänge aufgelistet sind, verwendet.

Die ersten beiden Spalten der Zustandstabelle 10.26 dienen lediglich der besseren Übersicht und können der Tabelle in Tab. 10.24 entnommen werden. Die vier sich daran anschließenden Spalten definieren die

- Übergangsfunktion $W = g(X, Y)$,

- Ausgabefunktion $Z = f(X, Y)$.

Letztere ist, da es sich um ein Mealy-Steuerwerk handelt, sowohl vom aktuellen Zustand Y als auch vom Eingangsvektor X abhängig.

Tab. 10.24 entspricht einer Zustandstabelle, allerdings sind hier die Werte der Eingangsvektoren X und der Ausgabefunktion $Z = f(X, Y)$ lediglich verbal beschrieben (4. Spalte: X / Z). Eine Erläuterung der dabei verwendeten Kürzel für den Wert des aktuellen Opcodes ($STWK\_OPC_{3..0}$) und die übrigen Eingangssignale entnehmen Sie bitte der Tab. 10.25.

Teilaufgabe 9.A.1: *Die Zustände S0 ... S7 sind jeweils mit drei Bit (als Ausgangszustand $Y_{2..0}$ bzw. Folgezustand $W_{2..0}$) dual zu kodieren.*

Teilaufgabe 9.A.2: *Ermitteln Sie aus den in Tab. 10.24 in der 4. Spalte beschriebenen Eingangsbedingungen die entsprechenden, dual kodierten Werte des Eingangsvektors.*

Akt. Zustand	Folge-zustand	Nr.	Bedingung / Transfers
S0	S0	1	$\overline{\text{START}}$ / -
S0	S1	2	START / PC $\Leftarrow$ IPR, AR $\Leftarrow$ IPR
S1	S2	3	-/ PC $\Leftarrow$ PC + 1, MR $\Leftarrow$ M(AR)
S2	S3	4	-/ IR $\Leftarrow$ MR, AR $\Leftarrow$ MR (7 Bit)
S3	S4	5	IND/ MR $\Leftarrow$ M(AR)
S4	S5	6	-/ AR $\Leftarrow$ MR (12Bit)
S3	S5	7	$\overline{\text{IND}}$/ -
S5	S5	8	IN $\wedge$ $\overline{\text{IPV}}$ / IPRQ = 1
S5	S7	9	RT/ PC $\Leftarrow$ ST
S5	S6	10	LO, OU, AD, SU, NA/ MR $\Leftarrow$ M(AR)
S6	S7	11	OU / OPR $\Leftarrow$ MR
S7	S1	12	RT, OU $\wedge$ OPREC / AR $\Leftarrow$ PC
S6	S1	13	LO / ACR $\Leftarrow$ MR, AR $\Leftarrow$ PC
S6	S1	14	AD / ACR $\Leftarrow$ ACR + MR, AR $\Leftarrow$ PC
S6	S1	15	SU / ACR $\Leftarrow$ ACR - MR, AR $\Leftarrow$ PC
S6	S1	16	NA / ACR $\Leftarrow$ $\overline{\text{ACR} \wedge \text{MR}}$, AR $\Leftarrow$ PC
S5	S1	17	ST / M(AR) $\Leftarrow$ ACR, AR $\Leftarrow$ PC
S5	S1	18	IN $\wedge$ IPV / M(AR) $\Leftarrow$ IPR, AR $\Leftarrow$ PC
S5	S1	19	SL / ACR $\Leftarrow$ $\overleftarrow{\text{ACR}}$, AR $\Leftarrow$ PC
S5	S1	20	SR / ACR $\Leftarrow$ $\overrightarrow{\text{ACR}}$, AR $\Leftarrow$ PC
S5	S1	21	$\overline{\text{IND}}$ $\wedge$ CA / ST $\Leftarrow$ PC, PC $\Leftarrow$ MR (7 Bit)
S5	S1	22	IND $\wedge$ CA / ST $\Leftarrow$ PC, PC $\Leftarrow$ MR (12 Bit)
S5	S1	23	JZ $\wedge$ $\overline{\text{Z}}$, JS $\wedge$ $\overline{\text{S}}$, JC $\wedge$ $\overline{\text{C}}$ / AR $\Leftarrow$ PC
S5	S1	24	$\overline{\text{IND}}$ $\wedge$ {JZ $\wedge$ Z, JS $\wedge$ S, JC $\wedge$ C, JU} PC $\Leftarrow$ MR (7 Bit)
S5	S1	25	IND $\wedge$ {JZ $\wedge$ Z, JS $\wedge$ S, JC $\wedge$ C,JU} PC $\Leftarrow$ MR (12 Bit)
S5	S0	26	SP / -
S7	S7	27	OU $\wedge$ $\overline{\text{OPREC}}$ / OPV = 1

Tabelle 10.24: Zustandstabelle des Steuerwerks

	LO	LOAD A, m
	ST	STORE m, A
	IN	INPUT m, I
	OU	OUTPUT O, m
	AD	ADC A, m
	SU	SBB A, m
Anliegende	NA	NAND A, m
Opcodes	SR	SHIFT R, A
	SL	SHIFT L, A
	JZ	JUMP Z, m
	JS	JUMP S, m
	JC	JUMP C, m
	JU	JUMP m
	CA	CALL m
	RT	RETURN
	SP	STOP
	START	STWK_START Programmstart
Signale	IND	STWK_IND Adressierungskode
	IPV	STWK_IPV „input valid"
	OPREC	STWK_OPREC „output recognized"

Tabelle 10.25: Erläuterung der in Tab. 10.24 verwendeten Kürzel

Nr.	Bedingungen/Transfers	$Y_{2..0}$	X	$W_{2..0}$	Z

Tabelle 10.26: Aufbau der Zustandstabelle für das Steuerwerk $STWK$

Teilaufgabe 9.A.3: *Ihre Entwurfsaufgabe besteht im wesentlichen darin, aus den Transfers (dritte Spalte bzw. Tab. 10.24) auf die erforderlichen Werte für die Ansteuersignale Z zu schließen.*

Berücksichtigen Sie beim Entwurf:

- Befehlskodierung des Operationswerks (s. Aufgabe 10.8, insbesondere Tab. 10.22),

- Beschreibung der externen Ansteuersignale (s. Abschnitt 10.9.2).

Stellen Sie für jede Transferoperation sicher, daß die Datenquelle ausgelesen und die Senke beschrieben werden kann. Alle anderen Speichereinheiten, die von einem Transfer nicht betroffen sind, *müssen* unverändert bleiben.

Auch bei der Ausgabefunktion kann wieder ausgiebig von „don't care"-Werten Gebrauch gemacht werden.

Beachten Sie, daß *nur* im Falle einer indirekten Adressierung alle 12 Bit des Speicher-Lesepuffers MR genutzt werden können. Daher muß auch in der Ausführungsphase an den entsprechenden Stellen die Verzweigungsvariable IND abgefragt werden.

Implementierung der Booleschen Funktionen f und g

Für den Entwurf des Schaltnetzes, das die Übergangsfunktion g und die Ausgabefunktion f realisiert, haben sich PLAs als besonders zweckmäßig erwiesen. Ein PLA ist eine integrierte Digitalschaltung, die gleichzeitig mehrere Schaltfunktionen in Form zweistufiger Bündelschaltnetze realisiert, d. h. durch logische Summen (ODER-Matrix) aus logischen Produkten (UND-Matrix). Rechnergestützte Entwurfssysteme verfügen in der Regel über einen PLA-Generator zur automatischen Erzeugung von PLA-Strukturen. Im

allgemeinen sind die Schaltfunktionen in den Generator über eine Steuerdatei einzugeben, welche die *disjunktiven Normalformen* der Funktionsgleichungen enthält. Daraus können dann die Belegungen der ODER- und der
UND-Matrix automatisch generiert werden. Bei der Steuerdatei handelt es
sich um eine Textdatei, deren Syntax stark vom jeweils verwendeten Entwurfssystem abhängig ist. Daher sei an dieser Stelle auf die entsprechende Dokumentation des CAE-Werkzeugherstellers verwiesen. Oft orientieren
sich die Beschreibungen aber an dem im Abschnitt 10.9.4.3 beschriebenen
BLIF-Format zur Beschreibung von Digitalschaltungen.

Für die Generierung der PLA in dem physikalischen Entwurfssystem könnten weitere Einstellungen sein:

- **BIST**[8]
  Es werden eingebaute Teststrukturen verwendet.

- **Stärke der Pull-up-Treiber**
  Die Treiber bestimmen die Stromaufnahme und Schaltzeiten.

Teilaufgabe 9.A.4:   *Übersetzen Sie, wenn notwendig, die PLA-Beschreibungen und erzeugen Sie die zugehörigen Datenblätter.*

Zustandsregister und Ausgangssignale

Teilaufgabe 9.A.5:   *Wählen Sie die Breite des Zustandsregisters so, daß
es breit genug ist, um die dual kodierte Nummer des aktuellen Zustands
aufzunehmen.*

Um ein reibungsloses Zusammenspiel mit dem Operationswerk zu gewähr-
leisten, müssen die folgenden zeitlichen Bedingungen eingehalten werden:

- **Zustandswechsel,**
  d. h. die Abspeicherung des Ergebnisses von g im Zustandsregister
  hat stets mit der *abfallenden* Taktflanke zu erfolgen.

- **Ausgabe der neuen Ansteuersignale aus f**
  darf erst mit der nächsten *ansteigenden* Taktflanke erfolgen. Diese
  Ausgangssignale dürfen sich zu keinem anderen Zeitpunkt ändern.

---

[8]BIST: Built in Self Test

Teilaufgabe 9.A.6: *Um das geforderte Zeitverhalten der Ausgangssignale sicherzustellen, speichern Sie diese in einem entsprechend breiten Register zwischen.*

Teilaufgabe 9.A.7: *Verknüpfen Sie die PLAs mit dem Zustandsregister und verbinden Sie danach das Steuerwerk mit dem Operationswerk.*

10.9.3.3 Validierung und Nachbereitung

Simulieren Sie alle in Abb. 10.39 dargestellten Übergänge und machen Sie diese in den Simulationsläufen kenntlich.

10.9.4   Top-down-Entwurfsdurchführung

Das Steuerwerk kann mit Hilfe einer PLA mit Zustandsspeicher (Zielarchitektur!) sehr einfach realisiert werden. Dazu muß dessen Verhalten durch eine Zustandstabelle, wie z. B. Tab. 10.26, beschrieben werden. Sie gibt an, unter welchen Bedingungen sich welche Zustandsübergänge (Transitionen) und welche Werte an den Ausgängen ergeben. Nach einer Optimierung und Kodierung der Zustände kann die resultierende Zustandstabelle nach der im Bottom-up-Entwurf beschriebenen Vorgehensweise zur Definition eines PLA verwendet werden.

10.9.4.1 Möglichkeiten der Entwurfsdurchführung

Beschreibungsformen von Automaten. Zur sicheren Generierung einer möglichst optimalen Zustandstabelle muß durch Transformationen der ursprünglichen Steuerwerksbeschreibung eine mit Entwurfswerkzeugen verarbeitbare Automatenbeschreibung generiert werden. In der Entwurfsdurchführung können alternativ die folgenden Formate verwendet werden:

1. Synthesefähige VHDL-Automatenbeschreibung (s. Abschnitt 5.4.4.1)

2. Algorithmisches VHDL-Modell mit integrierter Zustandstabelle.

Die VHDL-Beschreibungen erlauben die Validierung der Beschreibung, wenn das Steuerwerk in das Mikroprozessorsystem eingebunden wird. Mit Hilfe eines VHDL-Synthesewerkzeuges, z. B. DesignCompiler von Synopsys, lassen sich dann die Beschreibungen hinsichtlich verschiedener Kodierungen optimieren.

Vorgehensweisen. Der nachfolgend beschriebene Top-down-Entwurf kann auf die beiden folgenden Arten durchgeführt werden:

1. **Implementierung der Steuerwerksbeschreibung**
   Im Zuge eines Top-down-Entwurfs wird ein Steuerwerks realisiert aus den bereits in den Top-down-Entwurfsdurchführungen der Aufgaben 10.8 und 10.10 durchgeführten Transformationen und Verfeinerungen der ursprünglichen algorithmischen Beschreibung des Mikroprozessors aus Aufgabe 10.11.

2. **Vorgabe des Zustandsgraphen (Abb. 10.39)**
   Häufig wird aber ein Steuerwerk (FSM) mit Hilfe eines Zustandsgraphs, wie z. B. Abb. 10.39 in der Bottom-up-Entwurfsdurchführung (s. Abschnitt 10.9.3.1), oder einer Zustandstabelle manuell oder mit einem dafür entwickelten Entwurfswerkzeuge erstellt.

10.9.4.2 Schnittstelle des Steuerwerks

Wird das Steuerwerk aufgrund von schon existierenden VHDL-Beschreibungen implementiert, dann muß zunächst die Schnittstelle zum übrigen System abgeleitet werden. In der Top-down-Entwurfsdurchführung von Aufgabe 10.8 werden aus den kodierten Signalen des Steuerwerks im Prozeß *CODE_TRANS* Signale generiert, die zur Ansteuerung des Operationswerks verwendet werden.

Teilaufgabe 9.B.1:   *Integrieren Sie den Prozeß CODE_TRANS für die systeminternen Ansteuersignale aus Aufgabe 10.8 in das Steuerwerk. Passen Sie die Entity des Steuerwerks an die neuen systeminternen Ansteuersignale an.*

10.9.4.3 Generierung der Automatenbeschreibung

In der weiteren Top-down-Entwurfsdurchführung stehen für die Generierung der Zustandstabelle aus der bisherigen Systembeschreibung zwei Vorgehensweisen zur Verfügung:

1. Generierung der Zustandstabelle mit Hilfe der Automatensynthese,

2. Transformation der algorithmischen Beschreibung in ein VHDL-Modell, das das Verhalten des Automaten mit Hilfe einer Zustandstabelle nachbildet. Allerdings ist diese Beschreibung nicht direkt synthetisierbar. Besteht die Zustandstabelle aus den Spalten Eingabe, aktueller Zustand, Folgezustand und Ausgabe, dann läßt sie sich sehr einfach in das im folgenden beschriebene Format transformieren und mit einem Synthesewerkzeug weiterverarbeiten.

BLIF-Format zur Beschreibung von FSMs

Zunächst wollen wir jedoch die Beschreibung von Modellen mit dem Format *BLIF* (Berkeley Logic Interchange Format) aus dem *SIS*-System vorstellen, da dieses die oben beschriebenen unterschiedlichen Vorgehensweisen beim Top-down-Entwurf unterstützt.

Die synthetisierte Struktur des Automaten kann im DesignCompiler von Synopsys in das „*state-table*"-Format von *BLIF* transformiert werden. Mit dem *BLIF*-Format können verschiedene Modelle, u. a. logische Gatter und FSMs, beschrieben werden:

```
.model   model_name
.inputs  input_list
.outputs output_list
.clock   clock_list
command
...
command
.end
```

Das Symbol *command* steht u. a. für logische Gatter, Gatter aus einer Bibliothek, Speicherelemente, Taktrestriktionen und FSM-Beschreibungen. Eine FSM-Beschreibung besitzt das folgende Format:

.start_kiss
.i   *num_inputs*
.o   *num_outputs*
[**.r**   *reset_state*]
[...]
input present_state next_state output
...
input present_state next_state output
.end_kiss

Die Zustandsübergangstabelle besteht aus den Spalten: Eingabe, aktueller Zustand, Folgezustand und Ausgabe. Die Ein- und Ausgaben werden mit Folgen aus {0, 1, -} beschrieben. Da den Zuständen Bezeichner zugeordnet werden, muß definiert werden, wie die einzelnen Zustände durch Bit-Vektoren kodiert werden sollen. Ist der Reset-Zustand nicht definiert, dann ist es der erste, der in der *pres_state*-Spalte vorkommt. Die beschriebenen Takt- und Reset-Signale bestimmen den Typ der im Zustandsspeicher des Steuerwerks zu verwendenden Speicherelemente.

Nach der Kodierung der symbolischen Zustandsnamen kann dieses Format mit einfachen syntaktischen Umformungen in das PLA-Format umgesetzt werden, das für viele Entwurfswerkzeuge lesbar ist.

Eine direkte Synthese des Steuerwerks in eine Realisierung mit Standardzellen wäre ebenfalls möglich. Die gewählte PLA-Variante hat als einzige die Möglichkeit, den synthetisierten Funktionsblock als solchen im Layout (s. Aufgabe 10.12) des Schaltkreises leicht wiederzufinden. Des weiteren ist es auch möglich, die PLA-Beschreibung mit Hilfe eines Synthesewerkzeuges für eine vorgegebene Technologie in eine Standardzellenrealisierung („technology mapping") zu transformieren.

Im folgenden präsentieren wir zwei Wege zur rechnergestützten Erstellung der Zustandstabellen, aus denen die PLA-Beschreibungen abgeleitet werden können.

1. Weg: Automatensynthese

Neben den in Abschnitt 5.4.4.4 aufgeführten allgemeinen Regeln für die Erstellung von synthesefähigen Beschreibungen geben zum einen S. Golson und zum anderen P. Kurup und P.J. Fernandes für die Synthese von Zustandsautomaten mit dem DesignCompiler einige Hinweise bezüglich der möglichen Strategien, auftretender Probleme und ihrer Beseitigung.

Teilaufgabe 9.B.2: *Transformieren Sie die Steuerwerksbeschreibung aus der Top-down-Entwurfsdurchführung von Aufgabe 10.10 in ein synthesefähiges Drei-Prozeßmodell (s. Abschnitt 5.4.4.1).*
Alternative: *Wenn Sie nur Erfahrungen bei der Automatensynthese sammeln möchten, verwenden Sie die Beschreibung des Steuerwerks aus der Bottom-up-Entwurfsdurchführung.*

Teilaufgabe 9.B.3: *Synthetisieren Sie das Steuerwerk aus Aufgabe 10.9 und speichern Sie die Schaltung im „state-table"-Format ab. Verwenden Sie zunächst eine vom System vorgeschlagene binäre Kodierung der Zustände.*

2. Weg: Algorithmische Beschreibung von Zustandsgraphen

Ein möglicher Ansatz für die algorithmische Beschreibung von Automaten in VHDL ist:

1. **Zustände** werden durch den Aufzählungstyp *State* repräsentiert und im Signal *FSM_STATE* gespeichert.

2. **Zustandstabelle** wird durch eine Liste von Transitionen beschrieben. Eine Transition wird durch einen Record mit den aus dem *BLIF*-Format für FSM-Beschreibungen bekannten Feldern

   - *INPUT,*
   - *PRESENT_STATE,*
   - *NEXT_STATE,*
   - *OUTPUT*

   verwendet.

   Um bei der Definition der Belegungen von *INPUT* „dont't care"-Werte verwenden zu können, wird die mehrwertige Logik MVL9 verwendet. In der Konstanten *STATE_TABLE* werden alle Transitionen aus der Zustandstabelle in einem Vektor gespeichert, und somit definieren deren Elemente die Übergangsfunktion g und die Ausgabefunktion f.

3. **Bestimmung der Folgezustände und der Ausgabe** kann durch Zugriffe auf die im Vektor *STATE_TABLE* enthaltenen Transitionen nachgebildet werden. Dazu wird der Index der zur Eingabe und dem

aktuellen Zustand passenden Transition mit der Funktion *matchTransition* gesucht. Auf *STATE_TABLE* kann über den Index zugegriffen werden und die zugehörige Ausgabe oder der zugehörige Folgezustand bestimmt werden.

4. **Verhalten des Steuerwerks** wird mit einem Prozeß modelliert. Innerhalb des Prozesses werden das Rücksetzen und die Bestimmung des Folgezustands bei einer steigenden Taktflanke und der Ausgabe festgelegt. Beim Mealy-Automaten wird die Ausgabefunktion immer berechnet, wenn sich die Eingabe oder der Zustand ändert.

Die Suche nach der passenden Transition ist aber nicht ganz einfach, da der Vergleichsoperator "=" im Paket *STD_LOGIC_1164* nur die Gleichheit von Zeichen überprüft. Im nachfolgenden Paket *DONT_CARE_COMPARE* wird der Vergleichsoperator „=" überladen[9] und das gewünschte Verhalten beim Vergleich der Eingabe mit '-' durch Aufruf der Hilfsfunktion *equals_with_dont_care* erreicht.

```
library IEEE;
use IEEE.STD_LOGIC_1164.all;

package DONT_CARE_COMPARE is
   function "=" ( L, R : Std_ULogic_Vector ) return Boolean;
end DONT_CARE_COMPARE;

package body DONT_CARE_COMPARE is
   -- Hilfsfunktion
   function minimum( L, R : Integer )
   return Integer is
   begin
      if L < R then return L;
      else            return R;
      end if;
   end;
```

---

[9]Overloading von binären Operatoren: Die Operatoren werden analog zu Funktionen spezifiziert, d. h. zuerst wird das Operatorsymbol als String definiert, danach folgen die Operanden wie Funktionsargumente. Das erste Argument wird mit dem linken Operanden L und das zweite Argument mit dem rechten Operanden R assoziiert (Syntax: "<operator_identifier>" (L, R : ...) return ...;). Beim Aufruf in der Infix-Form fallen die Anführungszeichen weg.

```vhdl
-- Hilfsfunktion
function equal_with_dont_care( X, Y : Std_ULogic )
return Boolean is
begin
   if X = Y then                  return TRUE;
   elsif X = '-' or Y = '-' then return TRUE;
   else                           return FALSE;
   end if;
end;


function "=" ( L, R : Std_ULogic_Vector )
return Boolean is
   alias LV : Std_ULogic_Vector(1 to L'length) is L;
   alias RV : Std_ULogic_Vector(1 to R'length) is R;
begin
   for I in 1 to minimum( L'length, R'length ) loop
      if not equal_with_dont_care(LV(I),RV(I)) then
         return FALSE;
      end if;
   end loop;
   return L'length = R'length;
end;
end DONT_CARE_COMPARE;
```

Mealy-Automat. Mit diesen Überlegungen läßt sich z. B. ein Mealy-Automat folgendermaßen algorithmisch in VHDL beschreiben:

```vhdl
library IEEE;
use IEEE.std_logic_1164.all;
use WORK.dont_care_compare.all;

entity MEALY_FSM is
   generic ( N, M              : Integer := 4;
             FF_DEL, O_DEL : Time    := 10 ns );
   port    ( X        : in   Bit_Vector(1 to N);
             CLK   : in   Bit;
             RESET : in   Bit;
             Z        : out Bit_Vector(1 to M) );
```

---

[9] „-" bedeutet „dont't care", d. h. das betreffende Signal darf einen beliebigen Wert annehmen

```vhdl
end MEALY_FSM;

architecture ALG of MEALY_FSM is
   type State is ( state_name_list );
   type Transition is
         record
            INPUT              : Std_ULogic_Vector(1 to N);
            PRESENT_STATE : State;
            NEXT_STATE      : State;
            OUTPUT            : Bit_Vector(1 to M);
         end record;
   type Transition_List is array (Natural range <>) of Transition;

   constant STATE_TABLE : Transition_List :=
      ( (input, present_state, next_state, output),
         ...                                          );

   constant UNDEF_IDX : Integer := - 1;

   function matchTransition( W : State; X : Bit_Vector )
   return Integer is
      variable XV : Std_ULogic_Vector(1 to X'length);
   begin
      XV := to_StdULogicVector( X );
      for I in STATE_TABLE'range loop
         if W = STATE_TABLE(I).PRESENT_STATE then
            if XV = STATE_TABLE(I).INPUT then
               return I;
            end if;
         end if;
      end loop;
      return UNDEF_IDX;
   end;

   signal FSM_STATE : State := ...;

begin
   process ( X, CLK, RESET, FSM_STATE )
      variable TRAN_IDX : Integer;
   begin
      -- Zustandsübergang
      if  RESET = '1'  then
```

```
      FSM_STATE <= ...;
   elsif CLK'event and CLK = '1' then
      TRAN_IDX := matchTransition( FSM_STATE, X );
      assert TRAN_IDX /= UNDEF_IDX
         report "Für die Eingabe ist keine Transition definiert!"
         severity error;
      if TRAN_IDX /= UNDEF_IDX then
         FSM_STATE <= STATE_TABLE(TRAN_IDX).NEXT_STATE
                         after FF_DEL;
      end if;
   end if;

   -- Ausgabefunktion
   if FSM_STATE'event or X'event then
      TRAN_IDX := matchTransition( FSM_STATE, X );
      assert TRAN_IDX /= UNDEF_IDX
         report "Für die Eingabe ist keine Ausgabe definiert!"
         severity error;
      if TRAN_IDX /= UNDEF_IDX then
         Z <= STATE_TABLE(TRAN_IDX).OUTPUT
              after O_DEL;
      end if;
   end if;
 end process;
end ALG;
```

Das Paket *DONT_CARE_COMPARE* und die Beschreibung des Mealy-Automaten *MEALY_FSM* sind über WWW erhältlich.

Teilaufgabe 9.B.4: *Transformieren Sie die Steuerwerksbeschreibung aus der Top-down-Entwurfsdurchführung von Aufgabe 10.10 in die oben beschriebene Form der algorithmischen Automatenbeschreibung.*
Alternative: *Wenn Sie nur Erfahrungen bei der Automatensynthese sammeln möchten, verwenden Sie die Beschreibung des Steuerwerks aus der Bottom-up-Entwurfsdurchführung.*

10.9.4.4 Kodierung

Das Ergebnis der beiden Wege ist eine Zustandsübergangstabelle. Für die Realisierung der Übergangs- und der Ausgabefunktion ist die Kodierung der Zustände einer FSM von großer Bedeutung.

Teilaufgabe 9.B.5: *Vergleichen Sie die sich ergebenden Zustandstabellen, wenn Sie für die Zustände verschiedene binäre Kodierungen und die „one-hot" Kodierung der Zustände verwenden.*

10.9.4.5 Realisierung der Funktionen

Beschreibung der PLA-Makrozellen. Die zu realisierende PLA wird in einer Datei beschrieben. Das im DesignCompiler verwendete PLA-Format orientiert sich am oben beschriebenen *BLIF*-Format. Im Kopf werden der Name der Schaltung, die Ein- und Ausgänge und einigen Optionen zur Interpretation der PLA-Beschreibung definiert. Das logische Verhalten wird in Form einer einfachen Wahrheitstabelle im Rumpf beschrieben. Die ersten Spalten („input plane") werden mit den Eingängen in der Reihenfolge, wie sie im Kopf aufgelistet wurden, assoziiert, die restlichen mit den Ausgängen („output plane"). Basierend auf der Festlegung, wann ein PLA-Ausgang

- '1' (1-Menge, „on set"),

- '0' (0-Menge, „off set"),

- einen beliebigen Wert („don't care set")

annehmen kann, entstehen unterschiedliche PLA-Typen. Diese Definitionen können miteinander kombiniert werden.

Teilaufgabe 9.B.6: *Transformieren Sie die Beschreibung des Steuerwerks in eine PLA-Beschreibung in dem in Ihrem Entwurfssystem vorgesehenen Format, indem Sie die Spalten Eingabe und aktueller Zustand als Eingabe für die PLA auffassen. Der Folgezustand und die Ausgabe werden dann durch die PLA berechnet.*

Die erzeugte PLA kann in der Regel weiter minimiert werden, indem die PLA-Beschreibung als Eingabe für den DesignCompiler verwendet wird.

Teilaufgabe 9.B.7: *Versuchen Sie, die Beschreibung zu minimieren.*

Teilaufgabe 9.B.8: *Vergleichen Sie die realisierten Funktionen, wenn für die Zustandskodierung zum einen eine binäre und zum anderen eine „one-hot" Kodierung verwendet wird.*

10.9.4.6 Validierung

Überzeugen Sie sich von der korrekten Funktionsweise des Mikroprozessors mit dem veränderten Steuerwerk durch eine Simulation mit dem Testprogramm aus Aufgabe 10.10.

10.10 Mikroprozessorsystem als integrierte Schaltung

Lernziele und Inhalte

Komposition eines vollständigen Mikroprozessorsystems aus dem in den vorherigen Aufgaben entworfenen Operationswerk und Steuerwerk, automatische Generierung des benötigten RAM, Gesamtsimulation des Systems als integrierte Schaltung, Untersuchung von Architekturalternativen im Top-down-Entwurf

10.10.1 Grundlagen

Auf die prinzipielle Struktur eines Mikroprozessors wurde bereits in Abschnitt 10.8.1 eingegangen.

10.10.2 Aufgabenstellung

Entscheidend für das Zusammenspiel von Operationswerk, Steuerwerk und RAM ist, daß bei der Abwicklung taktsynchroner Operationen alle Zeitrestriktionen eingehalten werden.

Die Schnittstelle von *PMP12SYS* kann Abb. 10.41 entnommen werden. Für die einzelnen Signale, die ja auch über Anschlußpins aus der integrierten Schaltung herausgeführt werden, sind folgende Funktionen vorgesehen (s. Abschnitt 8.2):

- **Taktsignal:**

    - **PMP_CLK** : Systemtakt
      zum Auslösen synchroner Operationen.

- **Systemsteuerung:**

    - **PMP_RN** : System-Reset
      '0' bewirkt systemweit das Zurücksetzen aller Speicherelemente.

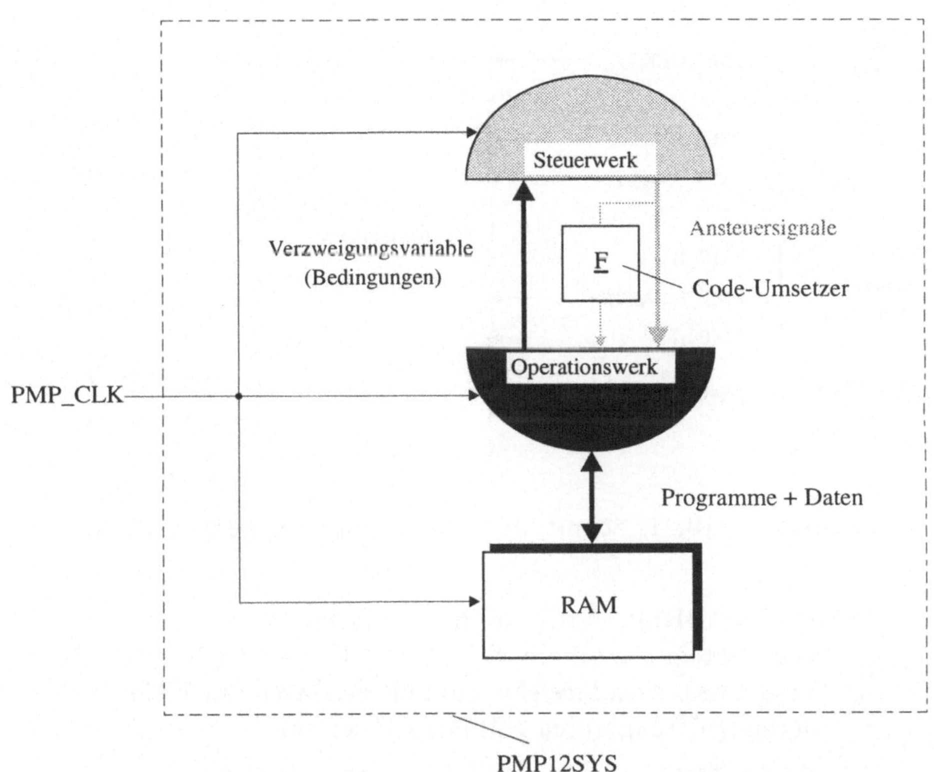

Abbildung 10.40: Mikroprozessorsystem *PMP12SYS* im Überblick

- **PMP_START** : Programmstart
  gibt nach einem System-Reset die Abarbeitung des Maschinenprogramms frei, dessen Startadresse sich im Eingaberegister befindet.

- **Eingabekontrolle:**

  - **PMP_IP**$_{11..0}$: Eingabebus
    des Systems führt die Eingänge des Eingaberegisters *IPR* aus dem
    System heraus.
  - **PMP_LOADIPR** : Ladesignal
    gibt die taktsynchrone Übernahme des Wertes auf dem Eingabe-
    bus *PMP_IP* in das Eingaberegister frei.

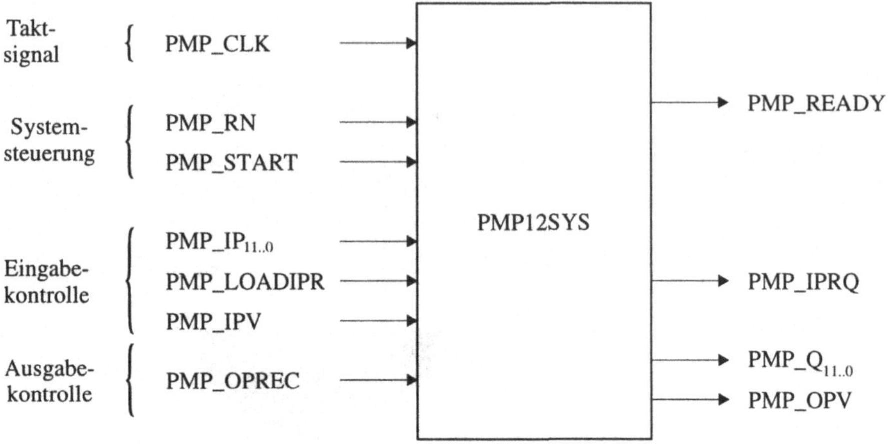

Abbildung 10.41: Schnittstelle der Komponente *PMP12SYS*

- **PMP_IPRQ** : Aufforderung zur Eingabe
  Das System setzt dieses Signal auf '1', wenn es bei der Abarbeitung eines *Eingabebefehls* auf gültige Daten (an *PMP_IP*) und
  deren Quittung durch *PMP_IPV* wartet.

- **PMP_IPV** : Quittungssignal bei Eingabebefehlen
  Mit einem '1'-Pegel signalisieren externe Einheiten dem System,
  daß die Übergabe des einzulesenden Wertes in das Eingaberegister erfolgt ist und dieser in den Arbeitsspeicher übernommen
  werden kann (s. Abschnitt 8.2.2.2 und Aufgabe 10.9).

- **Ausgabekontrolle:**

  - **PMP_Q11..0** : Ausgabebus
    führt die Ausgänge des Ausgaberegisters nach außen.

  - **PMP_OPV** : Leseaufforderung bei Ausgabebefehlen
    wird vom System gesetzt, sobald der auszulesende Wert vom Ar-
    beitsspeicher in das Ausgaberegister übertragen wurde (s. Ab-
    schnitt 8.2.2.1 und Aufgabe 10.9).

  - **PMP_OPREC** : Quittungssignal für Ausgabebefehle
    Bei Ausgabebefehlen verweilt das System so lange mit gesetz-

tem Ausgang PMP_OPV in einer Warteschleife, bis die lesende externe Einheit dieses Signal auf '1' setzt.

10.10.3 Bottom-up-Entwurfsdurchführung

In den vorangegangenen Aufgabenstellungen wurden mit dem Operationswerk und dem Steuerwerk der Daten- bzw. Kontrollpfad des Mikroprozessorsystems $PMP12$ implementiert. Im folgenden sollen nun diese Komponenten, unter Hinzunahme eines noch zu generierenden RAM, zu einem vollständigen Mikroprozessorsystem zusammengefügt werden. Das so entstehende Gesamtsystem wird wiederum als Komponente $PMP12SYS$ implementiert, deren Anschlüsse Pins der integrierten Schaltung entsprechen werden.

Abschließend wird mit der simulierten Abarbeitung eines Maschinenprogramms die Funktionsfähigkeit des Gesamtentwurfs überprüft. Grobstruktur und Datenfluß innerhalb von $PMP12SYS$ sind in Abb. 10.40 dargestellt.

10.10.3.1 Entwurfsdurchführung

RAM-Generierung

Teilaufgabe 10.A.1: *Zunächst ist das als Arbeitsspeicher benötigte RAM zu generieren und als instantiierbare Komponente RAM4K12 bereitzustellen.*

Die Erzeugung der RAM-Komponente geht in einem automatischen Vorgang von statten. Das dazu benötigte Werkzeug, ein RAM-Generator, erhält als Eingabewert eine Beschreibung mit der gewünschten Wortbreite, der Speichertiefe (Anzahl der Speicherworte), der Schnittstelle und dem gewünschten Zeitverhalten. Der RAM-Generator bildet diese Beschreibung auf die verfügbare Technologie ab.

Die geforderte Schnittstelle der Komponente $RAM4K12$ ist durch Abb. 10.42 definiert. Der RAM-Baustein verfügt über getrennte Lese- und Schreibbusse. Er hat im einzelnen folgende Schnittstellensignale:

- **RAM_ADDR**$_{11..0}$: Adreßbus

- **RAM_DATAIN**$_{11..0}$: Lesebus

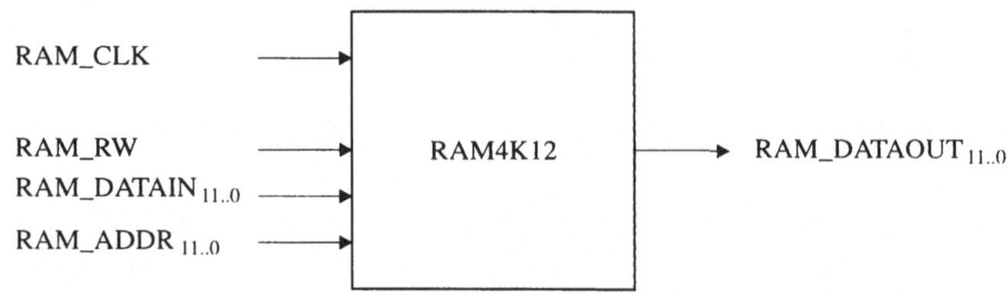

Abbildung 10.42: Schnittstelle von *RAM4K12*

- **RAM_DATAOUT$_{11.0}$** : Schreibbus

- **RAM_RW** : Lesen-/Schreiben
  selektiert zwischen den Betriebsarten Lesen ($RAM_RW = $ '0') und
  Schreiben ($RAM_RW = $ '1').

- **RAM_CLK** : Datenübernahme
  synchronisiert die Schreib- und Lesezugriffe mit dem übrigen System:
  Beim Schreiben müssen die an RAM_DATAIN anliegenden Daten
  genau zum Zeitpunkt der ansteigenden Taktflanke übernommen werden. Der an $RAM\_DATAOUT$ verfügbare Wert kann sich ebenfalls
  nur zu diesem Zeitpunkt ändern.

Verbindung der Komponenten

Teilaufgabe 10.A.2:   *Gemäß der in Abb. 10.40 dargestellten Grobstruk-
tur sind die folgenden Komponenten miteinander zu verbinden: OPWO-
DEF (Operationswerk), STWK (Steuerwerk), Codeumsetzer und RAM4K12
(RAM).*

Für die Belegung der externen Daten-, Takt- und Ansteuersignale ist die
Schnittstellenbeschreibung (Abb. 10.40) maßgeblich.

10.10.3.2 Validierung

Zur Funktionsüberprüfung von *PMP12SYS* wird der Ablauf eines Maschinenprogramms simuliert, das alle vorhandenen Maschinenbefehle und Adres-

sierungsarten verwendet (s. Abb. 10.43). Dazu ist vor Programmbeginn der Arbeitsspeicher gemäß Tab. 10.27 zu initialisieren.

m	000	001	002	003	004	005	006
M(m)	000	333	000	04E	801	B33	...

Tabelle 10.27: Initialisierung des Arbeitsspeichers

```
03F       ...
040       INPUT    000, I    ;Zelle 000 <- ext. Eingabe   (=555)
041       LOAD     A, 000    ;AKKU <- Inhalt v. Zelle 000 (=555)
042       NAND     A, 001    ;AKKU <- Akku NAND Zelle 001 (=333)
043       JUMP     Z, 04D    ;Test: bed. Sprung, nicht ausgefuehrt
044       STORE    002, A    ;Zelle 002 <- Akku
045       OUTPUT   O, 002    ;Ext. Ausgabe <- Zelle 002
046       SHIFT    R, A      ;Rechtsshift Akku
047       JUMP     S , 04D   ;Test: bed. Sprung, nicht ausgefuehrt
048       ADC      A, 005    ;Addiere Zelle 005 zum Akku

049       JUMP     C, 04B    ;Test: bed. Sprung, ausgefuehrt
04A       STOP               ;Fehlerstop

04B       CALL     (003)     ;Indirekter Unterprogrammaufruf
04C       STOP               ;Regulaeres Programmende

04D       STOP               ;Fehlerstop

; Unterprogramm: Akkumulatorinhalt shiften, bis Carry auftritt
04E       SHIFT    L, A      ;Linksshift Akku
04F       JUMP     C, 051    ;Bedingter Sprung aus Programmschleife
050       JUMP     04E       ;Unbed. Sprung auf Schleifenanfang
051       SBB      A, 004    ;Zelle 004 vom Akku subtrahieren
052       RETURN             ;Ruecksprung aus Unterprogramm
```

Abbildung 10.43: Maschinenprogramm zum Austesten des Mikroprozessor-systems *PMP12*

Die Startadresse des Testprogramms 0x040 wird als Stimulus an die Komponente *PMP12SYS* angelegt, ebenso wie die für Ein- und Ausgabe benötigten Daten und Quittungssignale. Zur Vereinfachung ist über WWW eine Fassung des für die Gesamtsimulation benötigten Stimuliprogramms, das in der zum Entwurfssystem Mentor Graphics gehörenden symbolischen Eingabesprache *MISL* vefaßt ist, verfügbar. Dieses Stimuliprogramm ist selbstdokumentierend und leicht in die Eingabesprachen anderer Entwurfssysteme übertragbar.

Anhand der Simulationsläufe ist der korrekte Ablauf des Maschinenprogramms Befehl für Befehl nachzuweisen. Lassen Sie sich vom Simulator alle dafür notwendigen Signalverläufe ausgeben. Entwürfe, bei denen das Testprogramm nicht an Adresse 0x04c terminiert, sind offensichtlich fehlerhaft. Häufig ergeben sich Probleme aus einem falschen zeitlichen Zusammenspiel von Operationswerk, Steuerwerk und RAM. Änderungen des zeitlichen Versatzes zwischen den entsprechenden Taktsignalen können hier Abhilfe schaffen. Mitunter wird es auch notwendig, Korrekturen an Komponenten niedrigerer Entwurfsebenen, wie z. B. der Akkumulatoreinheit oder am Steuerwerk, vorzunehmen.

10.10.3.3 Auswertung (Nachbereitung)

Die Simulatorausgabe ist so zu dokumentieren, daß der korrekte Programmverlauf klar ersichtlich wird.

10.10.4   Top-down-Entwurfsdurchführung

In Aufgabe 10.11 haben Sie den Mikroprozessor abstrakt auf der Algorithmischen Ebene modelliert und sich von der Korrektheit der Beschreibung mit Hilfe der VHDL-Simulation überzeugt (Validierung). Aus dieser algorithmischen Beschreibung kann der Chip mit den bisher zur Verfügung stehenden Werkzeugen nicht direkt synthetisiert werden, sondern sie muß manuell oder durch Algorithmische Synthese in eine Beschreibung auf RT-Ebene transformiert werden. Dies kann auf sehr vielen Wegen erfolgen. Es muß aber das beste Design bezüglich der in der Spezifikation definierten Anforderungen (z. B. Fläche, maximale Verzögerungszeiten und Taktfrequenzen, Leistungsaufnahme und zu verwendende Komponenten aus einer Bibliothek) aus einem großen Entwurfsraum bestimmt werden.

10.10.4.1 Zielarchitekturen

Effiziente Hardware-Synthese erfordert eine geeignete Überführung des Modells in die gewünschte Zielarchitektur, die die verwendeten Einheiten und deren Verbindungen beschreibt.

Endlicher Automat mit Datenpfad. Eine mögliche generische Architektur ist nach D. Gajski ein endlicher Automat mit Datenpfad (*FSMD*) (s. Abschnitt 5.3, Abb. 5.3).

Weitere generische Architekturen sind:

1. **Kombinatorische Logik:** ROM, PLA, Multiplexer oder Gatter,

2. **Endlicher Automat mit Datenpfad (FSMD):** Autonomer Automat, Moore-Automat („state-based") oder Mealy-Automat („transition-based"),

3. **Gekoppelte FSMDs.**

Entwürfe, die als FSMD beschrieben sind, lassen sich sehr gut mit Synthesewerkzeugen, z. B. mit dem *VHDL-Compiler* der Firma Synopsys, umsetzen.

Die Beschreibung des Mikroprozessors mit Hilfe eines Prozeßmodellgraphen aus Aufgabe 10.11 ist funktional. Ihr liegt keine strukturelle Partitionierung, d. h. explizite Aufteilung der Funktionalität nach Operationswerk und Steuerwerk, zugrunde. Die Verteilung der Funktionen auf Prozesse ist weitgehend unabhängig von einer speziellen Architektur.

VHDL-Konstrukte, die auf dieser Abstraktionsebene häufig Anwendung finden, wie z. B. `wait for`, oder mehrere Synchronisationspunkte (s. Abschnitt 5.4.4.2) in einem Prozeß lassen sich derzeit zumindest von den eingesetzten Synthesewerkzeugen nicht in Strukturbeschreibungen umwandeln. Sie müssen daher in einer synthesefähigen Beschreibung entweder vermieden oder manuell umgesetzt werden:

- Innerhalb einer sequentiellen Beschreibung kann eine Synchronisation nur auf das Taktsignal erfolgen und auf kein anderes.

- Ausdrücke mit Verzögerungszeiten sind nicht erlaubt. Lösungsmöglichkeiten sind:

1. In die Architektur werden explizit Timer („watchdogs") eingebunden. Die Steuerung und Überprüfung des Timers wird durch einen Kontrollprozeß vorgenommen.

2. Die maximale Verzögerungszeit bestimmt die minimale Taktbreite. Das Ergebnis des Ausdrucks wird dann im nächsten Takt verwendet. Dazu ist die Definition eines Taktes erforderlich. Ergibt sich eine zu große Verzögerungszeit, dann können Zwischenschritte eingefügt werden, in denen der Ausdruck berechnet wird.

3. Um Verzögerungen zu realisieren, die ein Vielfaches der Taktperiode betragen, ist die Verknüpfung eines oder mehrerer Abwärtszähler mit dem Taktgenerator möglich. Verzögerungen müssen dann als Vielfache der Taktperiode definiert werden. Die Abwärtszähler werden innerhalb der kombinatorischen Beschreibung mit Hilfe von Variablen gesteuert.

- Bei Aktionen, die durch Signaländerungen getriggert werden, ist eine Speicherung dieses Ereignisses notwendig. Damit entsteht eine Verzögerung von einem Takt zwischen Signaländerung und Reaktion.

10.10.4.2 Strukturelle Partitionierung

Unter Partitionierung versteht man die Clusterisierung von Objekten zu einer Gruppe, so daß eine gegebene Funktion bezüglich der Entwurfsziele optimiert wird.

In der Partitionierung der Prozesse lassen sich Teile des Operationswerks in Form von Funktionen, die die durchzuführenden Operationen auf den Daten definieren, wiederfinden. Es gibt aber auch Prozesse, die mehr den Ablauf bestimmen. Für die weitere Modellierung ist es sehr wichtig, daß die aus dem Befehlssatz und die aus dem Operationswerk abgeleiteten abstrakten Architekturen äquivalent sind.

Ein verhaltensorientiertes Modell, das nach der oben kurz dargestellten Methode erstellt wurde, läßt sich nicht automatisch in eine FSMD auf RT-Ebene transformieren.

Teilaufgabe 10.B.1:   *Wählen Sie eine Zielarchitektur aus, z. B. FSMD oder gekoppelte FSMDs, und bilden Sie die Prozesse auf die Komponenten der Architektur ab.*

Hinweis: Die weiteren Top-down-Entwurfsdurchführungen (10.8 und 10.9) gehen von der Verwendung einer FSMD aus.

Die dazu notwendige Partitionierung der Beschreibung in Operationswerk und Steuerwerk erfolgt manuell in mehreren Phasen:

1. **Gruppierung von Anweisungen eines Prozesses** nach ihrer hauptsächlichen Funktionalität:

   (a) Ablaufsteuerung,

   (b) Durchführung von Operationen,

   (c) Bestimmung von Bedingungen,

   (d) Sonstige.

2. **Zusammenfassung der sequentiellen Prozesse**, die den Ablauf steuern, zu *einem* oder mehreren Kontrollprozessen, die jeweils einen Mealy-Automaten definieren. Für eine spätere Synthese sollten Sie keine kombinatorische Logik mehr beinhalten (s. Abschnitt 5.4.4.4).

   Für eine FSMD ist das Zusammenfassen von Prozessen mit sequentiellen Anweisungen zu einem Prozeß erforderlich.

3. **Operationswerk** wird als abstraktes Modell beschrieben. Die den mnemonisch beschriebenen Steuersignalen zugeordneten Funktionen werden verhaltensorientiert beschrieben.

4. **Zuordnung der Funktionen zu Kontrollschritten** aus dem Kontrollprozeß mit Hilfe von mnemonischen Steuersignalen.

Die resultierenden Beschreibungen des Operationswerks und des Steuerwerks sind noch grob. In den Aufgaben 10.8 und 10.9 werden diese weiter verfeinert.

Die Korrektheit der Transformationen muß immer wieder durch Simulation validiert werden.

Taktgenerierung

Das Zusammenwirken von Operationswerk und Steuerwerk muß über Takte synchronisiert werden. Obwohl mehrphasige Takte – insbesondere der zweiphasige – mit nicht überlappenden aktiven Taktphasen häufig in Schaltungen großer Leistung, z. B. Mikroprozessoren der Intel 80x86-Serie, Motorola

MC68000 Familie, erfolgreich angewendet werden, schlagen wir aus Gründen der Vereinfachung des Entwurfs und der Taktgenerierung die Verwendung eines *einphasigen* Taktes vor. Eine Übersicht über die verschiedenen Takt- und Zeitmodellierungen kann dem Buch von S. Carlson entnommen werden.

Teilaufgabe 10.B.2:   *Modellieren Sie den Taktgenerator und binden Sie ihn in Ihre Beschreibung ein.*

Teilaufgabe 10.B.3:   *Definieren Sie in Abhängigkeit vom Takt die Bedingungen, unter denen das Steuerwerk und Operationswerk aktiviert werden. Modifizieren Sie, falls notwendig, die zum Steuerwerk und Operationswerk gehörigen Funktionen.*

Die für die Durchführung der Operationen benötigte Logik kann aus der eigentlichen Beschreibung des Steuerwerks herausgenommen werden, indem Sie alle Operationen in das Operationswerk einbauen. Der DesignCompiler verfügt aber auch über Befehle, die die Logik aus der eigentlichen Automatenimplementierung auslagern. Die durchzuführende Operation wird durch kodierte Steuersignale bestimmt (s. Abschnitt 3.4.1.1). Das Steuerwerk besteht dann nur noch aus Operationen zur Generierung der Steuersignale und bedingten Anweisungen zur Ermittlung des Folgezustandes.

Teilaufgabe 10.B.4:   *Extrahieren Sie das Steuerwerk und das Operationswerk aus Ihrer Mikroprozessorbeschreibung.*
Legen Sie eine Kodierung der Schnittstellensignale (Steuerbefehle und Bedingungen) des Operationswerks fest.
Definieren Sie für das Steuerwerk und das Operationswerk jeweils eine eigene Entity.

10.11   Verhaltensorientierte Validierung des Mikroprozessorsystems

Lernziele und Inhalte

Modellierung des Mikroprozessorsystems auf der PMS-Ebene, Algorithmische Beschreibung eines RAM und des Mikroprozessors *PMP12*, Prozeßmodellgraph.

10.11.1   Grundlagen

Ausgangspunkt eines strukturierten Entwurfs des Praktikumsmikroprozessors, der in diesem Praktikum verfolgt wird, ist die *verbale Spezifikation* des Mikroprozessorsystems *PMP12* aus Kapitel 8. Zusätzlich werden *Blockdiagramme* (s. Abb. 10.44) und *Zeitdiagramme* (s. Abb. 10.46 und Abb. 10.47) verwendet.

In einem ersten Schritt muß die Spezifikation in eine der drei folgenden Formen, die das Verhalten des Systems repräsentieren, transformiert werden:

1. **Wahrheitstabelle**
   In Aufgabe 10.1 wird z. B. die Funktionsweise eines Halb- und eines Volladdierers mit Funktionstabellen spezifiziert.

2. **Zustandsgraph, Zustandstabelle**
   Bei dem bottom-up entworfenen *PMP12*-Mikroprozessor kontrolliert ein durch Übergangs- und Ausgabefunktionen definiertes Steuerprogramm (s. Aufgabe 10.9) die im Operationswerk realisierten Transferoperationen (s. Aufgabe 10.8), die zur korrekten Abarbeitung aller im Befehlssatz enthaltenen Maschinenbefehle und zum Laden des nachfolgenden Befehls benötigt werden. Zum Entwurf des Steuerprogramms, d. h. beim Aufstellen von Zustandsmenge, Übergangs- und Ausgabefunktion, müssen die Maschinenbefehle in Folgen von elementaren Transferoperationen des Operationswerks zerlegt werden. Der Zustandsgraph in Abb. 10.39 zeigt das Ergebnis.

3. **Algorithmisches Modell**
   In VHDL lassen sich algorithmische Modelle textuell beschreiben, wobei im Gegensatz zu den ersten beiden Formen, die das Verhalten

auf der RT-Ebene beschreiben, keine Annahmen aufgrund der Spezifikation hinsichtlich des Typs des digitalen Systems (Schaltnetz oder Schaltwerk) getroffen werden muß. Des weiteren muß bei einem Schaltwerk nicht festgelegt werden, welcher Automatentyp (Moore oder Mealy) verwendet wird. Ein Zustandsgraph dagegen kann erst nach der Selektion des Automatentyps aufgestellt werden.

Im Top-down-Entwurf wird die so formal beschriebene Aufgabe durch definierte Teilfunktionen und deren Interaktion gelöst. Diese Vorgehensweise kann wiederum rekursiv auf die entstandenen Teileinheiten angewandt werden, bis diese vollständig durch das Verhalten der Basiskomponenten, z. B. Standardzellen, beschreibbar sind (s. Abschnitt 9.1). Da diese Beschreibung strukturorientiert erfolgt, muß der Entwurf vollständig durchgeführt werden. Somit ist eine frühe Validierung der gewählten Architektur unmöglich.

Eine Beschreibung der nebenläufigen Funktionen auf verschiedenen Abstraktionsebenen wird in VHDL unterstützt. Das vollständige *PMP12*-Mikroprozessorsystem wird auf der *PMS-* und der *Algorithmischen Ebene* modelliert. Dabei wird die Architektur des Mikroprozessors noch nicht festgelegt, das Verhalten der einzelnen Komponenten (Algorithmische Ebene) und ihr Zusammenwirken (PMS-Ebene) wird *verhaltensorientiert* beschrieben.

In Abschnitt 3.4.1 wird auf die Beschreibung auf der PMS-Ebene eingegangen. Dort wird außerdem die Modellierung der Verbindungen zwischen den Komponenten erläutert. Abschnitt 3.4.2 behandelt die algorithmische Modellierung mit Hilfe von Prozeßmodellgraphen. Abschnitt 3.4.2.4 geht insbesondere auf die Formulierung von sequentiellen Abläufen ein, die Bezug zur Hardware haben.

10.11.2 Aufgabenstellung

Das in Abb. 10.44 auf PMS-Ebene beschriebene Mikroprozessorsystem besteht neben dem eigentlichen Mikroprozessor *PMP12* und dem im folgenden beschriebenem RAM, das das abzuarbeitende Programm enthält, aus einer Umgebung, die den Mikroprozessor mit zu bearbeitenden Daten nach dem in Abschnitt 8.2 beschriebenen Protokoll versorgt und die Resultate weiterverarbeitet. Im vorliegenden Fall kann diese Umgebung zur Vereinfachung als Test-Bench interpretiert werden. Darüber hinaus soll über die Komponente *INPUT* die Startadresse des Mikroprozessors *PMP12* definiert werden.

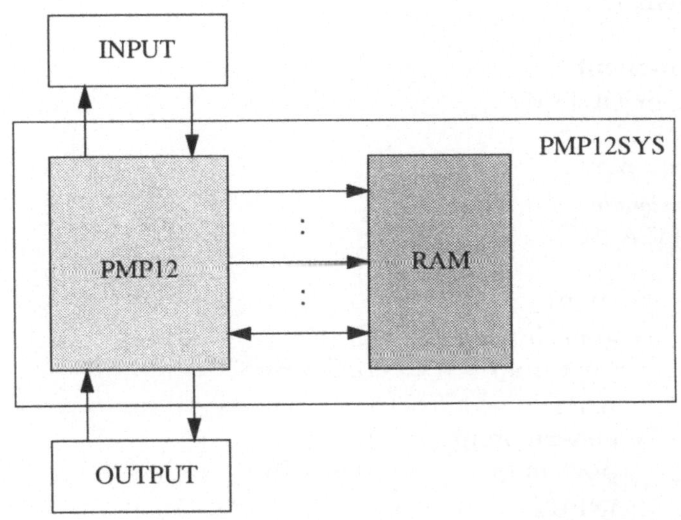

Abbildung 10.44: Prinzipielle Struktur des *PMP12*-Systems

10.11.3 Top-down-Entwurfsdurchführung

10.11.3.1 Beschreibung auf der PMS-Ebene

Das nachfolgende VHDL-Programmfragment auf PMS-Ebene repräsentiert die oberste Beschreibungsebene des *PMP12*-Systems. Dabei werden die Komponenten deklariert, bevor sie instantiiert werden.

```
entity PMP12_SYSTEM is
end PMP12_SYSTEM;

architecture PMS of PMP12_SYSTEM is
   -- Systemkomponenten
   component RAM
      generic ( ... );
      port    ( ... );
   end component;
   component PMP12
      generic ( ... );
      port    ( ... );
   end component;
```

```
component INPUT
   port    ( ... );
end component;
component OUTPUT
   port    ( ... );
end component;
-- Systemsignale
signal DATA_BUS : ... ;
begin
   CPU        : PMP12
                generic map ( ... );
                port map    ( ... DATA_BUS, ... );
   MEM        : RAM
                generic map ( ... );
                port map    ( ... DATA_BUS, ... );
   INDATA     : INPUT
                port map    ( ... );
   OUTDATA : OUTPUT
                port map    ( ... );
end PMS;
```

Eine Auflistung aller Schnittstellensignale des Mikropozessors mit der Umgebung erfolgt in Abschnitt 10.10.2. Da dort der Mikroprozessor und das RAM zur Komponente *PMP12SYS* zusammengesetzt werden, ist die Schnittstelle zum RAM nicht definiert. In Abschnitt 10.11.3.3 wird die RAM-Schnittstelle genauer spezifiziert.

Teilaufgabe 11.B.1: *Bestimmen Sie aufgrund der PMS-Beschreibung und des Befehlssatzes (s. Tab. 8.1) die Ports der Systemkomponenten. Vervollständigen Sie in der obigen Beschreibung die zugehörigen Komponentendeklarationen (außer RAM) und erzeugen Sie daraus die Entities.*

10.11.3.2 Randbedingungen beim algorithmischen Entwurf

Die Realisierung des Prozessors ist dabei folgenden Randbedingungen unterworfen:

1. *Synchroner* Entwurf, d. h. kein asynchrones Protokoll zwischen den einzelnen Komponenten zum Datenaustausch,

2. *Bit-genaue* Modellierung der RAM-Schnittstelle.

3. Der Arbeitsspeicher (statisches RAM) kann *nicht direkt* angesprochen werden. Der Zugriff erfolgt gemäß dem im folgenden beschriebenen RAM-Modell zeitlich verzögert.

4. Daten im Mikroprozessor werden über interne *Systembusse* geleitet und stehen nicht überall zur gleichen Zeit zur Verfügung.

5. Ausnutzung einer möglichst großen *Parallelität*, um eine hohe Verarbeitungsgeschwindigkeit zu erzielen.

10.11.3.3 Beschreibung des RAM

RAM mit bidirektionalem Datenbus

Für das Mikroprozessorsystem soll das Modell eines RAM auf der Algorithmischen Ebene entwickelt werden, daß sich möglichst realitätsgetreu verhält. Die Größe der Speichermatrix beträgt 4096*12 Bit.

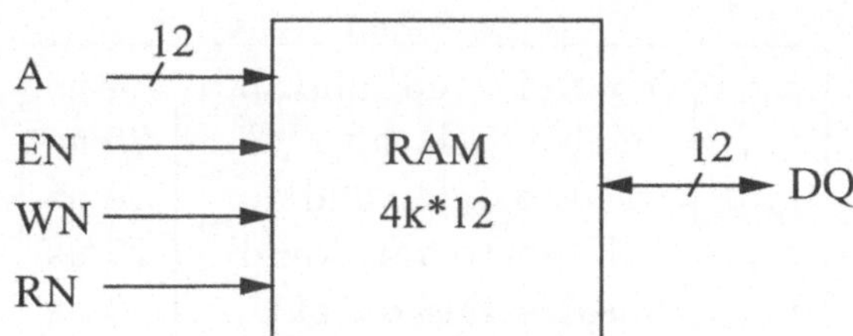

Abbildung 10.45: RAM-Schnittstelle

Abb. 10.45 definiert die Schnittstelle des RAM:

- $A_{11..0}$: Adreßbus

- $DQ_{11..0}$: Bidirektionaler Datenbus

- **EN** : 'chip enable'
  Aktivierung des RAM-Bausteins bei anliegender '0'.

- **WN** : Schreibmodus
  '0' selektiert die Betriebsart Schreiben.

- **RN** : Lesemodus
  '0' selektiert die Betriebsart Lesen.

Teilaufgabe 11.B.2: *Legen Sie die Datentypen für den Adreß- und den Datenbus fest.*

Die Timing-Diagramme für den Lese- (Abb. 10.46) und Schreibzyklus (Abb. 10.47) stellen die Abhängigkeiten der Signale untereinander dar.

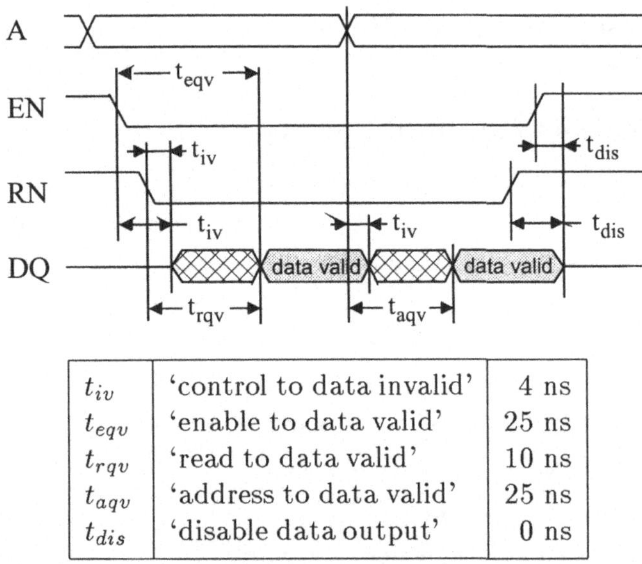

t_{iv}	'control to data invalid'	4 ns
t_{eqv}	'enable to data valid'	25 ns
t_{rqv}	'read to data valid'	10 ns
t_{aqv}	'address to data valid'	25 ns
t_{dis}	'disable data output'	0 ns

Abbildung 10.46: Read-Timing-Diagramm

Die prinzipielle Struktur des Datenpfads innerhalb des RAM zeigt Abb. 10.48. Die Speicherung der Daten erfolgt mit einer Variablen vom Typ *Bit_Vector*, um den benötigten Speicher und die Zahl der Signaltreiber zu reduzieren. Die Indizierung der RAM-Matrix erfolgt über einen *Integer*-Wert.

Teilaufgabe 11.B.3: *Schreiben Sie in VHDL eine Konvertierungsfunktion, die den Typ der Adresse nach Integer umwandelt.*

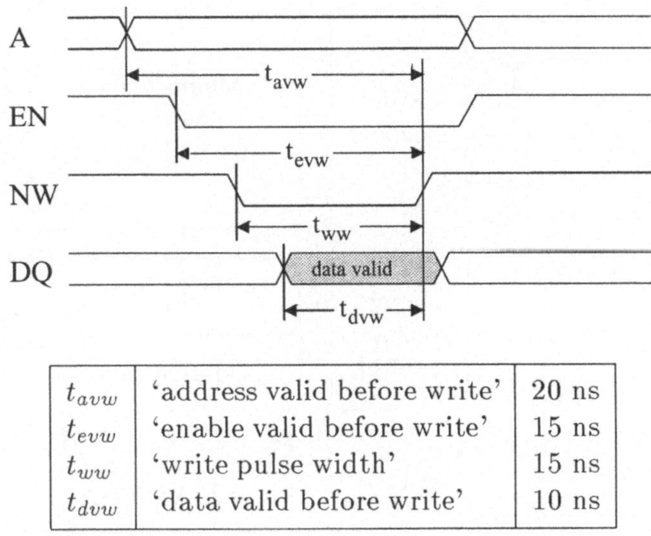

t_{avw}	'address valid before write'	20 ns
t_{evw}	'enable valid before write'	15 ns
t_{ww}	'write pulse width'	15 ns
t_{dvw}	'data valid before write'	10 ns

Abbildung 10.47: Write-Timing-Diagramm

Bidirektionaler Datenbus. Der bidirektionale Datenbus zwischen RAM und Mikroprozessor wird von beiden zu unterschiedlichen Zeiten beschrieben. Damit ist eine „bus resolution function" notwendig. Bei der Modellierung sollte man beachten: Jede nicht aktive Quelle sollte den Wert 'Z' haben. Da bei der Initialisierung alle Quellen inaktiv sind und daher mit 'Z' belegt sind, muß von der „bus resolution function" für den Datenbus als Wert "ZZZZZZZZZZZ" bestimmt werden. Jedesmal, wenn die Daten eines Treibers vom Bus genommen werden, sollte dieser wieder in den hochohmigen Zustand zurückkehren (s. bidirektionale Komponente *BUF3S* in Abschnitt 3.4.1.3).

Teilaufgabe 11.B.4: *Definieren Sie das Paket RAM_TYPES mit den benötigten Datentypen und Konvertierungen zur Realisierung des bidirektionalen Busses zwischen Mikroprozessor und RAM sowie Funktionen zur Realisierung der RAM-Zugriffe (WRITE, READ, etc.).*

Teilaufgabe 11.B.5: *Entwerfen Sie ein Modell des RAM-Bausteins unter Berücksichtigung der Struktur des Datenpfades. Verwenden Sie einen gemeinsamen Prozeß für Lese- und Schreibzugriff. Versuchen Sie, die Verzöge-*

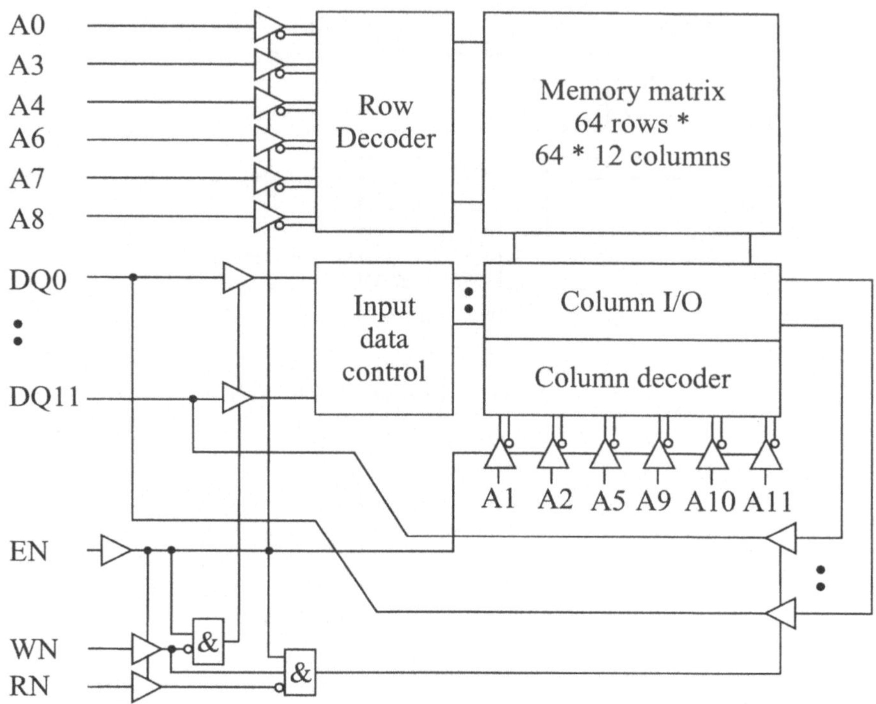

Abbildung 10.48: Interner Datenpfad des RAM

rungszeiten der Timing-Diagramme auf den Datenpfad zu übertragen. Beim Schreibzyklus soll bei zu kurzem Anliegen der Adresse oder der Steuersignale ein Abspeichern verhindert werden. Bei inkorrekten Daten und korrekten Steuersignalen soll der Wert "XXXXXXXXXXXX" abgespeichert werden.

RAM mit unidirektionalem Datenbus

Eine einfachere Realisierung eines RAM mit unidirektionalem Datenbus wird in Abschnitt 10.10.3 behandelt. Als Basis für die Modellierung kann die Beschreibung der RAM *DLATRAM* aus dem Pakte *STD_LOGIC_ENTITIES* verwendet werden. Bei Verwendung eines RAM-Bausteins mit unidirektionalem Datenbus muß die Mikroprozessorschnittstelle angepaßt werden.

Validierung

Bevor der Mikroprozessor vollständig beschrieben wird, soll der Zugriff auf das RAM getestet werden.

Teilaufgabe 11.B.6:   *Implementieren Sie das durch die nachfolgenden Befehle des Mikroprozessors PMP12 definierte Verhalten unter Verwendung von Funktionen aus dem von Ihnen erstellten Paket:*

```
LOAD    A, 1
STORE   2, A
```

Validieren Sie die Korrektheit Ihrer Implementierung, indem Sie das RAM in der Architekturbeschreibung wie folgt initialisieren:

m	M(m)
000	000
001	357
002	421
003	...

Für die Initialisierung kann auf die in Abschnitt 4.3.4 beschriebenen Verfahren zurückgegriffen werden. Des weiteren ist es auch möglich, die für die Speicherung der Daten benötigte Variable [10] bei der Deklaration zu initialisieren.

Teilaufgabe 11.B.7:   *Integrieren Sie das RAM in die obige PMS-Beschreibung, indem Sie die Schnittstellen zum Mikroprozessor vervollständigen.*

10.11.3.4 Beschreibung der Ein- und Ausgabekomponenten

Teilaufgabe 11.B.8:   *Implementieren Sie in der Komponente INPUT eine Startsequenz, so daß der Mikroprozessor die Programmausführung ab einer einstellbaren Adresse beginnt.*

Teilaufgabe 11.B.9:   *Modellieren Sie das algorithmische Verhalten der Komponenten INPUT und OUTPUT gemäß den in Abschnitt 8.2 beschriebenen Protokollen. Berücksichtigen Sie, daß die von der Komponente IN-PUT gelieferten Datenwerte einfach definiert und ausgetauscht werden müssen.*

---

[10] Ein Signal ist aufgrund des größeren Speicherbedarfs weniger gut geeignet.

10.11.3.5 Modellierung des Mikroprozessors

Bevor der Mikroprozessor algorithmisch beschrieben werden kann, sind zunächst die Funktionen und Prozeduren zur Durchführung der in den einzelnen Befehlen benötigten Transferoperationen zu realisieren.

Funktionspaket

Neben den oben für die Modellierung des RAM benötigten Datentypen und Funktionen werden zur Realisierung der logischen und arithmetischen Operationen entsprechende Funktionen benötigt.

Teilaufgabe 11.B.10:   *Entwerfen Sie aufgrund des Befehlssatzes das Paket OPERATIONS mit Funktionen, die das gewünschte Verhalten bei der Ausführung der Befehle – insbesondere der arithmetischen, logischen Befehle – realisieren. Sie können auf den bereits in den Aufgaben 10.1 oder 10.2 implementierten Funktionen aufbauen.*

Beschreibung des zeitlichen Ablaufs

Die Befehlsabarbeitung durch den Prozessor wird durch eine Folge der oben erstellten Funktionen und Speicheroperationen innerhalb von Prozessen realisiert. Für die algorithmische Modellierung mit sequentiellen Prozessen ist die Definition der zeitlichen Abfolge der einzelnen durchzuführenden Prozeduren und Funktionen sehr wichtig.

Um aus der Spezifikation des Mikroprozessors *PMP12* aus Kapitel 8 eine algorithmische Beschreibung strukturiert zu entwickeln, stehen die beiden folgenden Beschreibungsvarianten zur Verfügung:

1. **Variante: Prozeßmodellgraph**
   Die Transformation wird in den folgenden Schritten vorgenommen:

   1. Jedem Teil der Spezifikation wird mindestens ein Prozeß zugeordnet.

   2. Für jeden Prozeß wird eine Liste von Signalen, die ihn aktivieren, definiert.

   3. Die in den einzelnen Prozessen durchzuführenden Aktivitäten werden mit VHDL implementiert und nebenläufig ausgeführt.

Da in Prozessen auch Signale verwendet werden können, die nicht in der Sensitivitätsliste stehen, und Signale außerhalb der Prozesse zusammengeschaltet werden können, schlägt J.R. Armstrong die in Abb. 10.49 beschriebenen Signalarten vor.

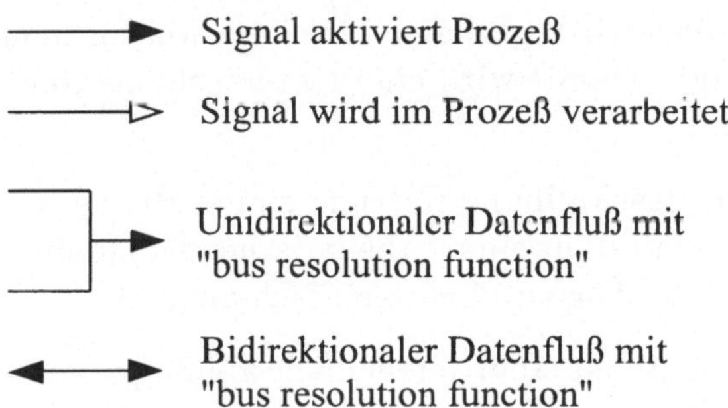

Abbildung 10.49: Signalarten zwischen Prozessen

Mit den in Abschnitt 3.4.2.4 vorgestellten Techniken zur Modellierung von Verzweigungen im Ablauf kann das für die verschiedenen Befehle abweichende Verhalten mit jeweils einem Prozeß modelliert werden, der abhängig vom Befehl aktiviert wird. Auf diese Weise realisieren die einzelnen Prozesse und ihre Interaktion das gewünschte Verhalten.

2. **Variante: Ein-Prozeßmodell**
Die sequentielle Beschreibung des Ablaufs kann erfolgen mit:

  1. **Verzweigungen im Kontrollfluß**
Mit der `if` und der `case`-Anweisung wird in Abhängigkeit von Bedingungen ein für einzelne Fälle abweichendes Verhalten definiert.

  2. **Explizite Zustandsvariable**
In den Fallunterscheidungen einer `case`-Anweisung werden für jeden Zustand die durchzuführenden Aktionen algorithmisch beschrieben und der Folgezustand definiert.

Da es keine generische Modellierungsstruktur (Schablone) gibt, sind während des Entwurfs immer wieder die Zahl und die Aufgaben der Knoten im PMG (Funktionspartitionierung), der sequentielle Ablauf innerhalb der Knoten und der Kanten, über die die Daten weitergeleitet werden, Änderungen unterworfen. PMGs erlauben im Gegensatz zu Ein-Prozeßmodellen eine übersichtliche Darstellung.

Die Verwendung von mehreren Prozessen erlaubt darüber hinaus auch die Beschreibung eines nebenläufigen Ablaufs der Phasen, d. h. während der eine Befehl ausgeführt wird, kann der nächste schon aus dem Speicher geholt werden (Pipelining). Damit wird eine Untersuchung von *Architekturalternativen* ermöglicht.

Dagegen kann die Beschreibung mit nur einem Prozeß und expliziter Zustandsvariablen sehr gut aus einer tabellarischen Darstellung gewonnen werden. Der umgekehrte Weg ist ebenso einfach möglich.

Die gewählte Variante ist aber letzendlich abhängig von der Anzahl und Granularität der Prozesse, der Homogenität des zu beschreibenden Verhaltens (Anzahl der Sonderfälle) und den Entwurfsabsichten.

In den vorgestellten Realisierungsmöglichkeiten wird bei algorithmischen Beschreibungen die zeitliche Steuerung zwar von Timern (`wait for`) vorgenommen, die verwendeten Verzögerungen sollten aber auf Vielfache einer Taktperiode abgebildet werden. Damit wird der Takt implizit beschrieben und ein Taktgenerator ist nicht erforderlich.

Funktionale Partitionierung mit Prozeßmodellgraphen

Der PMG repräsentiert eine Partitionierung, die *strukturell* oder *funktional* sein kann. Bei der strukturellen Partitionierung repräsentieren die Prozesse Blöcke von logischen Gattern, Flip-Flops und RT-Elementen. In frühen Entwurfsstadien kann ein PMG demnach nur eine funktionale Partitionierung beschreiben. Dazu betrachten wir zunächst die *Phasen der Bearbeitung eines Befehls*:

1. **Befehlsholphase (FETCH)**
   Bei allen Befehlen wird der durch den Befehlszähler adressierte Befehl aus dem Speicher geholt und der Befehlszählerinhalt inkrementiert.

2. **Ausführungsphase (EXECUTE)**
   Jeder Befehl wird auf einem gesonderten Weg ausgeführt.

Die Phasen *FETCH* und *EXECUTE* können jeweils einem Knoten im PMG
zugeordnet werden. Die einzelnen Knoten werden jedoch nicht unmittelbar
auf Hardware-Blöcke abgebildet, sondern sie stehen für Funktionen. Eine
spätere strukturelle Implementierung kann Logikblöcke besitzen, die von
verschiedenen Funktionsblöcken gemeinsam genutzt werden, z. B. kann sowohl im *FETCH*- als auch im *EXECUTE*-Knoten auf das RAM zugegriffen
werden.

Kommunikation. Das Verhalten des Gesamtsystems ergibt sich aus dem
Verhalten der durch die Partitionierung festgelegten Prozesse und deren
Kommunikation untereinander. Signale ermöglichen den Austausch von Da-
ten zwischen Prozessen. Die Abarbeitung eines Befehls läßt sich nicht in eine
Folge von Funktionen, die für jeden Befehl gleich ist, beschreiben, da die je-
weils durchzuführenden Aktionen vom Befehl (z. B. direkte und indirekte
Adressierung, Laden, Speichern und Addieren) und von Daten (z. B. Be-
dingungen bei Sprungbefehlen) abhängen. Damit verschiedene Anweisungs-
sequenzen durchlaufen werden, muß durch die Prozesse der Ablauf durch
Signale gesteuert werden, d. h. Prozesse werden miteinander gekoppelt.

Innerhalb der Prozesse kann der Datenfluß mit Signalen oder Variablen, die
Speicherelemente inferieren können, realisiert werden. Eine Beschreibung
der Systembusse, d. h. die Definition der Busse, über die später bei einer
physikalischen Realisierung die Daten von einer Funktionseinheit zur anderen fließen, ist nicht erforderlich. Mit der Beschreibung des Datenflusses
zwischen den einzelnen Funktionen werden Systembusse implizit definiert.

Teilaufgabe 11.B.11:   *Beschreiben Sie den Mikroprozessor verhaltensorientiert auf der Algorithmischen Ebene in VHDL. Partititionieren Sie
dazu die durchzuführenden Funktionen des Mikroprozessors zur Befehlsabarbeitung in kleinere Unterfunktionen, die mit Hilfe von Prozessen realisiert
werden. Stellen Sie die Partitionierung und die festlegte Steuerung der Prozesse mit einem Prozeßmodellgraphen dar. Bestimmen Sie zur Realisierung
des Verhaltens der Prozesse Aufrufsequenzen von Funktionen, die auf die
Daten angewendet werden. Implementieren Sie danach das Verhalten der
Prozesse.*

Nach Möglichkeit sollten in den Prozessen die Funktionen aus dem oben
implementierten Paket *OPERATIONS* verwendet werden. Achten Sie bei
der auf den bidirektionalen Datenbus zwischen Mikroprozessor und RAM.

10.11.4   Validierung

10.11.4.1 Assembler

Die Werkzeuge zur Generierung eines Übersetzers benötigen eine besondere Syntax des Assemblers (s. Assembler-Programme `example.m` und `test.m` in Abb. 10.50):

1. **Operanden** müssen eingeklammert werden,

2. **Marken:** *label* : ... ,

3. **Speicherinhalte** können definiert werden: dw(*value*),

4. **Direkte und indirekte Adressierung** werden durch verschiedene Befehle realisiert (s. Tab. 10.28).

Die Befehle werden in der Datei `PMP12.inc` (über WWW erhältlich) definiert. Daher muß diese Datei in das jeweilige Assembler-Programm eingefügt werden.

Assemblierung. Für den VHDL-Simulator VSS von Synopsys gibt es zusätzliche Software-Werkzeuge für die Entwicklung von Software und Firmware. Diese Werkzeuge ermöglichen die Definition einer Assembler-Sprache. Programme in dieser Sprache können assembliert werden. Der erzeugte Objektkode wird in einer 'memory-image'-Datei abgelegt, die vom Simulator zur Initialisierung von VHDL-Variablen (z. B. Inhalt des Speichers eines Mikroprozessors) verwendet werden. Der Aufruf `asm example` erzeugt aus dem Assembler-Programm `example.m` die Datei `1.out`.

Initialisierung des RAM. Ein Problem ist nun das Laden des RAM mit dem gewünschten Programm. Dazu gibt es zum einen die Möglichkeit, den Speicherinhalt des RAM bei der Deklaration der Variablen, die die Daten aufnehmen, zu definieren, und zum anderen können während der Initialisierungsphase die Daten aus einer Datei ausgelesen und in das RAM eingetragen werden.

Mit dem Befehl `load_memory` können beim VSS VHDL-Simulator die durch Assemblierung bestimmten RAM-Datenworte aus der Datei *1.out* in eine Simulatorvariable geladen werden. Somit können Programme auf einer noch nicht vollständig definierten oder auf verschiedenen Abstraktionsebenen beschriebenen Hardware getestet werden (*Hardware/Software-Codesign*).

Klasse	Befehl	Mnemonic	
		IND = '0'	IND = '1'
L/S	LOAD STORE	load store	loadind storeind
I/O	INPUT OUTPUT	input output	inputind outputind
SHIFT	SHIFTR SHIFTL	shiftR shiftL	
ALU	ADC SBB NAND	adc sbb nand	adcind sbbind nandind
CTL	JUMP Z JUMP S JUMP C JUMP CALL	jumpZ jumpS jumpC jump call	jumpindZ jumpindS jumpindC jumpind callind
	RETURN STOP	return stop	

Tabelle 10.28: Assembler-Befehle

10.11.4.2 Simulation

Das auszuführende Assembler-Programm und die benötigten Daten werden im RAM abgelegt. Die in Abb. 10.50 abgebildeten Assembler-Programme sind über WWW verfügbar.

Teilaufgabe 11.B.12: *Beschreiben Sie eine Test-Bench, mit der Sie das von Ihnen beschriebene System aus PMP12SYS (Mikroprozessor PMP12 und RAM) und Ein- und Ausgabekomponenten testen können.*

Gehen Sie beim Testen schrittweise vor, indem Sie jeweils die einzelnen Komponenten testen. Validieren Sie zunächst das System mit dem Assembler-Programm in der Datei `example.m` (s. Abb. 10.50a)).

```
include PMP12.inc$                    include PMP12.inc$

begin                                 begin
        load    (VAL1)        INDATA:   dw(0x000)
MULT:   addind  (VAL2ADR)               dw(0x333)
        jumpC   (END)         OUTDATA:  dw(0x000)
        jump    (MULT)        PROCADR:  dw(SUBSHIFT)
END:    store   (RESULT)      SUBTRAH:  dw(0x801)
        stop                  SUMMAND:  dw(0xB33)
        dw      (0x000)                 ....
        dw      (0x000)
        dw      (0x000)                 input   (INDATA)
        dw      (0x000)                 load    (INDATA)
VAL1   : dw     (0x080)                 nand    (0x001)
VAL2ADR: dw     (0x00C)                 jumpZ   (ERROR2)
VAL2   : dw     (0x701)                 store   (OUTDATA)
RESULT : dw     (0x000)                 output  (OUTDATA)
end                                     shiftR
                                        jumpS   (ERROR2)
                                        adc     (SUMMAND)
                                        jumpC   (CALLPROC)
                              ERROR1:   stop
                              CALLPROC: callind (PROCADR)
                              EXIT:     stop
                              ERROR2:   stop

                              SUBSHIFT: shiftL
                                        jumpC   (DOSUB)
                                        jump    (SUBSHIFT)
                              DOSUB:    sbb     (SUBTRAH)
                                        return
                              end
a) Programm example.m         b) Programm test.m
```

Abbildung 10.50: Assembler-Programme

In Abschnitt 10.10.3.2 wurde ein Assembler-Programm beschrieben, mit
dem die strukturelle Mikroprozessorbeschreibung getestet werden soll. Die
Beschreibung des Assembler-Programms befindet sich in der Datei test.m

(s. Abb. 10.50b)), die ebenfalls über WWW verfügbar ist. Weisen Sie den korrekten Ablauf dieses Testprogramms nach.

10.12 Physikalischer Entwurf des Mikroprozessor-ASICs

Lernziele und Inhalte

Physikalischer Entwurf mit Hilfe von Standard-Makrozellen.

10.12.1 Grundlagen

Wesentlich für den physikalischen Entwurf ist der verwendete Entwurfsstil (s. Abschnitt 2.4). In Kapitel 6 wurden die wichtigsten Schritte für den physikalischen Entwurf mit Standardzellen beschrieben.

10.12.2 Entwurfsdurchführung

Mit einem VHDL-Simulator oder VHDL-Synthesewerkzeug ist eine direkte physikalische Realisierung des Entwurfs als Chip nicht möglich. Dazu muß der Entwurf für ein Werkzeug für den physikalischen Entwurf umgesetzt werden, z. B. von Cadence oder Mentor Graphics. Darüber hinaus stellen diese Entwurfssysteme eigene Simulatoren zur Validierung der Beschreibung zur Verfügung. Nach dem Layout können die durch die Verdrahtung entstandenen Kapazitäten extrahiert werden. Abb. 10.51 gibt einen Überblick über den Ablauf der physikalischen Realisierung von der extrahierten Netzliste bis zur Fertigung des Schaltkreises.

10.12.2.1 Entwurfseingabe

Wenn auch nicht alle Umgebungen für den physikalischen Entwurf über eingebaute VHDL-Simulatoren und Synthesewerkzeuge verfügen, so erlauben sie doch die Beschreibung einer Schaltung durch

- Schaltplaneingabe,

- Generierung der erforderlichen Makrozellen, z. B. PLA, RAM, ROM, Multiplizierer etc.,

- Einbindung von synthetisierten Schaltungen über verschiedene Schnittstellen.

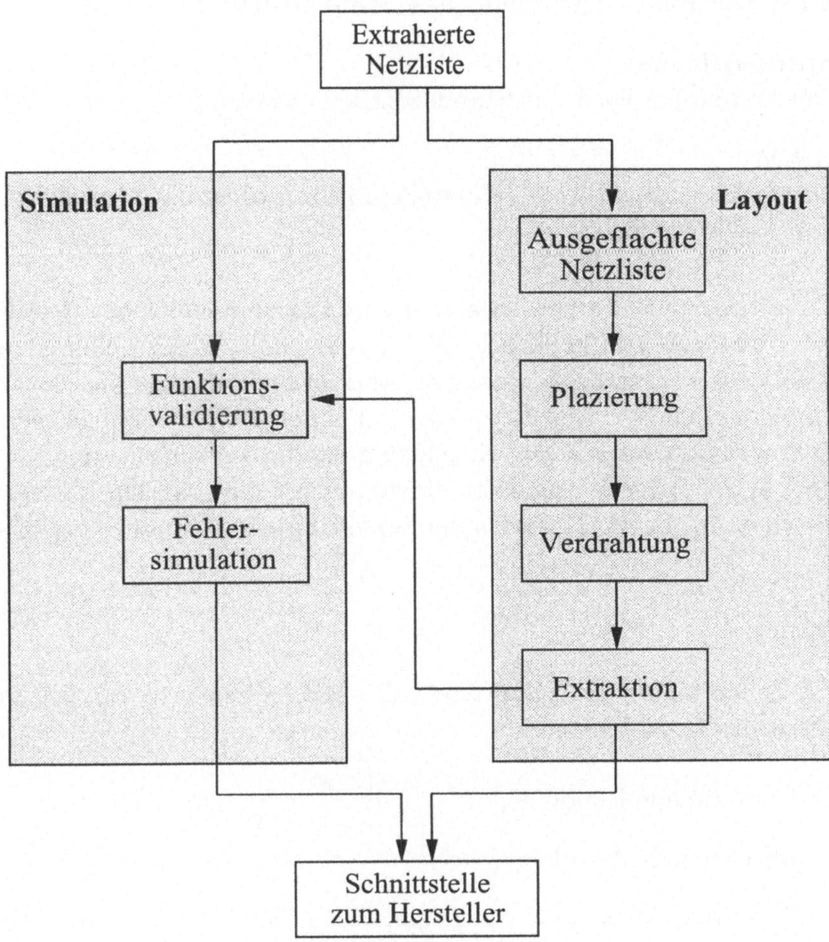

Abbildung 10.51: Ablauf des physikalischen Entwurfs

Diese Vorgehensweise ist auch dann notwendig, wenn für bestimmte Problemstellungen spezielle Werkzeuge verwendet werden.

Partitionierung in Makrozellen

Beim *PMP12*-Mikroprozessorsystem werden für die physikalische Realisierung die nachfolgenden Makrozellen benötigt:

1. **PLA für Zustandstabelle des Steuerwerks**

2. **Standardzellen**
   Der Datenpfad wird mit Standardzellen entworfen.

3. **RAM**
   Das im Bottom-up-Entwurf erstellte Mikroprozessorsystem *PMP12SYS*
   beinhaltet ein RAM.

Diese Schaltungsteile werden zu einem Chip zusammengefügt. Voraussetzung ist, daß zunächst ein Layout für die einzelnen Makrozellen generiert wird. Bei den automatisch erzeugten Makrozellen erfolgt dies bereits in der Generierungsphase. Das Layout wird in einer Bibliothek abgespeichert. Für Makrozellen, die sich aus einzelnen Standardzellen zusammensetzen, wird ein Layout dagegen erst dann erzeugt, wenn der logische Entwurf abgeschlossen ist, d. h. die Funktion der Schaltung durch Simulation validiert wurde.

E/A-Zellen

Die E/A-Zellen bilden die Schnittstelle des Mikroprozessors mit der Umgebung. Es gibt die drei Arten:

1. Unidirektionale Eingänge,

2. Unidirektionale Ausgänge,

3. Bidirektionale Ein- und Ausgänge, deren Richtung über ein zusätzliches Kontrollsignal gesteuert wird.

Besondere Aufmerksamkeit sollte darauf gelegt werden, ob es sich um invertierende Ein- und Ausgangszellen handelt. Damit kann sich die Zahl der erforderlichen Inverter vergrößern oder verkleinern.

Darüber hinaus werden für die Spannungsversorgung des Chips zusätzliche Versorgungszellen benötigt.

Für die Entwurfsbeschreibung auf dieser Hierarchieebene ist zu beachten:

- Die entworfene Schaltung wird durch ein Symbol repräsentiert und ist von den E/A-Zellen umgeben.

- E/A-Signale können nicht als Busse gruppiert werden.

- E/A-Zellen („pads") sollten nach den zugehörigen Signalen benannt werden.

10.12.2.2 Simulation

Simulation der Funktion

Für die Simulation des Mikroprozessors muß zusätzlich eine Testumgebung definiert werden. Es stehen u. a. die nachfolgenden Methoden zur Verfügung:

1. **Verhaltensorientierte Beschreibung der Test-Bench im Entwurfssystem**
   Falls das Entwurfssystem die verhaltensorientierte Beschreibung von Komponenten mit einer HDL erlaubt, kann wie bei der Test-Bench für die VHDL-Simulation der Mikroprozessor mit RAM und der Peripherie verknüpft werden.

2. **Generierung eines VDHL-Modells**
   Die Komponenten des Mikroprozessors werden über eine Schnittstelle, z. B. EDIF, in ein Synthesewerkzeug, z. B. DesignCompiler, eingelesen und als strukturelle VHDL-Beschreibung ausgegeben. Existieren für die verwendeteten Standardzellen genaue Modelle, dann können Simulationen mit der gleichen Genauigkeit wie bei der ersten Variante durchgeführt werden.

   Für Schaltungsteile, die nicht zeitkritisch sind, können aber auch weiterhin durch eine entsprechende Konfiguration effizientere Simulationsmodelle auf höheren Ebenen („multi-level") verwendet werden.

3. **Nachbildung der Signalverläufe mit Simulationssprache**
   Die mit VHDL simulierten Signalverläufe an der Schnittstelle zwischen Mikroprozessor und Test-Bench werden mit der Simulationssprache des Entwurfswerkzeuges durch die Definition der zugehörigen Testvektoren nachgebildet. Falls die Simulationssprache keine bidirektionale Signale verarbeiten kann, müssen separate Leitungen für jede Richtung zur Verfügung gestellt werden.

Simulieren Sie das System mit dem in Aufgabe 10.10 verwendeten Testprogramm.

Fehlersimulation

Die Fehlersimulation ermöglicht, einen Schaltkreis unter Fehlerbedingungen zu simulieren. Sie basiert auf dem einfachen „stuck-at" Fehlermodell: Während der Simulation wird jedes Netz einmal auf „stuck-at-0" und einmal auf „stuck-at-1" gesetzt. Unterscheidet sich das Ergebnis von einer fehlerfreien Schaltung, so kann der Fehler von den Testvektoren erkannt werden, ansonsten wird der Fehler als nicht erkennbar markiert. Der Prozentsatz der erkennbaren Fehler ist die *Fehlerüberdeckung* („fault coverage") des Testvektorensatzes. Eine Abdeckung von nahezu 100% erfordert komplexe Algorithmen zur Bestimmung der Testvektoren.

10.12.2.3 Plazierung und Verdrahtung

Flattening

Zur Vorbereitung des physikalischen Entwurfs muß für das Plazierungs- und Verdrahtungswerkzeug die hierarchische Netzliste des Entwurfs ausgeflacht („flatten") werden.

Floorplanning

Die verwendeten Makrozellen werden als geschlossene Blöcke betrachtet. Die Algorithmen, die die Plazierung und Verdrahtung vornehmen, erhalten als Eingabe lediglich die Abmessungen und die Schnittstellenbeschreibung der Blöcke. Um eine möglichst optimale Ausnutzung der Chip-Fläche zu erreichen, ist es oft notwendig, die Geometrie der Makrozellen, also das Verhältnis von Länge zu Breite, zu variieren. Die einzelnen Makrozellen können so mit möglichst geringem Verschnitt innerhalb eines Rechteckes plaziert werden. Der Verdrahtungsaufwand kann durch eine günstige Permuation der Makrozellenanschlüsse reduziert werden.

Die von den Makrozellen nicht benötigte Fläche muß in rechteckige Regionen aufgeteilt werden. Standardzellen werden dann automatisch in diese Regionen plaziert.

Die Abmessungen der Bereiche mit Standardzellen können durch eine Variation der Zeilenzahl optimiert werden. Um eine Abschätzung der benötigten Flächen und Zeilen zu erhalten, können gegebenenfalls Abschätzungen des Systems über den erforderlichen Flächenbedarf, Daten über die Länge einer Standardzellenreihe etc. verwendet werden. Beachten Sie die in Tab. 10.29 geforderten Daten.

Teilaufgabe 12.A.1: *Erstellen Sie einen Floorplan, der die Verteilung der übersetzten Makrozellen und die Aufteilung der restlichen Fläche in Regionen enthält.*

Plazierung

Teilaufgabe 12.A.2: *Plazieren Sie die Makrozellen mit den erforderlichen Drehungen gemäß des Plans.*

Teilaufgabe 12.A.3: *Fügen Sie Regionen mit der Anzahl der Standardzellenreihen hinzu.*

Netze. Bei der Layout-Generierung können Netze unter Berücksichtigung verschiedener Prioritäten plaziert und verdrahtet werden. In den meisten Entwürfen sollten die globalen Leitungen von Spannungsversorgung, Takt und Reset möglichst kurz sein und nur in einer Ebene gelegt werden, um Vias zu vermeiden, die zusätzliche Kapazitäten und Widerstände bewirken.

E/A-Zellen (Pad-Zellen) und Makrozellen werden automatisch in den innerhalb der durch den „pad"-Ring vorgegebenen Fläche plaziert. Damit hat der Plazierungsalgorithmus mehr Freiheitsgrade und kann Lösungen mit weniger Verdrahtungsaufwand finden. Oft sind aber die Anschlüsse festgelegt, da der Chip mit anderen auf einem PCB verbunden werden soll. In diesem Fall kann die Position (oben, rechts, unten und links und Nummer) der E/A-Zellen durch eine Spezifikationsdatei definiert werden.

Falls nach der automatischen Plazierung die gefundenen Plazierungen der Pads nicht befriedigend sind oder keine Plazierungsdatei verwendet wurde, können die Pads einzeln positioniert werden.

„Corner"-Zellen. Um die Versorgungsleitungen um die Ecke zu führen, muß der „pad"-Ring um „corner"-Zellen ergänzt werden.

Teilaufgabe 12.A.4: *Positionieren Sie die Pads gleichmäßig um den Pad-Ring.*

Verdrahtung

Im ersten Schritt der Verdrahtung werden die Hauptverdrahtungskanäle bestimmt.

„Feedthroughs". Mit zusätzlichen Zellen, den sog. „feedthroughs", können Verdrahtungsmöglichkeiten zwischen Standardzellenreihen geschaffen werden.

„Cap"-Zellen. Um die Standardzellenreihen an die Versorgungsleitungen anzuschließen, werden auf der linken und der rechten Seite „cap"-Zellen verwendet.

Verdrahtung. Die globale und die anschließende detaillierte Verdrahtung können jetzt automatisch oder individuell für jedes Netz durchgeführt werden.

Abb. 2.3 zeigt ein mögliches Layout des Mikroprozessors.

10.12.2.4 Nachbearbeitung

„Back annotation"

Nachdem das Layout fertiggestellt wurde, muß zunächst überprüft werden, ob alle Netze realisiert worden sind.

Extrahieren Sie aus dem Layout die realisierten Netzlisten und vergleichen Sie diese mit der ursprünglichen Netzliste. Darüber hinaus müssen zur Durchführung eines abschließenden Funktionstests die durch die Verdrahtung entstandenen Kapazitäten ermittelt werden.

Funktionstest

Führen Sie einen erneuten Funktionstest durch, wobei Sie diesmal die extrahierten Kapazitäten mitberücksichtigen. Bestimmen Sie die maximale Taktfrequenz, bei der Ihre Schaltung noch korrekt arbeitet.

Wenn der Entwurf mit maximalen Gatterverzögerungen arbeitet, dann gibt eine Überprüfung mit minimalen Zeiten einen größeren Sicherheitsbereich. Prüfen Sie nach, ob die Simulationsergebnisse bei einer niedrigen Taktfrequenz und hohen Verzögerungzeiten äquivalent zu denen bei höherer Frequenz und kürzeren Zeiten sind.

Layout-Messung

Bestimmen Sie die in Tab. 10.29 benötigten Längen und Flächen.

10.12.2.5 Fabrikationsvorbereitung

Für den Chip stehen verschiedene Gehäuseformen („package") mit einer unterschiedlichen Anzahl von Pins zur Verfügung, z. B. :

- DIL („dual in line"),

- PGA („pin grid array").

Wählen Sie ein geeignetes Gehäuse aus und fertigen Sie einen Bond-Plan gemäß den für die Chip-Fertigung vorgesehenen Unterlagen an. Dazu ist das Chip-Layout zu skizzieren. Vervollständigen Sie Tab. 10.29, die evt. für die Fertigung benötigt wird.

Weitere Angaben können sein:

- Welche Reset-Art wurde verwendet: „Master", „Power-on und Master", „Power-on" oder eine andere Methode ?

- Wurden monostabile Speicher oder Verzögerungselemente („delay time") verwendet?

Zusätzlich zu diesen Daten werden Angaben zu den verwendeten Entwurfswerkzeugen benötigt. Vervollständigen Sie Tab. 10.30.

Sie sind nun am Ende des Mikroprozessorentwurfs angelangt!

Teilaufgabe 12.A.5: *Zur Durchführung haben Sie verschiedene Entwurfsaktivitäten ausgeführt. Tragen Sie im Y-Diagramm (s. Abb. 2.8) den von Ihnen vorgenommenen Entwurfsablauf ein.*

Name der Top-Zelle	
Maximale Taktfrequenz	
Anzahl der Gatter	
Anzahl der Transistoren	
Verwendete Makrozellen	
Prozeß	
Breite $[mm]$	
Höhe $[mm]$	
Gesamtfläche $[mm^2]$	
Core-Fläche $[mm^2]$	
Packaging	
Temperaturbereich	

Tabelle 10.29: Layout-Daten des Mikroprozessor-Chip

Harware-Konfiguration	
Software-Version	
Bibliotheks-Version	
Medium für die Entwurfsbeschreibung	

Tabelle 10.30: Entwurfswerkzeuge

10.13   Test des gefertigten IC

Lernziele und Inhalte

Im Entwurfsablauf eines ASICs kommt irgendwann der Punkt, an dem der Schaltungsentwurf *vorerst* abgeschlossen wird. Die Funktionalität der Schaltung ist spezifiziert und mittels Simulation validiert. Die Layoutinformationen (Masken, Pinout, usw.) stehen zur Verfügung und können zur Fertigung des ASIC an den Halbleiterhersteller gegeben werden. Nach Erhalt der in Silizium gefertigten Schaltung (*Chip*) sollte diese auf korrekte Funktionalität getestet werden. Es ist naheliegend, diesen Test mit den aus den vorangegangenen Simulationen während der Entwurfsphase bereits existierenden Simulationsdaten durchzuführen.

An diesem Punkt setzt nun dieser Versuch an. Das Problem der Konvertierung und Aufbereitung der Testmuster wird kurz dargestellt.

Testdurchführung

Ziel ist es, eine bereits existierende Simulation (Simulation des *PMP12* in Abschnitt 10.10.3.2) auf den realen Chip zu adaptieren. Dies ist notwendig, um zu überprüfen, ob sich der Chip entsprechend seiner funktionalen Spezifikation verhält.

Dazu sind in sequentieller Reihenfolge die folgenden Arbeitsschritte durchzuführen.

Realisieren Sie die Testplatine für den Mikroprozessor *PMP12* in Abhängigkeit der von Ihnen gewählten Gehäuseform.

Das Programm *TekWAVES* von Tektronix, Inc. ermöglicht die Definition von Stimuli-Vektoren für ein DUT auf der Basis von Simulationsdaten, die Anpassung der in „waveforms" vorkommenden Ereignisse an die Möglichkeiten eines Testers und die Erstellung von Testprogrammen für verschiedene Tester.

Teilaufgabe 13.A.1: *Konvertieren Sie die Simulationsdaten in ein Event-Format, welches als Eingabeformat für TekWAVES geeignet ist.*

Lesen Sie die Daten in eine TekWAVES-„database" ein. Tragen Sie zusätzliche Informationen in die „database" (Steuerleitungen von bidirektionalen Bussen, Pin-Channel Zuordnung, usw.) ein. Passen Sie die Simulationsdaten an die vom Chip-Tester unterstützte Auflösung an.

Konvertieren Sie die Simulationsdaten in das Eingabeformat des Chip-Testers und übertragen Sie diese zum Chip-Tester. Lesen Sie danach die Daten am Chip-Tester ein und führen Sie den Test durch.

Teil II: Literatur

H. Bähring, *Mikrorechner-Systeme*, Springer-Verlag, Berlin, 1991.

M. Broy, Informatik, Teil 2: *Rechnerstrukturen und maschinennahe Programmierung*, Springer-Verlag, Berlin, 1993.

F. Buijs, P. Vogelgesang und T. Lengauer, Flexible and Optimizing ALU Synthesis, *Logic and Architecture Synthesis*, P. Michel und G. Saucier (ed.) North-Holland, Amsterdam, 1990.

S. Carlson, *Introduction to HDL-based design using VHDL*, Synopsys, Inc., 1990.

W. Giloi und K. Liebig, *Logischer Entwurf digitaler Systeme*, Springer-Verlag, Berlin, 1980.

S. Golson, State Machine Design Techniques, *J. High-Level Design*, Synopsys, Inc., Vol. 1, No. 1, 1994, pp. 1-46.

J.P. Hayes, *Computer Architecture and Organization*, McGraw-Hill, New York, 1988.

W. Hilberg, *Grundprobleme der Mikroelektronik*, Oldenbourg, München, 1982.

E. Hörbst, C. Müller-Schloer und H. Schwärtzel, *Design of VLSI Circuits based on VENUS*, Springer-Verlag, Berlin, 1987.

IEEE Std 1076-1987, *IEEE Standard VHDL Language Reference Manual*, IEEE, New York, 1987.

P. Kurup, P.J. Fernandes, Finite State Machine Synthesis, *Synopsys Methodology Notes*, Vol. 2, No. 3, 1994, pp. 65-78.

H. Liebig und T. Flik, *Systemaufbau, Funktionsabläufe, Programmierung*, Springer-Verlag, Berlin, 1990.

E.J. McCluskey, *Logic Design Principles*, Prentice Hall, 1986.

R. Paul, *Elektrotechnik und Elektronik für Informatiker*, Bd. 2, Grundgebiete der Elektronik, Teubner, Stuttgart, 1995.

H.U. Post, *Entwurf und Technologie hochintegrierter Schaltungen*, Teubner, Stuttgart, 1989.

W. Schiffmann, R. Schmitz, *Technische Informatik*, Springer-Verlag, Berlin, 1983.

M. Seifart, *Digitale Schaltungen*, Hüthig, Heidelberg, 1986.

Texas Instruments, *The TTL Data Book*, 1987.

K. Waldschmidt, *Schaltungen der Datenverarbeitung*, Teubner, Stuttgart, 1980.

Keller/Paul

Hardware Design

**Formaler Entwurf
digitaler Schaltungen**

Das vorliegende Lehrbuch ist aus Vorlesungen des zweiten Autors entstanden. Es beschäftigt sich in mathematisch präziser Weise mit einem ganz und gar praktischen Thema, nämlich dem Entwurf digitaler Hardware. Kapitel 1 enthält eine Diskussion mathematischer Grundbegriffe. In den Kapiteln 2 bis 4 werden die notwendigen theoretischen Grundlagen über Boole'sche Ausdrücke, Schaltkreiskomplexität und Rechnerarithmetik behandelt. Der Übergang von der abstrakten Schaltkreistheorie zum Entwurf konkreter Schaltungen findet nahtlos in Kapitel 5 statt, wo aus den Verzögerungszeiten von Gattern das zeitliche Verhalten von Flipflops und anderen Speicherbausteinen abgeleitet wird. Kapitel 6 enthält dann das vollständige Design eines einfachen Rechners.

Von Dr.
Jörg Keller
und Prof. Dr.
Wolfgang J. Paul
Universität des Saarlandes
Saarbrücken

1995. 415 Seiten.
16,2 x 23,5 cm.
Kart. DM 59,80
ÖS 443,– / SFr 59,80
ISBN 3-8154-2065-2

(TEUBNER-TEXTE
zur Informatik, Bd. 15)

B. G. Teubner Stuttgart · Leipzig